次の化学式が表す物質は何？

H_2

1

次の化学式が表す物質は何？

O_2

次の化学式が表す物質は何？

N N

N_2

3

次の化学式が表す物質は何？

H_2O

4

次の化学式が表す物質は何？

CO_2

5

次の化学式が表す物質は何？

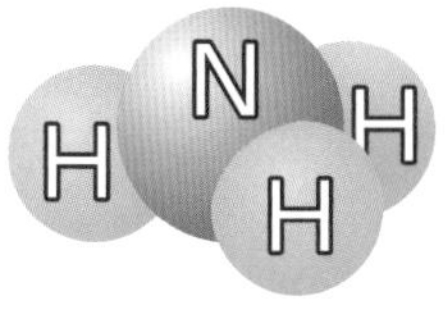

NH_3

6

次の化学式が表す物質は何？

NaCl

7

次の化学式が表す物質は何？

CuO

8

次の化学式が表す物質は何？

FeS

9

水素

水素原子の記号はHだよ。「水そうに葉（水素：H）」と覚えるのはどう？

水素を化学式で表すと？

使い方

- ミシン目で切りとり，穴をあけてリングなどを通して使いましょう。
- カードの表面の問題の答えは裏面に，裏面の問題の答えは表面にあります。

窒素

窒素の「窒」には，つまるという意味があるよ。窒素だけを吸うと，息がつまってしまうよ。

窒素を化学式で表すと？

酸素

酸素原子の記号はOだよ。「酸素を吸おう！（酸素：O）」と覚えよう。

酸素を化学式で表すと？

二酸化炭素

「二酸化炭素」は，二つの酸素と炭素の化合物だね。

二酸化炭素を化学式で表すと？

水

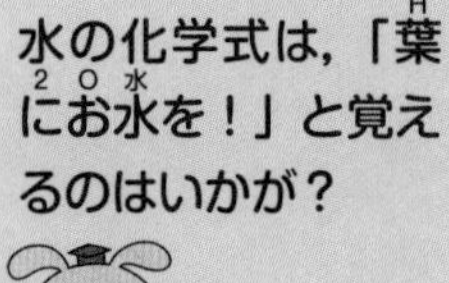

水の化学式は，「葉(H)に(2)お(O)水(水)を！」と覚えるのはいかが？

水を化学式で表すと？

塩化ナトリウム

塩化ナトリウムは食塩のことだけれど，塩化の「塩」は塩素のことを表しているよ。

塩化ナトリウムを化学式で表すと？

アンモニア

アンモニアの化学式は，「アンモニアのにおい(N)，ひ(H)さん(3)…」と覚えるのはどう？

アンモニアを化学式で表すと？

硫化鉄

「硫」は硫黄のことを表しているよ。「イエスと言おう！（S：硫黄）」と覚えよう。

硫化鉄を化学式で表すと？

酸化銅

酸化銅は酸素と銅が結びついているよ。銅原子は，「親友どうし（Cu：銅）」と覚えよう。

酸化銅を化学式で表すと？

次のつくりを何という？

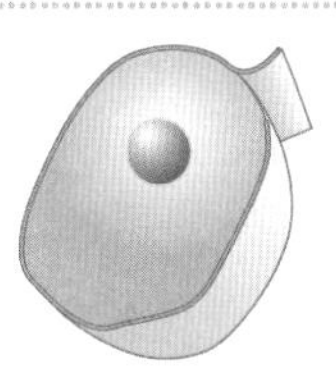

生物のからだをつくる，一番小さなつくり

10

次のからだのつくりを何という？

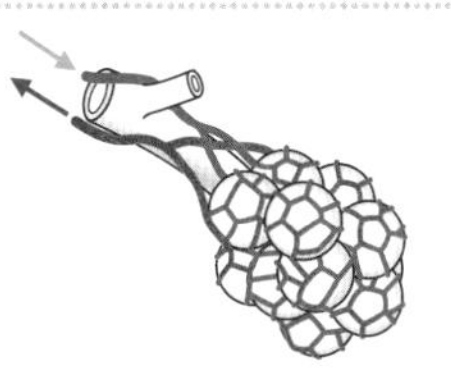

気管支の先にある小さなふくろ

11

次のからだのつくりを何という？

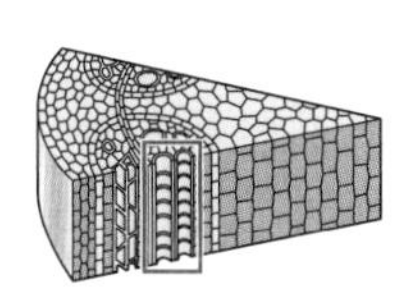
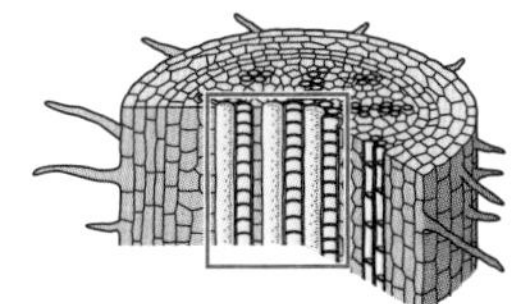

水や無機養分などが通る管

12

次のからだのつくりを何という？

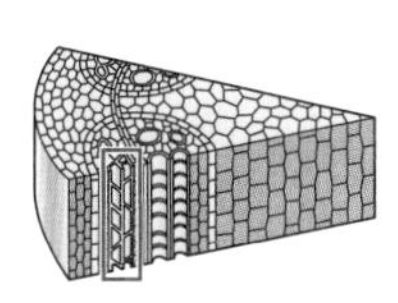
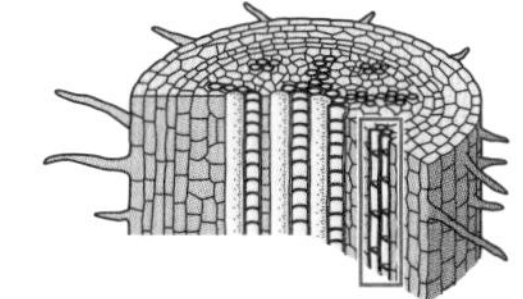

葉でつくられた養分が通る管

13

次のからだのはたらきを何という？

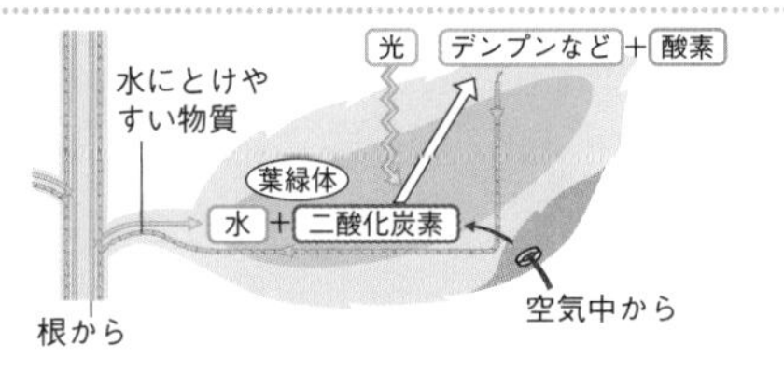

植物が光を受けて養分をつくるはたらき

14

次のからだのはたらきを何という？

酸素をとり入れて二酸化炭素を出すはたらき

15

次のからだの現象を何という？

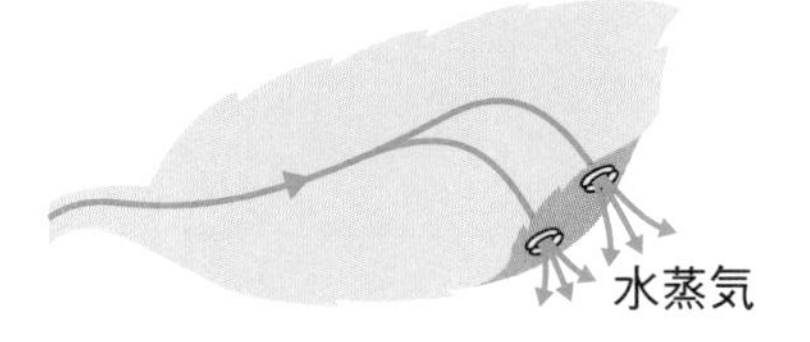

植物の気孔から水蒸気が出ていくこと

16

次のからだのはたらきを何という？

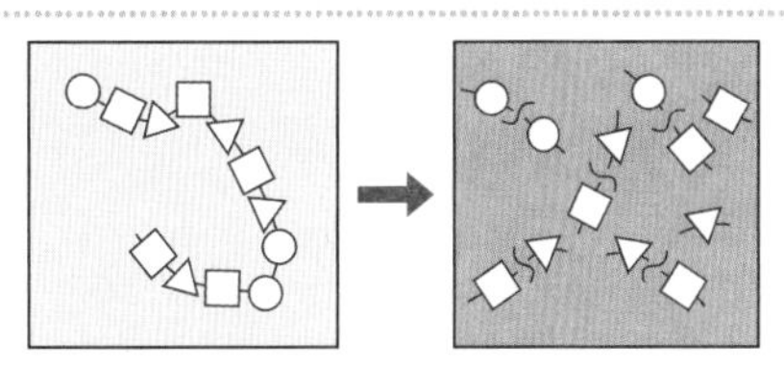

動物が養分を吸収しやすい形に変えるはたらき

17

次のからだのはたらきを何という？

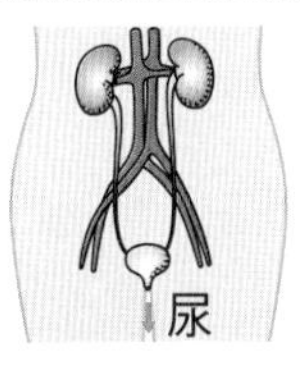

動物が不要な物質をからだの外に出すこと

18

次のからだのはたらきを何という？

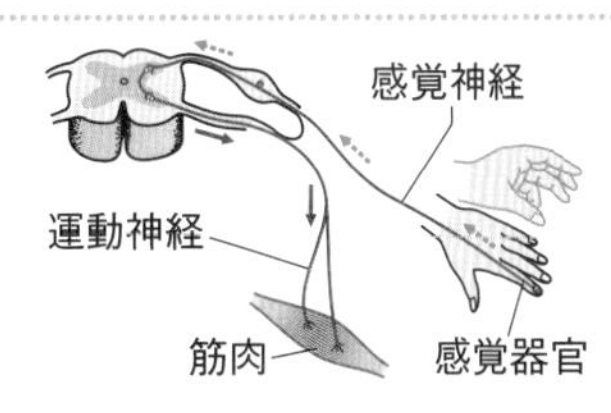

意識とは無関係に起こる動物の反応

19

肺胞

肺胞はどのようなからだのつくり？

肺胞のまわりにある毛細血管で，酸素と二酸化炭素がやりとりされるよ。

細胞

生物のからだで，細胞はどれぐらい小さなつくり？

ほとんどの細胞は，顕微鏡を使って観察しないと見えないくらい小さいよ。

師管

師管は何が通る管？

師管は根から茎・葉までつながったつくりだね。

道管

道管は何が通る管？

道管を通るものは，「水道管」と，「水」をつけて覚えよう。

呼吸

呼吸はどのようなからだのはたらき？

呼吸はすべての生物が生きていくために行っているはたらきだよ。

光合成

光合成はどのようなからだのはたらき？

光合成は「光」を使って，植物が生きていくために必要なものをつくりだしているね。

消化

消化はどのようなからだのはたらき？

動物は養分をそのままからだに吸収できないから，消化しているんだね。

蒸散

蒸散はどのようなからだの現象？

蒸散をすることで，植物は根から水を吸い上げているよ。

反射

反射はどのようなからだのはたらき？

反射は意識して起こる反応より，ずっと早く反応できるんだね。

排出

排出はどのようなからだのはたらき？

「肝腎(じん)要」の「肝臓」と「腎臓」が，排出に関係しているよ。

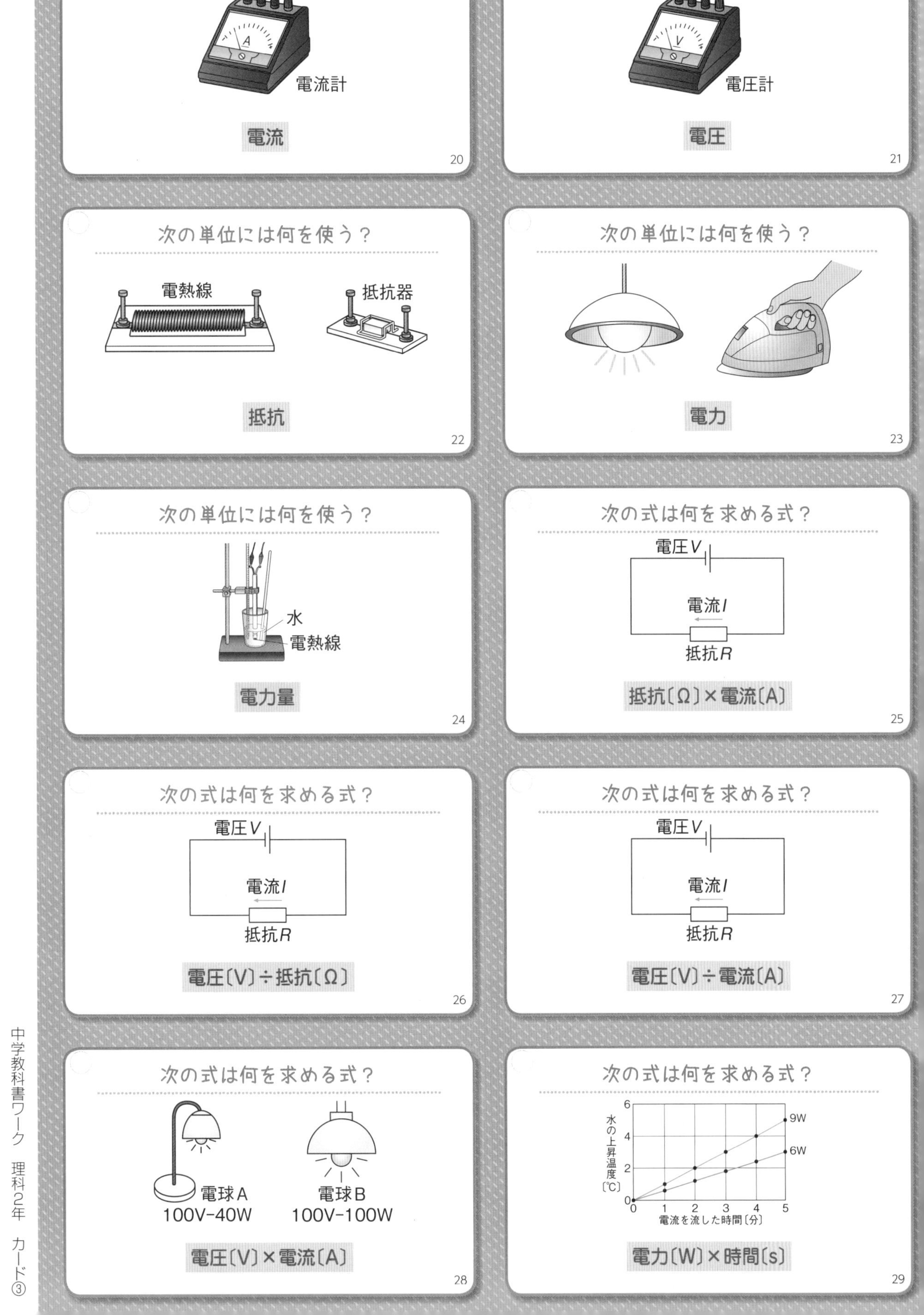
次の単位には何を使う？
電流計
電流
20
次の単位には何を使う？
電圧計
電圧
21
次の単位には何を使う？
電熱線
抵抗器
抵抗
22
次の単位には何を使う？
電力
23
次の単位には何を使う？
水
電熱線
電力量
24
次の式は何を求める式？
電圧V
電流I
抵抗R
抵抗〔Ω〕×電流〔A〕
25
次の式は何を求める式？
電圧V
電流I
抵抗R
電圧〔V〕÷抵抗〔Ω〕
26
次の式は何を求める式？
電圧V
電流I
抵抗R
電圧〔V〕÷電流〔A〕
27
次の式は何を求める式？
電球A
100V-40W
電球B
100V-100W
電圧〔V〕×電流〔A〕
28
次の式は何を求める式？
水の上昇温度〔℃〕
電流を流した時間〔分〕
9W
6W
0
1
2
3
4
5
2
4
6
電力〔W〕×時間〔s〕
29

ボルト(V)

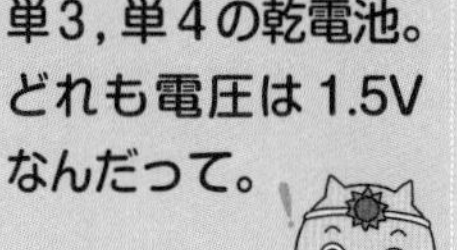

一般的な単1，単2，単3，単4の乾電池。どれも電圧は1.5Vなんだって。

ボルトは何の単位？

アンペア(A)

アンペアは，フランスのアンペールさんにちなんでつけられたんだって。

アンペアは何の単位？

ワット(W)

「ワッと驚く電気の力」と覚えるのはどう？

ワットは何の単位？

オーム(Ω)

「Ω」はギリシャ文字のオメガだよ。O（オー）を使わないのは，0（ゼロ）と似ているかららしいよ。

オームは何の単位？

電圧〔V〕

オームの法則を確かめよう。$V = R \times I$ と表せたね。「オーム博士はブリが好き」と覚えよう。

電流と抵抗から電圧を求める式は？

ジュール(J)

ほかに，ワット時(Wh)やキロワット時(kWh)も使うことがあるよ。

ジュールは何の単位？

抵抗〔Ω〕

オームの法則の式を変形しよう。「オウムがバイオリンを割った。あ〜あ」と覚えよう。

電流と電圧から抵抗を求める式は？

電流〔A〕

オームの法則の式を変形しよう。「あ，バイオリンを割ったオウムだ！」と覚えよう。

電圧と抵抗から電流を求める式は？

電力量〔J〕

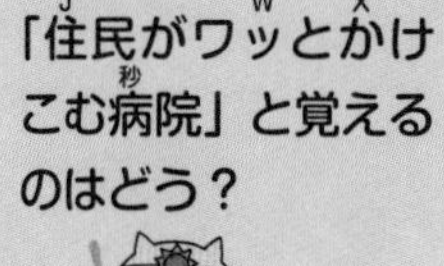

「住民がワッとかけこむ病院」と覚えるのはどう？

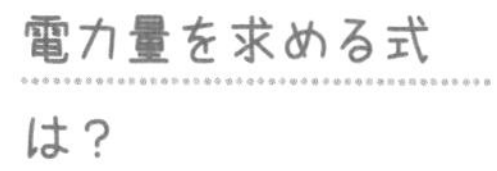

電力量を求める式は？

電力〔W〕

「電気の力をぶつけ合う」と覚えるのはどう？

電力を求める式は？

次の前線を何という？

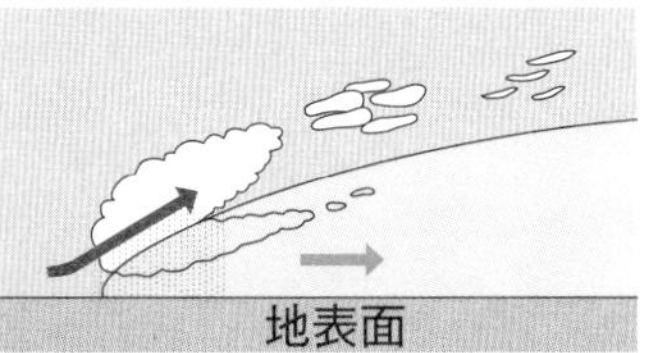

暖気が寒気の上にはい上がるように進む前線

30

次の前線を何という？

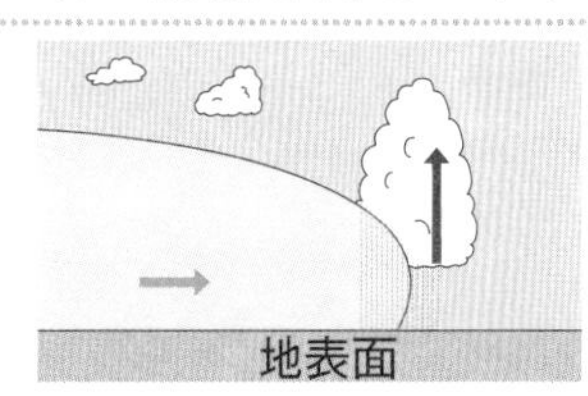

寒気が暖気をおし上げるように進む前線

31

次の前線を何という？

寒気と暖気がぶつかり合って，ほとんど位置が動かない前線

32

次の前線を何という？

寒冷前線が温暖前線に追いついてできる前線

33

次の空気の動きを何という？

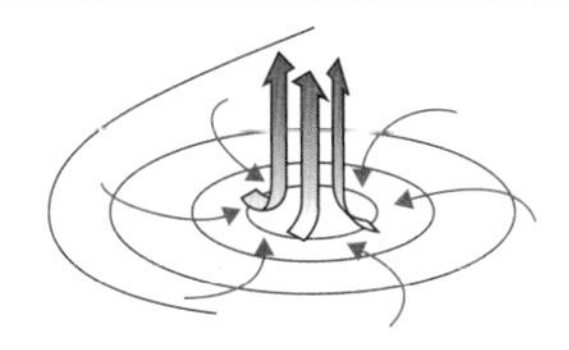

地上から上空へ向かう空気の動き

34

次の空気の動きを何という？

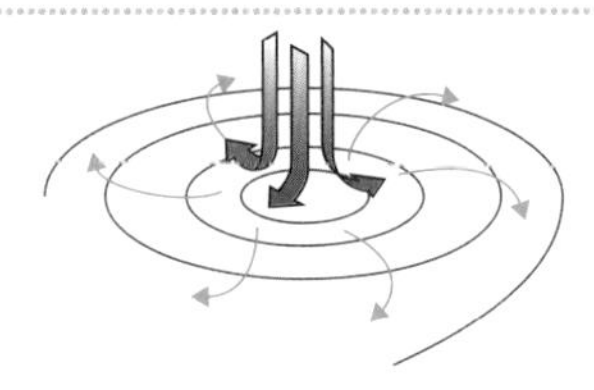

上空から地上へ向かう空気の動き

35

次の空気の動きを何という？

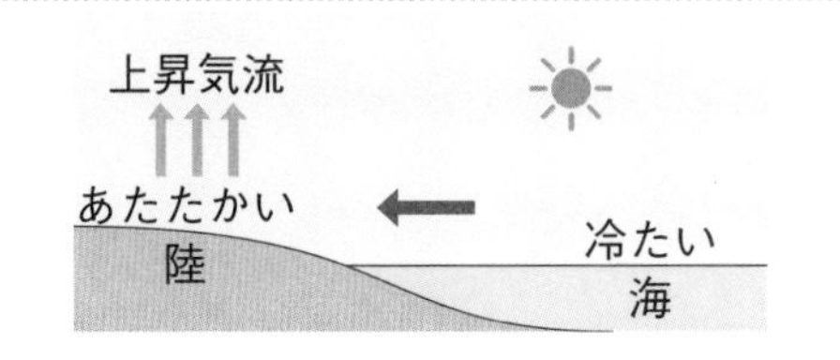

晴れた日の昼，海から陸に向かう風

36

次の空気の動きを何という？

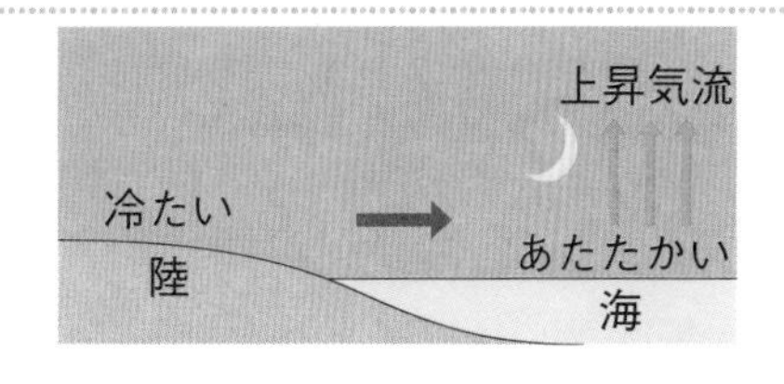

晴れた日の夜，陸から海に向かう風

37

次の空気の動きを何という？

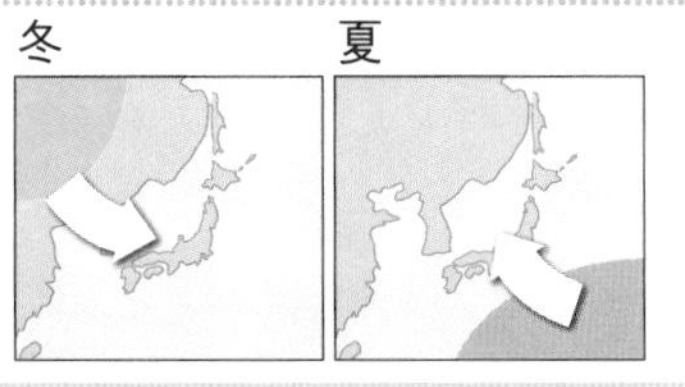

大陸と海洋のあたたまり方のちがいによる，季節に特徴的な風

38

次の空気の動きを何という？

日本付近の上空に１年中ふく，強い西風

39

寒冷前線

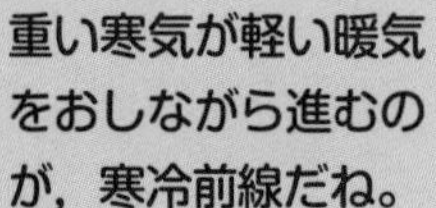

重い寒気が軽い暖気をおしながら進むのが，寒冷前線だね。

寒冷前線はどのように進む前線？

温暖前線

軽い暖気が重い寒気をおしながら進むのが，温暖前線だね。

温暖前線はどのように進む前線？

閉そく前線

漢字では「閉塞(へいそく)」だよ。２つの前線の間が閉まり，塞(ふさ)がれた前線なんだね。

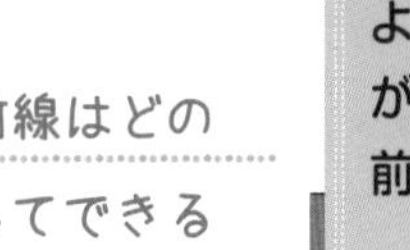

閉そく前線はどのようにしてできる前線？

停滞前線

停滞前線は，動きが停(と)まって，滞(とどこお)っている前線なんだね。

停滞前線はどのような前線？

下降気流

下降気流では，上空の空気がどんどん地上にきて，高気圧になるよ。

下降気流はどのような空気の動き？

上昇気流

上昇気流では，地上の空気がどんどん上空にいって，低気圧になるよ。

上昇気流はどのような空気の動き？

陸風

「海に入っていた人も，夜は陸に上がろうね。（夜に陸風）」と考えよう。

陸風はどのような風？

海風

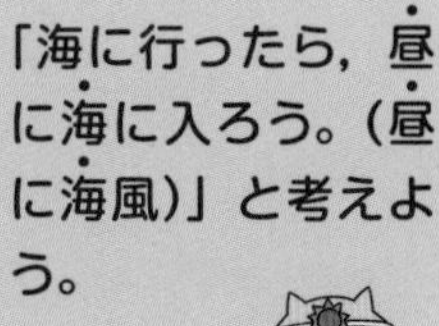

「海に行ったら，昼に海に入ろう。（昼に海風）」と考えよう。

海風はどのような風？

偏西風

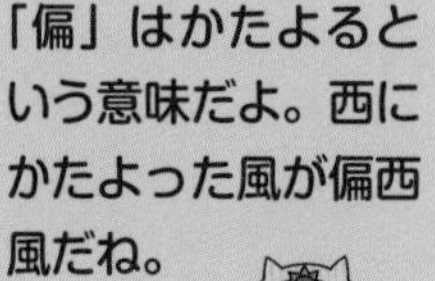

「偏」はかたよるという意味だよ。西にかたよった風が偏西風だね。

偏西風はどのような風？

季節風

夏の季節風は，大きな海（太平洋）からふくんだ。夏に海のイメージがあると覚えやすい？

季節風はどのような風？

啓林館版
理科2年 もくじ

写真提供：アフロ，アーテファクトリー，気象庁

解答 p.1

1章　生物の体をつくるもの

同じ語句を何度使ってもかまいません。

(　　)にあてはまる語句を，下の語群から選んで答えよう。

1 生物の体の成り立ち

教 p.2〜11

(1) 植物も動物も，その体は小さい部屋(へや)の集まりでできている。この1つ1つを(①★　　　　)という。

(2) 体が**1つの細胞**(さいぼう)からできている生物を(②　　　　)，**多数の細胞**からできている生物を(③　　　　)という。

(3) 多細胞生物(たさいぼうせいぶつ)の体では，形やはたらきが同じたくさんの細胞が集まって，(④　　　　)をつくっている。

(4) 多細胞生物の体では，いくつかの組織(そしき)が集まって，特定の役目をもつ(⑤　　　　)をつくっている。植物の葉，動物の心臓など。

(5) 多細胞生物の体では，いくつかの器官(きかん)が集まって(⑥　　　　)をつくっている。

2 細胞のつくり

教 p.12〜15

(1) 植物も動物も，その細胞の内部に1つずつの丸い(①★　　　　)をもち，そのまわりには(②　　　　)がある。細胞質(さいぼうしつ)のいちばん外側は(③　　　　)といううすい膜(まく)になっている。（染色体で染まる。）

(2) 植物の細胞では，細胞膜(さいぼうまく)の外側に厚くてじょうぶな(④　　　　)がある。

(3) 植物の**緑色**の部分の細胞には(⑤　　　　)がある。

(4) 植物の細胞は大きな袋状のつくりの(⑥　　　　)をもつものも多い。

細胞膜，葉緑体，液胞は，細胞質の一部だよ。

3 細胞のはたらき

教 p.16〜17

(1) 細胞内で行われている，**酸素**を使って栄養分を分解(ぶんかい)し，**エネルギー**をとり出すはたらきを(①★　　　　)という。（栄養分：炭水化物などの有機物。）

(2) 多細胞生物では，エネルギーを得るための栄養分を，植物は(②　　　　)を受けてつくり，動物は他の生き物を食べて得ている。

まるごと暗記
生物の最小単位は細胞。
多細胞生物の体は，
細胞→組織→器官

まるごと暗記
●動植物で共通なつくり
核，細胞膜
●植物だけにあるつくり
細胞壁，葉緑体，液胞

プラスα
細胞壁の役目は，細胞の保護と体の形の維持(いじ)

ワンポイント
動物も植物も，その体は**細胞**からできている。
そして，どちらにも共通するつくりがある。

まるごと暗記
酸素と栄養分からエネルギーをつくる。これが細胞呼吸。

プラスα
栄養分とは**有機物**のことで，炭素と水素をふくむ。

語群
1 器官／多細胞生物／細胞／組織／個体(こたい)／単細胞生物(たんさいぼうせいぶつ)
2 細胞膜／細胞質／葉緑体(ようりょくたい)／細胞壁(さいぼうへき)／液胞(えきほう)／核(かく)
3 日光／細胞呼吸(さいぼうこきゅう)

★の用語は，説明できるようになろう！

□にあてはまる語句を，下の語群から選んで答えよう。

1 生物の体をつくる細胞の数

教 p.9

2 多細胞生物の体の成り立ち

教 p.11

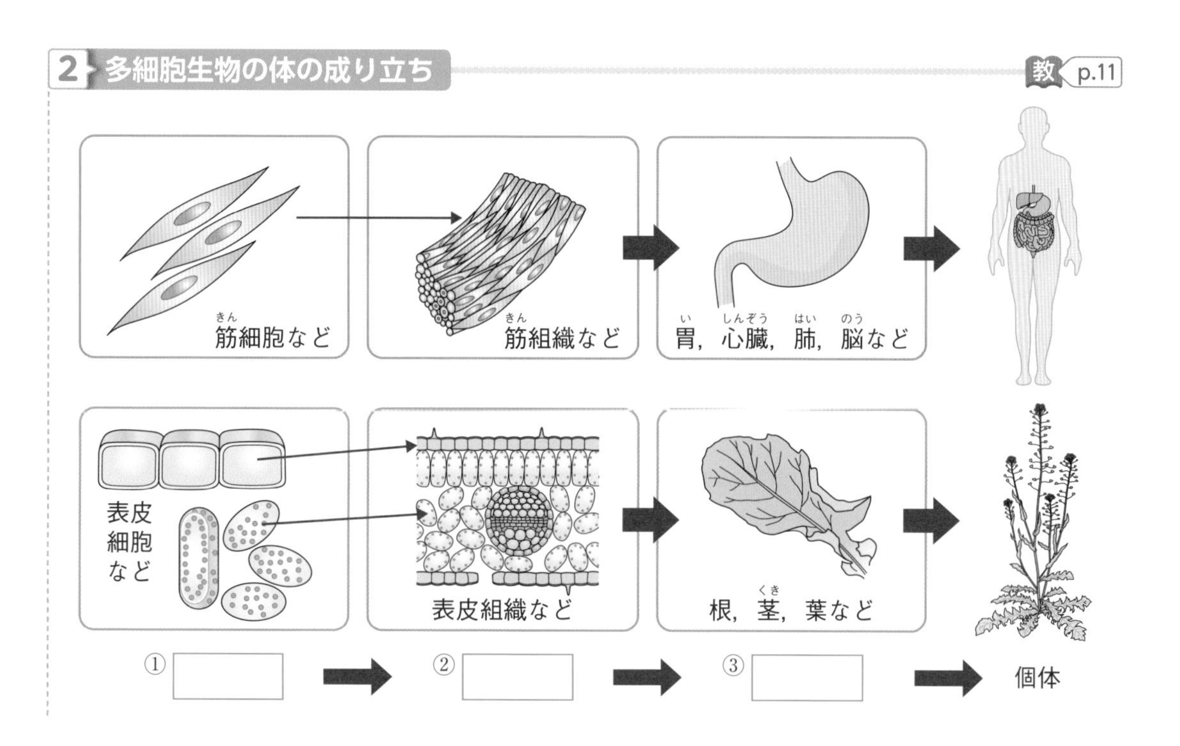

3 細胞のつくり

①，⑤は植物か動物かを書こう。

教 p.14

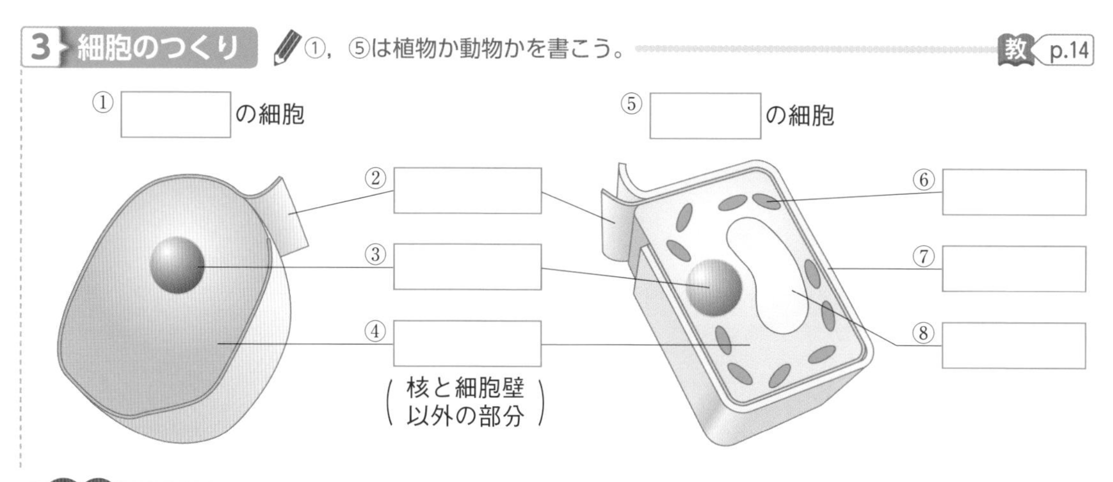

語群
1 単細胞／多細胞　2 器官／細胞／組織　3 核／液胞／植物／細胞壁／細胞膜／葉緑体／細胞質／動物

わからない用語は，教科書の要点の★で確認しよう！

解答 p.1

定着のワーク ステージ2 1章 生物の体をつくるもの

1 細胞 右の図は，池の水の中にいる生物を顕微鏡で観察したものである。次の問いに答えなさい。

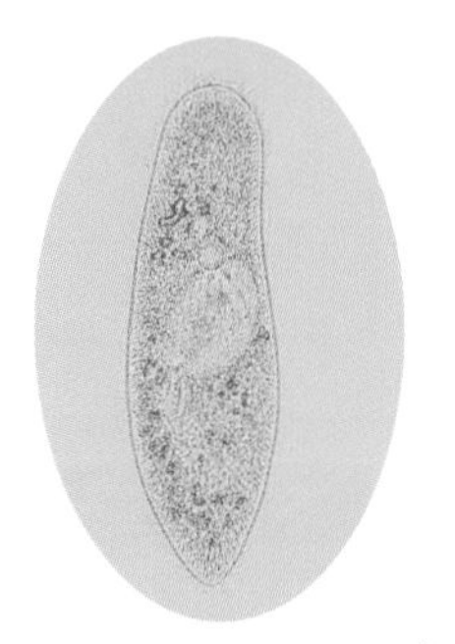

(1) この生物の名称を答えなさい。 (　　　　)

(2) この生物の表面を見ると，全体が小さな部屋のように見え，中に丸いものや粒状のものが見える。この1つの部屋を何というか。 (　　　　)

(3) この生物のように，体が1つの(2)でできている生物を何というか。 (　　　　)

(4) これに対して，ヒトなどのように，体がたくさんの(2)でできている生物を何というか。 (　　　　)

2 教 p.12 観察2 **植物の細胞の観察** 植物の細胞のつくりを調べるために，タマネギとオオカナダモを使って観察を行った。あとの問いに答えなさい。

観察 タマネギの内側のうすい表皮を5mm四方にはぎとったものと，オオカナダモの若い葉をそれぞれスライドガラスにのせて染色液を1滴落とし，カバーガラスをかけてつくったプレパラートを顕微鏡で観察した。

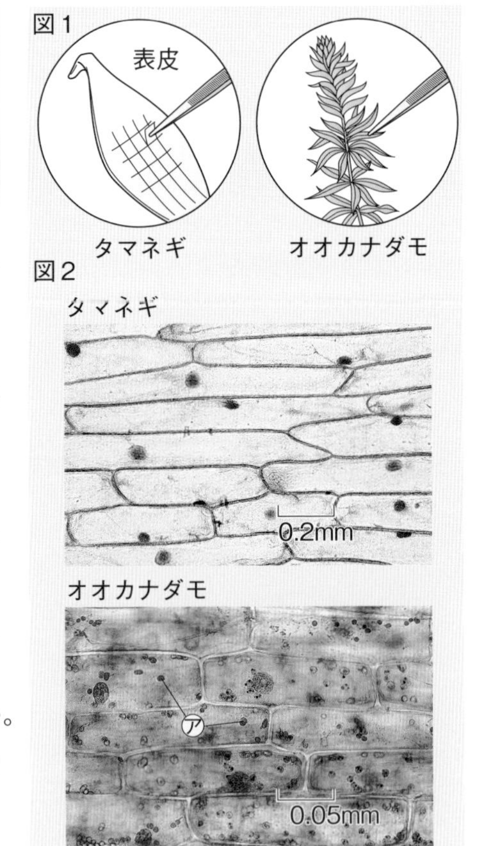

(1) 顕微鏡で観察するとき，最初は低倍率，高倍率のどちらで観察するか。ヒント (　　　　)

(2) (1)で，広い範囲のようすを観察できるのは低倍率のときか，高倍率のときか。ヒント (　　　　)

(3) 顕微鏡で観察すると，図2のように仕切られた1つ1つの小さな部屋のようなものが見られた。これを何というか。 (　　　　)

(4) 図に示されている大きさから考えると，1つ1つの(3)が大きいのはタマネギか，オオカナダモか。ヒント (　　　　)

(5) オオカナダモの葉の(3)の中に見られた㋐のつくりを何というか。 (　　　　)

ヒントの森

2(1)(2)ふつう，最初に全体のようすを観察してから細かい部分を観察する。(4)図に示されている大きさは上が0.2mm，下が0.05mm。

3 教 p.13 観察 2 **動物の細胞の観察**　ヒトのほおの内側の細胞を顕微鏡を使って観察すると，右の図のように見えた。次の問いに答えなさい。

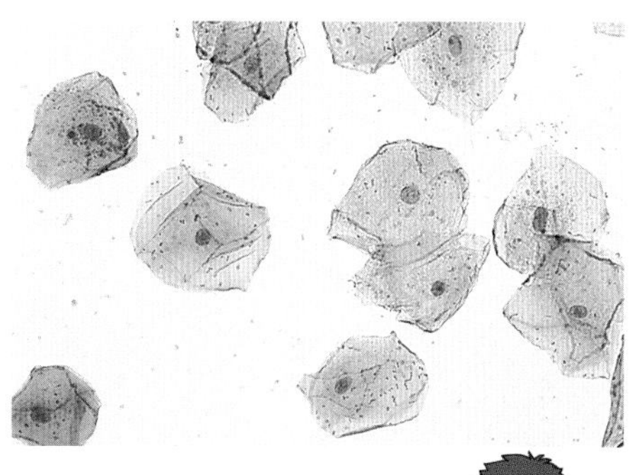

⑴　ほおの内側の細胞をこすりとるには，どのような道具を使うとよいか。ヒント

（　　　　　　　　）

⑵　細胞の中のつくりを観察しやすくするため，染色液を使った。そのつくりとは何か。

（　　　　　　　　）

⑶　⑵の染色液によって，⑵のつくりが赤紫色に染まった。この観察で用いた染色液は何か。

（　　　　　　　　）

⑷　一般に，１つ１つの細胞の中に，⑵はそれぞれいくつあるか。（　　　　　　　　）

⑸　この観察では，顕微鏡の接眼レンズを10倍，対物レンズを40倍にした。このときの拡大倍率は何倍か。ヒント

（　　　　　　　　倍）

4 **細胞のつくりとはたらき**　右の図は，植物の細胞と動物の細胞のつくりを模式的に表したものである。次の問いに答えなさい。

⑴　図の㋐～㋘のつくりの名称を答えなさい。

ヒント

㋐（　　　　　　）　㋑（　　　　　　）
㋒（　　　　　　）　㋓（　　　　　　）
㋔（　　　　　　）　㋕（　　　　　　）
㋖（　　　　　　）　㋗（　　　　　　）
㋘（　　　　　　）

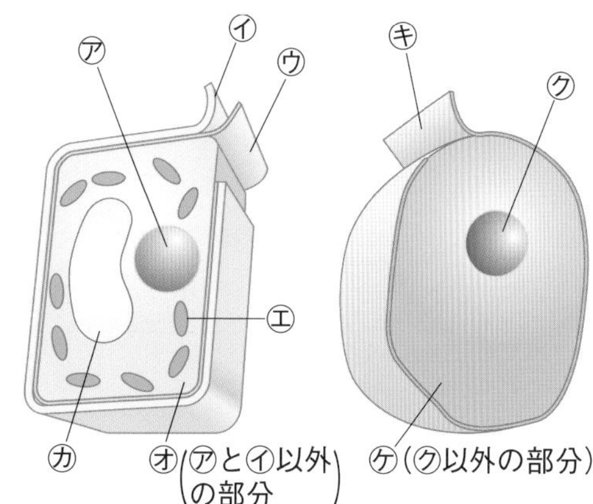

⑵　動物の細胞には見られないつくりを，㋐～㋕からすべて選びなさい。

（　　　　　　　　）

⑶　動物も植物も，細胞に栄養分と酸素をとりこんで，生きるためのエネルギーをとり出している。このはたらきを何というか。

（　　　　　　　　）

⑷　⑶のはたらきでエネルギーをつくるとき，不要な２つの物質ができるので，これを細胞の外に排出する。それは何か。

（　　　　　　と　　　　　　）

ヒントの森

3⑴傷がつかないようにこすりとる。⑸拡大倍率は２つのレンズの倍率の積。
4⑴㋔は㋐と㋑以外の部分，㋘は㋗以外の部分のことをまとめていう名称である。

解答 p.1

実力判定テスト ステージ3 1章 生物の体をつくるもの

30分 /100

1 よく出る タマネギの表皮の細胞，オオカナダモの葉の細胞，ヒトのほおの内側の細胞を観察した。図のA〜Cは，そのいずれかのスケッチである。これについて，あとの問いに答えなさい。

3点×12(36点)

A
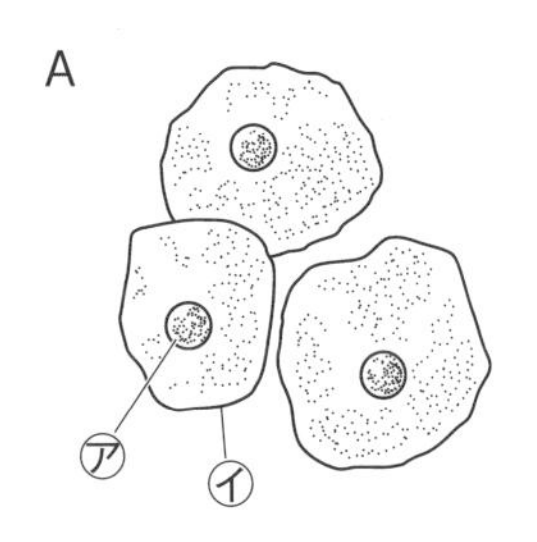

B
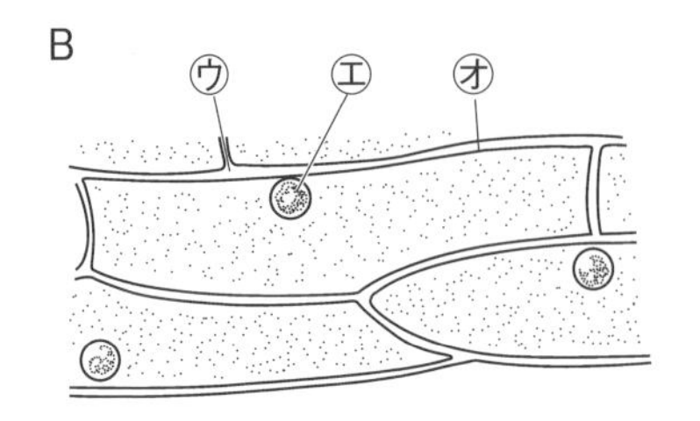

C
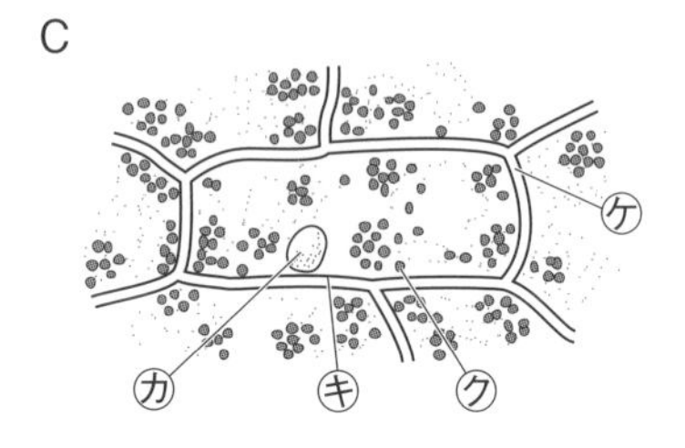

記述 (1) 細胞を観察するとき，染色液として酢酸(さくさん)オルセイン溶液を加えた。なぜ染色液を使うのか。その理由を簡単(かんたん)に答えなさい。

(2) 酢酸オルセイン溶液で，(1)の部分は何色に染まるか。次のア〜ウから選びなさい。

ア 赤紫色に染まる。
イ 青紫(あおむらさき)色に染まる。
ウ 黄緑(きみどり)色に染まる。

(3) ㋑のつくりの名称を答えなさい。また，同じはたらきをするつくりを，Bの㋒〜㋔，Cの㋕〜㋘からそれぞれ選びなさい。

(4) 植物の細胞だけに見られ，体の形を保つのに役立っているつくりを，㋐〜㋘からすべて選び，その名称も答えなさい。

(5) 植物の細胞に見られる緑色の粒を，㋐〜㋘から選び，その名称も答えなさい。

(6) 図のA〜Cは，どの細胞を観察したものか。次のア〜ウからそれぞれ選びなさい。

ア タマネギの表皮　**イ** オオカナダモの葉　**ウ** ヒトのほおの内側

(1)							(2)	
(3)	名称		B		C		(4) 記号	名称
(5)	記号		名称		(6) A		B	C

2 多細胞生物の体の成り立ちについて，次の(　)にあてはまる言葉を答えなさい。

5点×3(15点)

多細胞生物の体は，形やはたらきが同じ(①)が集まって(②)をつくっている。(②)がいくつか集まって(③)をつくり，(③)がいくつか集まって個体となる。

①		②		③	

3 右の図は，いろいろな生物や細胞を顕微鏡で観察したものである。これについて，次の問いに答えなさい。

6点×4（24点）

⑴ 図の中で，ヒトのほおの内側の細胞を観察したものはどれか。㋐～㋓から選びなさい。

⑵ 図の㋑で，細胞の中に１つあるＡの名称を答えなさい。

⑶ 図の㋑で，Ａ以外の部分であるＢの名称を答えなさい。

⑷ 図の㋐と㋓のうち，体をつくる細胞の数が１つなのはどちらか。

㋐
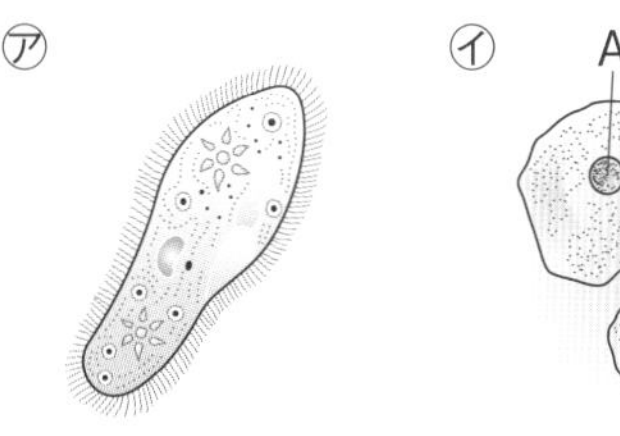

㋑
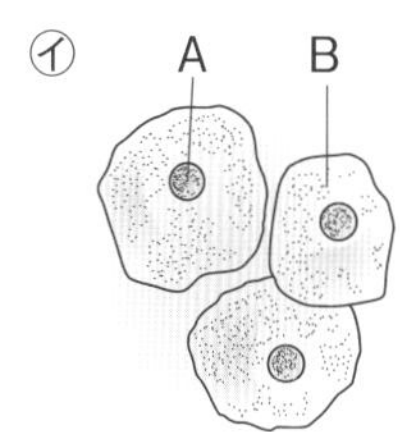

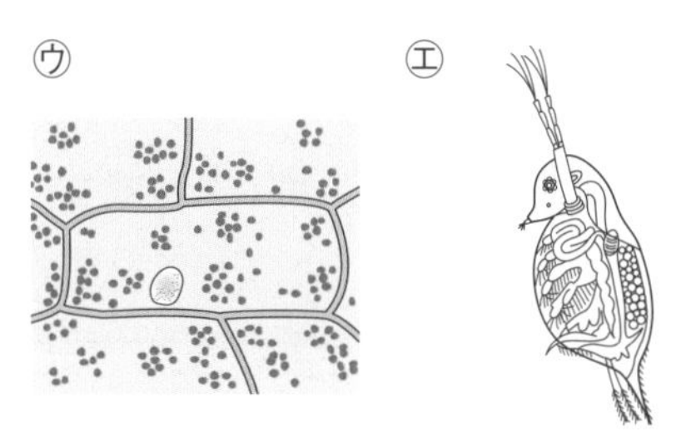

⑴		⑵		⑶		⑷	

4 下の図は，細胞呼吸のしくみを模式的に表したものである。これについて，あとの問いに答えなさい。

5点×5（25点）

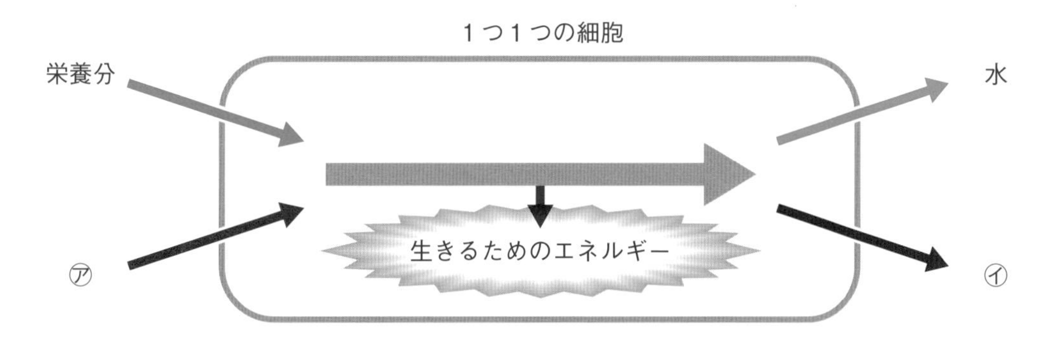

⑴ 図の㋐，㋑にあてはまる物質をそれぞれ答えなさい。

⑵ 細胞呼吸について，次の文の（　）にあてはまる言葉を，下の〔　〕からそれぞれ選び，その言葉を書きなさい。

多くの生物は，とり入れられた㋐を使って，食物などからとり入れた栄養分を分解し，（ ① ）をとり出している。栄養分は（ ② ）や水素をふくむため，分解されると㋑や水が発生する。植物は，（ ③ ）によって必要な栄養分をつくり出している。

〔 エネルギー　　空気　　日光　　炭素　　水 〕

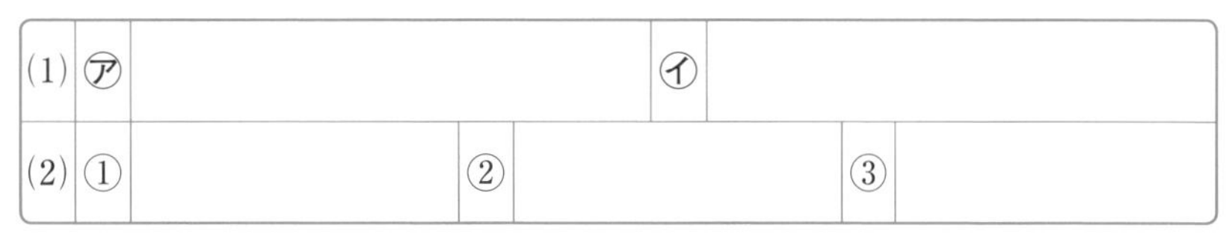

⑴	㋐		㋑			
⑵	①		②		③	

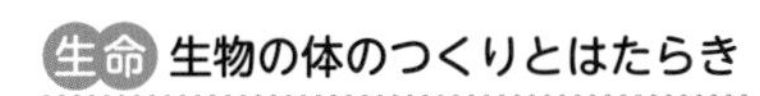

2章　植物の体のつくりとはたらき(1)

同じ語句を何度使ってもかまいません。

(　　)にあてはまる語句を，下の語群から選んで答えよう。

1 栄養分をつくるしくみ

教 p.18〜23

(1) 植物が光を受けてデンプンなど(栄養分)をつくり出すはたらきを(①★　　　　)という。（生きていくために必要。）

(2) 植物は，おもに葉で光合成(こうごうせい)を行っている。葉は，たがいに重なり合わないようについていて，多くの(②　　　　)を受けて，多くの栄養分をつくり出すのに都合がよくなっている。

(3) 光合成は，細胞の中の(③　　　　)で行われている。

(4) 光をよく当てた葉にヨウ素溶液(ようえき)の反応が現れることから，光合成で(④★　　　　)がつくられることがわかる。（青紫色に変わる。）

(5) 比較(ひかく)のために，調べることがら以外の条件をすべて同じにして行う実験を，(⑤　　　　)という。

(6) 光合成の原料は(⑥★　　　　)と(⑦★　　　　)である。

(7) 光合成では，気体の(⑧★　　　　)を発生する。

(8) 葉でつくられたデンプンは，**水にとけやすい物質**に変えられて，植物の体全体に運ばれる。そして，成長のために使われたり，再びデンプンに変わって，果実や種子，根や茎などにたくわえられたりする。

ワンポイント
植物は細胞に特有な緑色の粒・葉緑体をもち，自らエネルギーをつくり出している。このはたらきが光合成。

まるごと暗記
光合成は
水＋二酸化炭素 —光→ デンプンなど＋酸素

プラスα
デンプンは**果実**や**種子**，**根**や**茎**にたくわえられる。
・サツマイモは根に
・ジャガイモは地下茎(ちかけい)にデンプンをたくわえたもの。

2 植物の呼吸(こきゅう)

教 p.24

(1) 動物も植物も，生きていくために昼も夜も(①★　　　　)をしている。

(2) 動物も植物も，呼吸で(②　　　　)をとり入れ，(③　　　　)を出している。

(3) 植物に**光が当たっている**とき，光合成と呼吸は同時に行われているが，光合成によって出入りする気体の量のほうが多い。

(4) 植物に**光が当たっていない**ときは，(④　　　　)だけが行われている。

(5) 呼吸や光合成において，酸素と二酸化炭素は植物の体を出入りしている。

まるごと暗記
<昼>
二酸化炭素 ⇄ 酸素（→光合成，←呼吸）
<夜>
二酸化炭素 ←呼吸— 酸素
光が当たっているときは，呼吸より光合成のほうがさかんである。

語群
1 日光／デンプン／水／酸素／対照(たいしょう)実験／二酸化炭素／葉緑体／光合成
2 二酸化炭素／呼吸／酸素

★の用語は，説明できるようになろう！

同じ語句を何度使ってもかまいません。

教科書の 図　□にあてはまる語句を，下の語群から選んで答えよう。

1 光合成のしくみ

教 p.22

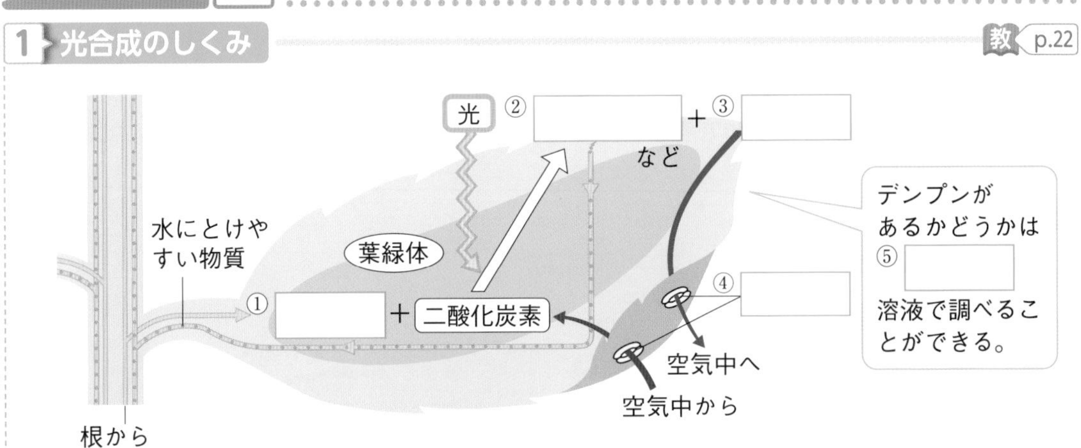

2 植物の体のつくりとはたらき

①，②は植物のはたらき，③～⑤は植物のつくりを書こう。

教 p.23

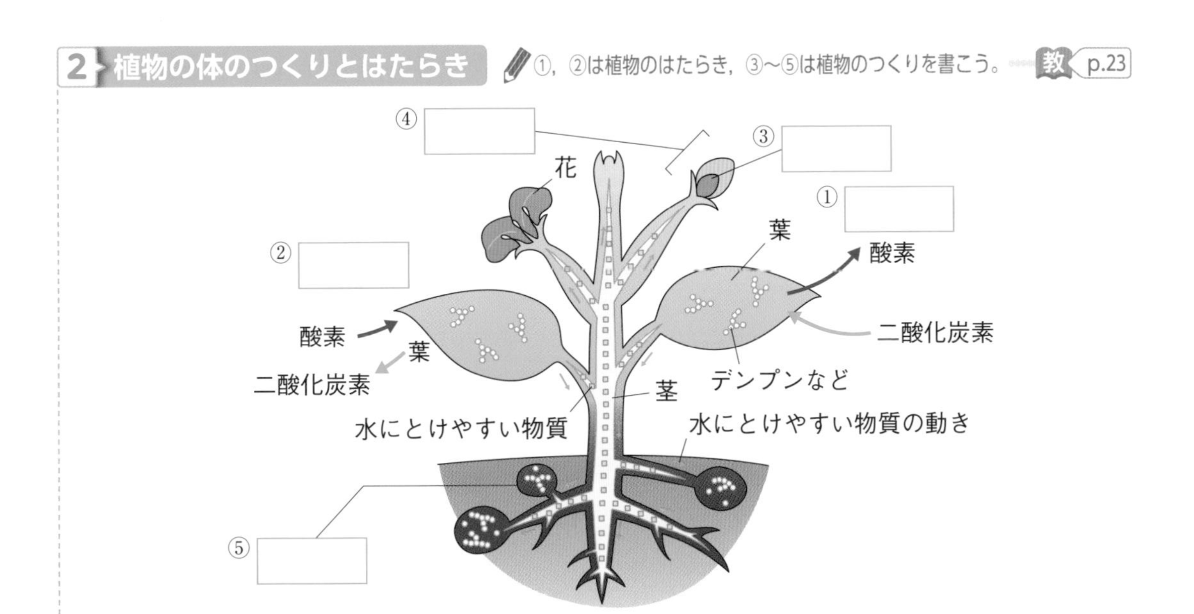

3 光合成と呼吸

①，④は植物のはたらき，②，③は気体の名称を書こう。

教 p.24

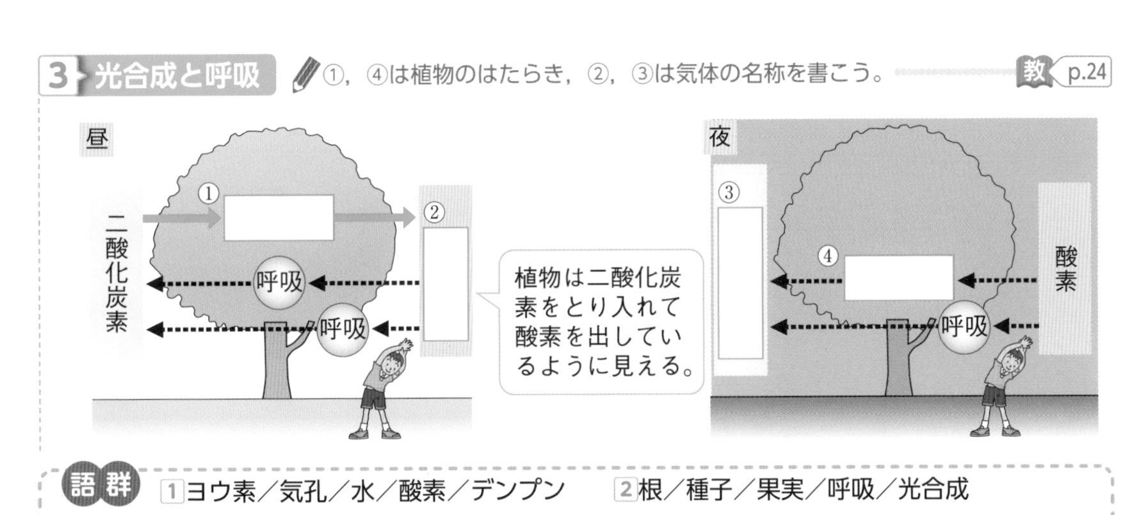

語群
1 ヨウ素／気孔／水／酸素／デンプン　2 根／種子／果実／呼吸／光合成
3 呼吸／酸素／光合成／二酸化炭素

わからない用語は，教科書の要点の★で確認しよう！

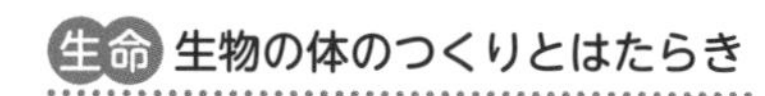

解答 p.2

定着のワーク ステージ2 2章 植物の体のつくりとはたらき(1)

1 光合成が行われる場所 ふ入りの葉を使って，光合成が葉のどの部分で行われるのかについて，下の図のような手順で実験を行った。これについて，あとの問いに答えなさい。

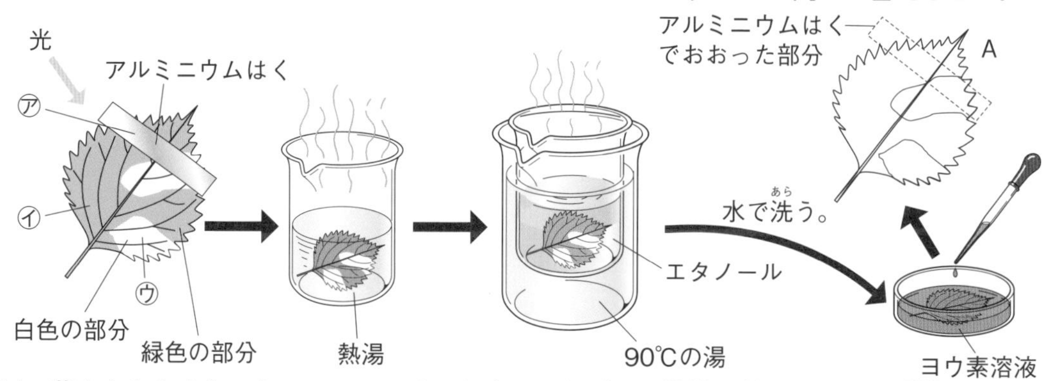

記述 (1) 葉をあたためたエタノールにつけておくのはなぜか。簡単に答えなさい。ヒント
(　　　　　　)

作図 (2) 図のAの葉で，ヨウ素溶液につけたときに，色が変化した部分を黒くぬりなさい。

(3) (2)で黒くぬった部分には何ができているか。(　　　　　　)

(4) 次の①，②のことは，葉の㋐〜㋒のどの部分とどの部分の結果を比べるとわかるか。

① 光合成は葉緑体で行われていること。(　　と　　)

② 光合成には光が必要であること。(　　と　　)

2 光合成 暗室に1晩置いたオオカナダモを用い，1本は日光によく当て，もう1本はそのまま暗室に置いてから，図1のような操作を行い，顕微鏡で観察した。図2は，それぞれを顕微鏡で観察したときのようすである。これについて，次の問いに答えなさい。

(1) 図2のAやBに見られる，小さな部屋のようなつくりを何というか。(　　　　　　)

(2) ヨウ素溶液の反応が現れた図2のAの葉は，日光に当てた葉か，暗室に置いた葉か。ヒント
(　　　　　　)

(3) 図2のAの葉で，ヨウ素溶液の反応が現れた，(1)の中にある粒を何というか。ヒント
(　　　　　　)

(4) ヨウ素溶液の反応が現れた(3)の粒は何色になったか。ヒント (　　　　　　)

図2 A B

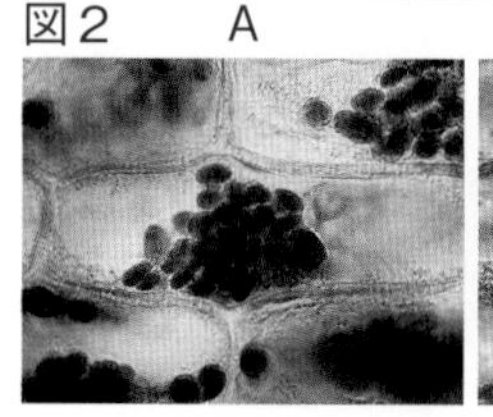

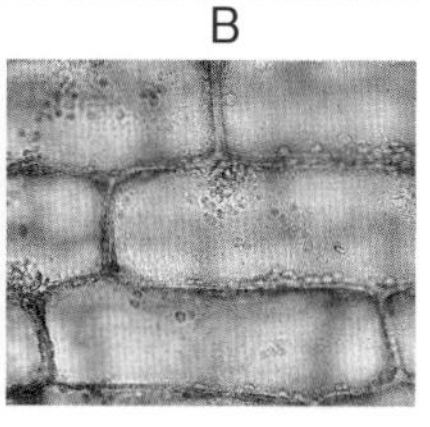

記述 (5) このことから，光合成について「日光」という言葉を使って簡単に答えなさい。ヒント
(　　　　　　)

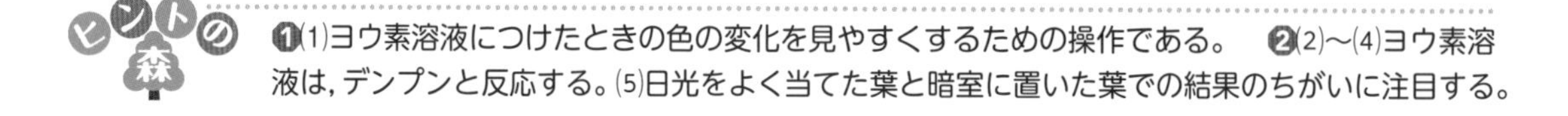

3 教 p.21 実験1 光合成と気体

植物が気体のやりとりをしていることを確認(かくにん)するため，下の図1，2の手順で実験を行った。これについて，あとの問いに答えなさい。

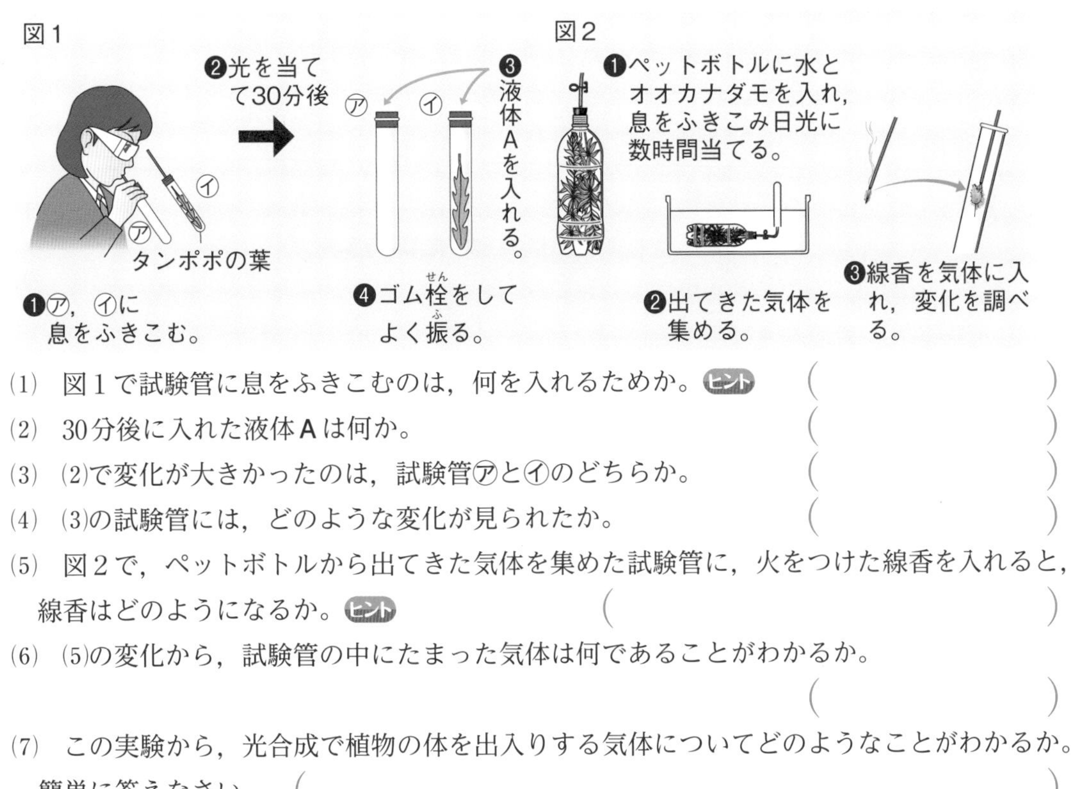

(1) 図1で試験管に息をふきこむのは，何を入れるためか。ヒント （　　　）

(2) 30分後に入れた液体Aは何か。 （　　　）

(3) (2)で変化が大きかったのは，試験管㋐と㋑のどちらか。 （　　　）

(4) (3)の試験管には，どのような変化が見られたか。 （　　　）

(5) 図2で，ペットボトルから出てきた気体を集めた試験管に，火をつけた線香を入れると，線香はどのようになるか。ヒント （　　　）

(6) (5)の変化から，試験管の中にたまった気体は何であることがわかるか。 （　　　）

(7) この実験から，光合成で植物の体を出入りする気体についてどのようなことがわかるか。簡単に答えなさい。 （　　　）

4 呼吸

植物の呼吸を調べるために，右の図のような実験を行った。これについて，次の問いに答えなさい。

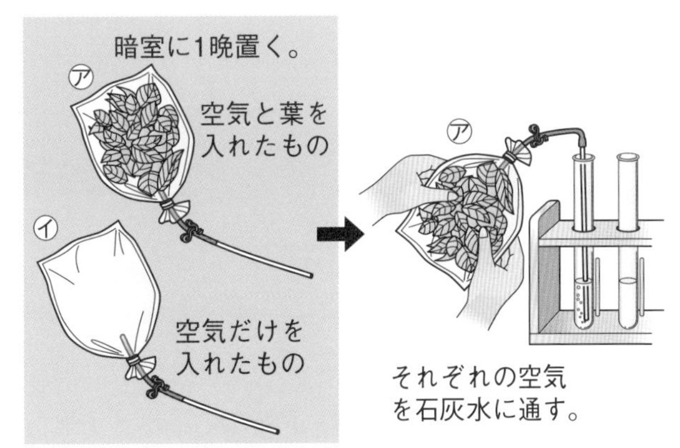

(1) 図の㋐と㋑のように，比較のために行う実験を何というか。 （　　　）

(2) 石灰水(せっかいすい)が白くにごるのは，㋐，㋑のどちらか。 （　　　）

(3) 石灰水の変化から，葉は，何という気体を出したことがわかるか。ヒント （　　　）

(4) 次の①～④の気体は何か。

① 呼吸でとり入れる気体 （　　　）　② 呼吸で出す気体 （　　　）

③ 光合成でとり入れる気体 （　　　）　④ 光合成で出す気体 （　　　）

(5) 日光が当たっているあいだ，植物がやりとりする気体の量は，呼吸と光合成でどちらが多いか。 （　　　）

❸(1)はく息には，二酸化炭素が多くふくまれる。(5)光合成のときに発生する気体には，ものを燃やすはたらきがある。　❹(3)日光に当てずに暗室に置いた葉では光合成は行われず，呼吸だけが起こる。

解答 p.3

2章 植物の体のつくりとはたらき(1)

/100

1 葉のどこにデンプンができているかを調べるために，右の図のようなオオカナダモを用意し，次のような手順で観察した。これについて，あとの問いに答えなさい。 6点×6(36点)

手順1 オオカナダモをよく日光に当ててから，葉を切りとる。
手順2 葉を熱湯につけた後，スライドガラスにのせ，軽く水分をとり，液体Aを落としてから顕微鏡で観察する。
結果 青紫色に染色された小さな粒が観察された。

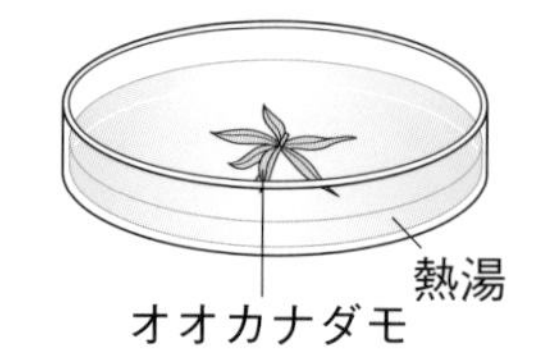

(1) 実験に用いた液体Aは何か。
(2) 青紫色に染色された粒を何というか。
記述 (3) 実験の結果から，日光を受けたオオカナダモについて，どのようなことがわかるか。
(4) オオカナダモの行ったはたらきについて，次の(　)にあてはまる物質名を答えなさい。
(　①　)＋(　②　)⟶栄養分＋(　③　)

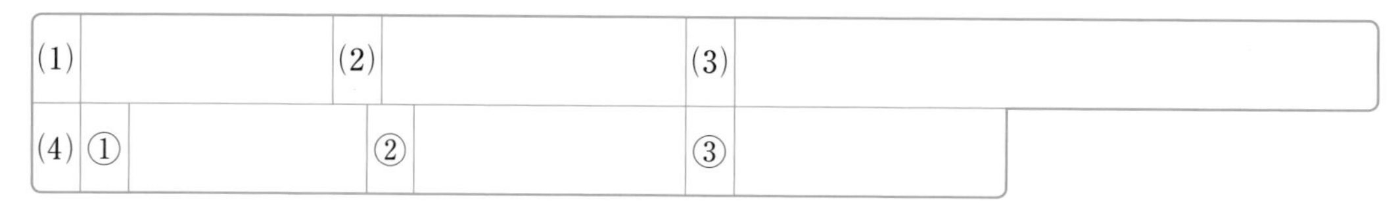

(1)		(2)		(3)	
(4) ①		②		③	

2 下の図は，植物に光を当てたときの二酸化炭素の出入りについて調べる実験を表したものである。これについて，あとの問いに答えなさい。 6点×3(18点)

(1) ❶で，息をふきこむことで袋の中にふえている気体は何か。
(2) 日光を当てると，袋の中の二酸化炭素の量はどのようになるか。
記述 (3) (2)のようになったのはなぜか。簡単に答えなさい。

(1)		(2)	
(3)			

レベルUP **3** オオカナダモを用いて，次のような手順で実験を行った。これについて，あとの問いに答えなさい。ただし，BTB溶液(ようえき)は酸性で黄色，中性で緑色，アルカリ性で青色を示す試薬である。また，二酸化炭素の水溶液(すいようえき)は酸性を示す。

6点×3(18点)

手順1　同量の水を入れた試験管A，Bに，青色のBTB溶液を加え，ストローでそれぞれの試験管にじゅうぶんに息をふきこむ。
手順2　試験管Aにはオオカナダモを入れ，試験管Bには何も入れず，ゴム栓をし，24時間じゅうぶんな光を当てた。
結果　試験管Aの液体の色は変化したが，試験管Bの液体の色は変化しなかった。

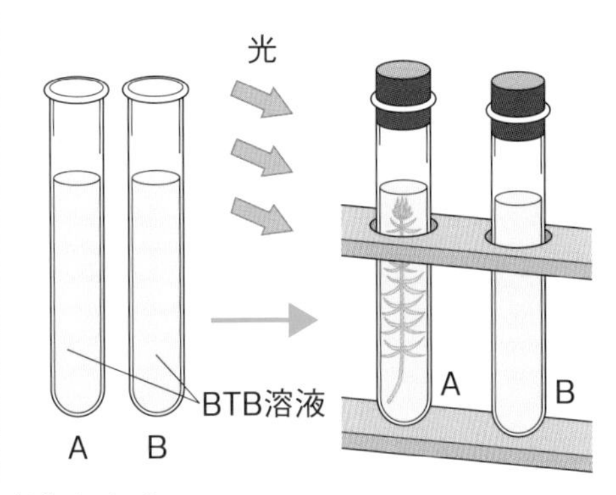

(1)　息をふきこんだ後の試験管の液体の色は何色に変化したか。
(2)　実験後，試験管Aの液体の色は何色に変化したか。

(3)　(2)のように試験管Aの液体の色が変化したのはなぜだと考えられるか。簡単に答えなさい。

よく出る **4** 葉と空気を入れたポリエチレンの袋と空気だけを入れたポリエチレンの袋を，それぞれ２つずつ用意し，１組はAのように光を当て，もう１組はBのように１晩暗室に置いた。その後，それぞれの袋の中の気体を石灰水に通し，石灰水の変化を調べた。これについて，次の問いに答えなさい。

7点×4(28点)

(1)　比較のために，㋑，㋓のような袋を用意して行う実験を何というか。

(2)　㋑，㋓の袋を用意して実験を行う理由を，「葉」という言葉を使って簡単に答えなさい。
(3)　石灰水がもっとも白くにごったのは，㋐～㋓のどの袋の中の気体か。

(4)　㋐と㋒の葉で行われたはたらきのちがいを，「呼吸」，「光合成」という言葉を使って簡単に答えなさい。

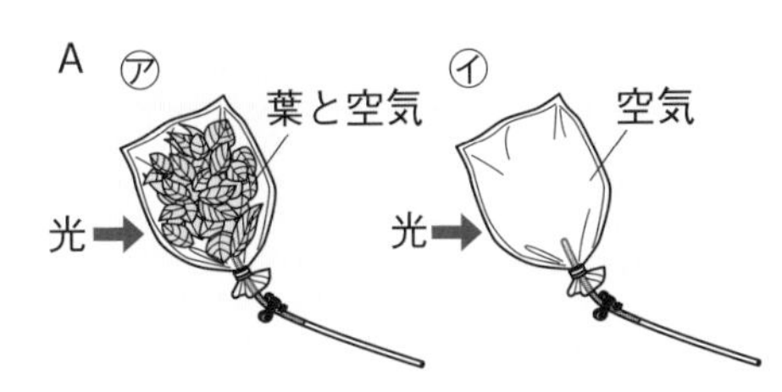

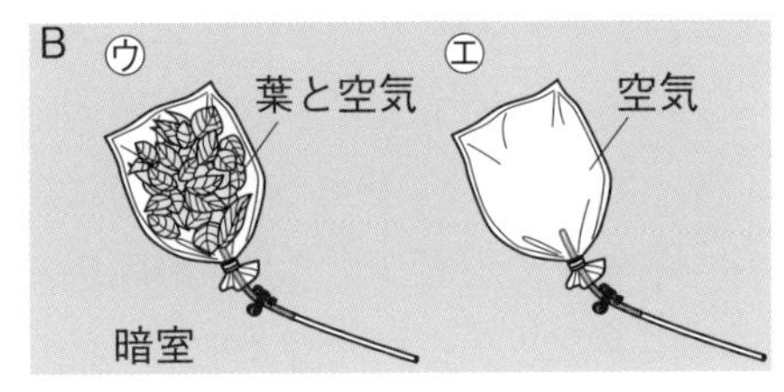

解答 p.4

確認のワーク ステージ1　2章 植物の体のつくりとはたらき(2)

教科書の要点

同じ語句を何度使ってもかまいません。

(　　)にあてはまる語句を，下の語群から選んで答えよう。

1 根のつくりとはたらき

教 p.25〜26

(1) 根は，土の中にのび，植物の**体を支えている**。

(2) 根は，地中から(①　　　　)や，水にとけた養分などをとり入れている。

(3) タンポポの根は，太い根の(②　　　　)から細い根の(③　　　　)が枝分かれしている。
（タンポポ：双子葉類）

(4) イネなどの根は，多数の細い根の(④　　　　)が広がっている。
（イネ：単子葉類）

(5) 根の先端(せんたん)近くには，(⑤　　　　)という小さな毛のようなものが多く生えている。根毛は土の粒の間に入りこみ，根と土がふれる面積を(⑥　　　　)し，水や水にとけた養分を吸収(きゅうしゅう)しやすくしている。

2 茎のつくりとはたらき

教 p.27〜29

(1) 根から吸収した**水や水にとけた養分**などが通る管を(①★　　　　)，葉でつくられた**栄養分**が通る管を(②★　　　　)という。

(2) 数本の道管(どうかん)と師管(しかん)が集まってつくる束を(③★　　　　)という。

(3) ホウセンカの茎の維管束(いかんそく)は，**輪のように並(なら)んでいて**，トウモロコシの茎の維管束は，**散在している**。

3 葉のつくりと蒸散(じょうさん)

教 p.29〜32

(1) 葉の内部の細胞には，(①★　　　　)という緑色の粒がたくさんあり，そのために葉が緑色に見える。

(2) 葉の表面は表皮という１層(そう)の細胞が並び，内側を保護している。

(3) 表皮には，２つの孔辺細胞(こうへんさいぼう)に囲まれた(②★　　　　)というすきまがあり，それが酸素や二酸化炭素の出入り口，水蒸気(すいじょうき)の出口となる。これは茎より葉，葉の表側より裏(うら)側に多い。

(4) 植物の体から水が水蒸気となって出ていくことを(③★　　　　)という。

ワンポイント
植物の体の中は，水や養分が運ばれている。そのしくみが根，茎，葉へつながる**維管束**である。

まるごと暗記
根のつくり
- 双子葉類（ホウセンカなど）**主根と側根**
- 単子葉類（トウモロコシなど）**ひげ根**

まるごと暗記
- **道管**…水や水にとけた養分が通る管。
- **師管**…葉でつくられた養分が通る管。

まるごと暗記
維管束のつくり
- 双子葉類　輪のように並ぶ。
- 単子葉類　散在している。

プラスα
気孔は孔辺細胞のはたらきによって，開閉(かいへい)する。

語群
1 根毛／側根(そっこん)／ひげ根／水／主根／大きく　2 師管／維管束／道管
3 蒸散／気孔(きこう)／葉緑体

★の用語は，説明できるようになろう！

同じ語句を何度使ってもかまいません。

□にあてはまる語句を，下の語群から選んで答えよう。

1 根，茎のつくり

③は①と②が集まった束の名称を書こう。 教 p.28

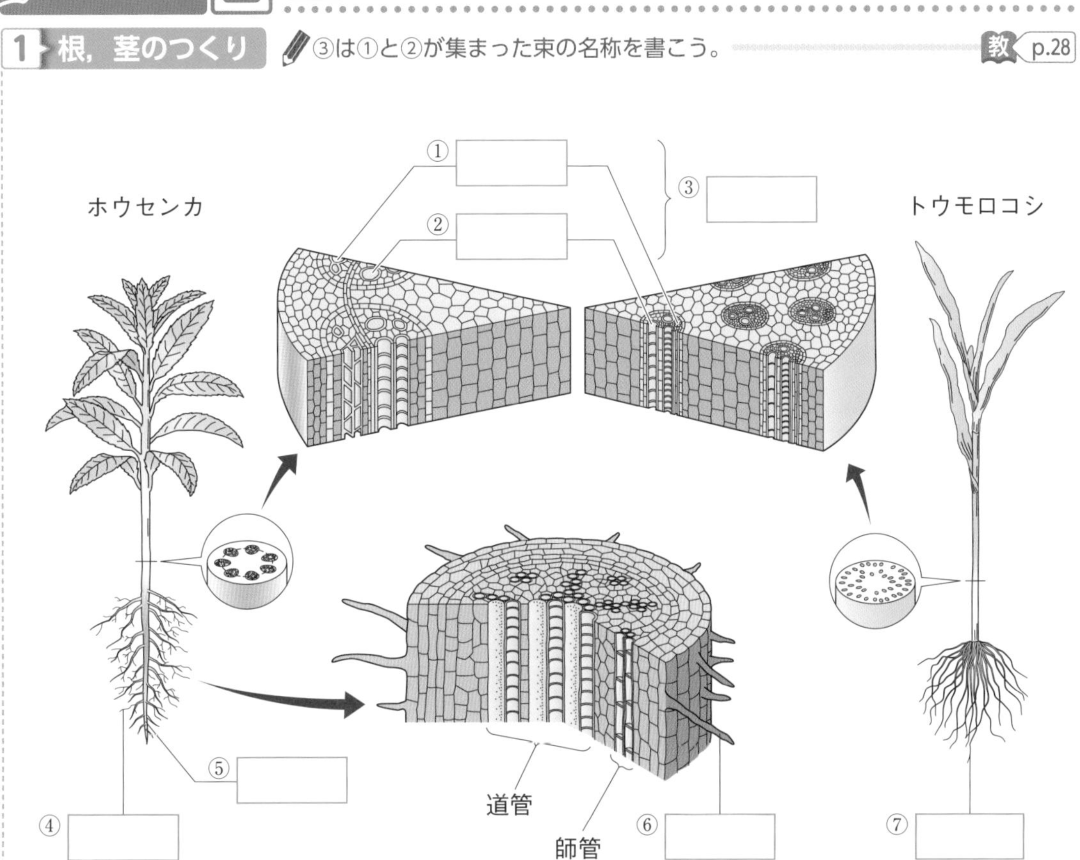

2 葉のつくり

⑤，⑥は気体の名称を書こう。 教 p.29

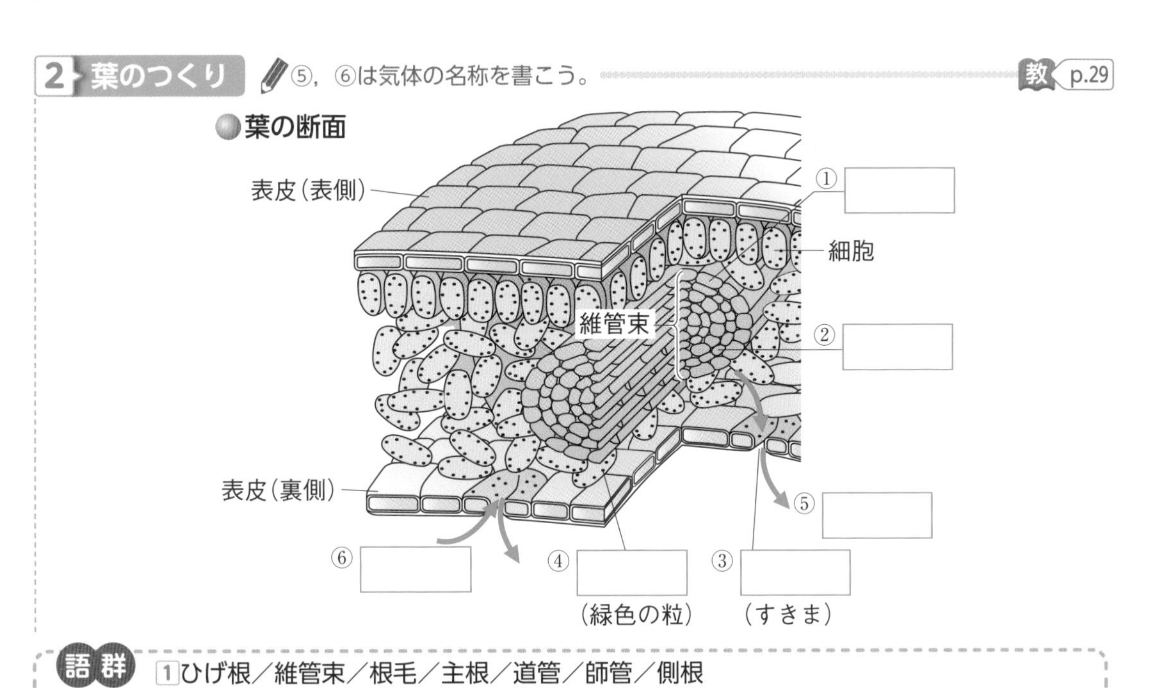

語群
1 ひげ根／維管束／根毛／主根／道管／師管／側根
2 葉緑体／気孔／道管／酸素／師管／水蒸気

わからない用語は，教科書の 要点 の★で確認しよう！

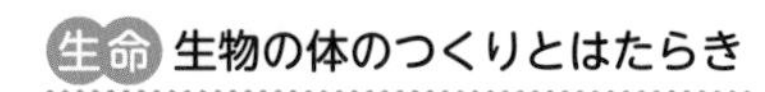

解答 p.4

定着のワーク ステージ2　2章　植物の体のつくりとはたらき(2)

1 教 p.26　観察3　**根・茎のつくり**　下の図はトウモロコシとホウセンカの根と茎を，カッターナイフで輪切りにし，双眼実体顕微鏡で観察したものである。あとの問いに答えなさい。

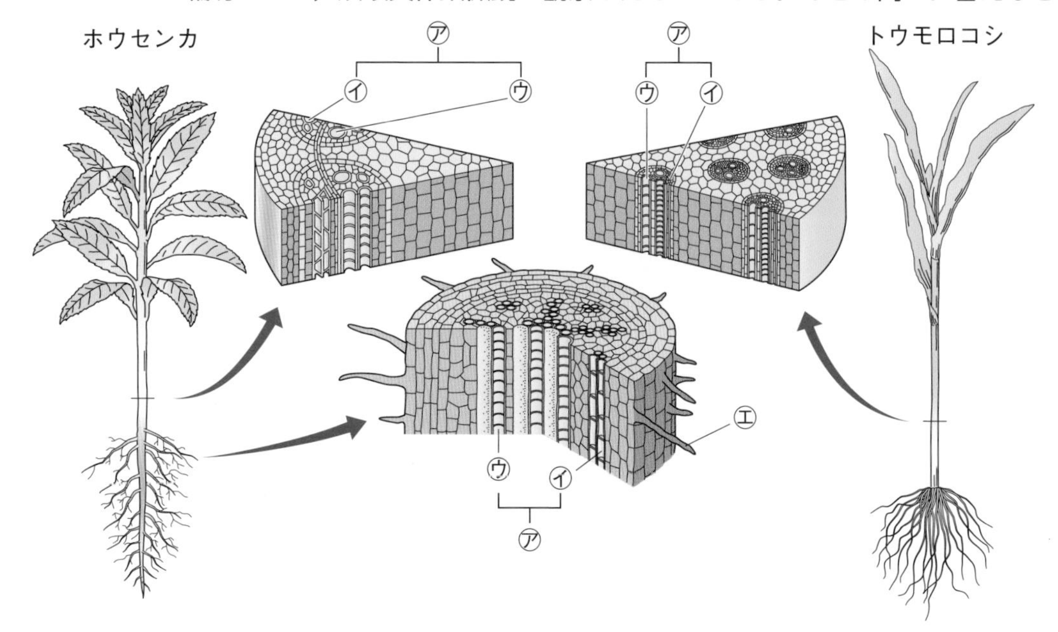

㋐～㋓は根と茎の断面のつくりを示している。次の①～④のはたらきにあてはまるつくりを㋐～㋓から選び，その名称を答えなさい。ヒント

① 根から吸収した水や水にとけた養分が通る管。
記号(　　　)　名称(　　　　　　　)

② 葉でつくられた養分が運ばれる管。　記号(　　　)　名称(　　　　　　　)

③ 水や水にとけた養分を土の中から吸い上げるつくり。
記号(　　　)　名称(　　　　　　　)

④ 数本の①と②の管が集まってつくる束。　記号(　　　)　名称(　　　　　　　)

2 教 p.27　観察3　**葉のつくり**　右の図はある葉の表皮を顕微鏡で観察したようすを表している。次の問いに答えなさい。

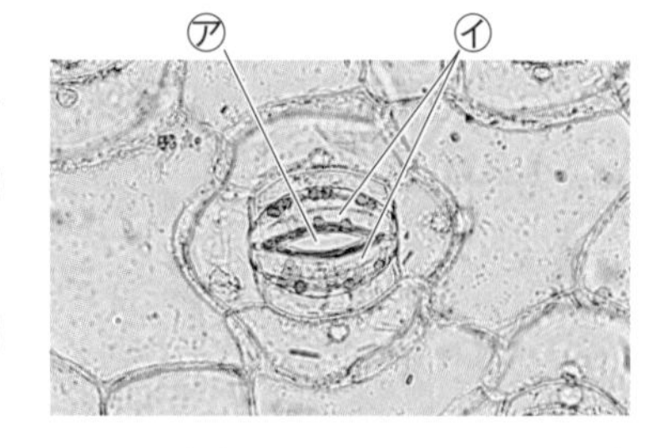

(1) 図の㋐は表皮にある小さなすきまである。このようなすきまを何というか。　(　　　　　　　)

(2) (1)のまわりにある２つの三日月形の細胞㋑を何というか。　(　　　　　　　)

(3) (1)から出入りする気体を２つ答えなさい。ヒント
(　　　　　　　)(　　　　　　　)

❶ホウセンカは双子葉類で，維管束は輪のように並ぶ。トウモロコシは単子葉類で，維管束は散在している。　❷(3)光合成と呼吸で出入りする気体は気孔を通る。

3 蒸散

右の図1のように，葉の枚数(まいすう)や大きさがほぼ同じ枝を2本用意し，㋐は葉の表に，㋑は葉の裏にワセリンをぬり，水面に油を浮(う)かべた試験管の水にさした。しばらくしてから水の減少量を調べると，㋐の枝を入れた試験管のほうが水の減少量が多かった。これについて，次の問いに答えなさい。

図1

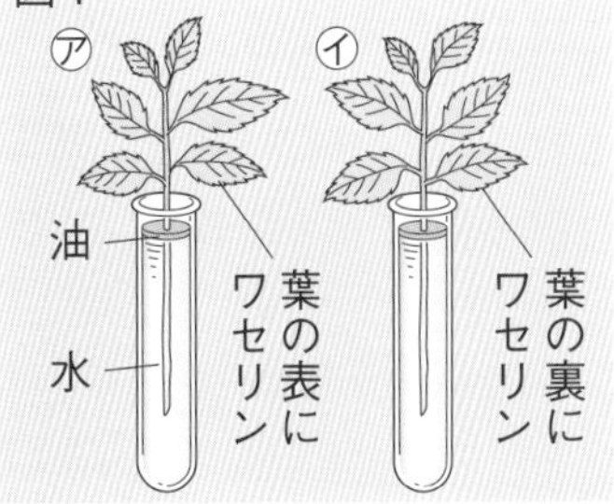

㋐ ㋑

油 水 葉の表にワセリン 葉の裏にワセリン

(1) 植物の体の表面から水が水蒸気として出ていくことを何というか。（　　　　　）

(2) 葉にぬったワセリンや水面に浮かべた油について，次の文の(　)にあてはまる言葉を答えなさい。

①（　　　　　）②（　　　　　）

葉にワセリンをぬったのは(①)を防ぐためで，水面に油を浮かべたのは水の(②)を防ぐためである。

(3) 根から吸収した水は，何という管を通って，葉まで運ばれるか。（　　　　　）

(4) 根から吸収した水は，葉の何というつくりから水蒸気として出ていくか。ヒント

（　　　　　）

(5) (4)のつくりの開閉について，次のア，イから正しいものを選びなさい。（　　）

ア　ふつう昼開き，夜閉(と)じる。

イ　ふつう夜開き，昼閉じる。

(6) 葉の表側と裏側から出ていった水蒸気の量について，次のア～ウから正しいものを選びなさい。（　　）

ア　葉の表側から出ていった水蒸気の量のほうが多い。

イ　葉の裏側から出ていった水蒸気の量のほうが多い。

ウ　葉の表側と裏側で，出ていった水蒸気の量は等しい。

(7) (6)の結果から，葉の表側と裏側にある(4)のつくりの数について，どのようなことがいえるか。次のア～ウから選びなさい。（　　）

ア　葉の表側のほうが多い。

イ　葉の裏側のほうが多い。

ウ　葉の表側と裏側で，その数は変わらない。

図2

A

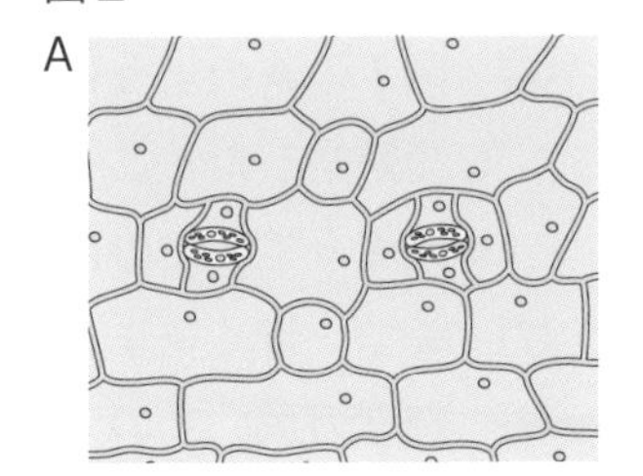

B

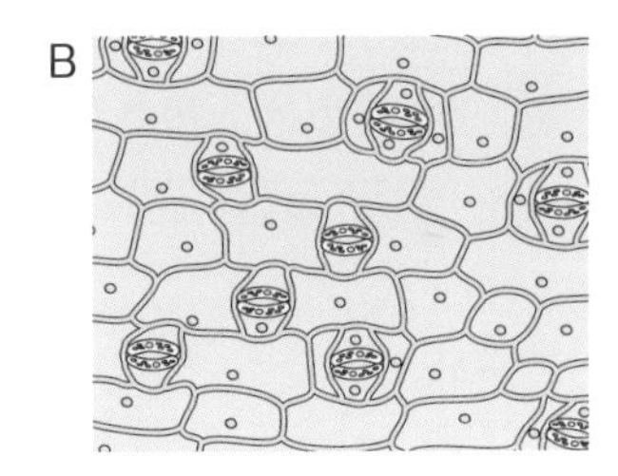

(8) 図2のA，Bは，図1の植物の葉の表側と裏側の表皮のようすを表したものである。葉の表側の表皮を表しているのはA，Bのどちらか。（　　）

(9) 葉から出ていく水蒸気の量が多くなると，根から吸い上げる水の量はどうなるか。（　　　　　）

記述

(10) 根から吸い上げる水は，植物の体の中でどんなはたらきをしているか。2つ答えなさい。ヒント

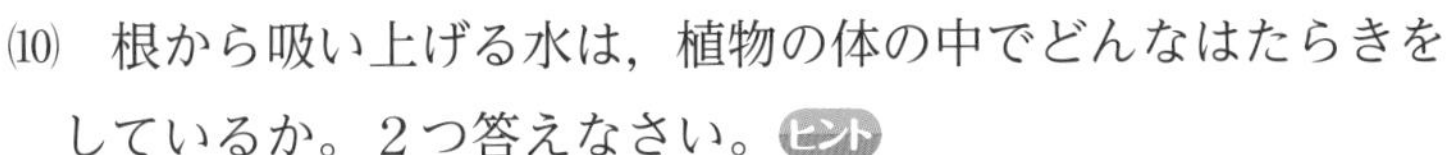

（　　　　　　　　　　）

（　　　　　　　　　　）

ヒントの森

3(4)根から吸い上げられた水は，葉などの表皮にあるすきまから出ていく。(10)地中の養分は水にとけている。光合成は水を使う。

解答 p.5

2章 植物の体のつくりとはたらき(2)

30分

/100

1 茎のつくりを調べるために，ホウセンカとトウモロコシを用意し，次のような手順でそれぞれを観察した。これについて，あとの問いに答えなさい。 2点×11(22点)

手順1 青インクをとかした水に植物をさしておく。
手順2 茎を輪切りや縦切り(たて)にして，水につける。
手順3 双眼実体顕微鏡で，それぞれの断面を観察する。

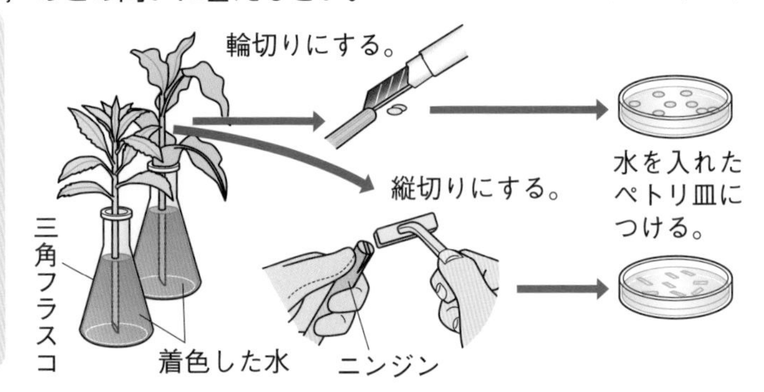

(1) 図1は，植物の横断面を双眼実体顕微鏡で観察したものである。ホウセンカの横断面を表しているものは，A，Bのどちらか。
(2) 図2は，植物の縦断面(じゅうだんめん)を双眼実体顕微鏡で観察したものである。トウモロコシの縦断面を表しているものは，C，Dのどちらか。
(3) 図1や図2で，青く染まっていたのは，何というつくりか。
(4) ホウセンカの茎の横断面を観察すると，(3)のつくりはどのように並んでいるか。
(5) トウモロコシの茎の横断面を観察すると，(3)のつくりはどのように並んでいるか。
(6) 図1のAのように見えた植物の茎の横断面を拡大して観察したところ，図3のようになっていた。青く染まっていたのは，㋐，㋑のどちらか。
(7) (6)で，青く染まっていたのは，何が通る管か。
(8) 図3の㋐，㋑のつくりをそれぞれ何というか。
(9) 図3の㋐と㋑が集まってつくる束を何というか。
(10) (9)の束は，根や葉とつながっているか，つながっていないか。

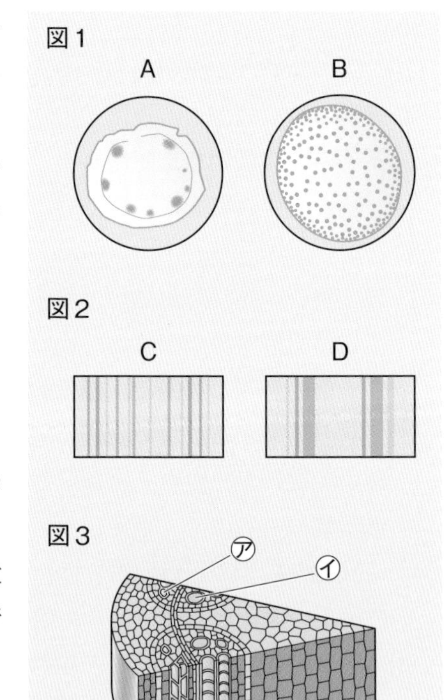

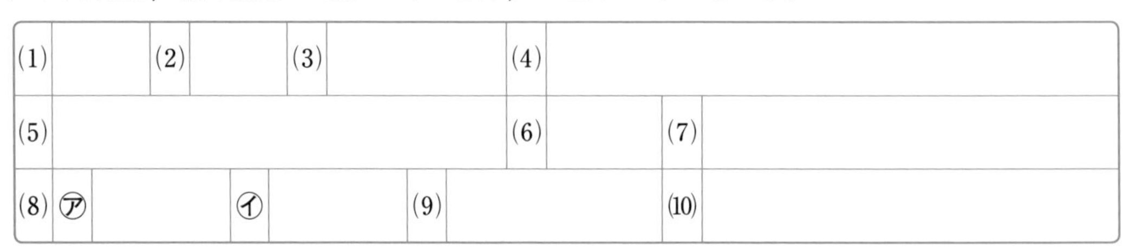

(1)		(2)		(3)		(4)	
(5)				(6)		(7)	
(8)	㋐	㋑		(9)		(10)	

よく出る 2 下の図の植物の根や茎について，あとの問いに答えなさい。

4点×12(48点)

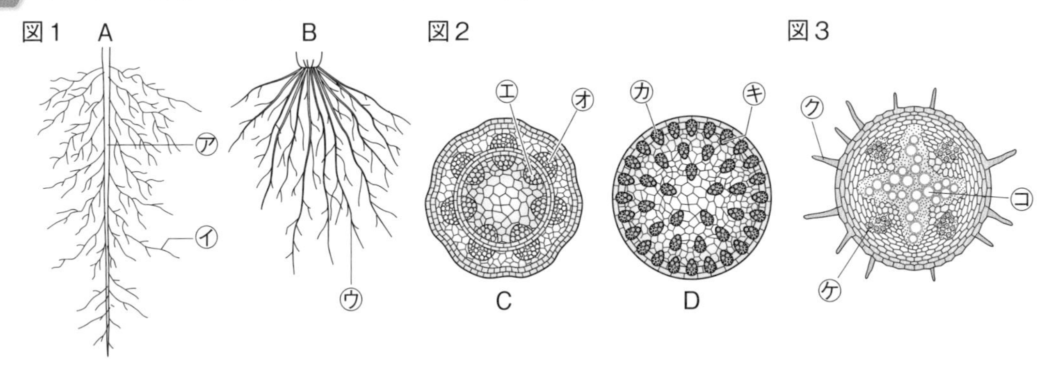

⑴　図1のア～ウの根をそれぞれ何というか。

⑵　イネの根は，図1のA，Bのどちらのようになっているか。

⑶　図2は，2種類の植物の茎の横断面を表したものである。Aのような根をもつ植物の茎の横断面を表しているのは，C，Dのどちらか。

⑷　図2のエ～キのつくりをそれぞれ何というか。

⑸　図3は，ある植物の根の横断面のようすである。クのつくりを何というか。

記述 ⑹　⑸のつくりがあると，どのような点で都合がよいか。簡単に答えなさい。

⑺　地中から吸収した水や水にとけた養分が通るのは，図3のケ，コのどちらか。

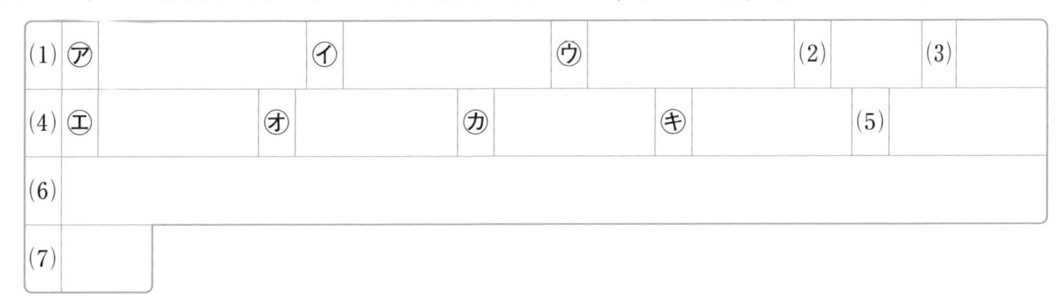

⑴	ア		イ		ウ		⑵		⑶	
⑷	エ		オ		カ		キ		⑸	
⑹										
⑺										

3 右の図は，ある葉の断面のようすを表したものである。これについて，次の問いに答えなさい。

5点×6(30点)

⑴　図のアのすきまを何というか。

⑵　⑴は，葉の表側と裏側のどちらに多いか。

⑶　蒸散とは，どのような現象のことをいうか。簡単に答えなさい。

⑷　蒸散がさかんになると，根からの水の吸い上げはどのようになるか。

⑸　図のイ，ウの管を，それぞれ何というか。

⑴		⑵		⑶			
⑷		⑸	イ		ウ		

解答 p.5

確認のワーク ステージ1 3章 動物の体のつくりとはたらき(1)

教科書の要点 (　)にあてはまる語句を，下の語群から選んで答えよう。

同じ語句を何度使ってもかまいません。

1 食物の消化・分解

教 p.34〜39

(1) 食物の大部分は，炭水化物，脂肪，タンパク質などの(①　　　)である。

(2) 食物にふくまれる栄養分を分解して，体に吸収されやすい状態に変えるはたらきを，(②★　　　)という。

(3) 口から食道，胃，小腸，大腸をへて肛門につながる食物の通り道を(③　　　)という。

(4) 唾液や胃液など，消化にかかわる液を(④　　　)という。

(5) 唾液にふくまれるアミラーゼという(⑤★　　　)は，デンプンを分解する。このように，消化酵素は決まった物質にだけはたらき，その結果できる物質も決まっている。

(6) 消化管を通って行く間に，デンプンは最終的に(⑥★　　　)にまで分解される。
└唾液中や，すい液中のアミラーゼなどによる。

(7) 消化管を通って行く間に，タンパク質は最終的に(⑦★　　　)にまで分解される。
└胃液中のペプシンや，すい液中のトリプシンなどによる。

(8) 消化管を通って行く間に，脂肪は最終的に(⑧★　　　)と(⑨★　　　)にまで分解される。
└胆汁や，すい液中のリパーゼなどによる。

2 栄養分の吸収

教 p.40〜41

(1) 小腸の壁にはたくさんのひだがあり，その表面にある(①★　　　)というたくさんの小さな突起から栄養分が吸収される。

(2) 柔毛で吸収されたブドウ糖やアミノ酸は，(②★　　　)に入り，肝臓を通り，全身へと運ばれる。
└無機物も入る。

(3) 柔毛で吸収された脂肪酸とモノグリセリドは，再び脂肪になって(③★　　　)に入る。リンパ管はやがて血管と合流し，脂肪が全身へと運ばれる。

(4) 小腸で吸収されずに残った水分は，(④　　　)から吸収される。

(5) 吸収されなかったものや消化されなかったものは，便として(⑤　　　)から排出される。

ワンポイント
植物は光合成によって栄養物をつくることができるが，動物は食物から必要な栄養をとる。

まるごと暗記
デンプン→ブドウ糖
タンパク質→アミノ酸
脂肪→脂肪酸とモノグリセリドに分解される。

プラスα
消化酵素にはアミラーゼ，ペプシン，トリプシン，リパーゼがある。胆汁は消化酵素をふくまないが，脂肪の分解を助ける。

まるごと暗記
ブドウ糖とアミノ酸
→毛細血管→肝臓→全身
脂肪酸とモノグリセリド
→脂肪→リンパ管→血管→全身

語群 ①ブドウ糖／脂肪酸／消化管／モノグリセリド／消化／有機物／消化液／アミノ酸／消化酵素 ②柔毛／大腸／毛細血管／肛門／リンパ管

★の用語は，説明できるようになろう！

同じ語句を何度使ってもかまいません。

教科書の図　□にあてはまる語句を，下の語群から選んで答えよう。

1 食物の消化

教 p.38〜39

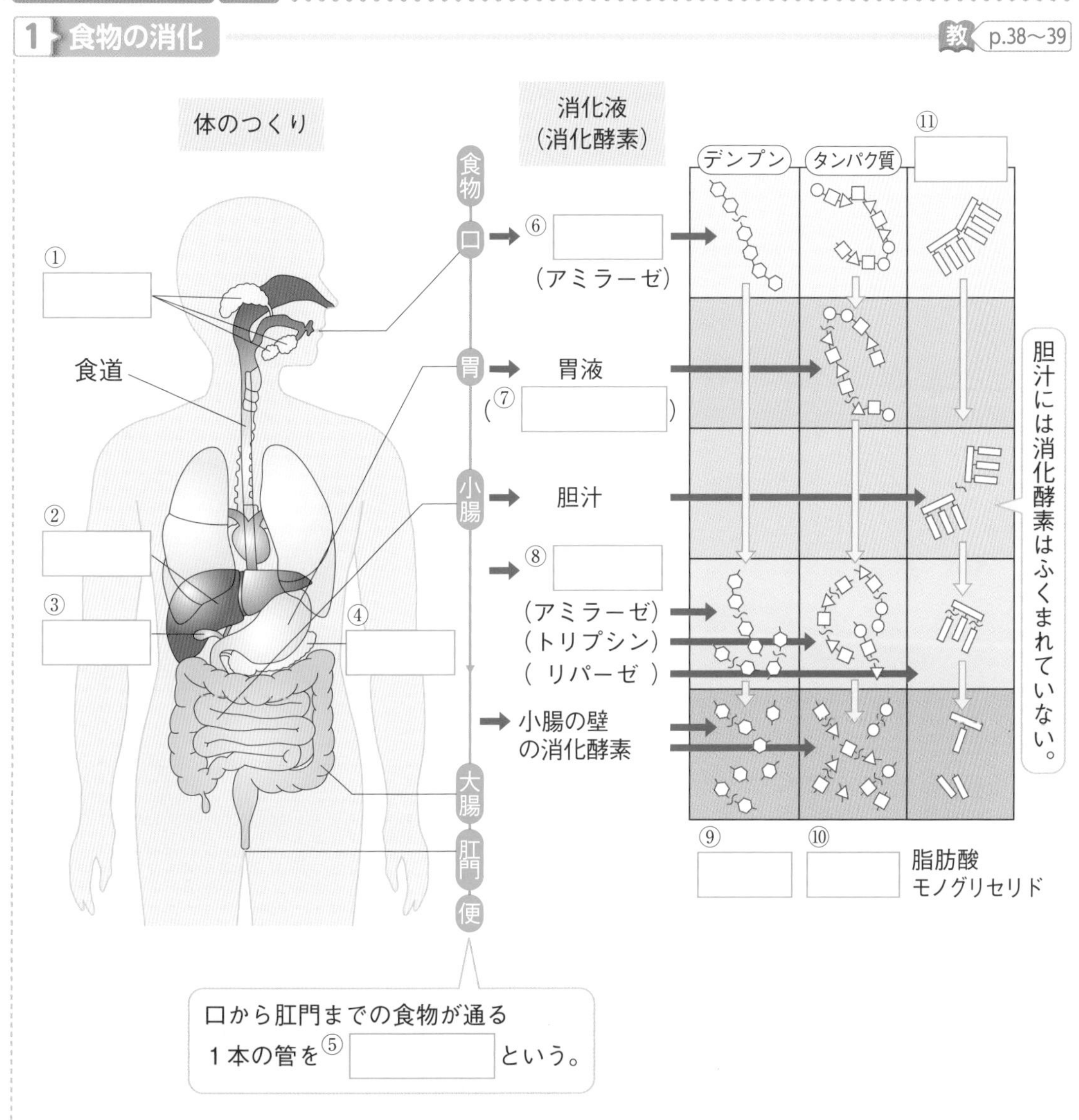

2 栄養分の吸収

教 p.40〜41

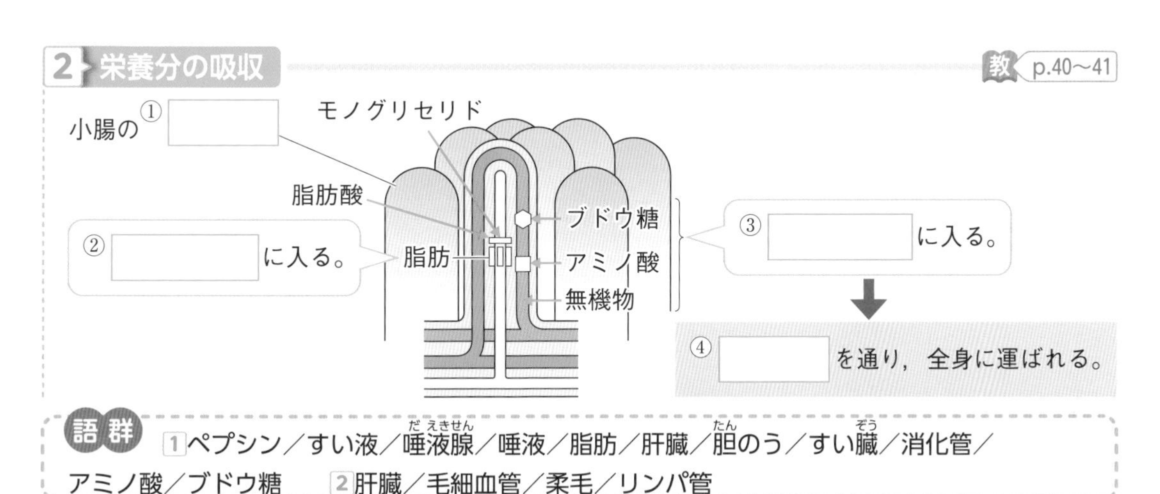

語群　1 ペプシン／すい液／唾液腺（だえきせん）／唾液／脂肪／肝臓／胆（たん）のう／すい臓（ぞう）／消化管／アミノ酸／ブドウ糖　2 肝臓／毛細血管／柔毛／リンパ管

わからない用語は，教科書の要点の★で確認しよう！

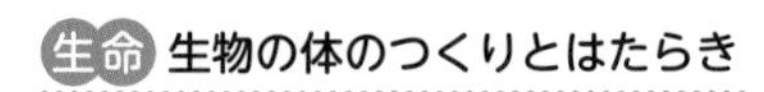

3章　動物の体のつくりとはたらき(1)

1 教 p.36 実験2 **唾液のはたらき** 唾液のはたらきを調べるために，下のような手順で実験を行った。これについて，あとの問いに答えなさい。

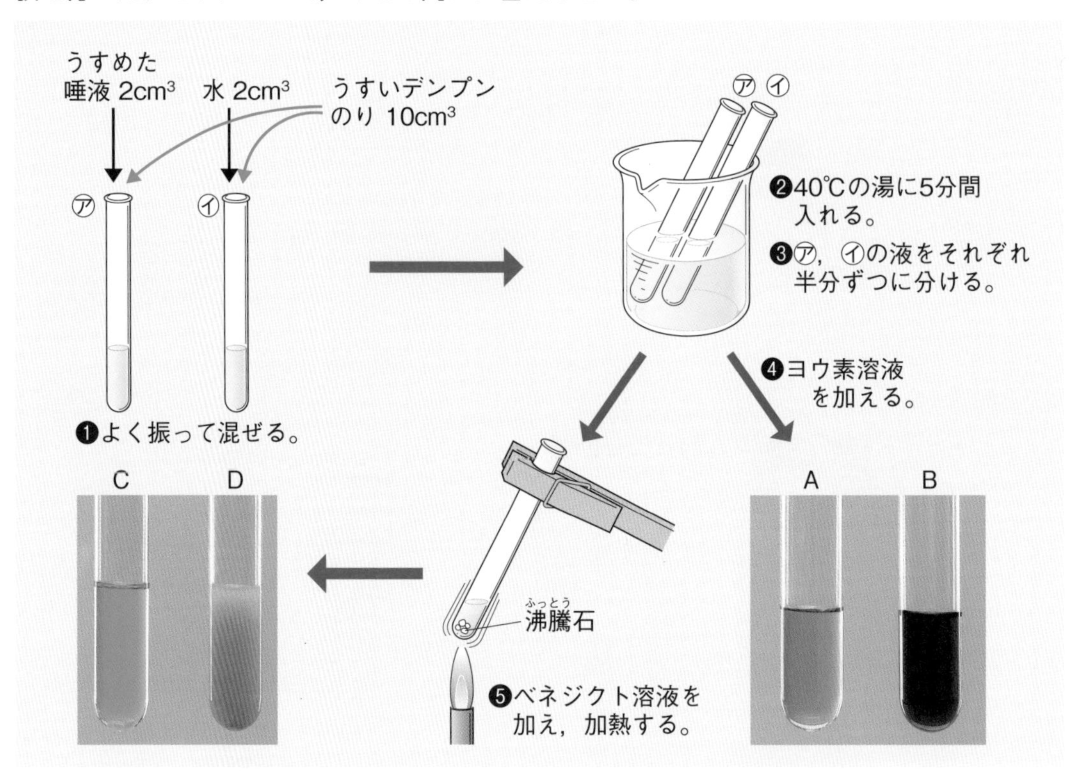

(1) 図の❹で，ヨウ素溶液を加えたときに反応があったのは，試験管㋐と㋑のどちらで，色はA，Bのどちらになったか。　試験管(　　)　色(　　)

(2) (1)で，ヨウ素溶液で反応があった試験管の液には，何がふくまれているか。
(　　　　)

(3) 図の❺で，ベネジクト溶液に対して反応があったのは，試験管㋐と㋑のどちらで，色はC，Dのどちらになったか。 ヒント　試験管(　　)　色(　　)

(4) (3)で，ベネジクト溶液で反応があった試験管の液には，何がふくまれているか。 ヒント
(　　　　)

記述 (5) (2)，(4)より，唾液には何をどのようにするはたらきがあるといえるか。
(　　　　　　　　　　　　　　　　)

(6) 唾液などのように，食物の消化にかかわる液を何というか。　(　　　　)

(7) (6)にふくまれ，決まった物質を消化するはたらきをもつものを何というか。 ヒント
(　　　　)

(8) 唾液にふくまれる(7)は何か。 ヒント　(　　　　)

ヒントの森
❶(3)(4)ベネジクト溶液を入れて加熱すると赤褐色(せきかっしょく)になるのは，何がふくまれる液か考える。
(7)(8)唾液にふくまれる消化酵素は，デンプンに対してはたらく。

2 食物の消化と吸収

右の図1は，ヒトの消化にかかわる器官を，図2は，栄養分を吸収する器官の内部のつくりを模式的に表したものである。これについて，次の問いに答えなさい。

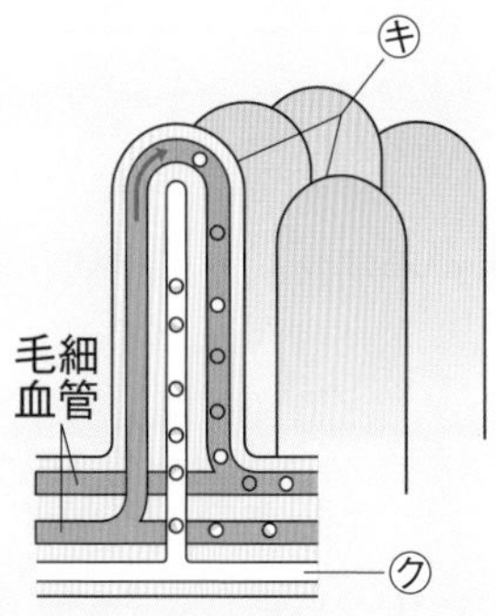

⑴ 食物の通り道となる1本の管を何というか。ヒント（　　　　）

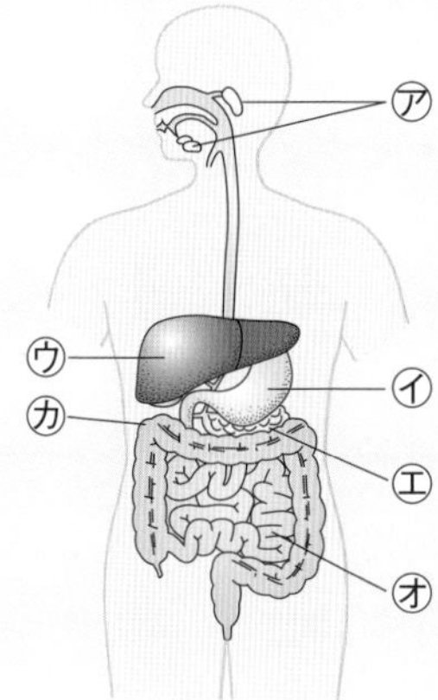

⑵ 唾液が出される器官を，図1の㋐～㋕から選びなさい。（　　）

⑶ ⑴を通る間に，デンプンは最終的に何に分解されるか。
（　　　　）

⑷ ⑴を通る間に，タンパク質は最終的に何に分解されるか。
（　　　　）

⑸ ⑴を通る間に，脂肪は最終的に何と何に分解されるか。
（　　　　）
（　　　　）

⑹ 胃液にふくまれている，タンパク質を分解する消化酵素は何か。
（　　　　）

図1

図2

分解された栄養分は，㋖から吸収されるんだね。

⑺ 胆汁はどの器官でつくられるか。図1の㋐～㋕から選び，その名称も答えなさい。ヒント
記号（　　）　名称（　　　　）

⑻ 次の①の消化酵素をふくむ消化液を出す器官を，図1の㋐～㋕からすべて選びなさい。
① アミラーゼ　② トリプシン　③ リパーゼ
また，①～③の消化酵素が分解するものは何か，その名称を答えなさい。
器官（　　　　）
①が分解するもの（　　　　）
②が分解するもの（　　　　）
③が分解するもの（　　　　）

⑼ 図2の㋖のつくりを何というか。（　　　　）

⑽ ⑼のつくりは，どの器官にあるか。図1の㋐～㋕から選び，その名称も答えなさい。
記号（　　）
名称（　　　　）

⑾ 図2の㋗の管を何というか。（　　　　）

⑿ 図2の毛細血管から吸収される栄養分には，無機物以外に何があるか。2つ答えなさい。
（　　　　）

❷⑴食物はこの管を通る間に消化され，吸収されやすい形に変わる。⑺胆汁は，つくられた後，胆のうにたくわえられ，十二指腸（小腸のはじまりの部分）に出される。

解答 p.6

3章 動物の体のつくりとはたらき(1)

30分 /100

1 唾液のはたらきを調べるため，次の実験を行った。あとの問いに答えなさい。 4点×7（28点）

手順１　試験管A～Dにうすいデンプンのりを10cm³ずつ入れた。

手順２　試験管A，Cには，うすめた唾液２cm³を，試験管B，Dには水２cm³を入れてよく振り混ぜた後，右の図のように，試験管A～Dをある温度の湯に10分間入れた。

手順３　試験管A，Bに薬品㋐を入れると，一方だけが青紫色に変化した。また，試験管C，Dに薬品㋑を入れてある操作をすると，一方だけが赤褐色ににごった。

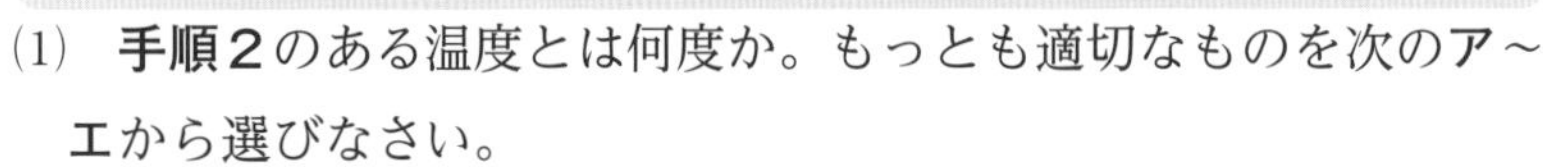

(1) 手順２のある温度とは何度か。もっとも適切なものを次のア～エから選びなさい。

ア　0～5℃　　イ　20～25℃　　ウ　35～40℃　　エ　90～100℃

(2) 手順３で入れた薬品㋐は何か。

(3) 手順３で，青紫色に変化したのは，AとBのどちらの試験管か。

(4) 手順３で入れた薬品㋑は何か。

(5) 手順３で，薬品㋑を入れた後に行う操作は何か。

(6) 手順３で，赤褐色に変化したのは，CとDのどちらの試験管か。

(7) この実験から，どのようなことがわかるか。デンプンと唾液に着目して簡単に答えなさい。

(1)		(2)		(3)		(4)	
(5)						(6)	
(7)							

2 次の文について，下線部が正しいものは○と答え，まちがっているものは正しい言葉を答えなさい。 3点×6（18点）

(1) 炭水化物は，おもに<u>体をつくる材料</u>となる。

(2) カルシウムやナトリウムなどの<u>無機物</u>は，体をつくったり，調整したりする。

(3) ペプシンは，<u>すべての栄養分</u>を分解することができる。

(4) 吸収されたブドウ糖やアミノ酸は，<u>すい臓</u>に運ばれてから全身に運ばれる。

(5) 肝臓では，<u>アミノ酸</u>の一部がグリコーゲンに合成されてたくわえられる。

(6) リンパ管は<u>首の下</u>で血液と合流するので，脂肪も全身に運ばれる。

(1)		(2)		(3)		(4)	
(5)		(6)					

3 右の図1は，ヒトの消化にかかわる器官を模式的に表したものである。また，図2は小腸の壁にあるひだの表面に見られるつくりを模式的に表したものである。これについて，次の問いに答えなさい。　3点×18(54点)

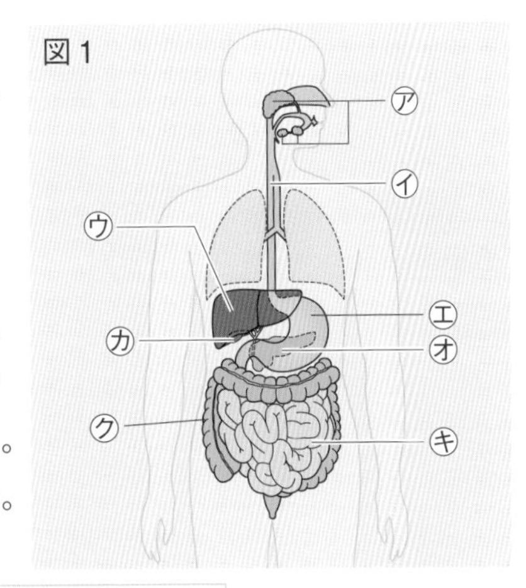

(1)　図1の㋐～㋗の器官をそれぞれ何というか。

(2)　下の表は，デンプン，タンパク質，脂肪がどの消化液によって分解されるのかをまとめようとしたものである。○は，その消化液がはたらくことを表している。表の適切なところに○を記入して，表を完成しなさい。

消化液	デンプン	タンパク質	脂肪
唾液	○		
胃液			
胆汁			
すい液			

図2
リンパ管
毛細血管

(3)　次の①～③の栄養分は，それぞれ最終的に何にまで分解されてから吸収されるか。

①　デンプン

②　タンパク質

③　脂肪

(4)　消化された栄養分は，図2のつくりから吸収される。このつくりを何というか。

記述 (5)　(4)のつくりが小腸の壁に多数あることは，どのようなよい点があるか。栄養分の吸収に着目して答えなさい。

(6)　デンプンやタンパク質が分解されたものは，毛細血管とリンパ管のどちらに入るか。

(7)　脂肪が分解されたものは，毛細血管とリンパ管のどちらに入るか。

(8)　小腸で吸収されなかった水分は，何という器官で吸収されるか。

記述 (9)　消化，吸収されなかったものは，どのようになるか。簡単に答えなさい。

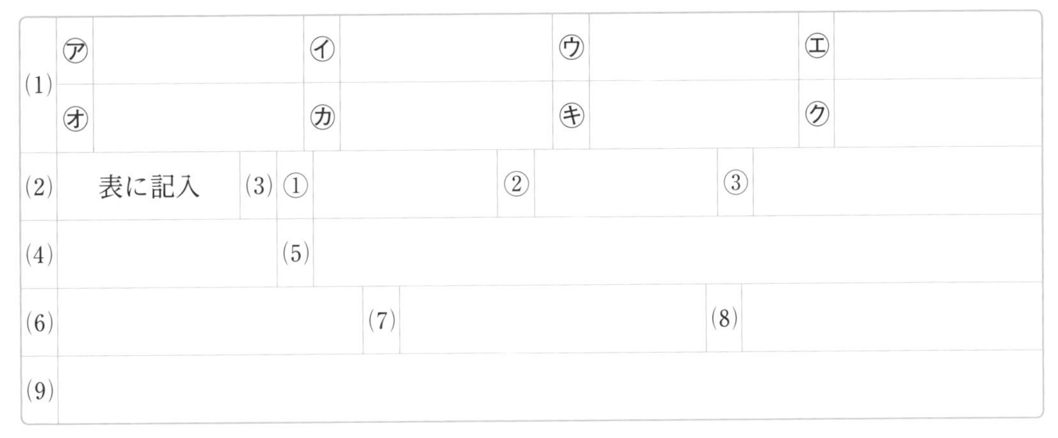

(1)	㋐		㋑		㋒		㋓	
	㋔		㋕		㋖		㋗	
(2)	表に記入		(3) ①		②		③	
(4)			(5)					
(6)			(7)			(8)		
(9)								

解答 p.7

3章　動物の体のつくりとはたらき(2)

同じ語句を何度使ってもかまいません。

教科書の要点　(　)にあてはまる語句を，下の語群から選んで答えよう。

1 呼吸

教 p.42〜43

(1) 動物は細胞呼吸で出し入れする二酸化炭素と酸素を，体の器官の(①　　　)で，まとめて出し入れする。

(2) 肺はろっ骨と(②　　　)の間の胸こうの中にあって，この部分が上下することでその体積が変わり，空気の出し入れができる。

(3) 空気は気管から細かく枝分かれした気管支に入り，その先のたくさんの(③★　　　)で，酸素や二酸化炭素をやりとりする。③のまわりは毛細血管で囲まれている。

2 不要な物質のゆくえ

教 p.44

(1) アミノ酸の分解でできた有害な(①　　　)は，(②★　　　)で，害の少ない尿素に変えられる。

(2) アンモニアや二酸化炭素のような，体に有害な物質を外に出すはたらきを(③　　　)という。

(3) 尿素や余分な水分，塩分は(④　　　)でこしとられて，尿として体の外に排出される。

3 物質を運ぶ

教 p.45〜49

(1) とまることのない心臓のはたらきによって，血液が全身を流れて，栄養分や酸素，二酸化炭素を運んでいる。

(2) 血液の固形成分のうち，(①★　　　)は酸素を運ぶヘモグロビンをもつ。他には白血球や血小板がある。

(3) 血液の液体成分を(②★　　　)といい，栄養分や不要なもの，酸素や二酸化炭素をとかしこんでいる。

(4) 心臓から送り出される血液は動脈を通り，心臓にもどってくる血液は(③　　　)を通る。

(5) 心臓→全身→心臓の流れを体循環，心臓→肺→心臓の流れを(④　　　)という。

(6) 酸素を多くふくむ血液を(⑤　　　)，二酸化炭素を多くふくむ血液を静脈血という。

プラスα
多くの動物は肺で呼吸する。魚はえらで水中の酸素をとりこむ。

まるごと暗記
肺胞でのガス交換
酸素は，肺胞→毛細血管→全身へ
二酸化炭素は，全身→毛細血管→肺胞へ

まるごと暗記
尿は腎臓→輸尿管→ぼうこうで一時ためられて，体外に排出される。

まるごと暗記
白血球：ウイルスや細菌を分解する。
血小板：出血したとき，その血液を固めて，血をとめる。

ワンポイント
呼吸にかかわる器官を呼吸系，排出にかかわる器官を排出系，心臓などの血液やリンパ液の循環にかかわる器官を循環系という。

語群
1 肺胞／肺／横隔膜　2 排出／腎臓／肝臓／アンモニア
3 血しょう／動脈血／赤血球／静脈／肺循環

★の用語は，説明できるようになろう！

同じ語句を何度使ってもかまいません。

□にあてはまる語句を，下の語群から選んで答えよう。

1 肺での呼吸

⑧〜⑩は対応している体のつくりを書こう。 教 p.42〜43

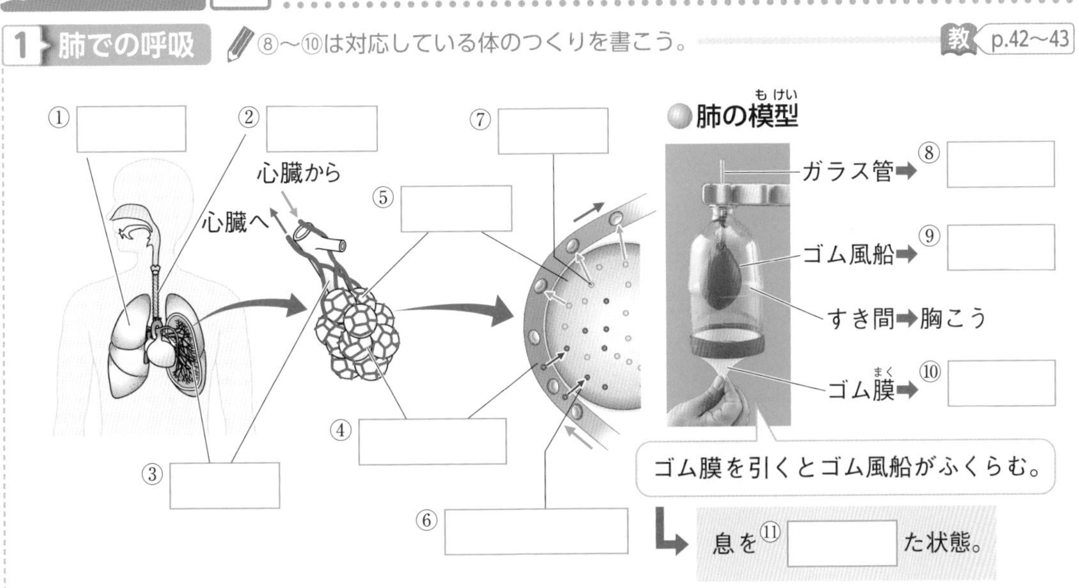

息を⑪□た状態。

2 不要な物質の排出

教 p.44

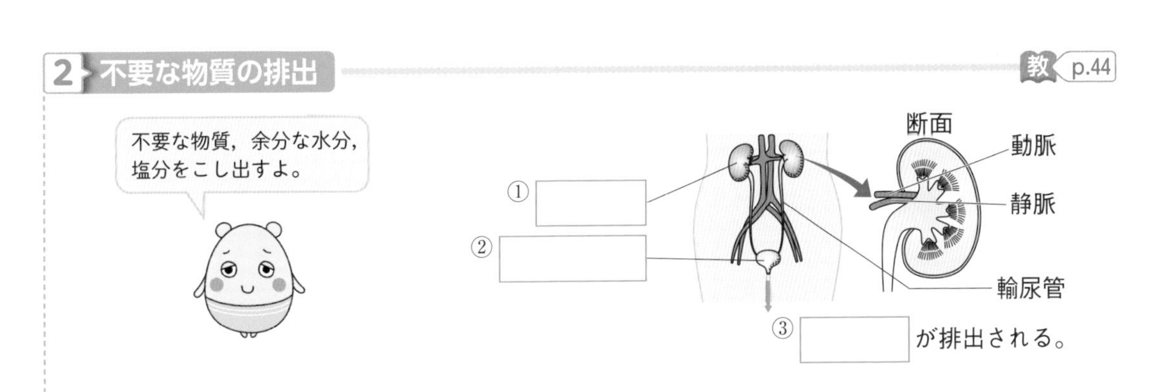

③□が排出される。

3 血液の成分，心臓と血管

⑥，⑧は動脈か静脈かを書こう。 教 p.45〜49

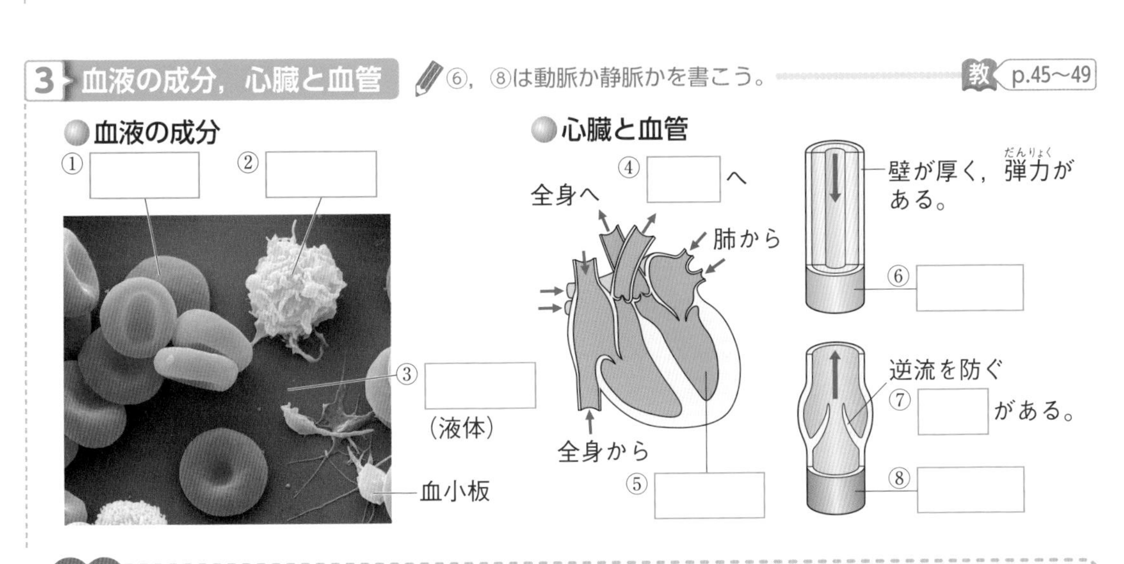

語群 1 気管支／毛細血管／気管／肺／吸っ／酸素／肺胞／二酸化炭素／横隔膜
2 尿／腎臓／ぼうこう　3 肺／動脈／左心室／赤血球／静脈／白血球／弁／血しょう

わからない用語は，教科書の要点の★で確認しよう！

解答 p.7

定着のワーク ステージ2　3章　動物の体のつくりとはたらき(2)

1 呼吸　右の図は，栄養分からエネルギーをとり出すはたらきにかかわる物質のやりとりを模式的に表したものである。次の問いに答えなさい。

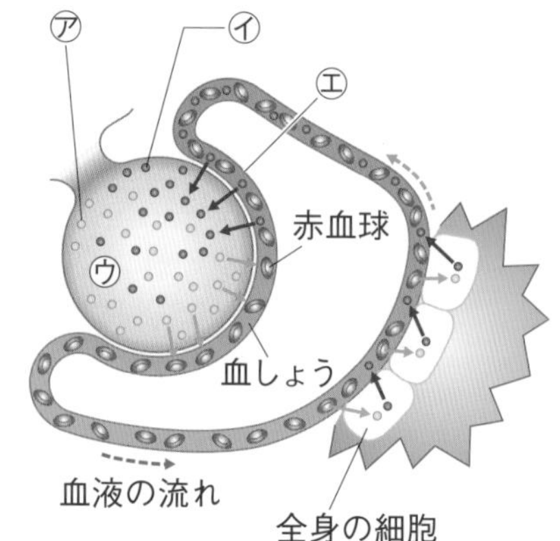

(1)　㋐と㋑は，エネルギーをとり出すはたらきにかかわる気体である。それぞれの名称を答えなさい。ヒント

㋐(　　　　　)　㋑(　　　　　)

(2)　㋐と㋑が交換される，㋒のつくりを何というか。

(　　　　　)

(3)　㋒のまわりを網(あみ)の目のようにとり囲む，細い血管㋓を何というか。(　　　　　)

(4)　全身の細胞で行われる，栄養分と㋐からエネルギーをとり出すはたらきを何というか。ヒント

(　　　　　)

2 排出　右の図は，排出にかかわるつくりを表したものである。次の問いに答えなさい。

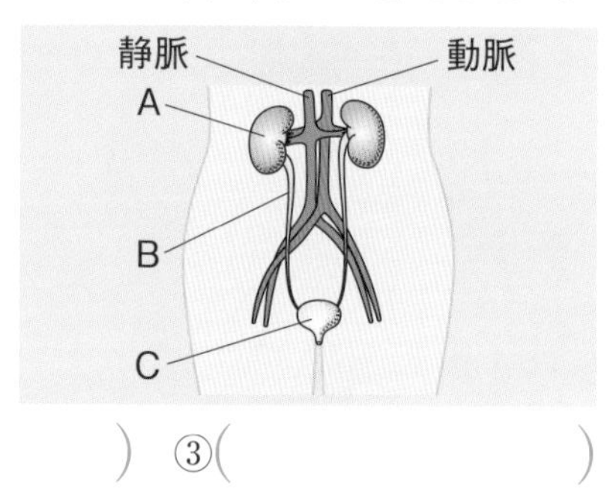

(1)　図のA～Cのつくりをそれぞれ何というか。

A(　　　　　)　B(　　　　　)　C(　　　　　)

(2)　次の(　)にあてはまる言葉を答えなさい。

細胞でできたアンモニアは，(①)という器官で(②)に変えられる。(②)は，Aで血液中からこし出され，Cから(③)として排出される。

①(　　　　　)　②(　　　　　)　③(　　　　　)

3 血液の成分　右の図は，ヒトの血液の成分を表したものである。次の問いに答えなさい。

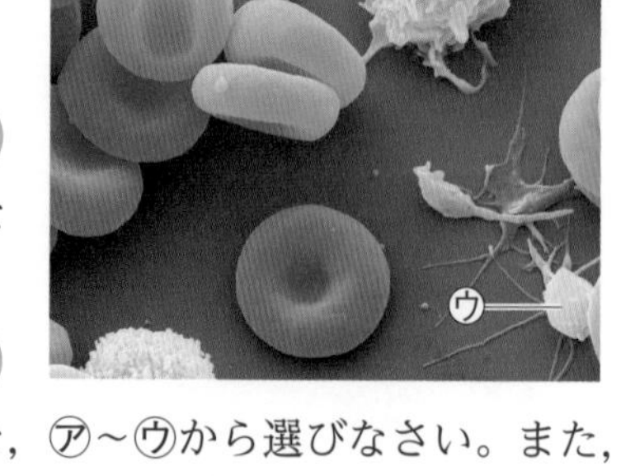

(1)　血液の成分のうち，液体の成分を何というか。

(　　　　　)

(2)　ヘモグロビンをふくみ，酸素を運んでいる成分を，㋐～㋒から選びなさい。また，その名称も答えなさい。

記号(　　　)　名称(　　　　　)

(3)　出血したときに血液を固める成分を，㋐～㋒から選びなさい。また，その名称も答えなさい。

記号(　　　)　名称(　　　　　)

(4)　外から入ってきたウイルスや細菌などを分解する成分を，㋐～㋒から選びなさい。また，その名称も答えなさい。

記号(　　　)　名称(　　　　　)

ヒントの森

1(1)肺での呼吸では，酸素をとり入れ，二酸化炭素を出している。(4)このはたらきによって，二酸化炭素と水が発生する。

4 **心臓**　右の図は，ヒトの心臓のつくりを模式的に表したものである。これについて，次の問いに答えなさい。

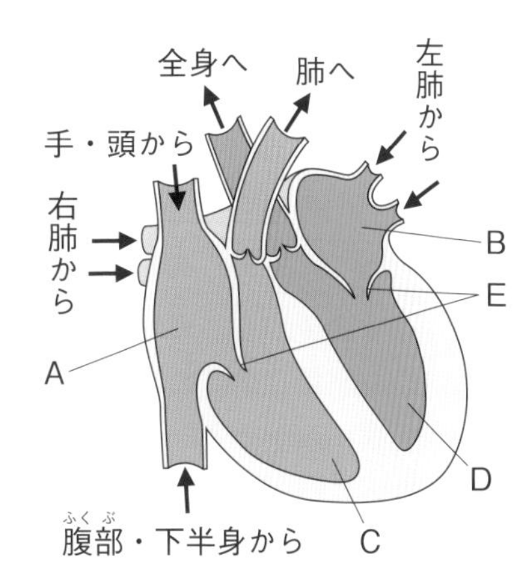

(1) 図のA～Dの部屋の名称をそれぞれ答えなさい。

A(　　　　　　)
B(　　　　　　)
C(　　　　　　)
D(　　　　　　)

(2) 図のEのつくりを何というか。(　　　　　　)

(3) 次の㋐～㋒を，㋐を最初とし，血液の流れにしたがって正しい順に並べなさい。ヒント

(　㋐　→　　　→　　　)

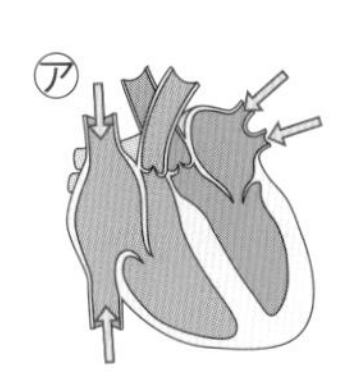

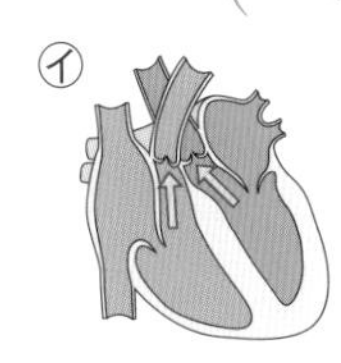

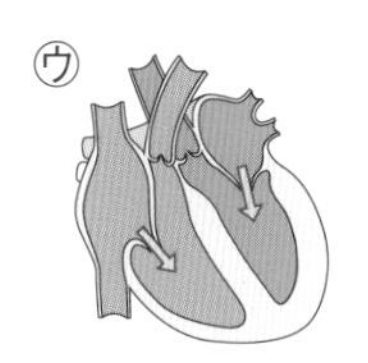

(4) 図のA・Cに流れる血液，B・Dに流れる血液は，それぞれある気体を多くふくんでいる。その気体を答えなさい。

A・C(　　　　　　)
B・D(　　　　　　)

5 **血液の循環**　右の図1は，血液の循環のようすを模式的に表したものである。これについて，次の問いに答えなさい。

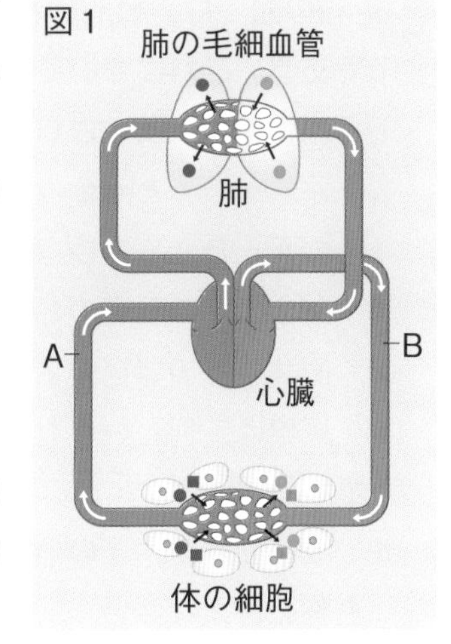

(1) 血液が心臓から肺へ送られ，再び心臓にもどる道すじを何というか。(　　　　　　)

(2) 血液が心臓から全身をめぐり，再び心臓にもどる道すじを何というか。(　　　　　　)

(3) 図2のようなつくりをしている血管は，図1のAとBのどちらか。ヒント(　　　)

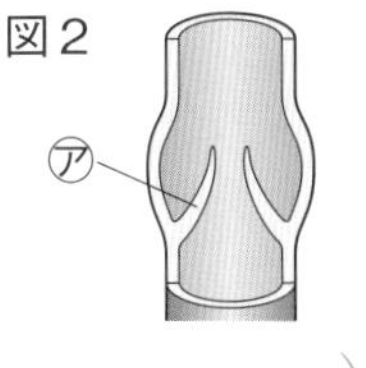

(4) 図2の㋐のつくりの名称と，そのはたらきを答えなさい。ヒント

名称(　　　　　　)
はたらき(　　　　　　)

(5) 酸素を多くふくんだ血液を何というか。

(　　　　　　)

(6) (5)が流れる血管は，図1のAとBのどちらか。(　　　)

(7) 二酸化炭素を多くふくんだ血液を何というか。(　　　　　　)

(8) (7)が流れる血管は，図1のAとBのどちらか。(　　　)

4(3)心房（じんぼう）にもどってきた血液は，心室（じんしつ）から送り出される。
5(3)(4)静脈には，血液の逆流を防ぐためのつくりがある。

3章 動物の体のつくりとはたらき(2)

解答 p.8

/100

1 右の図1は，肺の一部を，図2は，息を吸うときとはくときのヒトの胸部(きょうぶ)のようすを表したものである。これについて，次の問いに答えなさい。 3点×8（24点）

(1) 図1の㋒の名称を答えなさい。

記述 (2) 肺は，図1の㋒の袋がたくさん集まってできている。このようなつくりの利点を簡単に答えなさい。

(3) 二酸化炭素を多くふくむ血液が流れている血管は，㋐と㋑のどちらか。

(4) 次の文の①にはA，Bのどちらかを，②～⑤にはあてはまる言葉を答えなさい。

図1　図2

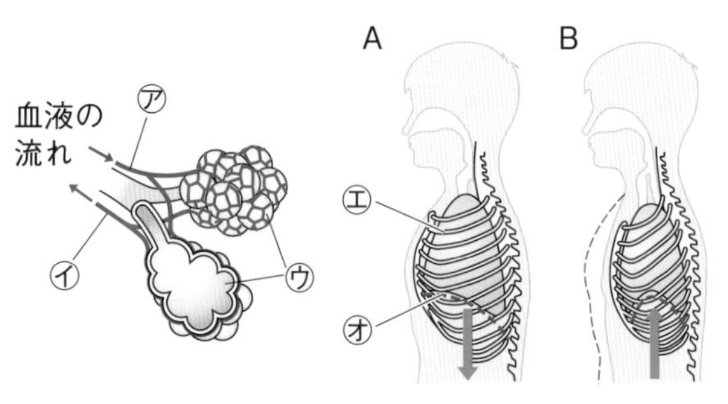

図2で，息を吸うときのようすを表しているのは（ ① ）で，㋓の（ ② ）が（ ③ ）り，㋔の（ ④ ）が（ ⑤ ）ることで肺の中に空気が吸いこまれる。

(1)		(2)		(3)					
(4) ①		②		③		④		⑤	

2 右の図1は，ヒトの全身のおもな血管を，図2は，ヒトの尿を排出する器官を表したものである。これについて，次の問いに答えなさい。 2点×7（14点）

(1) 図1の㋐，㋑の血管の名称をそれぞれ答えなさい。

(2) 尿素がもっとも少ない血液が流れている血管を，図1のA～Dから選びなさい。

(3) 図2のaの器官の名称を答えなさい。

(4) 図2のbの器官の名称を答えなさい。

(5) 尿素は，何という有害な物質をもとにしてつくられているか。

(6) (5)の物質は，どの器官で尿素に変えられるか。その名称を答えなさい。

図1

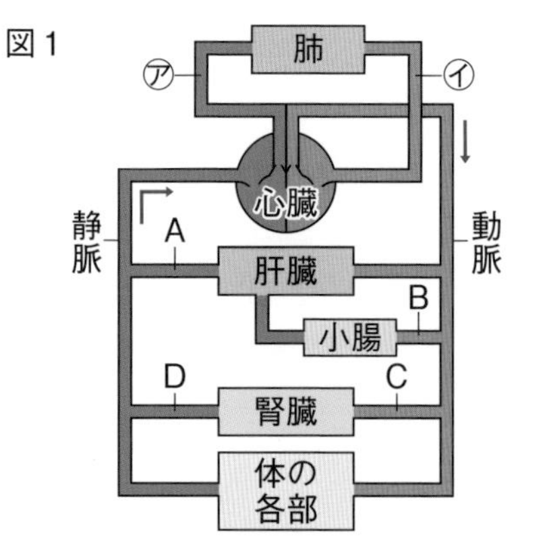

図2

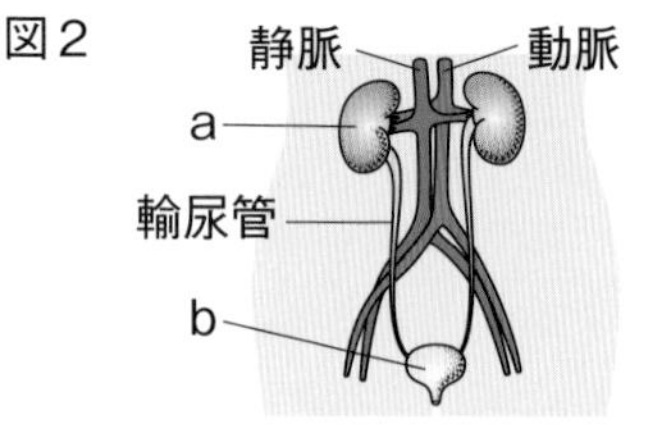

(1) ㋐		㋑		(2)	
(3)		(4)			
(5)		(6)			

よく出る **3** 右の図は，ヒトの血液と細胞を模式的に表したものである。これについて，次の問いに答えなさい。

4点×12(48点)

(1) 図の㋐～㋓で，酸素を運ぶものはどれか。記号を選び，その名称も答えなさい。

(2) (1)にふくまれる，酸素と結びつく物質の名称を答えなさい。

記述 (3) (2)の性質を簡単に答えなさい。

(4) 細胞のまわりを満たす㋔の液を何というか。

(5) (4)は，血管を流れる血液のどの成分がしみ出たものか。図の㋐～㋓から選びなさい。

(6) 血液の成分で，次の①～③のはたらきをもつものを，図の㋐～㋓から選び，その名称も答えなさい。

① 出血したときに血液を固める。

② ウイルスや細菌など，病原体を分解する。

③ 栄養分や不要な物質をとかして運ぶ。

(1)	記号		名称		(2)						
(3)							(4)		(5)		
(6)	①	記号		名称		② 記号		名称		③ 記号	名称

よく出る **4** 右の図は，ヒトの血液の循環経路を模式的に表したものである。次の問いに答えなさい。

2点×7(14点)

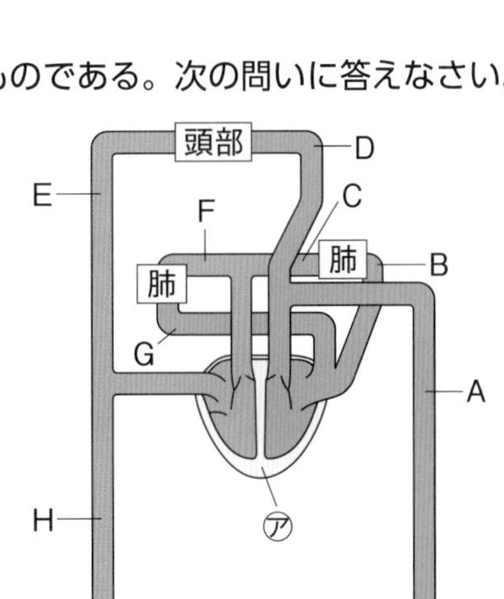

(1) ㋐の器官の名称を答えなさい。

(2) ㋐から肺へ送られ，再び㋐にもどってくる血液の流れを何というか。

(3) (2)の流れる道すじの1つとして正しいものを，次のア～ウから選びなさい。

ア ㋐→B→肺→C→F→肺→G→㋐

イ ㋐→B→肺→F→㋐

ウ ㋐→F→肺→G→㋐

(4) A～Hの血管から，動脈をすべて選びなさい。

(5) A～Hの血管から，動脈血の流れる血管をすべて選びなさい。

(6) ところどころに弁がある血管は，AとHのどちらか。

(7) 弁はどのようなはたらきをするか。

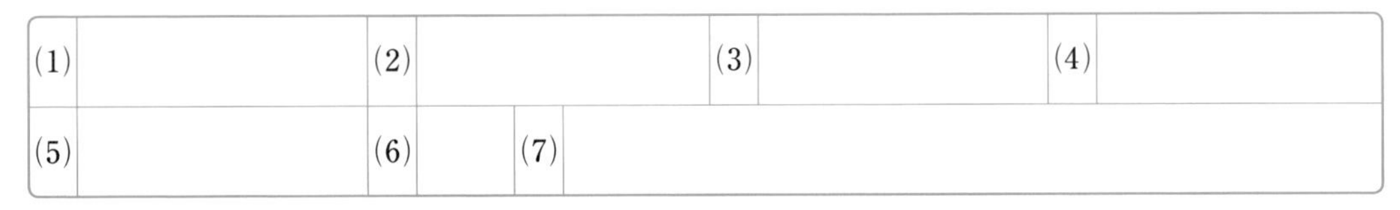

(1)		(2)		(3)		(4)	
(5)		(6)		(7)			

解答 p.9

確認のワーク ステージ1 4章 動物の行動のしくみ

教科書の要点 (　)にあてはまる語句を，下の語群から選んで答えよう。

同じ語句を何度使ってもかまいません。

1 感覚器官

教 p.50〜53

(1) 目や耳などのように，まわりのようすを知るため，光や音などの刺激を受けとる器官を(①★　　　　　)という。

(2) 目では，光をレンズで屈折させ，(②　　　　　)の上に像を結ぶことで，刺激を受けとる。
└感覚細胞がある。

(3) 耳では，空気の振動を(③　　　　　)でとらえ，耳小骨を通して(④　　　　　)の中の液体を振動させて，刺激を受けとる。
└感覚細胞がある。

ワンポイント

刺激の受け取りは
感覚細胞→感覚神経→脳
└→感覚器官の中
(目，耳など)

2 刺激と反応

教 p.54〜57

(1) 脳と脊髄はまとめて(①★　　　　　)とよばれ，そこから出て枝分かれしている神経は(②★　　　　　)とよばれる。

(2) 感覚器官で受けとった刺激の信号は，感覚神経を通って脊髄や(③　　　　　)に伝えられる。
脊髄は背骨に守られている。

(3) 意識して起こす反応の命令の信号は，脳や脊髄から(④　　　　　)を通って運動器官に伝えられる。

(4) 無意識に起こる反応を(⑤★　　　　　)といい，熱いものに手がふれたときは，刺激の信号が感覚器官から感覚神経を経て脊髄に伝えられ，そこから直接，運動神経に命令の信号が伝えられる。

まるごと暗記

刺激の伝わり方

- 光の刺激→網膜→視神経→脳
- 音の刺激＝空気の振動→鼓膜→うずまき管(内部液体の振動)→聴神経→脳

まるごと暗記

反射

無意識に起こる反応で，熱いものに手がふれたときは，
感覚器官→感覚神経→脊髄→運動神経→反応
つまり脳に伝わらない。

3 運動のしくみ

教 p.58〜69

(1) ヒトの体は，多数の骨が複雑なしくみの(①★　　　　　)をつくっている。

(2) ヒトの体は，骨格と(②　　　　　)のはたらきで動かすことができる。

(3) 筋肉の両端は(③★　　　　　)になっていて，骨についている。骨格は筋肉の動きにより(④★　　　　　)の部分で曲がる。

(4) ヒトの骨格のように，体の内部にある骨格を(⑤　　　　　)という。

筋肉の両端のけんが，関節をへだてた2つの骨についているよ。

まるごと暗記

- **筋肉** 両端のけんで骨につながる。
- **骨どうし** 関節でつながる。
- 骨の両側には筋肉がついている。
- **内骨格** 体の内部にある骨格。

語群 ①鼓膜／網膜／うずまき管／感覚器官　②末しょう神経／脳／中枢神経／反射／運動神経　③けん／骨格／内骨格／筋肉／関節

★の用語は，説明できるようになろう！

同じ語句を何度使ってもかまいません。

□にあてはまる語句を，下の語群から選んで答えよう。

1 感覚器官

つくりや神経の名称を書こう。 教 p.52～53

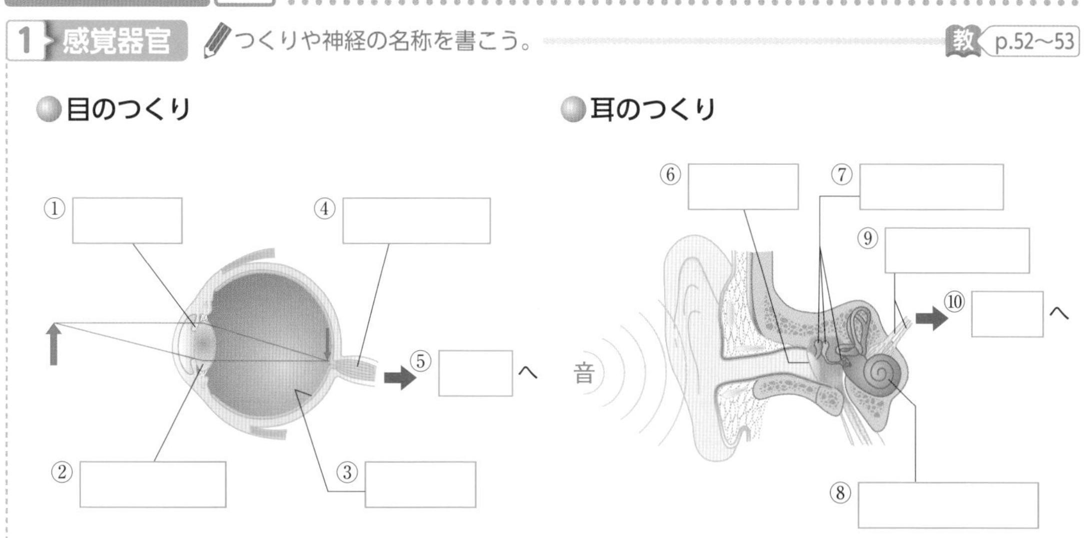

2 刺激に対する反応

教 p.54～56

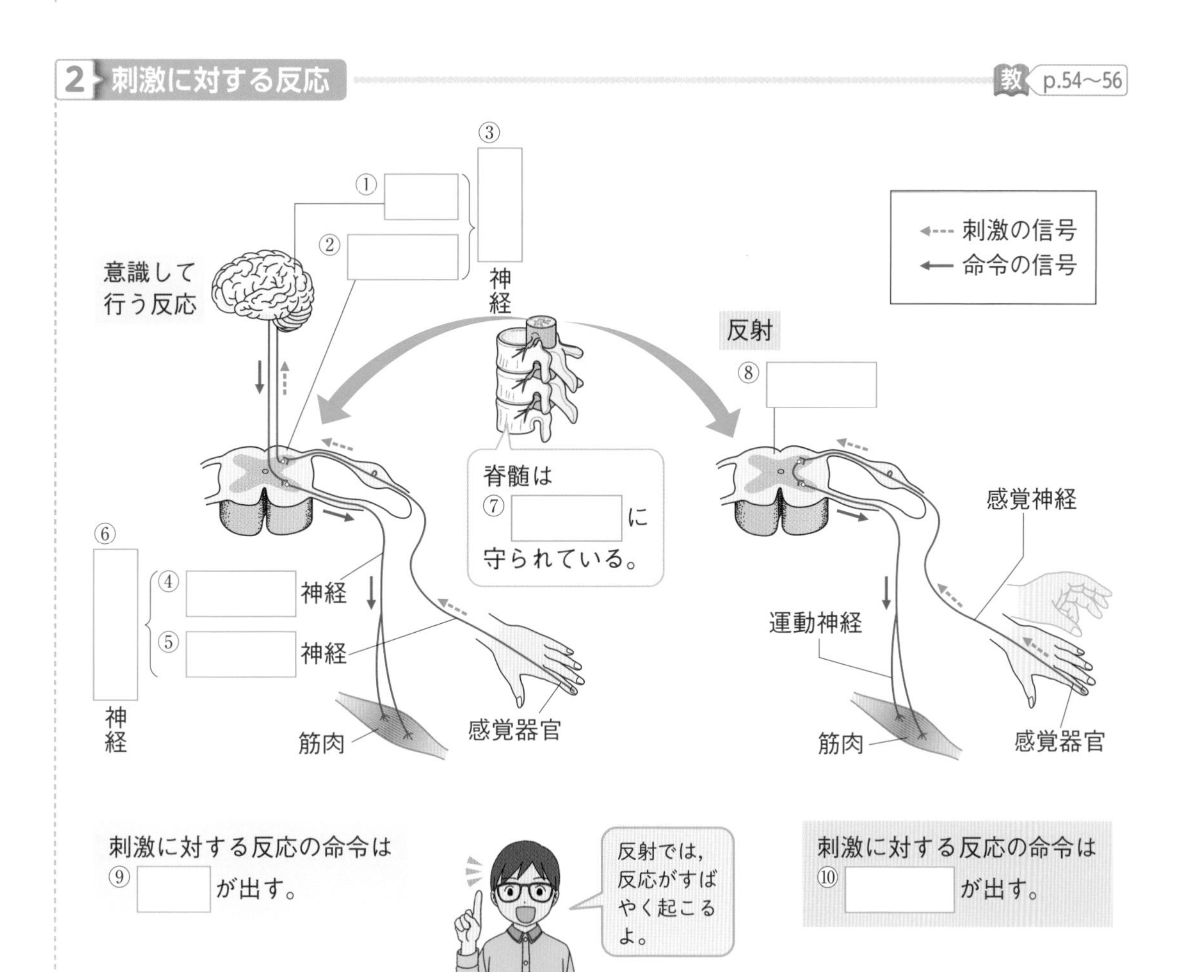

語群
1 レンズ／虹彩（こうさい）／視神経（ししんけい）／網膜／鼓膜／脳／耳小骨／聴神経／うずまき管
2 脊髄／脳／運動／中枢／末しょう／感覚／背骨（せぼね）

わからない用語は，教科書の要点の★で確認しよう！

解答 p.9

定着のワーク ステージ2 4章　動物の行動のしくみ－①

1 目のしくみ　右の図は，ヒトの目のつくりを模式的に表したものである。これについて，次の問いに答えなさい。

(1)　図の㋐〜㋓の名称をそれぞれ答えなさい。

㋐(　　　　　　)　㋑(　　　　　　)
㋒(　　　　　　)　㋓(　　　　　　)

(2)　次の①〜③のはたらきをするつくりを，図の㋐〜㋓からそれぞれ選びなさい。

①　光の刺激を受けとる細胞がある。(　　)
②　目に入る光の量を調節する。(　　)
③　物体からの光を屈折させる。(　　)

(3)　目で受けとった光の刺激の信号は，どこへ伝えられるか。(　　　　　　)

(4)　次の①〜③の感覚器官はどこか。それぞれ名称を答えなさい。ヒント

①　においの刺激を受けとる細胞がある。(　　　　　　)
②　味の刺激を受けとる細胞がある。(　　　　　　)
③　圧力(あつりょく)や温度などの刺激を受けとる細胞がある。(　　　　　　)

2 刺激を感じるしくみ　刺激を感じるしくみについて，次の問いに答えなさい。

(1)　次の①〜⑤の場面では，どのような刺激を，何という感覚器官が受けとっているか。それぞれ下の〔　〕から選び，答えなさい。

①　朝，目覚まし時計が鳴っているのが聞こえた。　刺激(　　　)　器官(　　　)
②　カーテンを開けると，まぶしかった。　刺激(　　　)　器官(　　　)
③　目玉焼きを焼いていたら，こげたにおいがした。　刺激(　　　)　器官(　　　)
④　熱いフライパンにふれ，思わず手を引いた。　刺激(　　　)　器官(　　　)
⑤　目玉焼きを食べると，塩分が足りなかった。　刺激(　　　)　器官(　　　)

〔 光　におい　味　音　温度
目　皮膚(ひふ)　耳　舌(した)　鼻 〕

(2)　感覚器官からの刺激の信号は，何という神経を通って脳に伝えられ，感覚が生じるか。
(　　　　　　)

(3)　(1)の①〜⑤で生じている感覚を何というか。それぞれ漢字２文字で答えなさい。ヒント

①(　　　　)　②(　　　　)　③(　　　　)
④(　　　　)　⑤(　　　　)

1(4)感覚器官には，目以外にも耳，鼻，舌，皮膚などがある。　2(3)脳で生じる感覚には，視覚(しかく)，触覚(しょっかく)，聴覚(ちょうかく)，嗅覚(きゅうかく)，味覚(みかく)などがある。

3 耳のしくみ

右の図は，ヒトの耳のつくりを模式的に表したものである。これについて，次の問いに答えなさい。

(1) 図の㋐～㋓の名称をそれぞれ答えなさい。

㋐(　　　　) ㋑(　　　　)

㋒(　　　　) ㋓(　　　　)

(2) 次の①～③のはたらきをするつくりを，図の㋐～㋓からそれぞれ選びなさい。

① 伝えられた音の振動を次の器官へ伝える。(　　)

② 音をとらえて振動する。(　　)

③ 内部を満たす液体の振動の刺激を信号に変え，神経に伝える。(　　)

(3) 図の㋐～㋓を，音の刺激が伝わっていく順に並べなさい。(　　→　　→　　→　　)

(4) 耳のように，外界からの刺激を受けとる器官のことを何というか。ヒント (　　　　)

(5) (4)にある，それぞれの刺激を受けとる細胞のことを何というか。(　　　　)

4 神経

刺激を伝えたり，刺激に対する反応の命令を出したりするつくりについて，次の問いに答えなさい。

(1) 感覚器官で受けとった刺激の信号を伝える神経を何というか。(　　　　)

(2) 運動器官や内臓(ないぞう)に，反応の命令の信号を伝える神経を何というか。(　　　　)

(3) (1)と(2)などの神経をまとめて何というか。(　　　　)

(4) 図の㋐は，(3)が集まってくる部分である。このつくりを何というか。ヒント (　　　　)

(5) 図の㋐のまわりにある骨㋑を何というか。ヒント (　　　　)

(6) 意識して起こす反応で，刺激に対する反応の命令を出すのはどこか。(　　　　)

(7) (4)と(6)のつくりをまとめて何というか。(　　　　)

(8) 刺激に対して無意識に起こる反応を何というか。(　　　　)

(9) 熱いものに手がふれたときの(8)の反応では，刺激に対する反応の命令を出すのはどこか。ヒント (　　　　)

3(4)刺激の信号は，神経を通って脳に伝わる。脳に信号が伝わると，感覚が生じる。
4(4)(5)脊髄は背骨に守られている。(9)脳ではない器官が，刺激に対する命令を出す。

解答 p.10

定着のワーク ステージ2 4章 動物の行動のしくみ－②

1 教 p.55 実験3 **反応するまでの時間** 刺激を受けとってから反応するまでに，どのくらいの時間がかかるかを調べるために，右の図のような実験を行った。あとの問いに答えなさい。

実験 5人で輪になって手をつなぎ，Aさんは，ストップウォッチをスタートさせると同時に，となりの人の手をにぎる。手をにぎられた人は，さらにとなりの人の手をにぎっていく。そして，Bさんは，自分の手をにぎられたら，ストップウォッチを止める。

(1) この実験での感覚器官は何か。
（　　　　）

(2) 手をにぎられてから，となりの人の手をにぎるまでの刺激や命令の信号の伝わる順について，次の（　）にあてはまる言葉を答えなさい。

①（　　　　）②（　　　　）③（　　　　）
④（　　　　）⑤（　　　　）

感覚器官→（ ① ）神経→（ ② ）→（ ③ ）→（ ④ ）→（ ⑤ ）神経→筋肉

(3) 同じことを3回くり返したところ，ストップウォッチの時間は1.0秒，1.2秒，0.9秒であった。1人あたりにかかった反応時間を，四捨五入(ししゃごにゅう)して小数第2位まで求めなさい。ヒント
（　　　　）

2 **刺激と反応** 右の図は，感覚器官で刺激を受けとってから運動器官で反応が起こるまでの信号の伝わり方を模式的に表したものである。これについて，次の問いに答えなさい。

(1) 図のa～dのうち，感覚神経と運動神経はそれぞれどれか。記号で答えなさい。

感覚神経（　　　）
運動神経（　　　）

(2) 感覚神経や運動神経などをまとめて何というか。
（　　　　）

(3) うでをたたかれてふりむいたとき，感覚器官で受けとった刺激と，それに対する反応の命令の信号は，どのような順で伝わるか。図のa～d，X，Yを使って答えなさい。

（感覚器官 →　→　→　→　→　→　→　→ 運動器官）

(4) 熱いものにふれて思わず手を引いたとき，感覚器官で受けとった刺激とそれに対する反応の命令の信号はどのような順で伝わるか。図のa～d，X，Yを使って答えなさい。
ヒント

（感覚器官 →　→　→　→ 運動器官）

1(3)刺激や命令の信号は，4人の体を伝わっている。実験では何回か同じ測定をくり返して，その値(あたい)の平均をとる。 **2**(4)この反応を反射という。(3)より信号の伝達ルートが短い。

❸ 骨格と筋肉

右の図はヒトの全身の骨と筋肉について表したものである。これについて，次の問いに答えなさい。

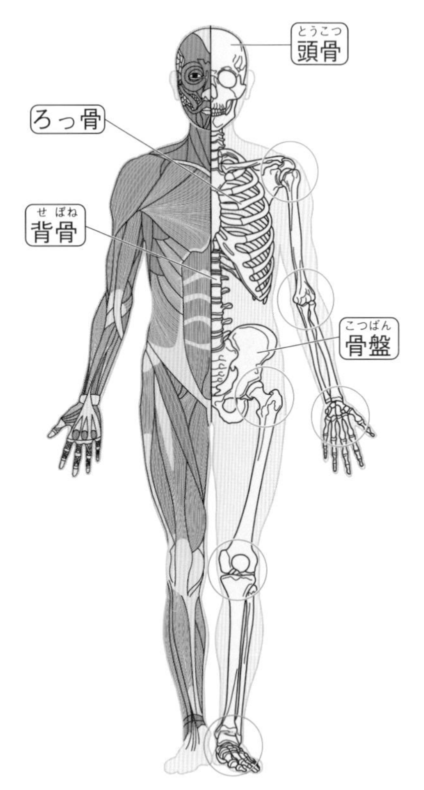

⑴　ヒトの全身にはおよそ何個の骨があるか。

（約　　　　個）

⑵　◯で示した箇所は骨と骨をつないでいる部分である。この部分を何というか。

（　　　　）

⑶　骨と筋肉の役割（やくわり）について，次の（　）にあてはまる言葉を答えなさい。ヒント

①（　　　　）
②（　　　　）
③（　　　　）

骨は私たちの体を（ ① ）役目と，脳や脊髄などの（ ② ）や心臓，胃腸などの（ ③ ）を守る役割をもっている。

筋肉は，骨について体を動かす役目をもつが，心臓などの（ ③ ）も筋肉でできている。

❹ 運動のしくみ

右の図は，ヒトのうでの骨と筋肉のようすを表したものである。これについて，次の問いに答えなさい。

⑴　骨と筋肉のつながりについて，次の文の（　　）にあてはまる言葉を答えなさい。

㋐（　　　　）
㋑（　　　　）

骨と骨の間にある図の（ ㋐ ）は，曲げのばしなどの複雑な動きを支えている。筋肉の両方の端にある図の（ ㋑ ）は，骨と筋肉をつないでいる。

⑵　うでをのばしているとき，㋒，㋓の筋肉はどのようになっているか。次のア～エから選びなさい。ヒント　（　　）

ア　㋒も㋓も収縮（しゅうしゅく）している。　　イ　㋒は収縮し，㋓はゆるんでいる。

ウ　㋒はゆるみ，㋓は収縮している。　　エ　㋒も㋓もゆるんでいる。

⑶　うでを曲げているとき，㋒，㋓の筋肉はどのようになっているか。⑵のア～エから選びなさい。ヒント　（　　）

⑷　ヒトの骨格のように，体の内側にある骨格を何というか。（　　　　）

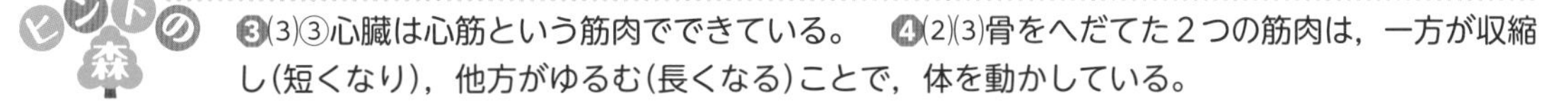
ヒントの森

❸⑶③心臓は心筋という筋肉でできている。　❹⑵⑶骨をへだてた２つの筋肉は，一方が収縮し（短くなり），他方がゆるむ（長くなる）ことで，体を動かしている。

4章 動物の行動のしくみ

よく出る **1** ヒトの感覚器官について，次の問いに答えなさい。なお，右の図は目のつくりを模式的に表したものである。

2点×16(32点)

⑴ 目に入る光の量を調節する部分はどこか。図の㋐～㋔から選び，その名称も答えなさい。

⑵ 光を屈折させる部分はどこか。図の㋐～㋔から選び，その名称も答えなさい。

⑶ 光の刺激を受けとる細胞がある部分はどこか。図の㋐～㋔から選び，その名称も答えなさい。

⑷ 光の刺激の信号を脳に伝える部分はどこか。図の㋐～㋔から選び，その名称も答えなさい。

⑸ デジタルカメラの次の部分と同じはたらきをする部分はどこか。それぞれ図の㋐～㋔から選びなさい。

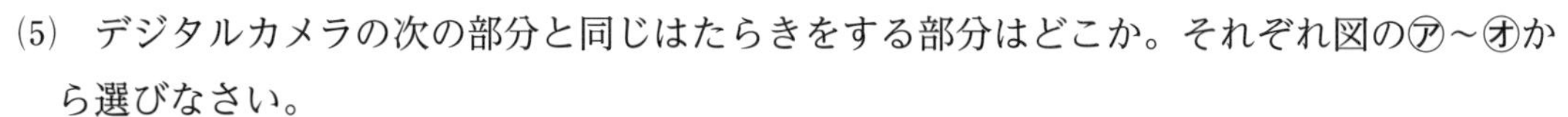

① しぼり

② 撮像素子(さつぞうそし)(フィルム式カメラのフィルムにあたる)

⑹ 光を感じる感覚のことを視覚という。同じように，におい，音，圧力，味を感じる感覚のことをそれぞれ何というか。

⑺ 皮膚は感覚器官の１つで，圧力，つまり体に何かが当たったり，ふれたりすることを感じる。これ以外に，皮膚で感じる刺激を２つ答えなさい。

⑴	記号		名称		⑵	記号		名称	
⑶	記号		名称		⑷	記号		名称	

⑸	①		②	

⑹	におい		音		圧力	
⑹	味		⑺			

2 耳で受けとった音の刺激の信号が脳に伝わるしくみについて，次の文の(　)にあてはまる言葉を答えなさい。

4点×5(20点)

音は，(①)の振動として耳に伝わる。耳では，(②)が音をとらえて振動する。その振動は(③)を通して伝わり，(④)の内部を満たす液体が振動する。その振動の信号が(⑤)を通って脳へと伝えられる。

①		②		③	
④		⑤			

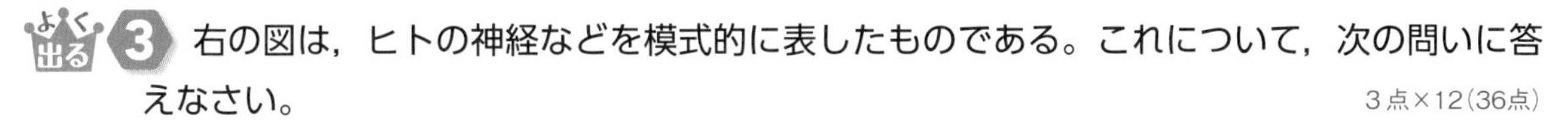

3 右の図は，ヒトの神経などを模式的に表したものである。これについて，次の問いに答えなさい。

3点×12(36点)

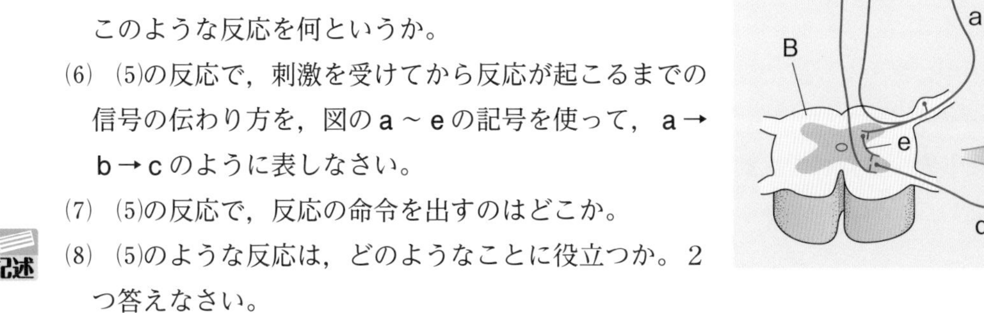

(1) 図のA，Bの部分をまとめて何というか。

(2) 図のBは，何によって守られているか。そのつくりの名称を答えなさい。

(3) 図のa，dの神経をそれぞれ何というか。

(4) (3)の神経をまとめて何というか。

(5) 熱いアイロンに手がふれ，思わず手を引っこめた。このような反応を何というか。

(6) (5)の反応で，刺激を受けてから反応が起こるまでの信号の伝わり方を，図のa～eの記号を使って，a→b→cのように表しなさい。

(7) (5)の反応で，反応の命令を出すのはどこか。

(8) (5)のような反応は，どのようなことに役立つか。２つ答えなさい。

(9) 次のア～オの反応のうち，(5)のような反応はどれか。すべて選びなさい。

ア 食物を口に入れると唾液が出てきた。

イ 車を運転中に，急に子どもが飛び出してきたので，急ブレーキをふんだ。

ウ 前に転ぶとき，無意識に手が出た。

エ いすに腰(こし)かけ，足が床(ゆか)につかないようにぶらさげておく。この状態でひざの下を軽くたたくと，足先がぴょんとはね上がった。

オ 暗いところで急に光を当てられ，思わず目をつぶった。

(10) アイロンに手がふれ，熱いという感覚が起こり，手を冷やすまでの信号の伝わり方を，図のa～eの記号を使って，a→b→cのように表しなさい。

(1)		(2)		(3)	a		d	
(4)		(5)		(6)		(7)		
(8)								
(9)				(10)				

4 骨格について，次の問いに答えなさい。

4点×3(12点)

(1) ヒトの背骨，うでやあしの太い骨などのように，体の内部にある骨格を何というか。

(2) 骨格はどのような役目をもつか。２つ答えなさい。

(1)		(2)		

生命 生物の体のつくりとはたらき

解答▶ p.11

/100

1》右の図は，植物の細胞のつくりを模式的に表したものである。次の問いにあてはまる部分の名称を答えなさい。 4点×5（20点）

⑴　酢酸オルセイン溶液によく染まる部分。
⑵　細胞を包んでいるうすい膜の部分。
⑶　⑵の外側にあって，動物の細胞には見られないつくり。
⑷　細胞の中にあって，液で満たされている袋状（ふくろじょう）のつくり。
⑸　緑色をした小さな粒で，動物の細胞には見られないつくり。

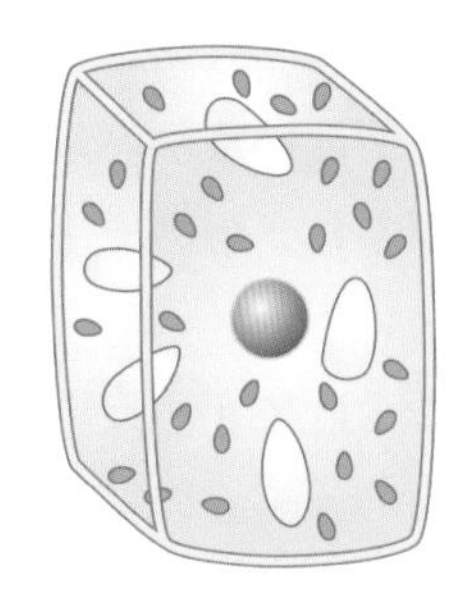

1》

⑴	
⑵	
⑶	
⑷	
⑸	

2》ある植物を青いインクで着色した水にしばらくつけておき，根の先端近く，茎，葉をそれぞれうすく切って，顕微鏡で観察した。あとの問いに答えなさい。 4点×8（32点）

図1

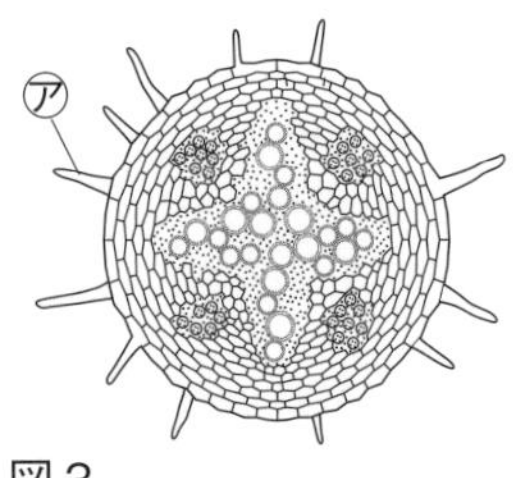

図2

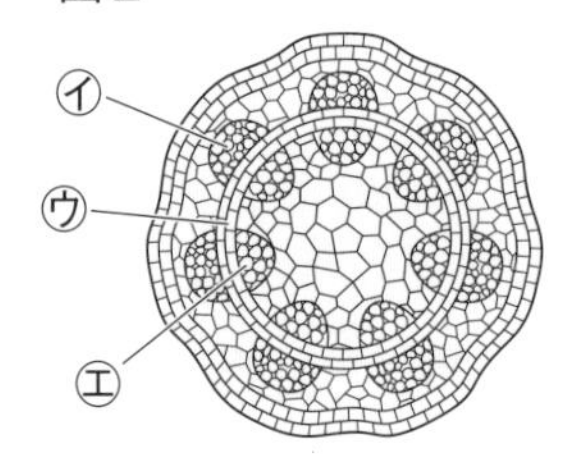

図3

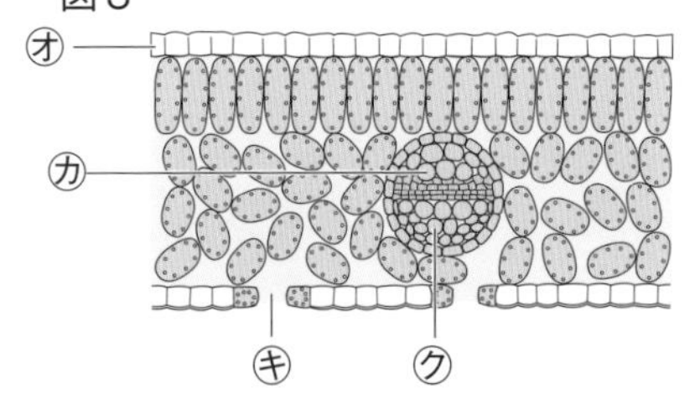

⑴　図1のアを何というか。
⑵　青く染まる部分を，図2，3のイ〜クからすべて選びなさい。
⑶　根で吸収された水や水にとけた養分が通る管を何というか。
⑷　葉でつくられた養分が通る管を何というか。
⑸　⑶，⑷の管が集まった束を何というか。
⑹　葉で養分をつくるはたらきを何というか。
⑺　図3のキを何というか。
⑻　⑺を通していろいろな気体が出入りする。その気体の名称を1つ答えなさい。

2》

⑴	
⑵	
⑶	
⑷	
⑸	
⑹	
⑺	
⑻	

目標 生物の細胞のつくりや，植物や動物の体のつくりとそのはたらきを理解し，説明できるようにしよう。

自分の得点まで色をぬろう!

がんばろう! | もう一歩 | 合格!
0 60 80 100点

3》 右の図は，ヒトの体のつくりを表したもので，下の表は，図の一部の器官のおもなつくりとはたらきを示したものである。 5点×6（30点）

器官	つくり	はたらき（一部）
①	小さな袋がたくさん集まっている。	血液中に空気中の酸素の一部をとりこむ。
②	多数のひだがあり，その表面には柔毛が見られる。	栄養分を吸収する。
③	筋肉でできており，自分のにぎりこぶしぐらいの大きさである。	規則正しく動くこと（拍動（はくどう））によって血液を循環させている。

(1) 表の①～③の器官の名称を答えなさい。

(2) もっとも多くの酸素をふくんでいる血液は，どの器官からどの器官に流れる血液か。器官の名称で答えなさい。

(3) 表の①，②の器官は，それぞれのはたらきを効率（こうりつ）よく行うつくりになっている。これらのつくりで効率がよくなるのはなぜか。共通する理由を簡単に答えなさい。

(4) 背中（せなか）側に2つある，図にはかかれていない器官のはたらきを示したものはどれか。次のア～エから選びなさい。

ア 食物から水分を吸収する。 イ アンモニアを尿素に変える。

ウ 血液中から不要な物質をこし出す。

エ 尿を体外に排出する前に一時的にためる。

3》

(1)	①	
	②	
	③	
(2)	から	
(3)		
(4)		

4》 次の〈Ⅰ〉〈Ⅱ〉は，刺激に対する反応について書かれたものであり，右の図は，ヒトの神経を模式的に表したものである。これについて，あとの問いに答えなさい。 3点×6（18点）

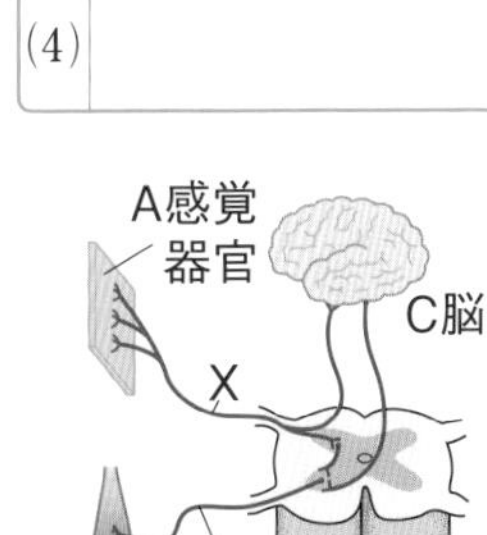

〈Ⅰ〉 熱いなべにうっかり手がふれたとき，思わず手を引っこめた。

〈Ⅱ〉 手が冷たくなったので，ポケットに手を入れた。

(1) 図のDの部分の名称を答えなさい。

(2) 図のC，Dをまとめて何というか。

(3) 図のX，Yは神経を表したものである。これらをまとめて何というか。

(4) Ⅰのように，無意識に起こる反応を何というか。

(5) Ⅰ，Ⅱについて，刺激が伝わり反応が起こるまでの信号の伝わり方を，次のア～オからそれぞれ選びなさい。

ア A→D→B イ B→D→A

ウ A→D→C→D→B

エ B→D→C→D→A オ B→D→C→D→B

4》

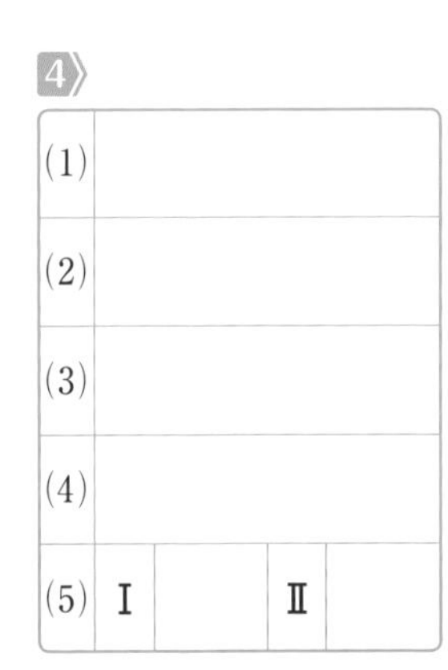

(1)				
(2)				
(3)				
(4)				
(5)	Ⅰ		Ⅱ	

終わったら後ろの，10をやろう。

解答 p.12

確認のワーク ステージ1 1章 地球をとり巻く大気のようす

教科書の要点

同じ語句を何度使ってもかまいません。

(　　)にあてはまる語句を，下の語群から選んで答えよう。

1 大気の中ではたらく力

教 p.70～75

(1) 一定面積あたりの面を垂直に押す力のはたらきを(①★　　　　　)という。

(2) 圧力の単位には，(②　　　　　)(記号Pa)やニュートン毎平方メートル(記号(③　　　　　))を使う。

$$圧力〔N/m^2〕= \frac{力の大きさ〔N〕}{力がはたらく(④★\qquad)〔m^2〕}$$

$1 N/m^2 = 1 Pa$

(3) 大気による圧力を(⑤★　　　　　)(気圧)といい，この力の大きさの単位は(⑥　　　　　)(記号hPa)で表す。

(4) 海面と同じ高さの地点の大気圧は約1013hPa(1気圧)で，上空にいくほど低くなる。

1hPa＝100Pa＝100N/m²

2 大気のようすを観測する

教 p.76～81

(1) 気圧，気温，湿度，風向，風速，風力，雲量，雨量，雲形などを(①★　　　　　)という。

(2) 天気は天気記号で表す。おもな記号を示すと

天気	快晴	晴れ	くもり	雨	雪	雷
記号	○	⦶	◎	●	⊛	◒

(3) 快晴，晴れ，くもりの区別は，空全体を10としたときの雲のしめる割合(雲量)で決まる。

雲量0～1のとき，天気は(②　　　　　)

雲量2～8のとき，天気は(③　　　　　)

雲量9～10のとき，天気は(④　　　　　)

(4) 風がふいてくる方向を(⑤★　　　　　)といい，16方位で表す。

また風速はm/sの単位ではかるが，天気図には0～12の13階級で表す(⑥★　　　　　)を使う。

(5) 天気，風向，風力を記号で表したものを(⑦　　　　　)という。

ワンポイント

地球を包みこんでいる空気の層が大気。

まるごと暗記

一定面積の面を垂直に押す力のはたらきが圧力，大気の重さによってかかる力が大気圧。

プラスα

同じ大きさの力でも，はたらく面積が小さいほど，圧力は**大きい**。

まるごと暗記

物体にかかる大気圧は，あらゆる方向から**垂直**にはたらく。

まるごと暗記

大気の状態を表すいろいろな要素が気象要素。気圧，気温，湿度，風向，風速(風力)，雲量，雲形，雨量など。

プラスα

気象庁からは気象データが提供され，日常生活や防災に利用されている。

語群

①大気圧／N/m²／面積／ヘクトパスカル／圧力／パスカル

②晴れ／風向／天気図記号／風力／快晴／気象要素／くもり

★の用語は，説明できるようになろう！

□にあてはまる語句を，下の語群から選んで答えよう。

1 圧力

③は，＝，＜，＞のどれかを書こう。 教 p.74

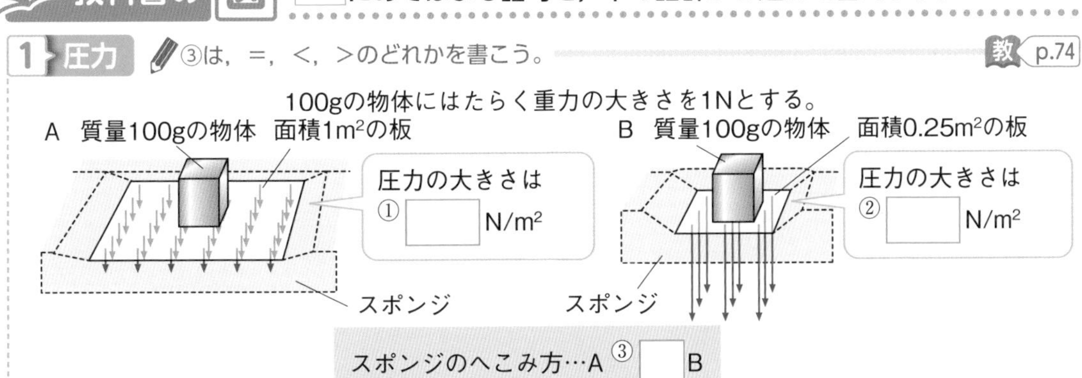

2 高さと大気圧の大きさ

②は高いか低いかを答えよう。 教 p.75

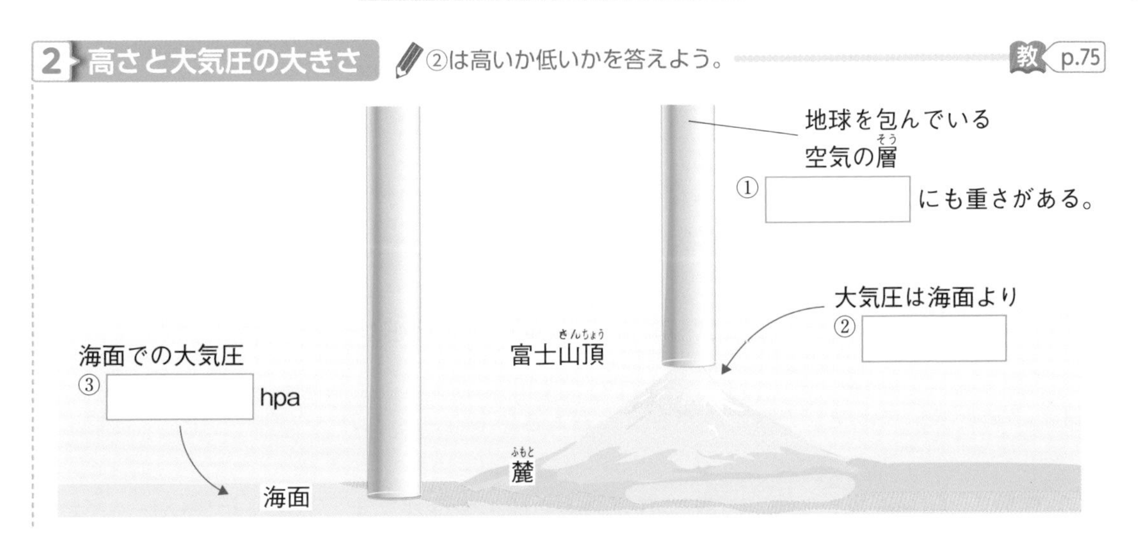

3 気象観測

①，②は気温か湿度かを書こう。 教 p.77，79

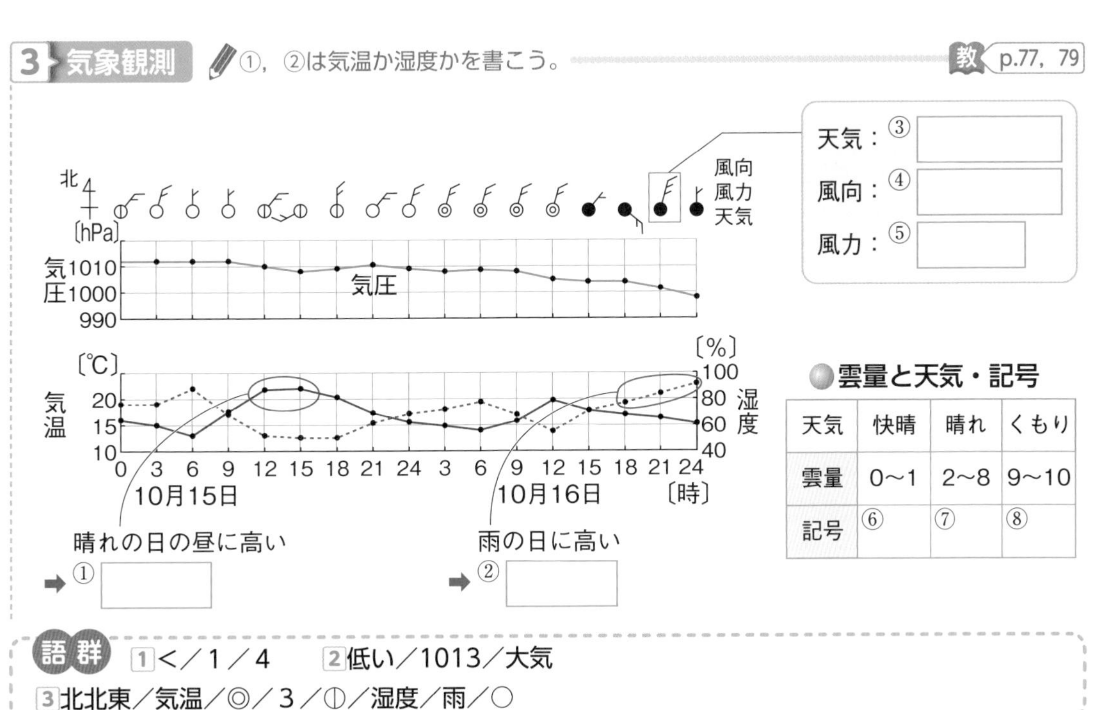

雲量と天気・記号

天気	快晴	晴れ	くもり
雲量	0～1	2～8	9～10
記号	⑥	⑦	⑧

語群
1 ＜／1／4　2 低い／1013／大気
3 北北東／気温／◎／3／⦶／湿度／雨／○

わからない用語は，教科書の要点の★で確認しよう！

解答 p.12

定着のワーク ステージ2　1章　地球をとり巻く大気のようす－①

1 圧力　下の図のように，水を入れたペットボトルを，いろいろな面積の板にのせてスポンジの上に置いた。これについて，あとの問いに答えなさい。

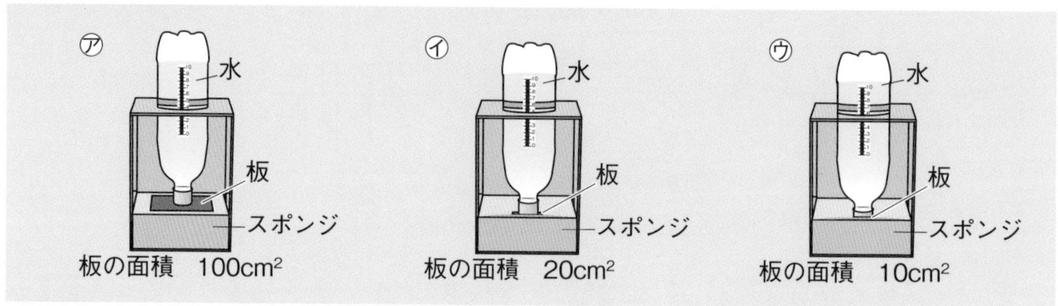

(1)　図の㋐～㋒で，板の面積はそれぞれ何m^2か。ヒント
㋐(　　　)　㋑(　　　)　㋒(　　　)

(2)　水を入れたペットボトルにはたらく重力の大きさが10 Nであるとき，図の㋐～㋒で，ペットボトルが板を押す力の大きさはそれぞれ何Nか。
㋐(　　　)　㋑(　　　)　㋒(　　　)

(3)　(2)のとき，図の㋐～㋒で板からスポンジにはたらく圧力はそれぞれ何Paか。
㋐(　　　)　㋑(　　　)　㋒(　　　)

(4)　(2)のとき，スポンジのへこみがもっとも大きいのは，図の㋐～㋒のどれか。(　　　)

よく出る **2 圧力**　右の図のように，質量600 gの直方体の物体をスポンジの上に置いた。これについて，次の問いに答えなさい。ただし，質量100 gの物体にはたらく重力の大きさを１Nとする。

A
50cm
30cm
40cm
B
C
スポンジ

(1)　A，B，Cの各面の面積はそれぞれ何m^2か。ヒント
A(　　　)　B(　　　)
C(　　　)

(2)　質量600 gの物体にはたらく重力の大きさは何Nか。ヒント
(　　　)

(3)　A，B，Cの各面を下にしたとき，物体がスポンジを押す力の大きさはそれぞれ何Nか。
A(　　　)　B(　　　)　C(　　　)

(4)　A，B，Cの各面を下にしたとき，スポンジにはたらく圧力はそれぞれ何Paか。
A(　　　)　B(　　　)　C(　　　)

(5)　スポンジの表面には，空気の重さによる圧力も生じている。この空気の重さによる圧力を何というか。
(　　　)

(6)　海面と同じ高さのところでの(5)の大きさはどのぐらいか。(　　　)

ヒントの森
❶(1)1 m² = 10000cm²である。(3)圧力〔Pa〕は，１m²あたりの面を押す力〔N〕である。
❷(1)直方体の各辺の長さはcmに注意。１m² = 10000cm²。(2)100gにはたらく重力が１N。

3 圧力　下の図のような３つの立体がある。これらの立体から床にはたらく圧力について，あとの問いに答えなさい。ヒント

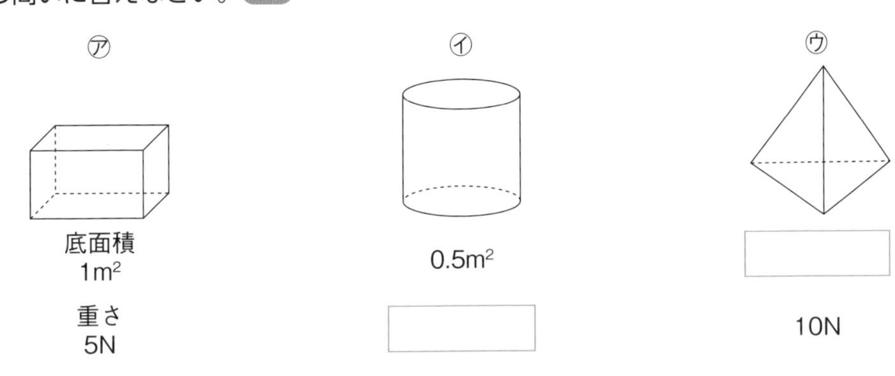

(1)　㋐にはたらく重力の大きさは何Nか。（　　　　）

(2)　㋐で床にはたらく圧力はいくつか。単位をつけて答えなさい。

（　　　　）

(3)　㋑にはたらく圧力は40Paだった。㋑の重さはいくらか。求める式と，㋑の重さを単位をつけて答えなさい。

式（　　　　）　重さ（　　　　）

(4)　㋒にはたらく圧力は80Paだった。㋒の立体の底面積はいくらか。求める式と，底面積を単位をつけて答えなさい。

式（　　　　）　底面積（　　　　）

4 高さと気圧　右の図は，高さによる気圧のちがいを山の周辺のようすで表したものである。これについて，次の問いに答えなさい。

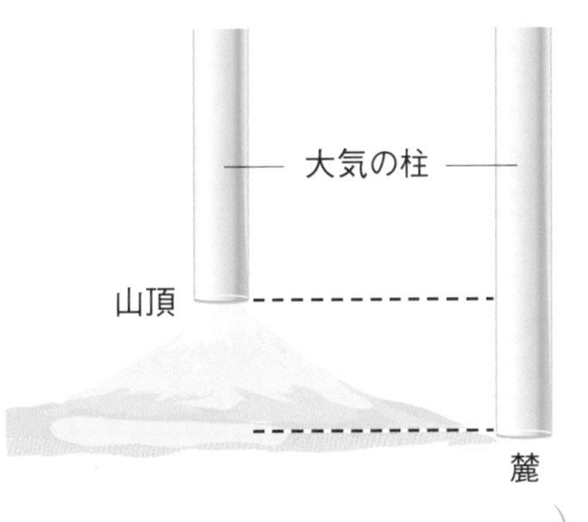

(1)　大気には重さがあるか。（　　　　）

(2)　山頂（さんちょう）と麓（ふもと）で，その上にある空気の重さが大きいのはどちらか。（　　　　）

(3)　山頂と麓で，気圧が高いのはどちらか。ヒント

（　　　　）

(4)　麓から袋入りのお菓子（かし）を持って山頂まで登ったら，袋のようすが変わっていた。どうなったか。簡単に答えなさい。

（　　　　）

(5)　(4)のようになったのはなぜか。簡単に答えなさい。ヒント

（　　　　）

(6)　海面と同じ高さの地点の気圧を平均すると，約何hPaになるか。（　　　　）

3 圧力は，力の大きさ÷力のはたらく面積 で求められる。単位はNやm^2にそろえる。

4 (3)大気の柱の長さはどちらが長いか。(5)山頂と麓の気圧のちがいから考える。

解答 p.13

定着のワーク ステージ2 1章 地球をとり巻く大気のようす－②

1 天気図に使われる記号

天気図で使われる天気や風のようすを表す記号について，次の問いに答えなさい。

(1) 気象観測に関する次の文の(　　)にあてはまる言葉を答えなさい。

①(　　　　) ②(　　　　) ③(　　　　) ④(　　　　)

気象観測では，いろいろなデータを集める。気圧，乾湿計ではかる(①)や湿度，風に関する風速や(②)，雲や雨の量を表す(③)や(④)などである。

(2) 晴れやくもりは，空全体を10としたときの雲がしめる割合で決まっている。快晴，晴れ，くもりのときの雲の割合の範囲(はんい)をそれぞれ答えなさい。

快晴(　　〜　　) 晴れ(　　〜　　) くもり(　　〜　　)

(3) 次の表の①〜⑥にあてはまる天気と天気記号を答えなさい。

天気	①	晴れ	③	雨	⑤	雪
記号	○	②	◎	④	◒	⑥

(4) 次の①〜③の風向と風力を右の図に表しなさい。

① 北東の風，風力3
② 西の風，風力1
③ 西北西の風，風力5

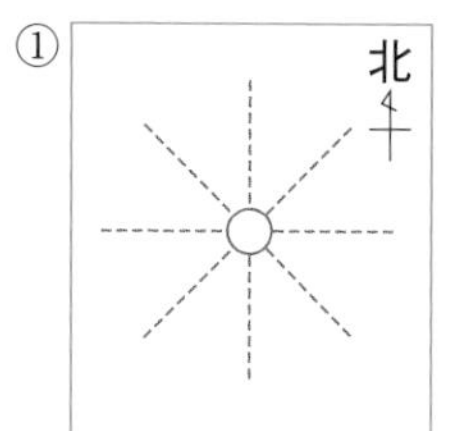

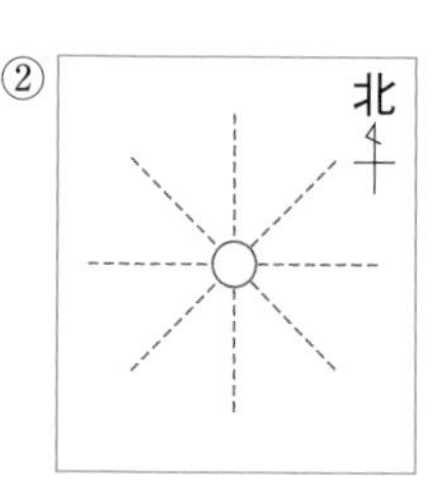

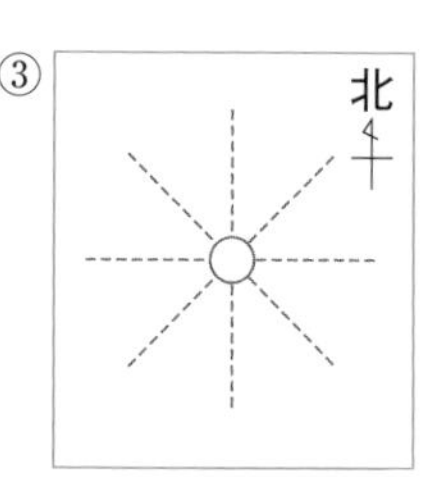

(5) 風についての次の文で，下線部が正しいものは○と答え，まちがっているものは正しい言葉を答えなさい。ヒント

① 風向は8方位で表す。(　　　　)
② 風向は風のふいてくる方向を表す。(　　　　)
③ 風力は，1〜8までの数で表す。(　　　　)

2 気象観測

ある日の天気を観測した。これについて，次の問いに答えなさい。

(1) 雲量が6と見えた。このときの天気は何か。(　　　　)

(2) 雲量が6とは，どういう意味か。簡単に答えなさい。ヒント

(　　　　　　　　　　)

(3) この日，風向は南東，風力は2だった。この日の天気図記号を，右の欄にかきなさい。

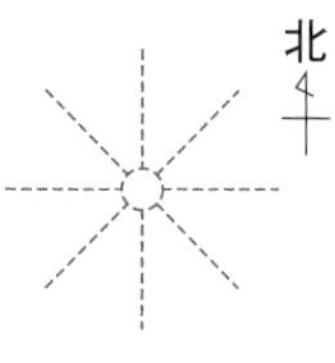

(4) 風向が南東とは，どちらからどちらへ風がふいていることか。16方位で答えなさい。 どちらから(　　　　) どちらへ(　　　　)

ヒントの森

❶(5)風速は速さの単位m/sで表すが，風力は周辺のようすで決めている。
❷(2)雲量とは，空全体の何割を雲がしめているかの数字で，0〜10で表す。

3 乾湿計（かんしつけい）

右の図は，乾湿計の記録と湿度表を表したものである。これについて，次の問いに答えなさい。

A　B

湿度表										
乾球	乾球と湿球との差									
	0.5	1.0	1.5	2.0	2.5	3.0	3.5	4.0	4.5	5.0
℃	%	%	%	%	%	%	%	%	%	%
35	97	93	90	87	83	80	77	74	71	68
34	96	93	90	86	83	80	77	74	71	68
33	96	93	89	86	83	80	76	73	70	67
32	96	93	89	86	82	79	76	73	70	66
31	96	93	89	86	82	79	75	72	69	66
30	96	92	89	85	82	78	75	72	68	65
29	96	92	89	85	81	78	74	71	68	64
28	96	92	88	85	81	77	74	70	67	64
27	96	92	88	84	81	77	73	70	66	63
26	96	92	88	84	80	76	73	69	65	62

(1) 乾球温度計の記録は，AとBのどちらか。（　　　）

(2) 気温は何℃か答えなさい。ヒント

（　　　）

(3) 乾球温度計と湿球温度計の示度（しど）の差を求めなさい。

（　　　）

(4) この記録と湿度表から，湿度を求めなさい。

（　　　）

(5) 気温が26℃で湿度が80％のとき，乾球と湿球の示度の差は何℃か。

（　　　）

(6) (5)のとき，湿球温度計は何℃を示しているか。ヒント

（　　　）

4 天気の変化

下の図は，ある日の天気と気温，湿度の変化を表したものである。これについて，あとの問いに答えなさい。ヒント

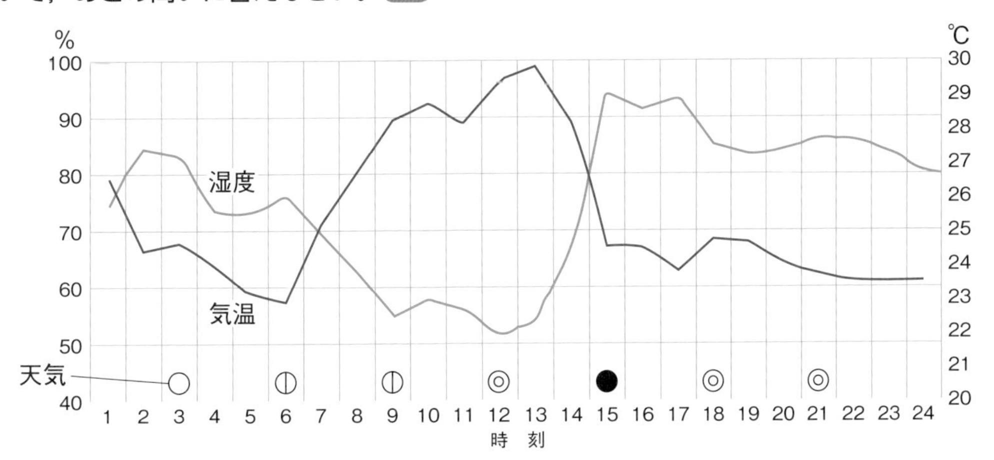

(1) この日の9時と15時の天気を答えなさい。

9時（　　　）

15時（　　　）

(2) 天気がくもりから雨に変わると，気温はどう変化しているか。（　　　）

(3) 天気がくもりから雨に変わると，湿度はどう変化しているか。（　　　）

記述 (4) (2)，(3)から，気温と湿度の関係はどうなっているか。簡単に答えなさい。

（　　　）

記述 (5) 昼と夜の気温を比べると，どのようなことがいえるか。簡単に答えなさい。

（　　　）

❸(2)乾球温度計の示度が気温と等しい。(6)乾球と湿球の示度はどちらが大きいかを考えよう。
❹グラフを見て，天気と気温，湿度の関係を考える。

地球

解答 p.14

実力判定テスト ステージ3 1章 地球をとり巻く大気のようす

30分 /100

1 右の図のように，スポンジの上に板を置き，板の上におもりをのせてスポンジのへこみ方を調べた。これについて，次の問いに答えなさい。ただし，板の重さは考えないものとする。

5点×4（20点）

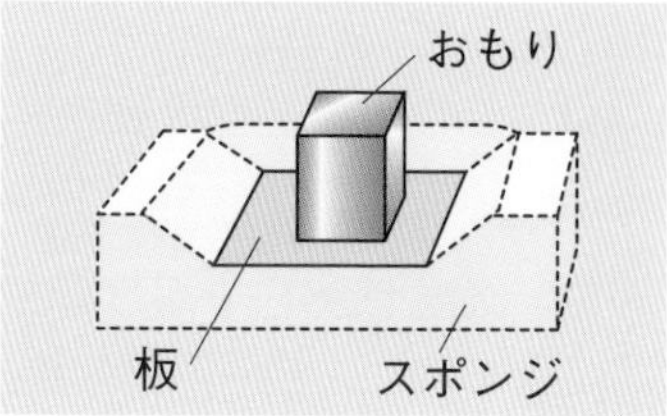

おもり
板
スポンジ

(1) 板の面積を同じにして，質量が100 gと500 gのおもりでスポンジのへこみ方を比べた。スポンジが大きくへこんだのは，どちらのおもりをのせたときか。

(2) (1)のことから，スポンジにはたらく力の大きさと圧力の関係について，どのようなことがわかるか。

(3) おもりの質量は同じで，板の面積を$100cm^2$と$25cm^2$にしたときのスポンジのへこみ方を比べた。スポンジが大きくへこんだのは，どちらの板のときか。

(4) (3)のことから，スポンジに力がはたらく面積と圧力の関係について，どのようなことがわかるか。

(1)		(2)	
(3)		(4)	

2 **空気の圧力** 下の図のように，空き缶に空気をつめこんで質量をはかった後，空気をペットボトルに出し，再び質量をはかった。これについて，あとの問いに答えなさい。

4点×5（20点）

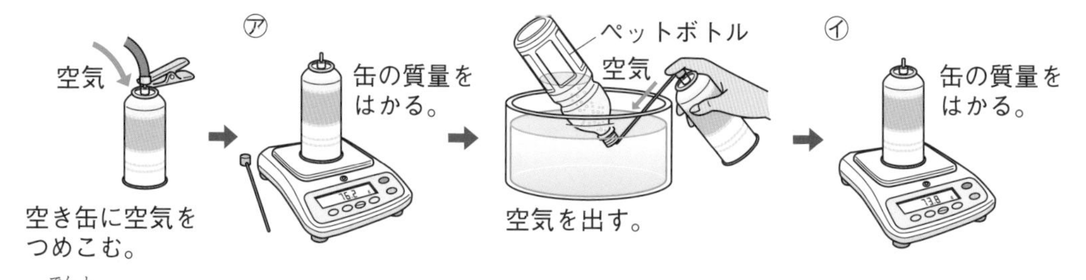

(1) 電子てんびんは，㋐では76.2g，㋑では73.8gを示した。㋐と㋑の値の差は，何の質量を表しているか。

(2) (1)の質量により，かかる圧力を大気圧という。大気圧は，どのような向きからはたらくか。

(3) 海面と同じ高さのところでの大気圧の大きさは，何気圧か。

(4) (3)の大きさは，約何hPaか。

記述 (5) 高い山の山頂で，中身がからのペットボトルにふたをして下山したところ，麓でペットボトルが大きくつぶれた。その理由を簡単に答えなさい。

(1)		(2)		(3)		(4)	
(5)							

3 次の文は気象要素や気象要素の観測について述べたものである。これらについて，下線部が正しいものは○と答え，まちがっているものは正しい言葉を答えなさい。

4点×5（20点）

(1) 雲量が7のときの天気は晴れである。

(2) 風力は風の速さをm/sで表したものである。

(3) 風向は風のふいてくる方向を8方位で表す。

(4) 雨や雪が降(ふ)っていないときの天気は，雲量で決まる。

(5) 湿球温度計の示度は，水が蒸発(じょうはつ)するときに熱が奪(うば)われるので，乾球温度計の示度より高くなる。

(1)		(2)		(3)	
(4)		(5)			

よく出る **4** 下の図は，天気，気圧，気温，湿度の変化を2日間にわたって調べたものである。これについて，あとの問いに答えなさい。

5点×8（40点）

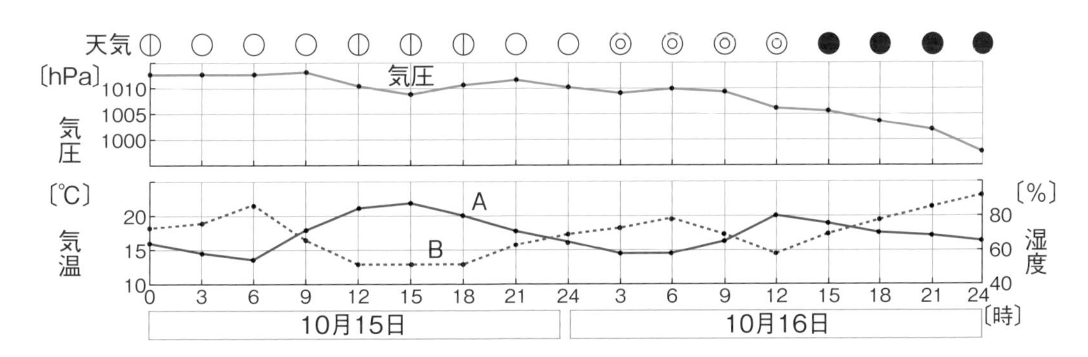

(1) 10月15日，10月16日のそれぞれの12時の天気を答えなさい。

(2) A，Bのグラフはそれぞれ何を表しているか。

(3) 晴れた日の気温や湿度の変化は，雨の日に比べて大きいか，小さいか。

(4) 晴れた日において，気温が上がると湿度はどのようになるか。

(5) 雨の日の湿度は，晴れの日に比べて高いか，低いか。

記述

(6) グラフより，気圧と天気にはどのような関係があると考えられるか。天気の変化にともなう気圧の変化に着目して，簡単に答えなさい。

(1)	10月15日		10月16日		(2)	A		B	
(3)			(4)			(5)			
(6)									

解答 p.14

2章 大気中の水の変化

教科書の要点

同じ語句を何度使ってもかまいません。

(　)にあてはまる語句を，下の語群から選んで答えよう。

1 霧のできかた

教 p.82〜83

(1) 空気中に発生する霧や雲は，空気中の水蒸気が冷やされてできた，小さな(① 　　)の集まりである。
└目に見えない。

(2) 地表付近の空気にふくまれる水蒸気が冷やされると，(② 　　)が発生する。
└気温の低い深夜から早朝に見られることが多い。

2 雲のでき方

教 p.84〜89

(1) 空気はあたためられると上昇し，冷やされると下降する。

(2) 上昇する空気の動きを(①★ 　　)といい，下降する空気の動きを(②★ 　　)という。

(3) 空気は，上昇してまわりの気圧が低くなると(③ 　　)し，温度が下がる。そして，水蒸気の一部が(④ 　　)や**氷の粒**になって，雲ができる。
└上昇気流があるところで発生しやすい。

(4) 空気が下降するとまわりの気圧が(⑤ 　　)，温度が上がる。そのため，下降気流があるところでは，雲ができ(⑥ 　　)。

(5) 雨や雪などをまとめて(⑦ 　　)といい，おもに乱層雲や積乱雲によってもたらされる。
└雲粒が合体するなどして成長し，落ちてくる。

(6) 地球上の水は，固体(氷)，液体(水)，気体(水蒸気)と状態を変化させながら循環している。この循環は**太陽光のエネルギー**が支えている。
└蒸発と降水のくり返し。

まるごと暗記
空気が上昇→気圧が低い→空気が膨張→温度が下がる。
そのため，水蒸気は水滴→氷の粒になる。これが雲になり，粒が大きくなると天気はくもりや雨になる。

ワンポイント
地球上の水は**状態変化**しながら循環している。

3 空気にふくまれる水蒸気の量

教 p.90〜94

(1) 空気 $1\,m^3$ 中にふくむことのできる水蒸気の最大量を(①★ 　　)といい，空気の温度によって変化する。
└温度が低いほど小さい。

(2) 空気が冷やされて，空気中の水蒸気が**水滴に変わる**ときの温度を(②★ 　　)という。

(3) 空気 $1\,m^3$ 中にふくまれる水蒸気量の，飽和水蒸気量に対する割合を(③★ 　　)といい，次の式で表される。

$$湿度[\%]=\frac{空気1\,m^3中にふくまれる水蒸気量[g/m^3]}{その温度での飽和水蒸気量[g/m^3]}\times 100$$

まるごと暗記
飽和水蒸気量
空気 $1\,m^3$ にふくまれる最大の水蒸気量。温度が低いほど小さい。

まるごと暗記
気温が下がって飽和水蒸気量が小さくなると，あふれた水蒸気が水滴に変わる。このときの温度が露点。

語群
❶霧／水滴　❷水滴／高くなり／上昇気流／降水／膨張／下降気流／にくい
❸湿度／飽和水蒸気量／露点

★の用語は，説明できるようになろう！

同じ語句を何度使ってもかまいません。

□にあてはまる語句を，下の語群から選んで答えよう。

1 霧のでき方

教 p.83

水蒸気→①□になり，
②□が発生する。

2 上昇気流と雲のでき方

教 p.84，88

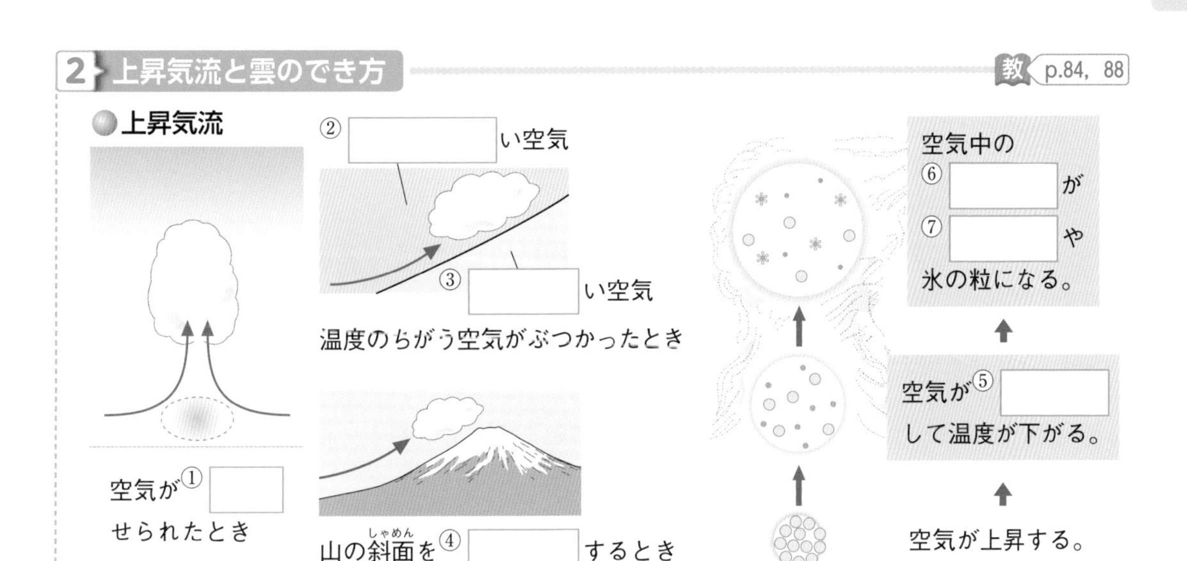

3 温度と水蒸気量

教 p.92

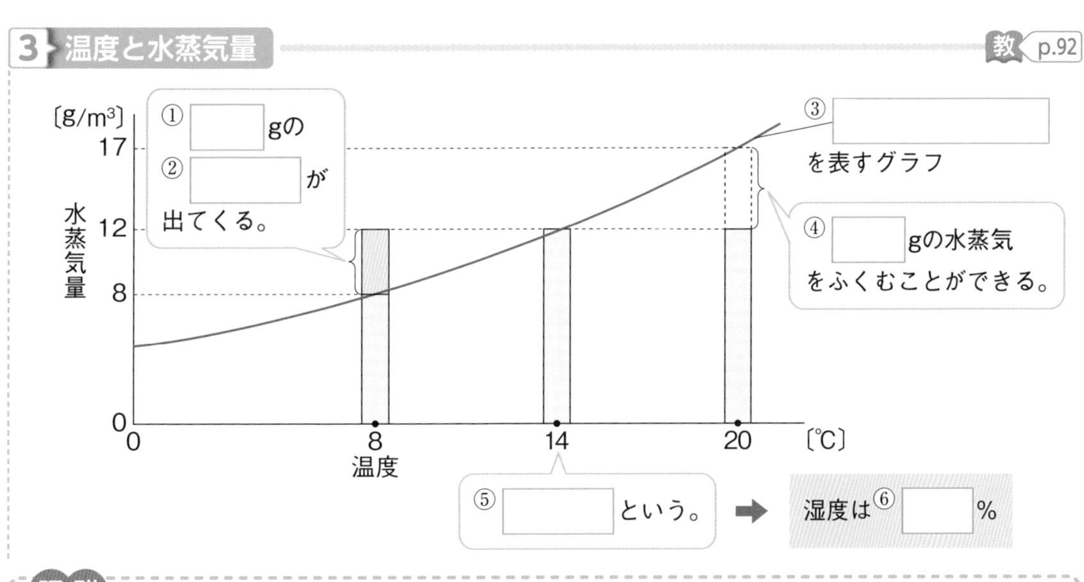

語群 1霧／水滴　2水蒸気／膨張／上昇／水滴／あたたか／熱／冷た
3飽和水蒸気量／5／100／水滴／露点／4

わからない用語は，教科書の要点の★で確認しよう！

解答 p.15

定着のワーク ステージ2 2章 大気中の水の変化

1 教 p.87 実験1 **雲のでき方** 右の図のように，内部をぬるま湯でぬらし，少量の線香のけむりを入れた丸底フラスコに大型注射器（ちゅうしゃき）をつなぎ，ピストンを押（お）したり引いたりした。これについて，次の問いに答えなさい。

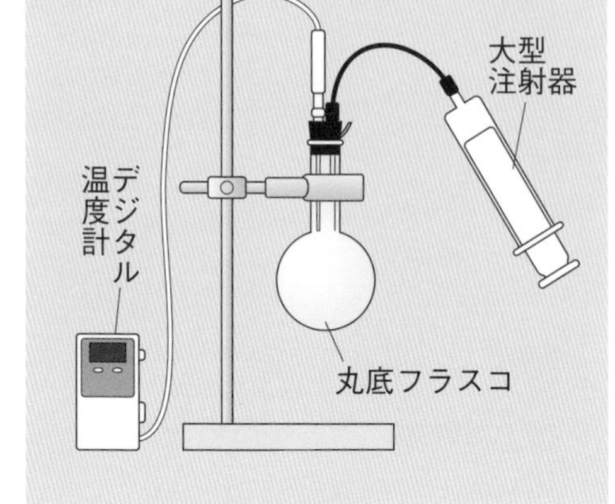

(1) ピストンを引くと，フラスコ内の空気の体積は大きくなるか，小さくなるか。ヒント
（　　　　　）

(2) (1)のとき，フラスコ内の空気の温度はどのようになるか。（　　　　　）

記述 (3) ピストンを引いたとき，フラスコ内にはどのような変化が見られるか。（　　　　　）

記述 (4) (3)の後，ピストンを押したとき，フラスコ内にはどのような変化が見られるか。
（　　　　　）

(5) (4)のとき，フラスコ内の空気は膨張するか，圧縮（あっしゅく）されるか。（　　　　　）

(6) (4)のとき，フラスコ内の空気の温度はどのようになるか。（　　　　　）

(7) この実験から，雲はどのような気流があるところにできやすいことがわかるか。
（　　　　　）

2 **雲のでき方** 右の図は，空気が上昇して雲ができるしくみを模式的に表したものである。これについて，次の問いに答えなさい。

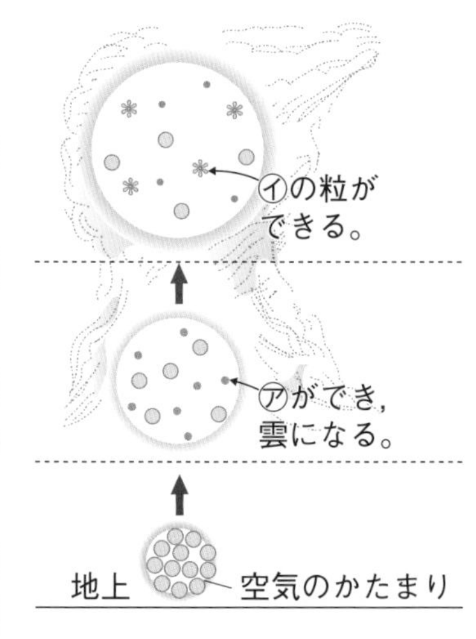

(1) 空気が上昇すると，まわりの気圧はどのようになるか。
（　　　　　）

(2) (1)のとき，空気は膨張するか，圧縮されるか。
（　　　　　）

(3) (2)のとき，空気の温度はどのようになるか。
（　　　　　）

(4) 空気の温度が(3)のようになると，空気中の水蒸気は図の㋐や㋑になり，雲ができる。㋐，㋑は何を表すか。ヒント
㋐（　　　　　）
㋑（　　　　　）

(5) ㋐や㋑が成長すると，地上に落ちてくることがある。結晶のまま落ちてくるものを何というか。（　　　　　）

ヒントの森
❶(1)ピストンを引くと，その分だけフラスコ内の空気の体積が変化する。 ❷(4)気体(水蒸気)は冷やされると，液体(水)や固体(氷)になる。

3 水の循環　右の図は，地球上の水の循環のようすを表したものである。これについて，次の問いに答えなさい。

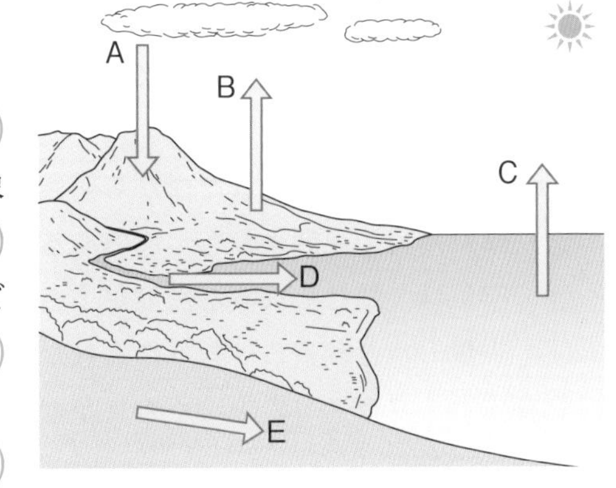

(1) 図のAでは，水は雨や雪として地表に降る。雨や雪をまとめて何というか。（　　　）

(2) 図のBやCのように，水が水蒸気になる現象を何というか。（　　　）

(3) 図のDやEでは，水は固体，液体，気体のどの状態で移動するか。（　　　）

(4) 水の循環は，何のエネルギーによるか。（　　　）

(5) 空気中にある水蒸気のうち，地表付近の水蒸気が冷やされると何が発生するか。ヒント（　　　）

(6) (5)が見られる時間を，次のア～エから選びなさい。ヒント（　　　）

ア　朝から昼にかけて，よく見られる。

イ　昼から夜にかけて，よく見られる。

ウ　深夜から早朝にかけて，よく見られる。

エ　時間帯に関係なく，いつでも見られる。

気温が上がると水滴は水蒸気になるよ。

4 教 p.91 実験2 空気中の水蒸気量　右の図のように，セロハンテープをはった金属製のコップに，くみ置きの水を入れた。これに氷を入れた試験管を入れて水温を下げていき，コップの表面がくもりはじめたときの水温を測定した。次の問いに答えなさい。

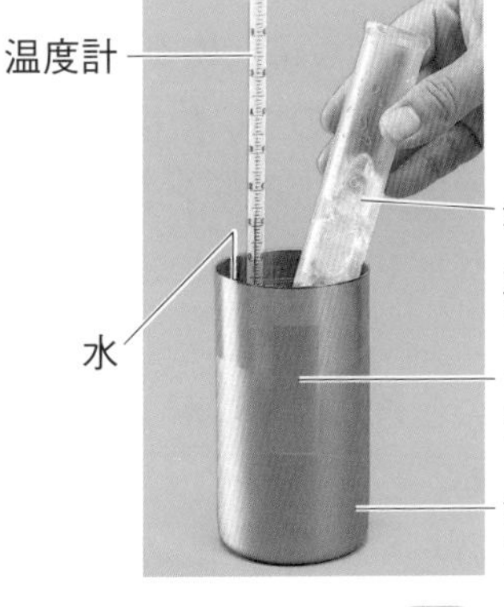

(1) くみ置きの水を用いたのは，水温を何と同じにするためか。（　　　）

(2) コップがくもりはじめたときの温度を何というか。（　　　）

(3) 空気 1 m^3 中にふくむことのできる水蒸気の最大量を何というか。（　　　）

(4) 実験を行ったとき，室温は22℃で，コップがくもりはじめたときの水温は16℃であった。このとき，部屋の空気 1 m^3 中にふくまれる水蒸気量は何 g か。ただし，(3)の量は，22℃のとき 19.4 g /m^3，16℃のとき 13.6 g /m^3 である。ヒント（　　　）

(5) 実験を行った部屋の湿度は何％か。四捨五入して整数で答えなさい。（　　　）

(6) 部屋を16℃に冷やしたら，湿度は何％になるか。（　　　）

ヒントの森

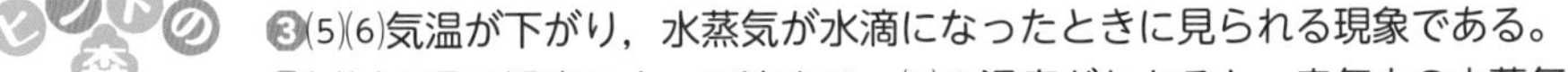

3(5)(6)気温が下がり，水蒸気が水滴になったときに見られる現象である。

4(4)(3)の量は温度によって決まる。(2)の温度がわかると，空気中の水蒸気量がわかる。

地球

解答 p.15

2章 大気中の水の変化

30分 /100

1 次の文を読んで，正しいものには○を，まちがっているものには×をつけなさい。

3点×4（12点）

① 霧は風がなく，晴れた夜から明け方に発生しやすい。

② 晴れた日の夜間よりも，雲のある夜間のほうが気温が下がりやすい。

③ 空気は，熱せられると密度（みつど）が小さくなり，上昇する。

④ 少量の水と線香のけむりを入れたフラスコに注射器をつなぎ，注射器のピストンを強く押すと，フラスコの中にくもりができる。

①		②		③		④	

2 空気の流れと天気について，次の問いに答えなさい。

4点×6（24点）

(1) 右の図のような空気の流れが生じるとき，冷たい空気は㋐と㋑のどちらか。

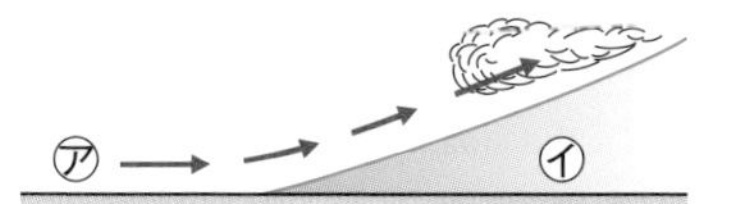

(2) 次の文の（ ）にあてはまる言葉を答えなさい。

地表付近の空気があたためられると（ ① ）気流が生じ，気圧は（ ② ）くなる。逆に，空気が冷やされると（ ③ ）気流が生じ，気圧は（ ④ ）くなる。また，くもりや雨になりやすいのは（ ⑤ ）気流が生じるときである。

(1)		(2) ①		②		③		④		⑤	

よく出る 3 右の図のように，ぬるま湯と線香のけむりを入れたペットボトルを少しへこませてから，デジタル温度計のついた栓（せん）をつけた。これについて，次の問いに答えなさい。

4点×4（16点）

(1) 手をはなし，ペットボトル内の空気が膨張すると，ペットボトル内にはどのような変化が見られるか。

(2) (1)のとき，ペットボトル内の温度はどのようになるか。

(3) (1)のとき，ペットボトル内の何が何に変化したか。

(4) ペットボトル内のようすを，(1)の状態からもとの状態にもどすには，ペットボトルをどのようにするとよいか。

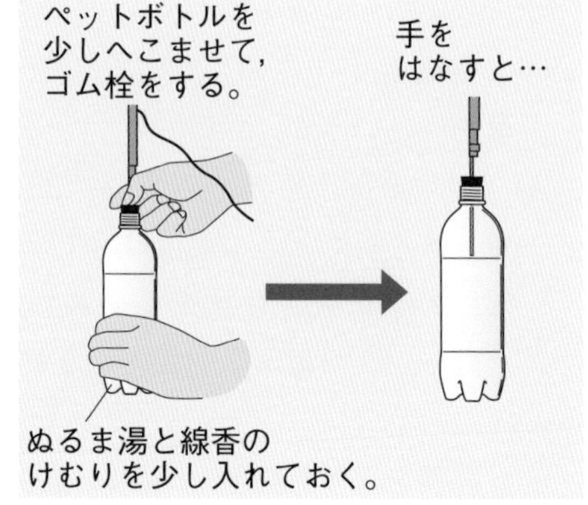

(1)		(2)		(3)	
(4)					

よく出る **4** 右の表は，空気の温度と飽和水蒸気量の関係を表したものである。これを用いて，次の問いに答えなさい。

4点×4（16点）

温度〔℃〕	0	5	10	15	20	25	30
飽和水蒸気量〔g/m³〕	4.8	6.8	9.4	12.8	17.3	23.1	30.4

(1) 25℃の空気を冷やしていくと，15℃で水滴ができはじめた。この空気の露点と空気1 m³中にふくまれる水蒸気量を答えなさい。

(2) 20℃の空気1 m³中に9.4 gの水蒸気がふくまれている。この空気の露点を答えなさい。また，この空気の湿度は何％か。四捨五入して小数第1位まで求めなさい。

(1)	露点		水蒸気量		(2)	露点		湿度	

5 右の図は，日常生活の中で見られる水のすがたの変化を表したものである。これについて，次の問いに答えなさい。

4点×3（12点）

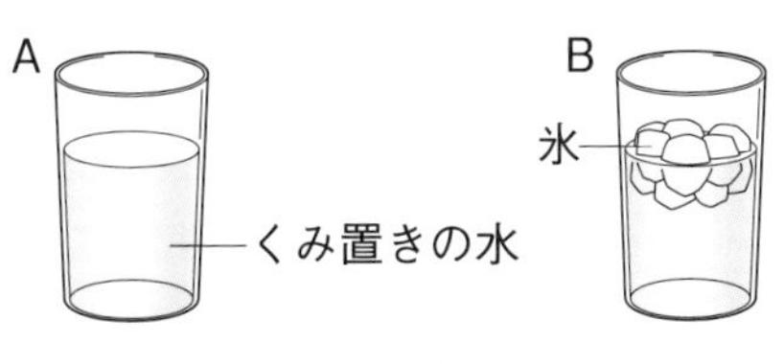

(1) 室内に置いた2つのコップのうち，表面に水滴がつくのはAとBのどちらか。

(2) 冬の寒い日に，暖房（だんぼう）を入れた部屋の窓（まど）ガラスに水滴がついていた。このとき，水滴がついているのは室内側と室外側のどちらか。

記述 (3) (2)でついた水滴はなぜできたのか。簡単に答えなさい。

6 右のグラフは，温度と飽和水蒸気量の関係を表したものである。A～Eはふくんでいる水蒸気量や温度の異なる5種類の空気を表している。これについて，次の問いに答えなさい。

4点×5（20点）

(1) A～Eの中で，もっとも湿度の低い空気はどれか。

(2) A～Eの中で，もっとも露点の高い空気はどれか。

(3) A～Eの中で，10℃まで冷やしたときに，水滴がもっとも多く生じる空気はどれか。

(4) B～Eの空気の中で，Aの空気と露点が等しいものをすべて選びなさい。

(5) B～Eの空気の中で，Aの空気と飽和水蒸気量が等しいものをすべて選びなさい。

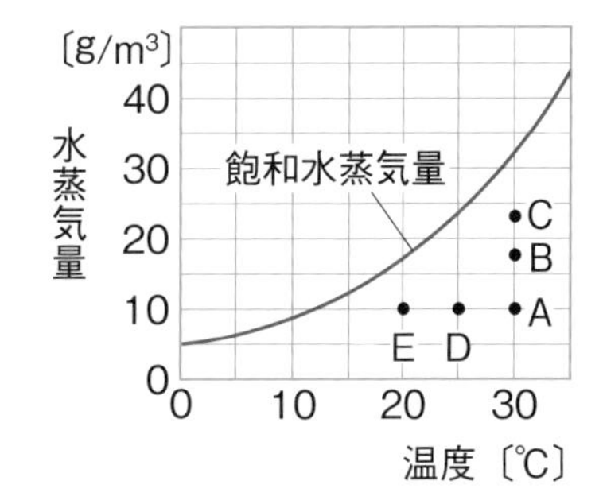

解答 p.16

3章 天気の変化と大気の動き

( )にあてはまる語句を，下の語群から選んで答えよう。

同じ語句を何度使ってもかまいません。

1 風がふくしくみ

教 p.95〜98

(1) 気圧の等しい地点を結んだなめらかな曲線を(①★)といい，気圧の分布を(②★)という。

(2) 等圧線が丸く閉じていて，まわりより気圧が高いところを(③★)，低いところを(④★)という。

(3) 気圧配置を表した地図に，天気図記号を用いて天気や風などを記録したものを(⑤★)という。

(4) 高気圧では(⑥)気流が起こり，天気は(⑦)が多い。低気圧では(⑧)気流が起こり，くもりや雨が多い。

(5) 風は気圧が高いところから低いところに向かってふき，等圧線の間隔がせまいところほど，風は(⑨)くなる。

プラスα

等圧線は1000hPaが基準。4hPaごとに細い線の，20hPaごとに太い線のなめらかな曲線で結ぶ。

まるごと暗記

高気圧の中心付近
- 下降気流
- 雲ができにくい
- 晴れることが多い
- 時計回りに風がふき出す

低気圧の中心付近
- 上昇気流
- 雲ができやすい
- くもりや雨が多い
- 反時計回りに風がふきこむ

2 大気の動きによる天気の変化

教 p.99〜106

(1) 気温や湿度などの性質が一様で，大規模な大気のかたまりを(①★)という。

(2) 2つの気団の境界面を(②★)，その面と地面が交わる線を(③★)という。
└すぐに混じりあわない。

(3) あまり動かない前線を(④★)という。
└2つの気団の強さが同じくらい。

(4) 寒気が暖気を押しながら進む前線を(⑤★)，暖気が寒気の上にはい上がって進む前線を(⑥★)という。

(5) 寒冷前線はせまい範囲に短時間，強い雨が降り，通過後は風が(⑦)よりに変わり，気温が(⑧)がる。
└強い上昇気流で積乱雲ができる。

(6) 温暖前線は広い範囲に長時間，弱い雨が降り，通過後は風が(⑨)よりに変わり，気温が(⑩)がる。

まるごと暗記

前線には，寒冷前線，温暖前線，停滞前線，閉塞前線がある。

プラスα

寒冷前線が温暖前線に追いつくと，閉塞前線ができる。

3 地球規模での大気の動き

教 p.107〜109

(1) 日本付近を西から東に移動する高気圧を(①★)という。

(2) 日本付近の上空には1年中(②★)という西よりの風がふいている。この風の影響で，天気は西から東に変わっていく。

まるごと暗記

前線面の傾きは寒冷前線では急なので天気の変化も激しい。温暖前線はゆるやかなので，天気の変化もおだやかである。

語群 ❶天気図／上昇／高気圧／等圧線／晴れ／強／低気圧／気圧配置／下降 ❷下／北／前線／南／上／温暖前線／前線面／停滞前線／寒冷前線／気団 ❸偏西風／移動性高気圧

★の用語は，説明できるようになろう！

同じ語句を何度使ってもかまいません。

にあてはまる語句を，下の語群から選んで答えよう。

1 高気圧と低気圧

教 p.97

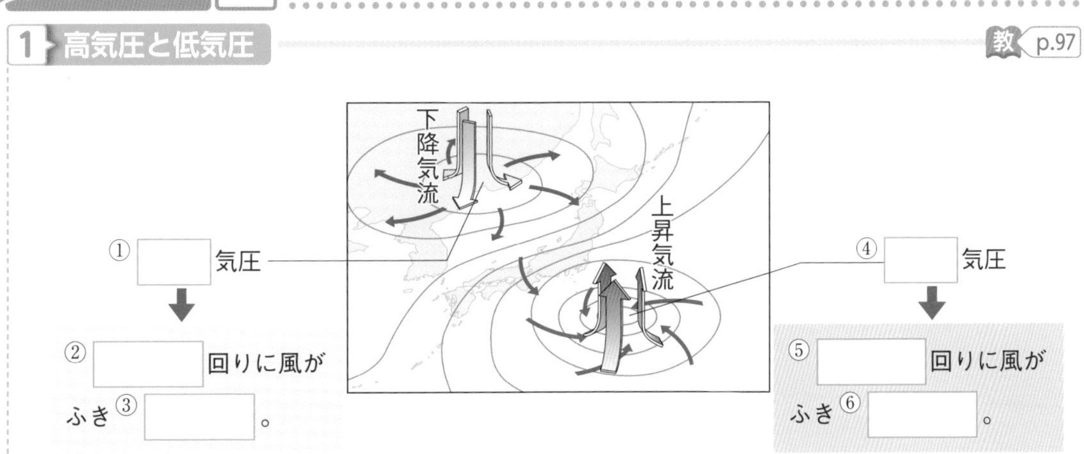

2 前線のでき方

教 p.103

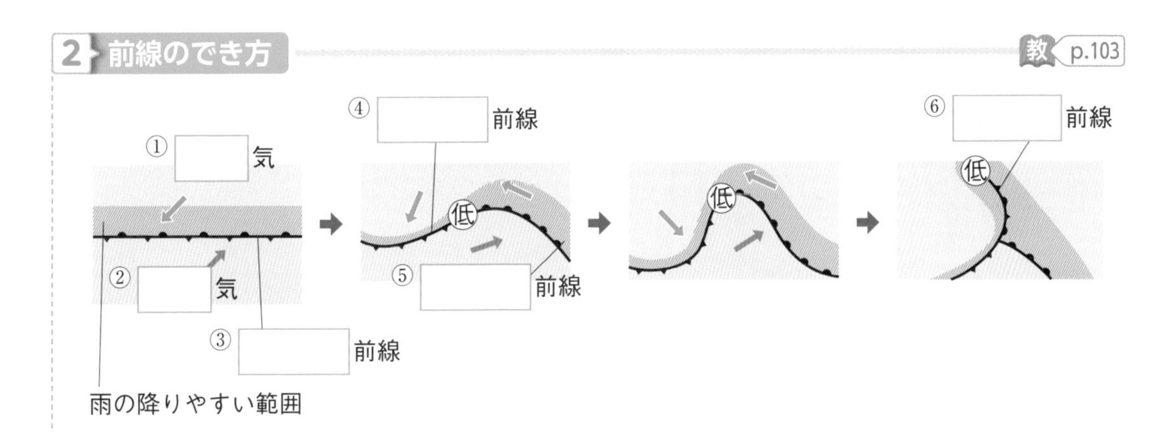

3 前線の構造と雲

教 p.104〜105

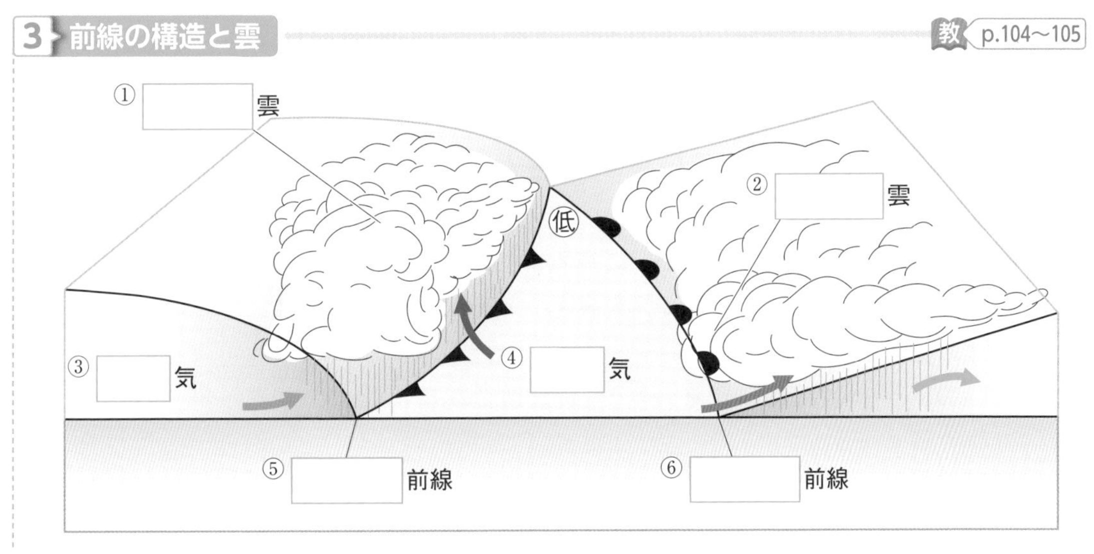

語群　1 こむ／反時計／高／出す／低／時計　2 温暖／寒／閉塞／停滞／暖／寒冷
3 寒冷／寒／乱層／温暖／積乱／暖

わからない用語は，教科書の要点の★で確認しよう！

解答 p.16

3章 天気の変化と大気の動き

1 等圧線 右の図について，次の問いに答えなさい。

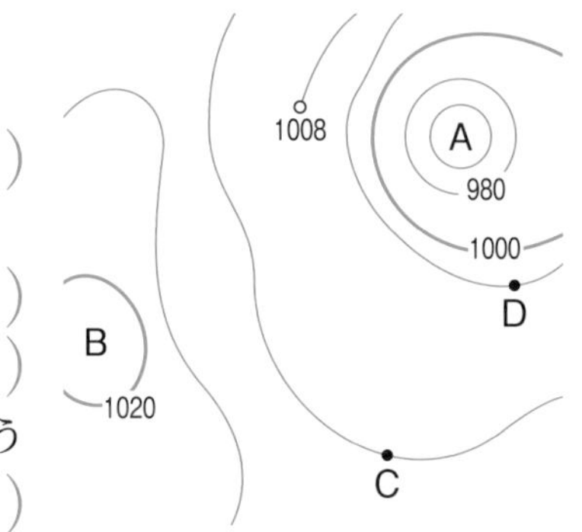

(1) 等圧線の閉じているA，Bを何というか。

A(　　　　　　) B(　　　　　　)

作図 (2) 図の1008hPaの等圧線の続きを完成させなさい。ヒント

(3) C地点の気圧は何hPaか。(　　　　　　)

(4) C地点とD地点で風が強いのはどちらか。(　　　　　　)

(5) 等圧線などを用いて表す気圧の分布のようすを何というか。(　　　　　　)

2 高気圧と低気圧 下の図は日本付近の高気圧と低気圧の中心付近における大気の流れを表している。これについて，あとの問いに答えなさい。

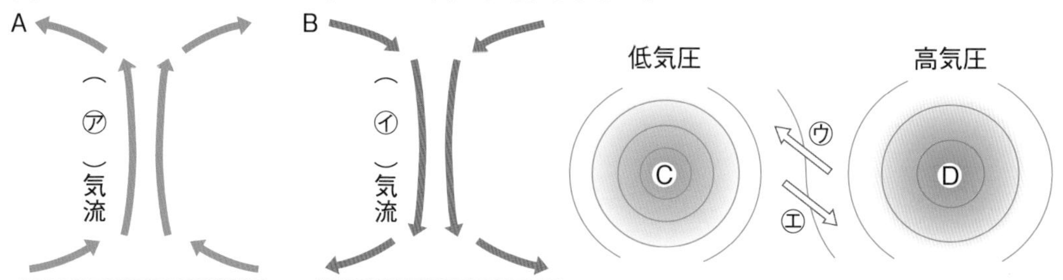

(1) A，Bの大気の流れは高気圧と低気圧のどちらか。

A(　　　　　　) B(　　　　　　)

(2) ㋐，㋑にあてはまる言葉を答えなさい。

㋐(　　　　　　) ㋑(　　　　　　)

作図 (3) Cが低気圧，Dが高気圧の中心のとき，このまわりの地表付近における大気の流れを図にかきなさい。ヒント

(4) CとDの間の風の向きは，㋒と㋓のどちらか。(　　)

(5) 雲ができて，くもりや雨になりやすいのはAとBのどちらか。(　　)

3 気団 右の図について，次の問いに答えなさい。

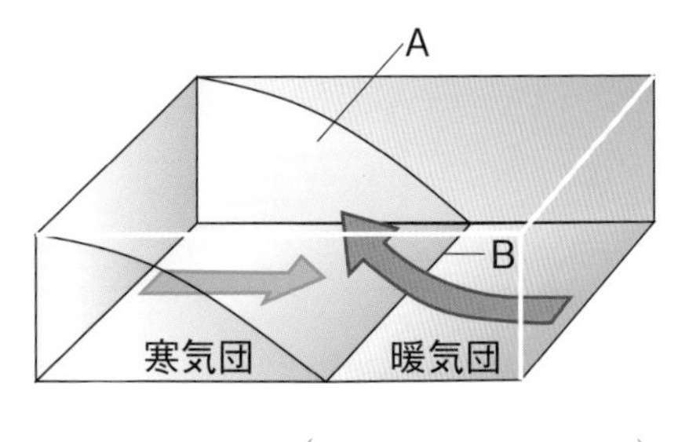

(1) 気温や湿度などの性質が一様で，大規模な大気のかたまりを何というか。(　　　　　　)

(2) 図Aのような境界面と，図Bのような面と地面の交わった線を何というか。

A(　　　　　　) B(　　　　　　)

(3) B付近で起こる気流は何か。ヒント (　　　　　　)

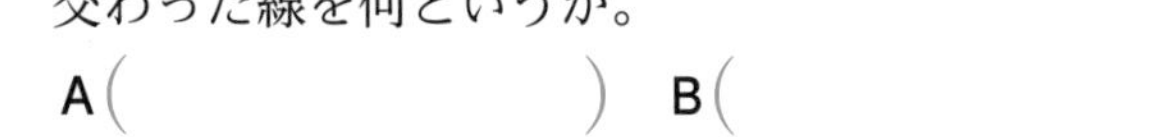

ヒントの森 ❶(2)近くの等圧線のまん中をなめらかな曲線で結ぶ。 ❷(3)低気圧は反時計回りに風がふきこむ。高気圧は時計回りに風がふき出す。 ❸(3)あたたかい空気が押し上げられる。

4 低気圧と前線

右の図は，日本付近の低気圧のようすを表している。これについて答えなさい。

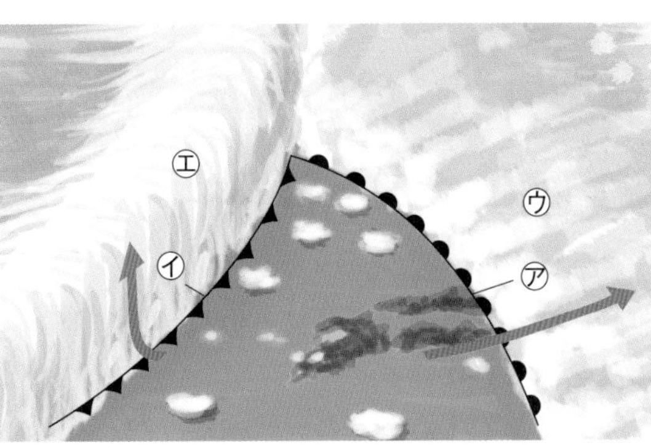

(1) 図の㋐，㋑の前線の名称を答えなさい。
㋐(　　　　　)
㋑(　　　　　)

(2) ㋐の前線付近，㋑の前線付近で発達する㋒と㋓の雲の名称を答えなさい。
㋒(　　　　　)
㋓(　　　　　)

(3) ㋐の前線付近の雨の降り方を，降る時間や降る範囲をふくめて答えなさい。ヒント
(　　　　　)

記述
(4) (3)と同様に，㋑の前線付近の雨の降り方を答えなさい。ヒント
(　　　　　)

(5) ㋐，㋑の前線は，いっぱんにどちらからどちらの方向に動いていくか。
(　　　　　)

(6) 前線の通過後の天気の変化について，次の文中の①～④にあてはまる言葉を答えなさい。
①(　　　　　)　②(　　　　　)
③(　　　　　)　④(　　　　　)

㋐が通過した後は(　①　)よりの風がふいて，気温が(　②　)がる。
㋑が通過した後は(　③　)よりの風がふいて，気温が(　④　)がる。

5 地球規模での大気の動き

右の図は地球規模での大気の動きを模式的に表したものである。これについて，次の問いに答えなさい。

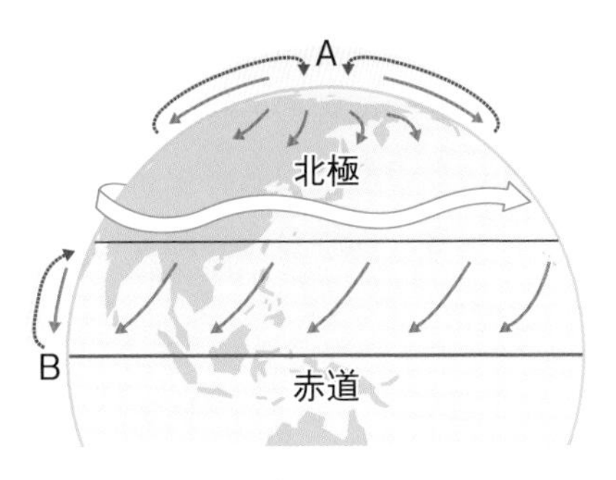

(1) 北極付近Aの上空を流れる気流は，上昇気流と下降気流のどちらか。(　　　　　)

(2) 赤道付近Bの上空を流れる気流は，上昇気流と下降気流のどちらか。(　　　　　)

(3) 日本付近(中緯度)の低気圧はいっぱんにどちらからどちらに移動するか。
(　　　　　)から(　　　　　)

(4) 高気圧にも(3)のように移動するものがある。このような高気圧を何というか。
(　　　　　)

(5) (3)(4)のように，高気圧や低気圧が同じ方向に動くのはなぜか。その理由を，日本上空で1年中ふく風の名称をふくめて簡単に答えなさい。
(　　　　　)

4(3)温暖前線は暖気が寒気の上をはい上がるので，天気の変化はゆるやかになる。(4)寒冷前線は暖気を急に押し上げて進むので，強い上昇気流が生じる。

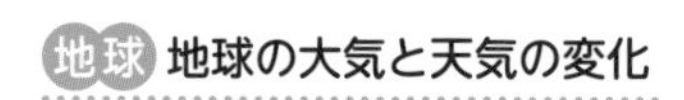

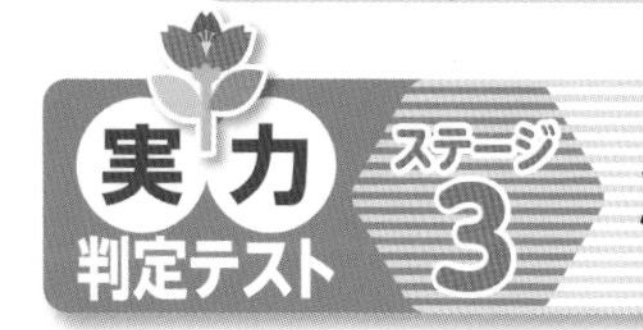

解答 p.17

実力判定テスト ステージ3　3章　天気の変化と大気の動き

30分　/100

1 右の図1，図2は，日本付近における天気図の一部を表したものである。次の問いに答えなさい。

3点×10(30点)

(1) 図1のように，まわりより気圧の低いところを何というか。
(2) 図1のAでの気圧を，単位もつけて答えなさい。
(3) 図1のB地点における正しい風向を表しているのは，㋐〜㋓のどれか。
(4) 図1の中心付近の天気は晴れか，くもりか。
(5) (4)のようになるのは，中心付近にどのような大気の流れがあるからか。

図1

(6) 図2のように，まわりより気圧の高いところを何というか。
(7) 図2のAでの気圧を，単位もつけて答えなさい。
(8) 図2のB地点における正しい風向を表しているのは，㋐〜㋓のどれか。
(9) 図2の中心付近の天気は晴れか，くもりか。
(10) (9)のようになるのは，中心付近にどのような大気の流れがあるからか。

図2

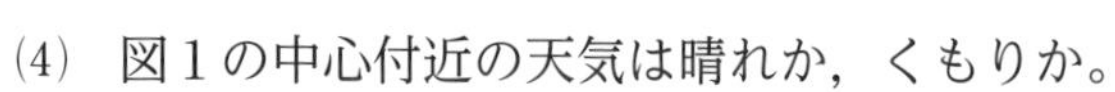

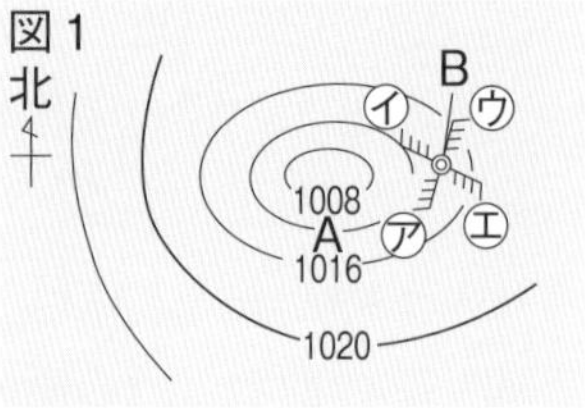

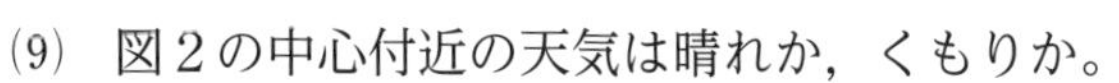

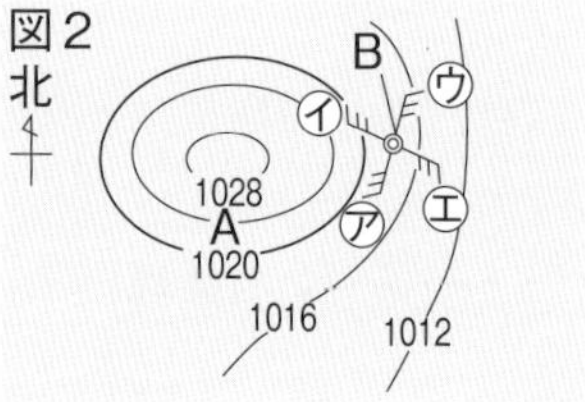

(1)		(2)		(3)		(4)		(5)	
(6)		(7)		(8)		(9)		(10)	

よく出る **2** 右の図は，日本付近の低気圧である。これについて，次の問いに答えなさい。

3点×6(18点)

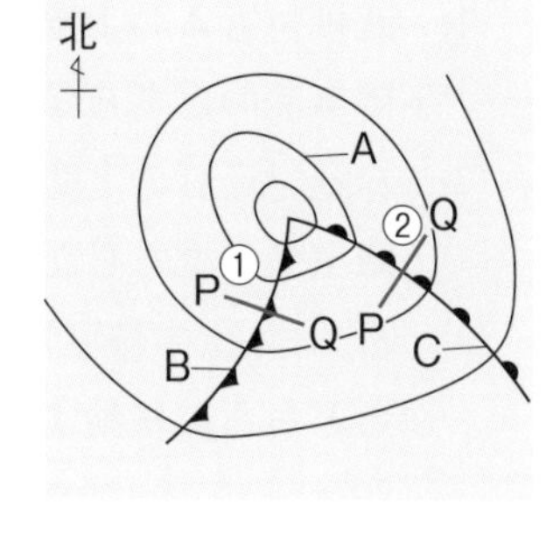

(1) 図のAの線の名称を答えなさい。
(2) 図のBの前線の名称を答えなさい。
(3) 図のCの前線の名称を答えなさい。
(4) 前線B，前線Cを赤線で切ったときの断面①，②を，㋐〜㋓から選びなさい。

㋐

㋑

㋒

㋓

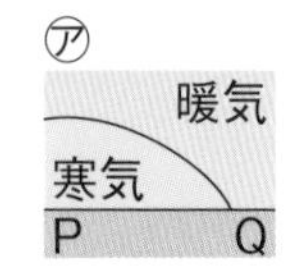

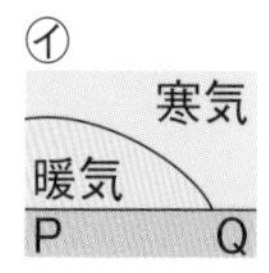

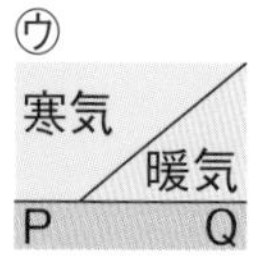

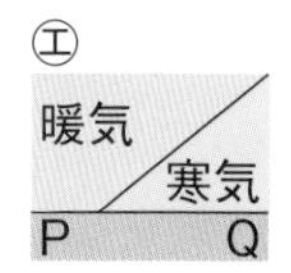

(5) 右の図のように，東西で(2)，(3)のような前線があり，中緯度で発生する低気圧の名称を答えなさい。

(1)		(2)		(3)	
(4)	①		②		(5)

よく出る **3** 下の図は，低気圧と前線のつくりを模式的に表したものである。これについて，あとの問いに答えなさい。 3点×8（24点）

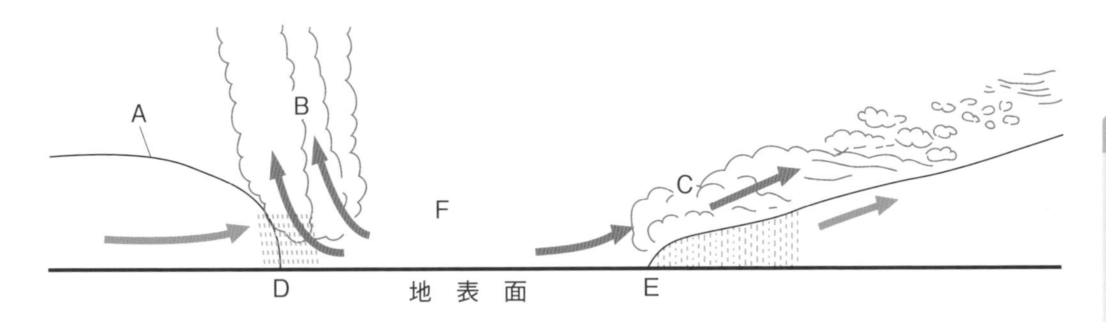

(1) 図のAのような気団の境界面を何というか。

(2) 図のB，Cの雲の名称をそれぞれ答えなさい。

(3) 雷や突風（とっぷう）をともなう強いにわか雨を降らせることのある雲は，BとCのどちらか。

(4) 広い範囲に，長時間雨を降らせることのある雲は，BとCのどちらか。

(5) 図のD，Eの前線の名称をそれぞれ答えなさい。

(6) 図のFにある空気のかたまりは暖気と寒気のどちらか。

(1)		(2)	B		C		(3)		(4)	
(5)	D		E		(6)					

4 右の図1，図2は，日本付近で見られる前線を表したものである。これについて，次の問いに答えなさい。ただし，図の上側を北とする。 4点×7（28点）

(1) 図1のAの前線の名称を答えなさい。

(2) 図2のBの前線の名称を答えなさい。

(3) 図2で，前線の移動する方向は，㋐と㋑のどちらか。

(4) 図1で，㋒にある気団は暖気か，寒気か。

(5) 図2で，㋓にある気団は暖気か，寒気か。

(6) 図1の前線A，図2の前線Bのでき方を，次のア～ウからそれぞれ選びなさい。

ア 寒気と暖気が同じぐらいの強さのときにできる。

イ 寒冷前線が温暖前線に追いついてできる。

ウ 温暖前線が寒冷前線に追いついてできる。

図1　図2

A　㋒　B　㋐　㋑　㋓

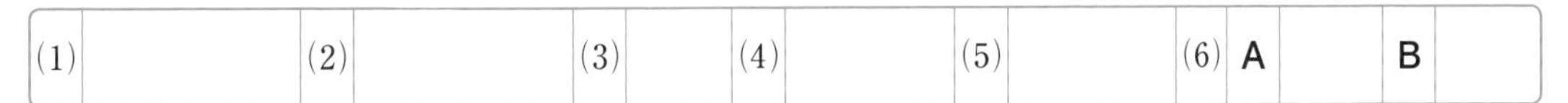

(1)		(2)		(3)		(4)		(5)		(6)	A		B	

解答 p.18

確認のワーク ステージ1 4章 大気の動きと日本の四季

教科書の要点 （ ）にあてはまる語句を，下の語群から選んで答えよう。

同じ語句を何度使ってもかまいません。

1 大気の動き

教 p.110～112

(1) 晴れた日の昼は海上よりも陸上の気温が高くなり，陸上で（① ）気流が生じるため，海から陸に向かって（② ）がふく。

(2) 晴れた日の夜は陸上よりも海上の気温が高くなり，海上で（③ ）気流が生じるため，陸から海に向かって（④ ）がふく。

(3) 日本付近では，冬はシベリア高気圧から海洋に向かう冷たい風が，夏は太平洋高気圧から大陸に向かうあたたかい風が通る。これらの風を（⑤★ ）という。

2 日本の四季の天気

教 p.113～121

(1) 冬は，（① ）気団が発達し，（②★ ）の気圧配置が現れる。このとき，日本海側は大雪が降りやすく，太平洋側は晴れて乾燥することが多い。

(2) 春は，（③ ）の影響を受けて，（④ ）高気圧と低気圧が交互に通過し，４～７日の周期で天気が変わることが多い。

(3) つゆ(梅雨)は，小笠原気団と（⑤ ）気団がぶつかり合ってできた停滞前線により，雨の多いぐずついた天気が続く。この停滞前線は（⑥★ ）とよばれる。

(4) 夏は，（⑦ ）気団が発達し，南高北低の気圧配置になりやすい。積乱雲が発達し，にわか雨や雷が発生しやすい。

(5) 秋のはじめごろは，（⑧ ）とよばれる停滞前線ができる。秋が深まると，周期的に天気が変化する。

(6) 夏から秋には，発達した熱帯低気圧である（⑨ ）が日本に近づいたり，上陸したりする。

最大風速が 17.2m/s 以上に発達したもの。

3 天気の変化がもたらす恵みと災害

教 p.122～135

(1) 日本は降水量が多く，それを農業・工業用水や，発電にも利用しているが，台風や前線による豪雨や土砂災害などの被害も多い。

ワンポイント

日本は大陸と海洋の３つの気団に囲まれているので特徴的な四季をもつ。

まるごと暗記

海面より地面のほうがあたたまりやすく，冷めやすい。

- 海岸付近では 昼に海風，夜に陸風
- 日本付近では 夏に**南東**，冬に**北西**の季節風がふく。

まるごと暗記

◎冬
- 西高東低の気圧配置
- 日本海側…大雪
- 太平洋側…乾燥した晴れ

◎春・秋
- 移動性高気圧と低気圧
- 天気の変化が周期的
- 6月と9月頃に停滞前線ができる。それが梅雨前線と秋雨前線

◎夏
- **南高北低**の気圧配置
- 夏から秋に台風

まるごと暗記

日本をとりまく気団
- シベリア気団
- オホーツク海気団
- 小笠原気団

語群 ①季節風／上昇／海風／陸風 ②梅雨前線／台風／オホーツク海／小笠原／シベリア／移動性／偏西風／秋雨前線／西高東低

★の用語は，説明できるようになろう！

同じ語句を何度使ってもかまいません。

□にあてはまる語句を，下の語群から選んで答えよう。

1 海風・陸風

①，③は海風か陸風かを書こう。 教 p.112

2 日本付近の気団

教 p.113

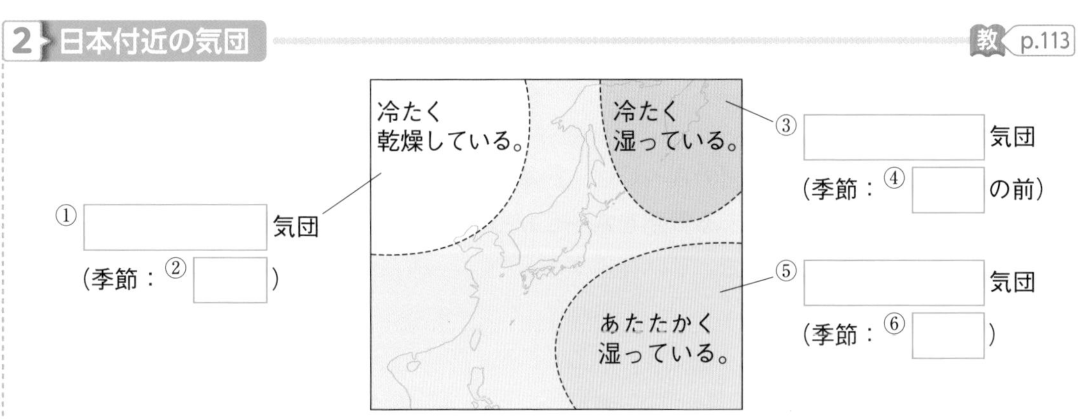

3 冬の天気

教 p.113～114

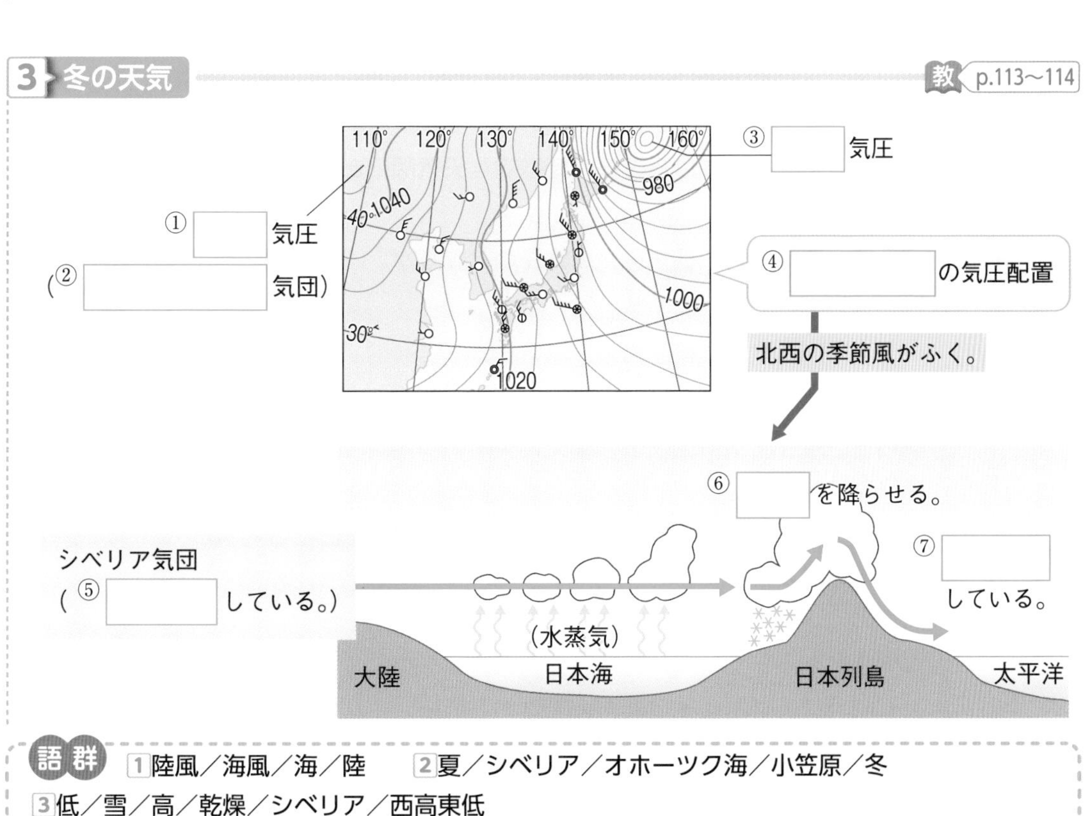

語群 1 陸風／海風／海／陸　2 夏／シベリア／オホーツク海／小笠原／冬
3 低／雪／高／乾燥／シベリア／西高東低

わからない用語は，教科書の要点の★で確認しよう！

解答 p.18

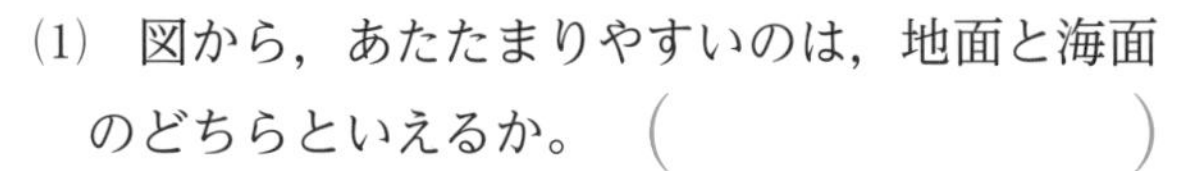

定着のワーク ステージ2 4章 大気の動きと日本の四季

1 海風と陸風

右の図は，ある晴れた日の地面と海面の温度変化を表したものである。これについて，次の問いに答えなさい。

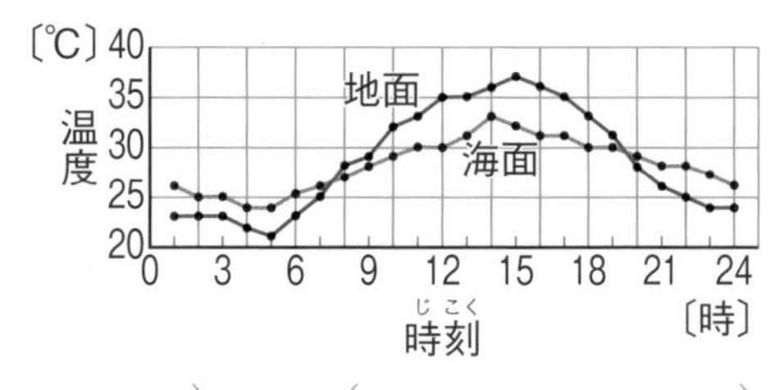

(1) 図から，あたたまりやすいのは，地面と海面のどちらといえるか。（　　　）

(2) 晴れた日の昼，海岸では海から陸，陸から海のどちらの向きに風がふくか。またこの風を何というか。ヒント

向き（　　　から　　　）　名称（　　　）

(3) (2)のような風がふく理由を，「気圧」という語句を使い簡単に説明しなさい。

（　　　）

2 日本付近の気団

右の図のA〜Cは，日本付近で発達する代表的な気団を表している。次の①〜③の説明にあてはまる気団をA〜Cから選び，その名称も答えなさい。

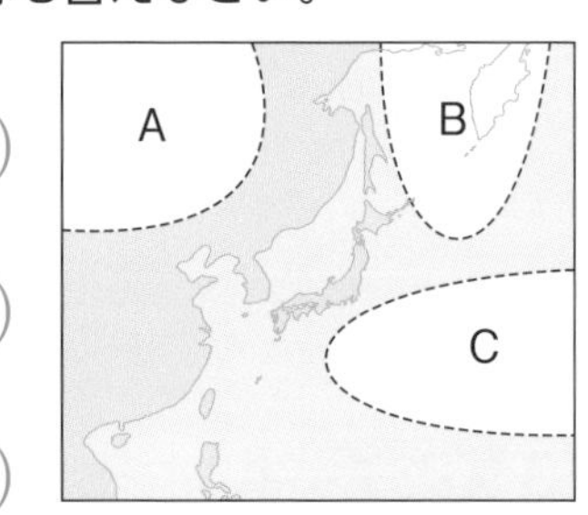

① あたたかく湿った気団で，夏に発達する。

記号（　　）　名称（　　　）

② 冷たく乾燥した気団で，冬に発達する。

記号（　　）　名称（　　　）

③ 冷たく湿った気団で，夏の前に発達する。

記号（　　）　名称（　　　）

3 冬の天気

右の図は，日本付近の冬の特徴的な天気図である。これについて，次の問いに答えなさい。

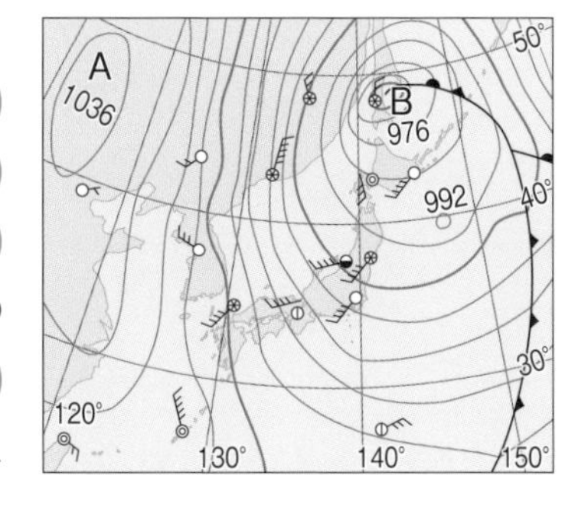

(1) 図のA，Bは，それぞれ，低気圧，高気圧のどちらか。

A（　　　）　B（　　　）

(2) 図のような気圧配置を何というか。（　　　）

(3) 冬の季節風の風向を答えなさい。ヒント（　　　）

(4) 冬の季節風は何という気団からふき出した風か。気団の名称を答えなさい。（　　　）

(5) 日本海側，太平洋側の天気を説明した次の文の（　　）にあてはまる言葉を答えなさい。

①（　　　）②（　　　）③（　　　）④（　　　）

日本海側は湿度が(①)く，(②)の降る日が多い。豪雪地帯も多く，大雪やなだれの被害もある。太平洋側は湿度が(③)く，乾燥した(④)の日が多い。

ヒントの森

❶(2)あたたかい空気は，密度が小さく，軽いため，上昇気流が起こりやすい。

❸(3)冬は，大陸から海洋に向かう季節風がふく。

4 春と秋の天気

右の図は，春や秋の特徴的な天気図である。これについて，次の問いに答えなさい。

⑴　図のAの高気圧は，この後どのように動くと考えられるか。次のア～ウから選びなさい。（　　）

ア　東へ進む。　イ　南へ進む。　ウ　西へ進む。

⑵　Aのように動く高気圧を何というか。（　　　　）

⑶　春や秋の天気の説明として正しいものを，次のア～エから選びなさい。ヒント（　　）

ア　乾燥した晴れの日が多い。　イ　湿度の高い晴れの日が多い。

ウ　4～7日周期で天気が変わることが多い。　エ　ぐずついた天気の日が多い。

5 梅雨と夏の天気

右の図は，日本付近の梅雨と夏の特徴的な天気図である。これについて，次の問いに答えなさい。

⑴　梅雨の天気図中のAの停滞前線を何というか。（　　　　）

⑵　夏の気圧配置を何というか。（　　　　）

⑶　夏の季節風の風向を答えなさい。（　　　　）

梅雨

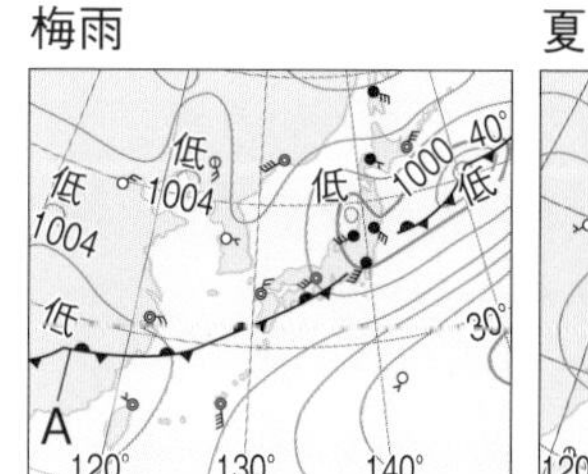

夏

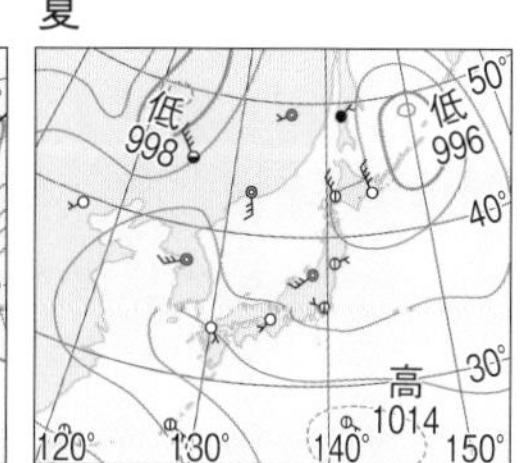

6 台風

下の図1は，台風が日本にやってきたある日の天気図である。図2は，各月のおもな台風の進路を表したものである。あとの問いに答えなさい。

図1

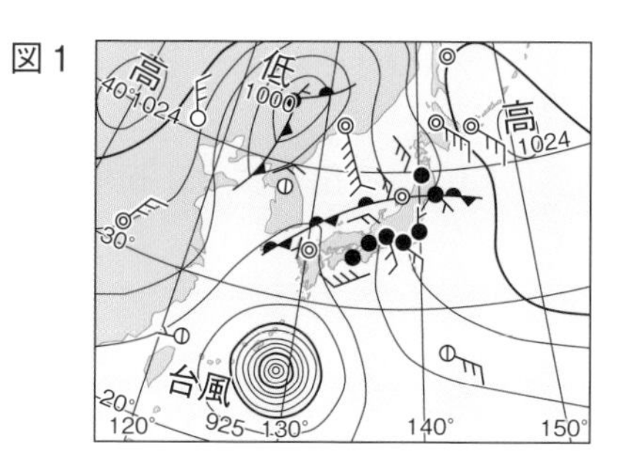

図2

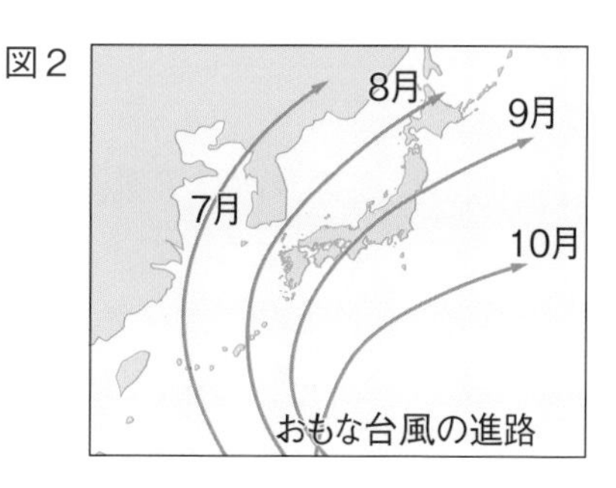

⑴　台風は，熱帯地方の海上で発生した低気圧が発達して，最大風速が17.2 m/s以上になったものである。この低気圧を何というか。（　　　　）

⑵　秋になると，日本列島付近に北上した台風が，図2のように進路を東よりに変える。この理由について，次の(　　)にあてはまる言葉を答えなさい。

①（　　　　）②（　　　　）

(①)の影響を受けながら，(②)のふちに沿って進むから。

4⑶春や秋は，偏西風の影響を大きく受け，低気圧と高気圧が交互に通過し，天気が周期的に変化する。

解答 p.19

4章 大気の動きと日本の四季

30分 /100

1 次の文を読んで，正しいものには○を，まちがっているものには×をつけなさい。

2点×5（10点）

① 台風は熱帯低気圧が発達したもので，前線をともなうことがある。
② 海風は，陸の気温が低くなり，陸に下降気流ができることで生じる。
③ 晴れた日の海の温度変化は，晴れた日の陸の温度変化よりも大きい。
④ 冬の季節風は，大陸で空気が冷やされ下降気流ができるためにふく。
⑤ 梅雨前線は，シベリア気団と小笠原気団がぶつかり合ってできる。

①		②		③		④		⑤	

2 右の図は，晴れた日の昼や夜に，海岸をふく風を表したものである。これについて，次の問いに答えなさい。

4点×5（20点）

(1) 図のAのような風を何というか。
(2) 陸と海とで，あたたまりやすく，冷めやすいのはどちらか。
(3) 図1で，陸上では海上に比べて，気温と気圧はそれぞれ高いか，低いか。
(4) 晴れた日の昼のようすを表しているのは，図1と図2のどちらか。

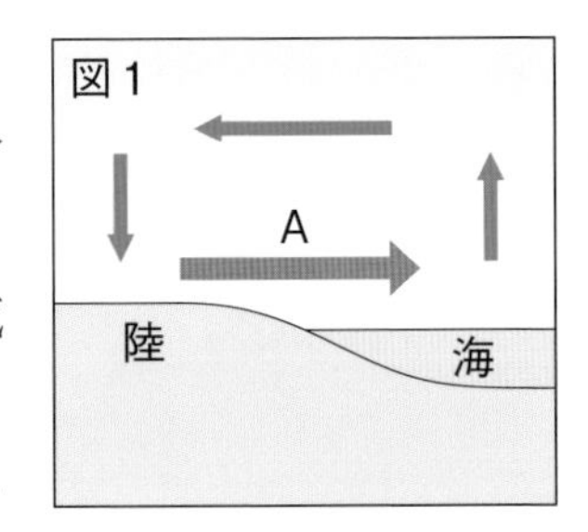

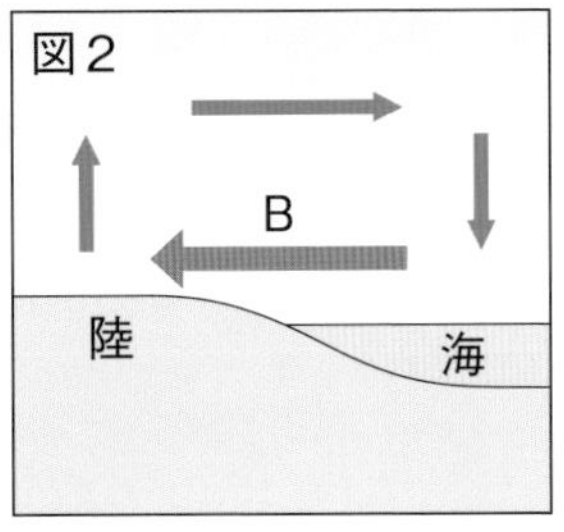

(1)		(2)		(3)	気温		気圧		(4)	

3 右の図は，冬のシベリア気団からの風が日本列島に向かってふくようすを模式的に表したものである。これについて，次の問いに答えなさい。

よく出る

4点×5（20点）

(1) 図のように，季節によって決まった方向からふく風を何というか。
(2) 冬の(1)の風向を答えなさい。
(3) 空気が乾燥しているところを，A〜Cからすべて選びなさい。
(4) 冬の日本海側と太平洋側の天気の特徴を簡単に答えなさい。

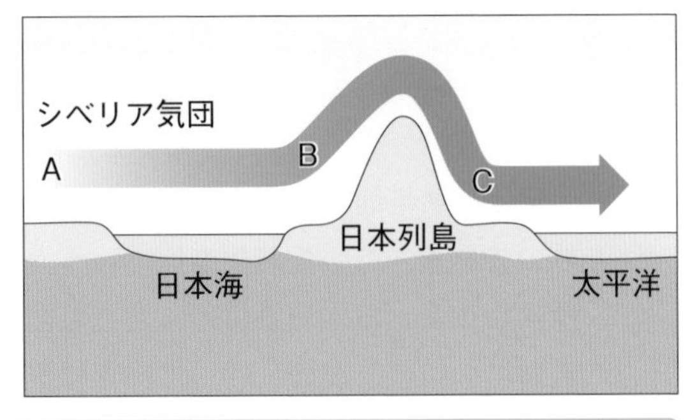

(1)		(2)		(3)	
(4)	日本海側		太平洋側		

4 右の図は，日本付近のある季節の天気図である。これについて，次の問いに答えなさい。

4点×5(20点)

(1) 右の天気図は，どの季節のものか。

(2) この季節の天気に影響を与（あた）える気団の名称を答えなさい。

(3) この季節にふく季節風の風向を答えなさい。

(4) この季節に発生し，夕立などをもたらす雲の名称を答えなさい。

(5) 図のような気圧配置を何というか。

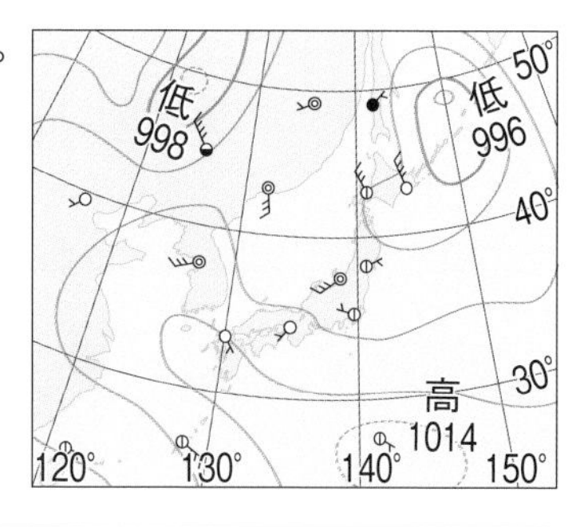

(1)		(2)		(3)		(4)		(5)	

よく出る 5 下のA～Cは，日本付近の異なる季節の特徴的な天気図で，DはA～Cのいずれかの天気図の季節の雲画像である。これについて，あとの問いに答えなさい。

3点×10(30点)

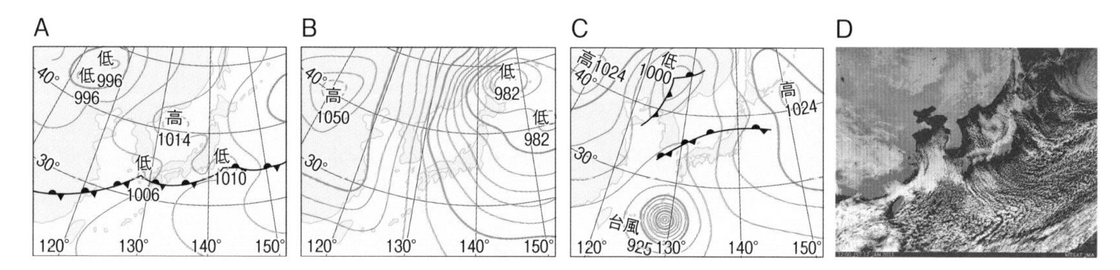

(1) A～Cの天気図は，それぞれどの季節のものか。次のア～オから選びなさい。

ア 春　イ 梅雨　ウ 夏

エ 秋　オ 冬

(2) A，Cの時期に見られる停滞前線を，それぞれ何というか。

記述 (3) Aの前線はなぜ停滞するのか。日本付近で発達する気団の名称をあげて，その理由を答えなさい。

(4) Dの雲画像のようなすじ状の雲が見られるのはどの季節か。また，そのとき，日本海には寒流（かんりゅう），暖流（だんりゅう）のうち，どちらの海流が流れているか。

(5) Cの天気図に見られる台風の進み方を説明した次の文の(　)にあてはまる言葉を答えなさい。

台風は，(①)のふちに沿って北東に進む。その後(②)の影響を受けて，速さを増しながら日本に近づくことが多い。

(1)	A		B		C		(2)	A		C	
(3)											
(4)	季節		海流		(5)	①		②			

地球 地球の大気と天気の変化

1 ある連続した3日間における12時の天気を観測し，天気記号で記録した。また自記記録計を用いて，それぞれの日の気圧，気温，湿度を測定し，3時間ごとに記録した。下の図はこのときの記録を表したものである。あとの問いに答えなさい。 5点×6（30点）

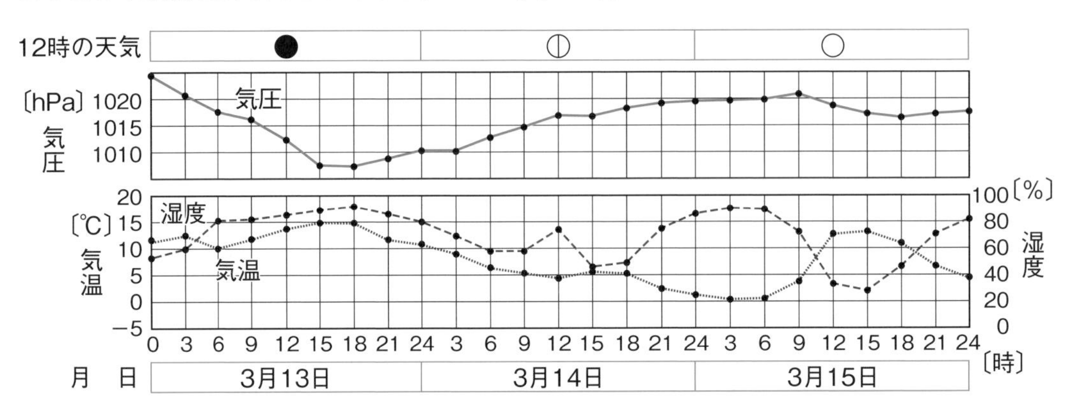

(1) 気象観測を行うとき，天気が快晴，晴れ，くもりのいずれであるかは，何によって判断するかを答えなさい。

(2) 次の文は13日の天気について説明したものである。この文の(　)にあてはまる言葉を答えなさい。

13日の12時の天気は(①)である。その後，気圧が急に下がり，気温も低くなっていることから，(②)が通過したと考えられる。

(3) 下の表は，それぞれの空気の温度に対する飽和水蒸気量を表したものである。3月13日午前6時の空気1 m^3中にふくまれていた水蒸気量は何 g か。四捨五入（ししゃごにゅう）して小数第1位まで求めなさい。

温度〔℃〕	8	10	12	14	16	18
飽和水蒸気量〔g/m³〕	8.3	9.4	10.7	12.1	13.6	15.4

(4) 観測を行った場所において，露点がもっとも高かったのは，観測した期間のうちいつか。図をもとに，次のア〜エから選びなさい。

ア 3月13日18時　**イ** 3月14日12時
ウ 3月15日3時　**エ** 3月15日15時

(5) 次の㋐〜㋒は，別のある3日間における午前9時の天気図である。天気図を日付の順に並べかえなさい。

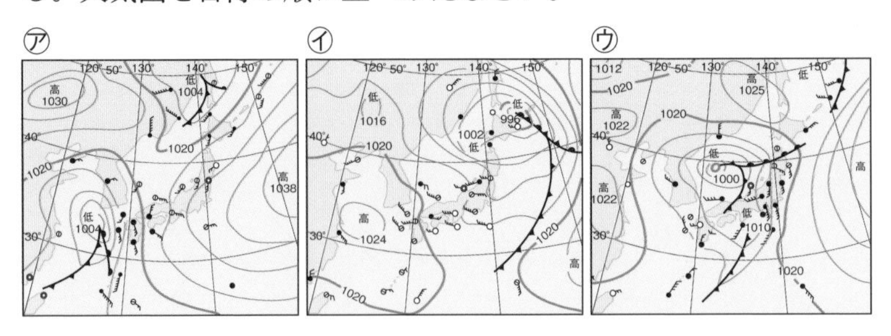

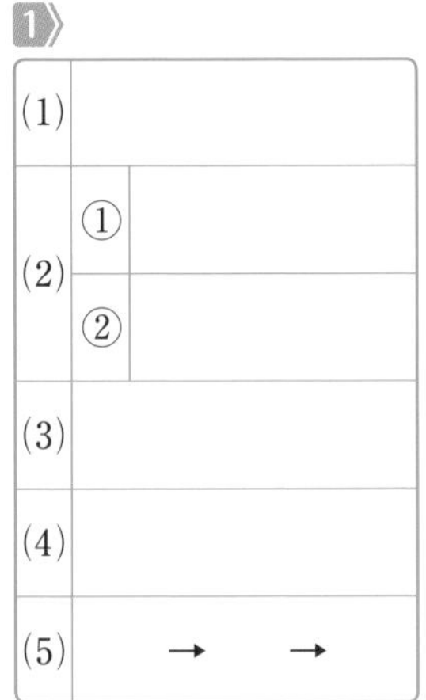

目標 湿度の計算ができるようになろう。日本付近の季節による天気の特徴や，低気圧・高気圧，前線について正しく理解しよう。

自分の得点まで色をぬろう！

がんばろう！ もう一歩 合格！

0 60 80 100点

2 右の図は，ある日の日本付近の天気図である。これについて，次の問いに答えなさい。

6点×5（30点）

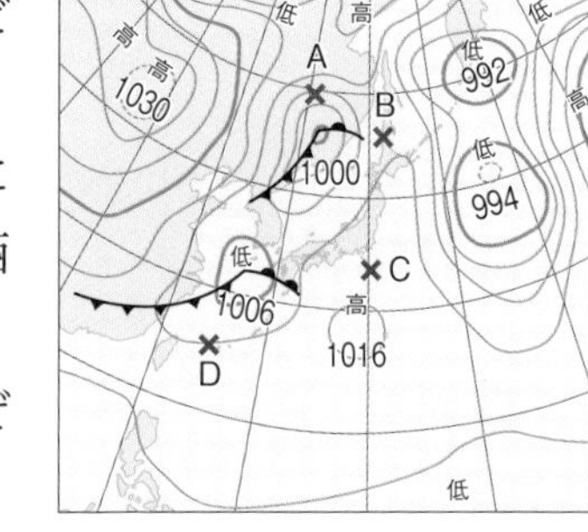

(1) 風の強さがもっとも強い地点はどこか。図のA～Dから選びなさい。

(2) 日本付近の低気圧は，いっぱんにどの方向に進むことが多いか。東西南北から答えなさい。

(3) (2)の方向に低気圧が進むのはなぜか。簡単に答えなさい。

(4) D地点の風向を天気図から読みとり，もっとも近いものを東西南北から答えなさい。

(5) 中緯度で発生し，西側には寒冷前線，東側には温暖前線ができることが多い低気圧を何というか。

2	
(1)	
(2)	
(3)	
(4)	
(5)	

3 右の図は，ある日の日本付近の雲画像である。図のAの方向には低気圧の中心が，Bの方向には気団の中心がある。これについて，次の問いに答えなさい。

5点×8（40点）

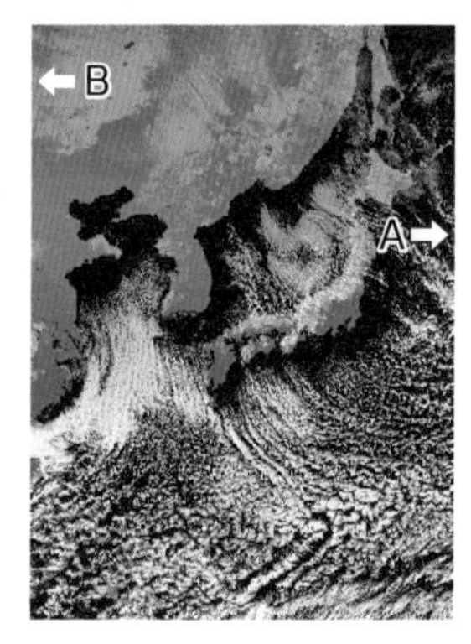

(1) 低気圧から前線にそって南西に雲ができていた。この前線付近に見られる雲の名称を答えなさい。

(2) Bの方向にある気団の名称を答えなさい。

(3) Bの方向にある気団の性質を，次のア～エから選びなさい。

ア 冷たく乾燥している。　イ 冷たく湿っている。
ウ あたたかく乾燥している。　エ あたたかく湿っている。

(4) 図の雲画像が見られる季節の日本の天気の特徴として適切なものを，次のア～エから選びなさい。

ア 日本海側ではくもりや雪の日が多く，太平洋側では晴れの日が続く。
イ 高気圧や低気圧が交互に通過し，天気が周期的に変化する。
ウ ぐずついた天気の日が続き，大雨が降ることもある。
エ 晴れの日が続き，太平洋側では蒸（む）し暑い日が多い。

(5) この雲画像が見られる季節を，春，夏，秋，冬から答えなさい。

(6) ある地点の天気を記号で表すと右の図のようになった。この記号が表している天気，風向・風力を答えなさい。

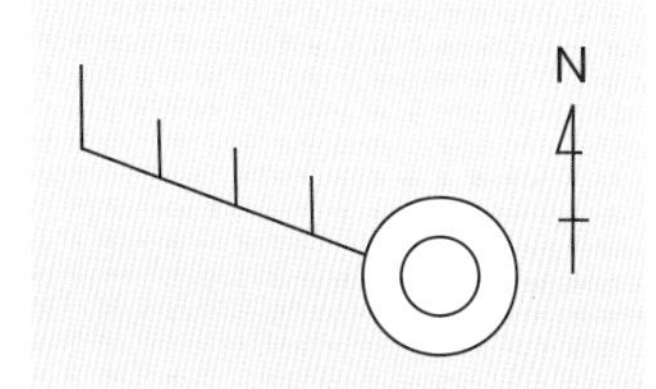

3		
(1)		
(2)		
(3)		
(4)		
(5)		
(6)	天気	
	風向	
	風力	

終わったら後ろの，1，4，11をやろう。

解答 p.21

確認のワーク ステージ1 1章 物質の成り立ち

教科書の要点

同じ語句を何度使ってもかまいません。

（ ）にあてはまる語句を，下の語群から選んで答えよう。

1 熱分解

教 p.140〜150

(1) 炭酸水素ナトリウムを加熱すると，白色の固体の（① ），気体の（② ），水の３つの物質に分かれる。

・炭酸ナトリウムは，炭酸水素ナトリウムよりも水にとけやすく，水溶液にフェノールフタレイン溶液を加えると，濃い（③ ）色になる。 アルカリ性が強い。

・二酸化炭素を石灰水に通すと，石灰水が白くにごる。

・水は，青色の（④ ）を赤色に変える。

(2) 酸化銀を加熱すると，銀と（⑤ ）に分かれる。

(3) もとの物質とはちがう物質ができる変化を，（⑥★ ）または化学反応という。

(4) １種類の物質が２種類以上の物質に分かれる化学変化を（⑦★ ）といい，加熱による分解を（⑧★ ）という。

ワンポイント
状態変化は，もとの物質が変化しない。

まるごと暗記
化学変化は，もとの物質が別の物質に変わる変化(反応)のこと。

まるごと暗記
分解とは，１種類の物質が２種類以上の物質に変わる化学変化のこと。

2 電気分解

教 p.151〜154

(1) 水に電流を流すと，陰極側には（① ）が，陽極側には（② ）が発生する。 電流が流れやすいように，うすい水酸化ナトリウム水溶液を使う。

(2) 塩化銅水溶液に電流を流すと，陰極には銅が付着し，陽極からは（③ ）が発生する。

(3) 電流によって物質を分解することを，（④★ ）という。

まるごと暗記
●原子
それ以上分けられない最小の粒子。約120種類ある。
●分子
いくつかの原子の集合。物質の性質のもとになる最小の単位。

3 原子と分子

教 p.155〜161

(1) 物質をつくる，それ以上は分けることができない小さな粒子を（①★ ）という。原子は，化学変化で新しくできたり，なくなったり，種類が変わったりしない。質量や大きさが決まっている。

(2) いくつかの原子が結びついてできた粒子で，物質の性質のもとになる最小の粒子を（②★ ）という。

プラスα
分子でできていない物質
・金属や炭素など
１種類の原子がたくさん集まっている。
・塩化ナトリウムなど
規則的に並んでいる。

語群 ❶塩化コバルト紙／熱分解／酸素／赤／分解／二酸化炭素／炭酸ナトリウム／化学変化
❷塩素／電気分解／水素／酸素　❸分子／原子

★の用語は，説明できるようになろう！

同じ語句を何度使ってもかまいません。

教科書の図　□にあてはまる語句を，下の語群から選んで答えよう。

1 炭酸水素ナトリウムの熱分解

教 p.146〜148

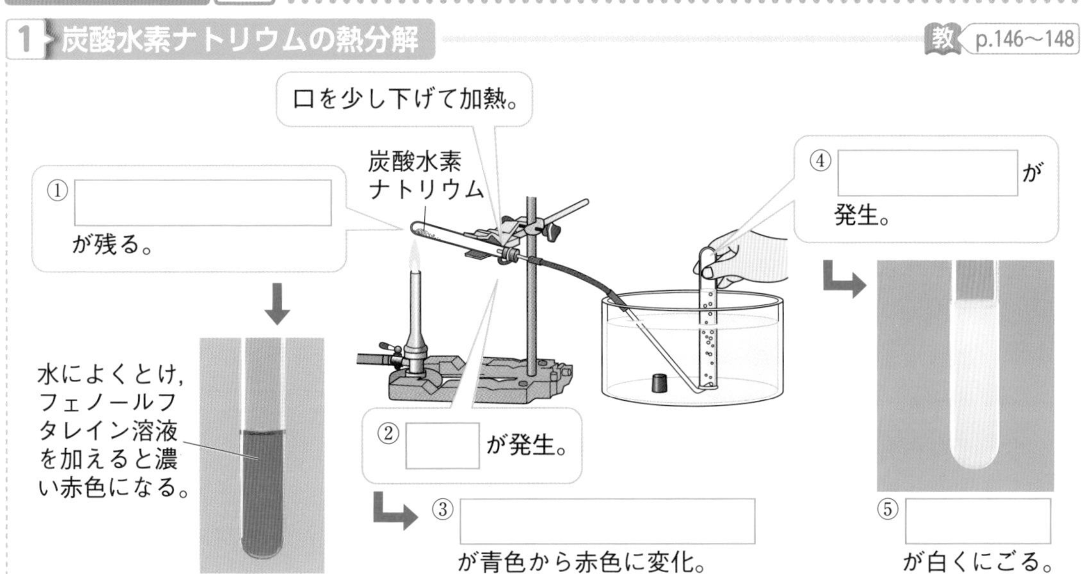

2 酸化銀の熱分解

教 p.149

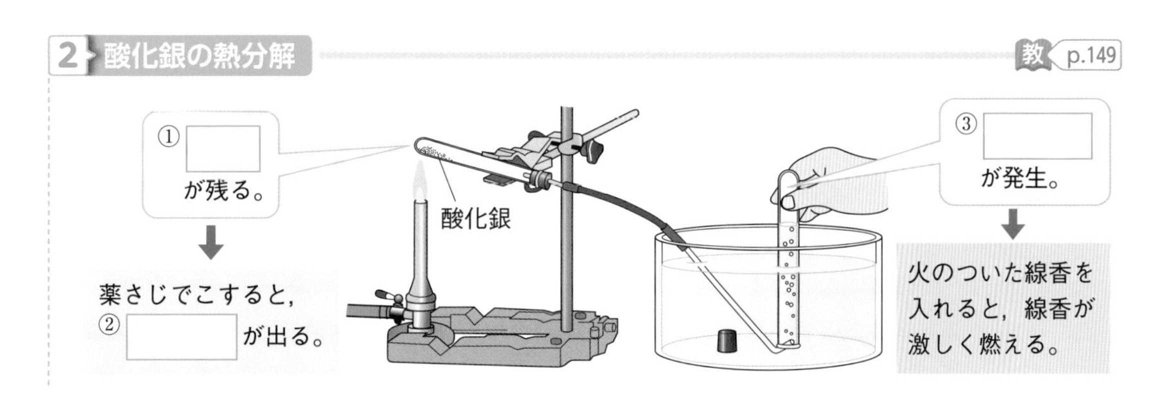

3 電気分解

教 p.153〜154

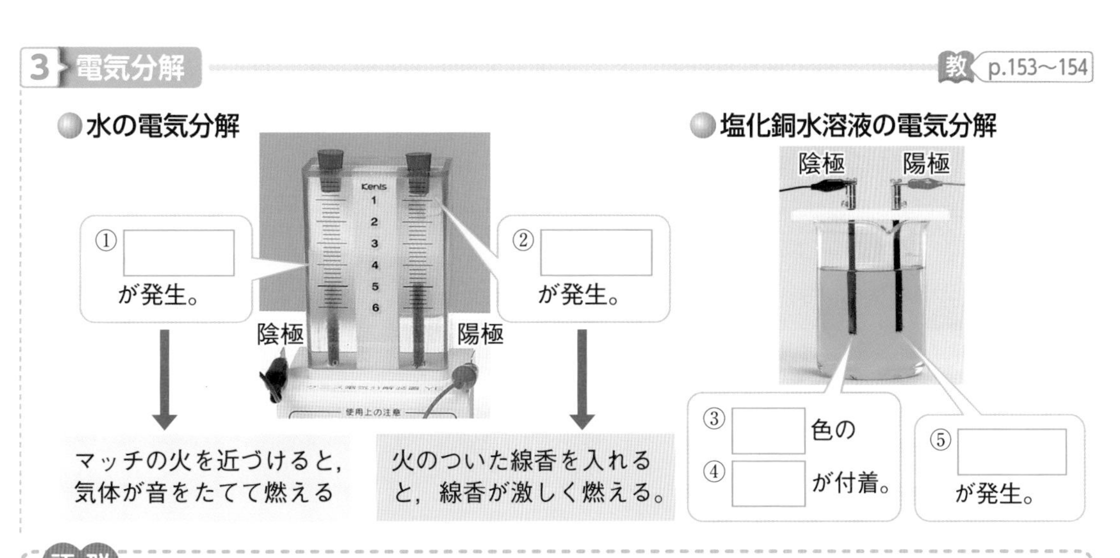

語群
1 二酸化炭素／塩化コバルト紙／水／炭酸ナトリウム／石灰水
2 光沢（こうたく）／酸素／銀　3 赤／塩素／銅／酸素／水素

わからない用語は，教科書の要点の★で確認しよう！

解答 p.21

定着のワーク ステージ2 1章 物質の成り立ち－①

1 教 p.146 実験1 **炭酸水素ナトリウムの分解** 右の図のような装置(そうち)を用いて，炭酸水素ナトリウムを加熱すると，試験管には，固体Aが残った。このとき，試験管の口には液体Bがつき，気体Cが発生した。これについて，次の問いに答えなさい。

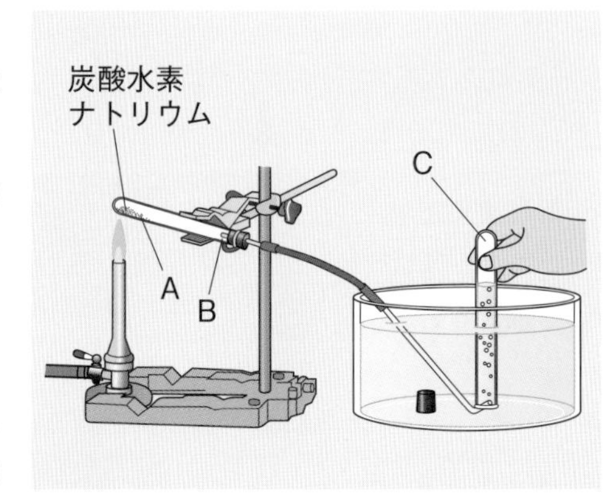

(1) 炭酸水素ナトリウムと加熱後に残った固体Aをそれぞれ水にとかした。水にとけやすいのはどちらか。次のア～ウから選びなさい。 (　　)
ア　炭酸水素ナトリウム
イ　固体A
ウ　どちらも同じ。

(2) (1)でできたそれぞれの水溶液にフェノールフタレイン溶液を加えた。水溶液は何色を示したか。ヒント (　　)

(3) (2)で，色がより濃い色に変化したのはどちらの水溶液か。(1)のア～ウから選びなさい。ヒント (　　)

(4) 加熱後に残った固体Aは何か。 (　　)

(5) 試験管の口についた液体Bが何であるかを調べるために，ある青色の試験紙をつけると，試験紙の色が変化した。この試験紙を何というか。 (　　)

(6) (5)の試験紙は，何色に変化したか。 (　　)

(7) 試験管の口についた液体Bは何か。 (　　)

記述 (8) 発生した気体Cを集めるとき，１本目の試験管に集めた気体は捨てた。その理由を簡単に答えなさい。
(　　)

(9) 発生した気体Cが入った試験管にある液体を入れてよく振ると，白くにごった。何という液体を入れたか。 (　　)

(10) 発生した気体Cは何か。 (　　)

(11) この実験で，加熱するときに炭酸水素ナトリウムの入った試験管の口を少し下げた。その理由を，次のア～エから選びなさい。 (　　)
ア　発生する気体の密度が空気よりも大きいから。
イ　発生した液体が加熱部分に流れないようにするため。
ウ　熱がよく伝わるようにするため。
エ　発生した気体を外に出しやすくするため。

(12) この実験のように，加熱によって１種類の物質が２種類以上の物質に分けられる化学変化を何というか。 (　　)

❶(2)(3)フェノールフタレイン溶液は，アルカリ性の水溶液のときだけ赤色に変化する。また，水溶液のアルカリ性が強いと，赤色が濃くなる。

2 酸化銀の分解　右の図のような装置で，酸化銀を加熱した。これについて，次の問いに答えなさい。

酸化銀
ガラス管
水そう

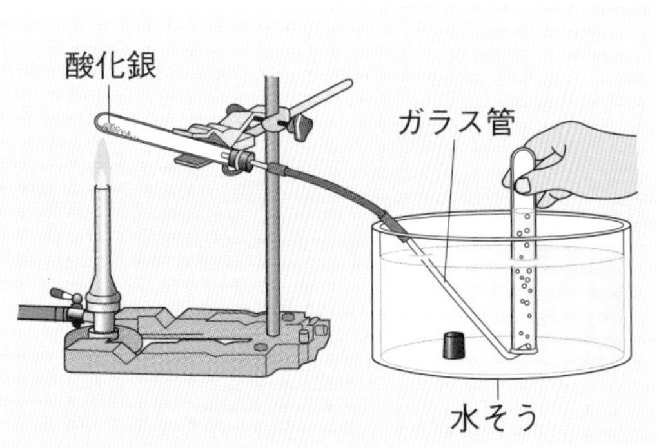

(1)　酸化銀は，何色の固体か。（　　　　）

(2)　試験管に集めた気体に火のついた線香を入れると，どのようになるか。
（　　　　　　　　　　　　　　）

(3)　発生した気体は何か。（　　　　）

(4)　試験管には，何色の物質が残るか。（　　　　）

(5)　試験管に残った物質をかたいものでこすると，どのようになるか。

（　　　　　　　　　　　　　　）

(6)　試験管に残った物質をたたくと，どのようになるか。
（　　　　　　　　　　　　　　）

(7)　試験管に残った物質は，電気が流れるか。（　　　　）

(8)　試験管に残った物質は何か。ヒント（　　　　）

記述 (9)　この実験で，加熱をやめる前に行わなくてはいけない操作は何か。簡単に答えなさい。ヒント
（　　　　　　　　　　　　　　）

物質

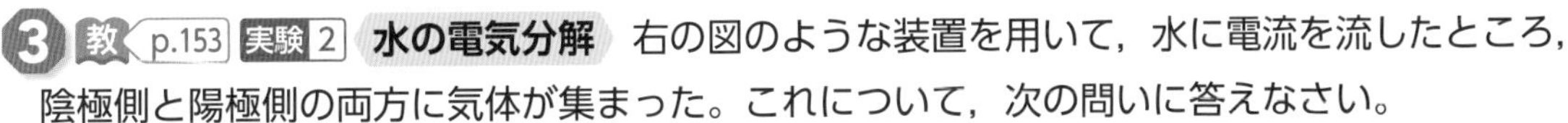

3 教 p.153 実験 2 **水の電気分解**　右の図のような装置を用いて，水に電流を流したところ，陰極側と陽極側の両方に気体が集まった。これについて，次の問いに答えなさい。

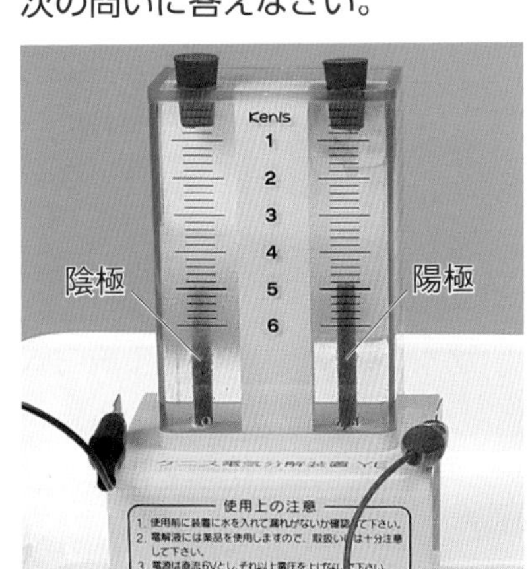

(1)　この実験では，水に電流が流れやすくするため，何という水溶液を用いるか。
（　　　　　　　　　　　　　　）

(2)　陰極側にたまった気体にマッチの火を近づけると，どのようになるか。次のア～ウから選びなさい。（　　　）
ア　気体が音を立てて燃える。
イ　マッチが激しく燃える。
ウ　マッチの火が消える。

(3)　陰極側にたまった気体は何か。ヒント（　　　　）

(4)　陽極側にたまった気体に火のついた線香を入れると，線香はどのようになるか。（　　　　　　　　）

(5)　陽極側にたまった気体は何か。ヒント（　　　　）

(6)　陰極側と陽極側にたまった気体の体積の比はおよそ何：何か。
陰極側：陽極側＝（　　　　）

(7)　この実験のように，電流を流すことによって１種類の物質が２種類以上の物質に分けられる化学変化を何というか。（　　　　）

ヒントの森　❷(8)試験管に残った物質は，金属がもつ特徴をもっている。(9)水が試験管に逆流することを防ぐための操作（そうさ）である。　❸(3)(5)水素は燃える気体である。また，酸素にはものを燃やすはたらきがある。

解答 p.22

1章 物質の成り立ち－②

1 塩化銅の電気分解 右の図のような装置を用いて電流を流したところ，陰極でも，陽極でも変化が見られた。次の問いに答えなさい。

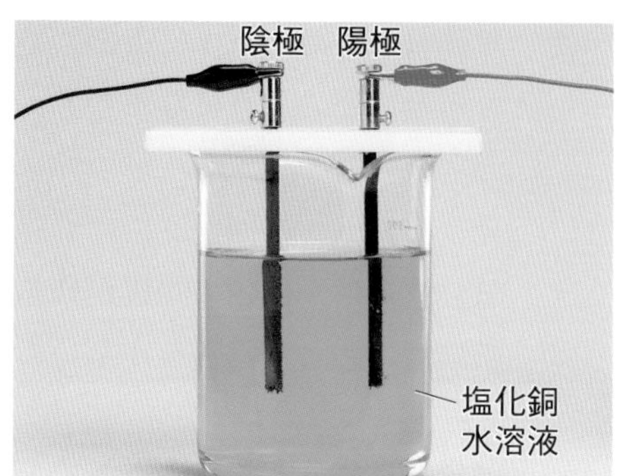

(1) 陰極に付着した物質は何色か。（　　　）

(2) (1)の物質は何か。（　　　）

(3) (1)の物質は，さらに分解することができるか。（　　　）

(4) 陽極で発生した気体に，においはあるか。

（　　　）

(5) (4)の気体は何か。（　　　）

(6) (4)の気体は，さらに分解することができるか。（　　　）

(7) この変化を次のように表すと，①，②に何があてはまるかを答えなさい。

①（　　　）　②（　　　）

塩化銅→(　①　)＋(　②　)

2 原子の性質 下の図は，原子の性質を表している。あとの問いに答えなさい。

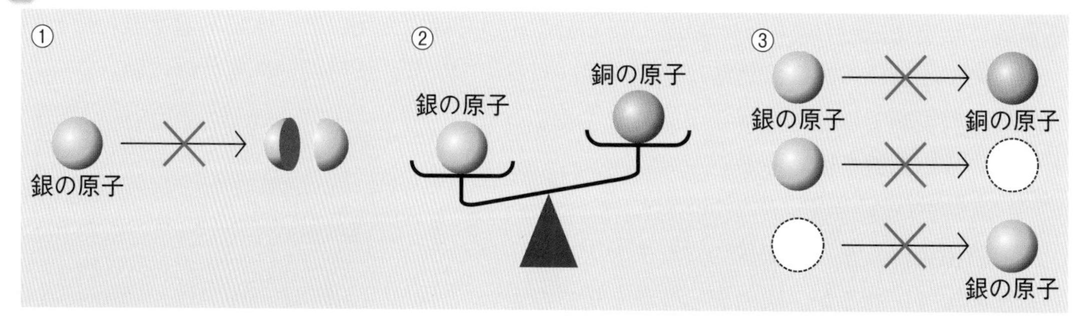

(1) 図の①～③について説明した文を，次の**ア**～**ウ**からそれぞれ選びなさい。

①（　　）②（　　）③（　　）

ア 原子は，化学変化によってほかの種類の原子に変わったり，なくなったり，新しくできたりしない。

イ 原子は，化学変化によってそれ以上分けることができない。

ウ 原子は，種類によって質量や大きさが決まっている。

(2) 原子は約何種類あるか。（　　　）

(3) 原子は大きさも質量も非常に小さい。銀原子がテニスボールの大きさになったとすると，テニスボールはどれくらいの大きさになるか。次の**ア**～**ウ**から選びなさい。（　　）

ア 月　**イ** 地球　**ウ** 太陽

(4) 原子が結びついた，物質の性質のもとになる粒子を何というか。ヒント（　　　）

ヒントの森

1(4)この気体は特有の強いにおいがあり，有害なので，吸いこまないようにする。

2(4)いくつかの原子が結びついた粒子が物質の性質のもとになっている。

3 教 p.158 実習1 **分子のモデル** 水素原子を○，酸素原子を◎，炭素原子を●，窒素原子を◬というモデルで表し，これらを使っていろいろな分子のモデルをつくった。これについて，次の問いに答えなさい。

(1) 水素原子を２つ使って，水素分子を下の図１にモデルで表しなさい。

(2) 酸素原子を２つ使って，酸素分子を下の図２にモデルで表しなさい。

(3) 窒素原子をいくつか使って，窒素分子を下の図３にモデルで表しなさい。

(4) 酸素原子２つと炭素原子１つを使って，二酸化炭素分子を図４にモデルで表しなさい。

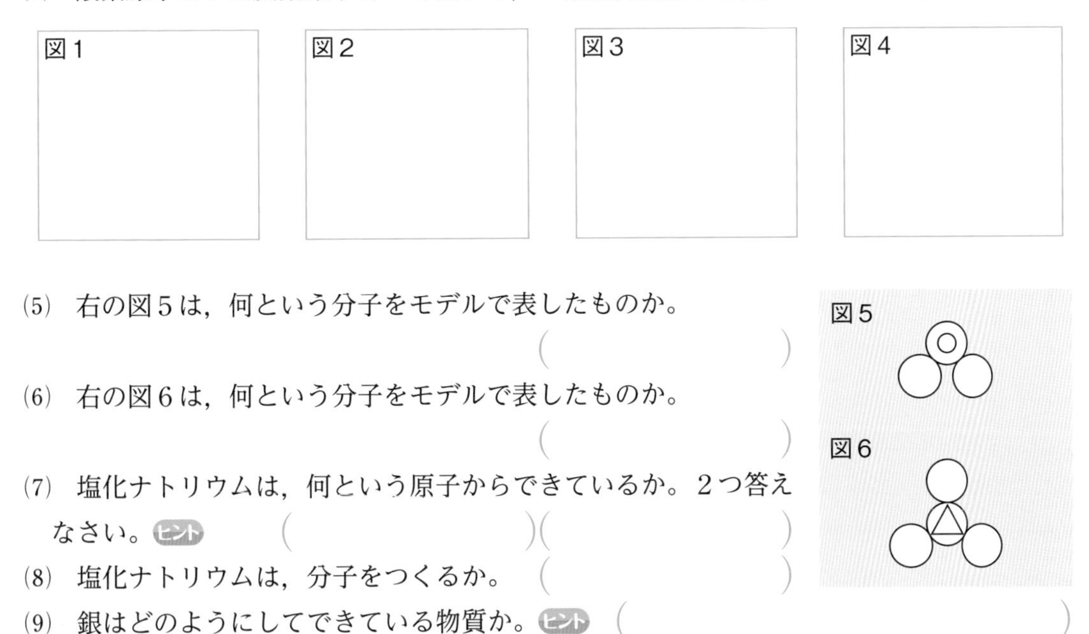

(5) 右の図５は，何という分子をモデルで表したものか。 (　　　　　)

(6) 右の図６は，何という分子をモデルで表したものか。 (　　　　　)

(7) 塩化ナトリウムは，何という原子からできているか。２つ答えなさい。ヒント (　　　　　)(　　　　　)

(8) 塩化ナトリウムは，分子をつくるか。 (　　　　　)

(9) 銀はどのようにしてできている物質か。ヒント (　　　　　)

図５

図６

物質

4 **状態変化と化学変化** 下の図１は水の分子モデルを表している。これについて，次の問いに答えなさい。

(1) 液体の水は水蒸気になると，水分子の運動が激しくなる。そのとき水分子どうしの間隔は，液体の状態のときとくらべてどうなるか。 (　　　　　)

作図

(2) 水を電気分解したときの水素分子と酸素分子のモデルを，図１の水分子から２つの分子を用いて図２にかきなさい。

(3) 水が水蒸気になる変化を何というか。ヒント (　　　　　)

(4) (3)の変化に対して，(2)の変化を何というか。 (　　　　　)

❸(7)塩化ナトリウムは，塩素原子とナトリウム原子が規則的に並んでできている。(9)金属も分子をつくらない。 ❹(3)水は固体(氷)⇔液体⇔気体(水蒸気)の間を変化できる。

解答 p.23

実力判定テスト ステージ3 1章 物質の成り立ち

30分 /100

1 右の図のように，炭酸水素ナトリウムを加熱した。これについて，次の問いに答えなさい。

3点×9（27点）

(1) 図のように，試験管の口を下げて加熱するのはなぜか。簡単に答えなさい。

(2) 試験管の底を加熱すると，ガラス管の先から気体が出てきた。この気体を石灰水に通すと，石灰水はどのように変化するか。

(3) (2)から，発生した気体が何であるとわかるか。

記述

(4) 気体の発生が止まったとき，加熱をやめる前にガラス管を水そうからぬかなければならないのはなぜか。

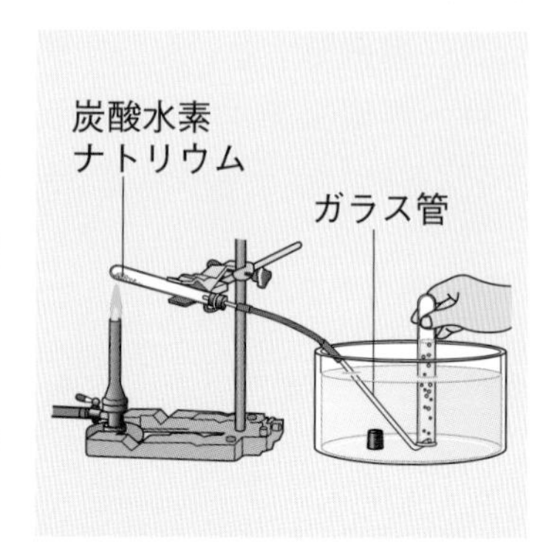

(5) 加熱していくと，試験管の口に液体がたまっていった。加熱を終えた後，この液体に塩化コバルト紙をつけると塩化コバルト紙の色が変化した。何色から何色に変化したか。

(6) (5)から，発生した液体が何だとわかるか。

(7) 加熱後の試験管に残っている固体を水にとかした。そこにフェノールフタレイン溶液を加えると，どのような変化が起こるか。

(8) (7)から，この水溶液は何性だとわかるか。

(9) 実験で，炭酸水素ナトリウムに起こった化学変化を何というか。

(1)									
(2)		(3)		(4)					
(5)		(6)		(7)		(8)		(9)	

2 右の図のように，酸化銀を加熱した。これについて，次の問いに答えなさい。 5点×5（25点）

(1) 加熱していくと，酸化銀の色は何色から何色に変わるか。

(2) 気体を集めた試験管に火のついた線香を入れると，線香はどのようになるか。

(3) (2)から，加熱中に発生した気体が何であるとわかるか。

(4) 試験管に残った固体を押し固めてから，薬さじでこすると特有の光沢が出た。残った固体は何か。

(5) (4)は，電気を通すか，通さないか。

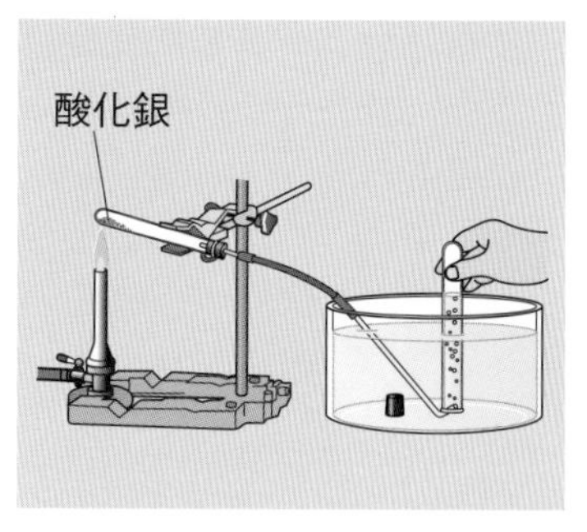

(1)		(2)			
(3)		(4)		(5)	

よく出る **3** 右の図のように，うすい水酸化ナトリウム水溶液に電流を流した。これについて，次の問いに答えなさい。

4点×9（36点）

記述 (1) うすい水酸化ナトリウム水溶液を用いて実験を行ったのはなぜか。簡単に答えなさい。

(2) Aにたまった気体の中に，火のついた線香を入れると，どのようになるか。

(3) (2)から，Aにたまった気体は何であるとわかるか。

(4) Bにたまった気体にマッチの火を近づけると，どのようになるか。

(5) (4)から，Bにたまった気体は何であるとわかるか。

(6) Aにたまった気体の体積が2 cm^3であったとき，Bにたまった気体の体積は何 cm^3か。

(7) 図のように，電流を流して物質を分解することを何というか。

(8) この実験で，(3)と(5)の物質に分解されたのは何という物質か。

(9) (8)の物質は，加熱によって分解することができるか。

A
B
1
2
3
4
5
6
ステンレス電極
電源装置(でんげんそうち)
(6V)
正面

(1)		(2)	
(3)	(4)	(5)	(6)
(7)	(8)	(9)	

4 右の図のように，塩化銅水溶液に電流を流したところ，Aには赤色の物質が付着し，B付近では，プールの消毒のようなにおいの気体が発生した。これについて，次の問いに答えなさい。

2点×6（12点）

(1) 電源(でんげん)の陽極側につながっているのは，AとBのどちらか。

(2) Aに付着した赤色の物質は何か。

(3) Bから発生した気体は何か。

(4) Aに付着した物質は，化学変化でさらに分解できるか，できないか。

(5) Bから発生した気体は，化学変化でさらに分解できるか，できないか。

(6) Aに付着した物質は，分子をつくるか，つくらないか。

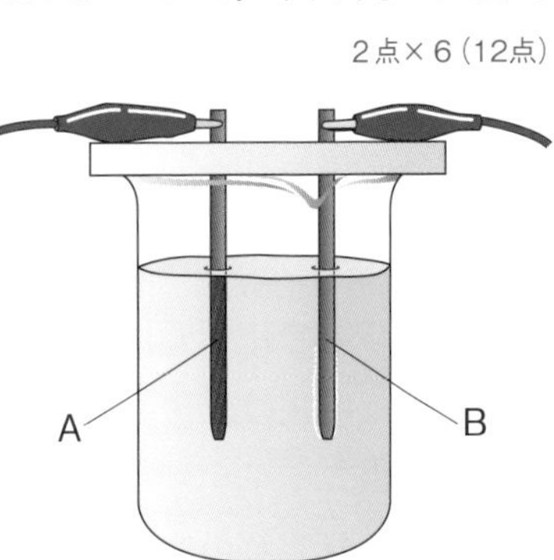

(1)	(2)	(3)	(4)	(5)	(6)

解答 p.23

確認のワーク ステージ1 2章 物質の表し方

同じ語句を何度使ってもかまいません。

教科書の要点 (　)にあてはまる語句を，下の語群から選んで答えよう。

1 物質を表す記号と式

教 p.162〜169

(1) 物質を構成する原子の種類を(①★　　　)という。例えば，水を構成する元素(げんそ)は酸素と水素である。元素はアルファベット1文字か2文字で表す。―1文字目は大文字，2文字目は小文字。

(2) 元素記号(げんそきごう)の，Oは(②　　　)，Agは銀，Hは水素，Cは(③　　　)，Nは窒素を表す。

(3) 現在，元素はおよそ120種類が知られている。元素を原子番号順に並べた表を(④★　　　)という。―元素の構造にもとづいてつけられた番号。

(4) すべての物質は，元素記号と数字を使った(⑤★　　　)で表すことができる。

(5) 化学式(かがくしき)のH_2は水素分子，H_2Oは(⑥　　　)分子，CO_2は二酸化炭素分子を表している。―Hが2個とOが1個で分子をつくっている。

(6) 金属や炭素など，1種類の元素がたくさん集まってできている物質の化学式は，その元素記号で表す。例えば，銀の化学式は(⑦　　　)と表す。

(7) 塩化ナトリウムは，ナトリウム原子と塩素原子の数が1：1なので，化学式では(⑧　　　)と表す。

(8) 1種類の元素でできている物質を(⑨★　　　)，2種類以上の元素が組み合わさってできている物質を(⑩★　　　)という。

2 化学変化を表す式

教 p.170〜173

(1) 化学式で化学変化を表したものを(①★　　　)という。化学反応式(かがくはんのうしき)は，次の手順でつくる。

1.「(②　　　)の物質 ⟶ 反応後の物質」という形で表す。
2. それぞれの物質を化学式で表す。
3. 化学変化の前後で，(③　　　)の種類と数を等しくする。

(2) 水の電気分解を化学反応式で表すと，次のようになる。

(④　　　) ⟶ (⑤　　　) ＋ O_2

(3) 酸化銀の熱分解を化学反応式で表すと，次のようになる。

$2Ag_2O$ ⟶ $4Ag$ ＋ (⑥　　　)

ワンポイント

すべての物質は化学式で表すことができる。
化学変化のようすは化学反応式で表せる。

まるごと暗記

物質
- 純物質
  - 単体…1種類の元素 分解できない。
  - 化合物…2種類以上の元素 分解できる。
- 混合物…複数の物質が混じっている。

まるごと暗記

化学反応式
反応前→反応後で，原子の種類と数を等しくする。

まるごと暗記

H_2…水素分子
O_2…酸素分子
H_2O…水分子
NH_3…アンモニア分子
CO_2…二酸化炭素分子
N_2…窒素分子
Fe…鉄分子
Ag…銀分子
NaCl…塩化ナトリウム分子

語群

1 水／単体(たんたい)／元素／Ag／化学式／化合物(かごうぶつ)／NaCl／酸素／周期表(しゅうきひょう)／炭素
2 $2H_2O$／反応前／O_2／化学反応式／$2H_2$／原子

★の用語は，説明できるようになろう！

□にあてはまる語句を，下の語群から選んで答えよう。 同じ語句を何度使ってもかまいません。

1 物質を表す式

教 p.167～168

分子の表し方

	水素	②	水	④	二酸化炭素	⑥
分子のモデル	H H	O O	H O H	H H N H	O C O	N N
化学式	①	O_2	③	NH_3	⑤	N_2

分子からできていない物質の表し方

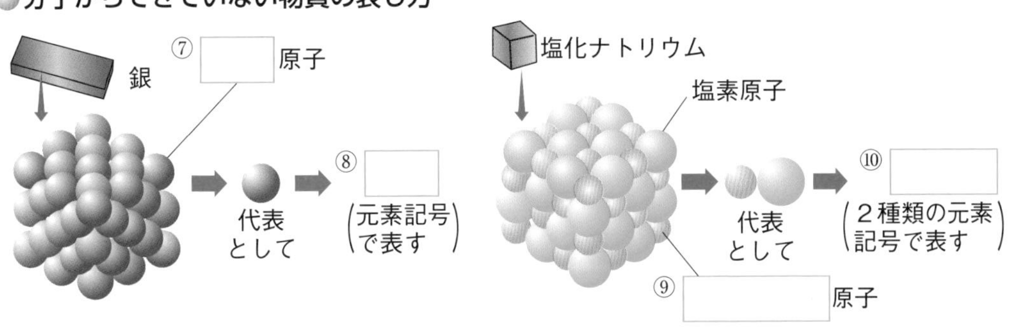

2 物質の分類

教 p.169

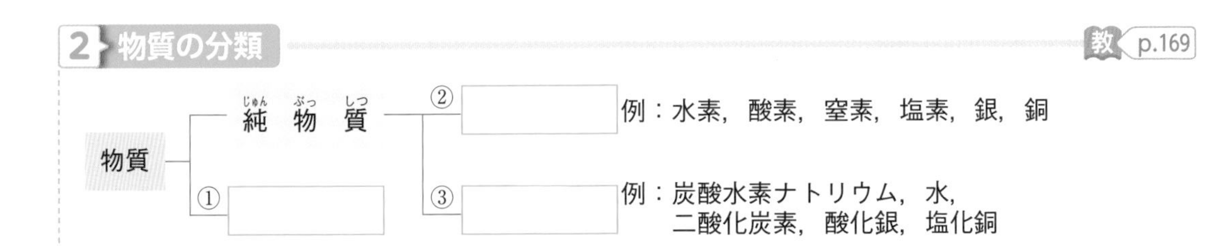

3 化学反応式

教 p.170～173

	水の電気分解	酸化銀の熱分解
反応前と反応後の物質を書く。	水 ⟶ 水素 ＋ 酸素	酸化銀 ⟶ 銀 ＋ 酸素
それぞれを化学式で表す。	$H_2O \longrightarrow H_2 + O_2$	$Ag_2O \longrightarrow Ag + O_2$
左辺と右辺の原子の数が等しくなるように数を合わせる。	①□ H_2O ⟶ ②□ H_2 ＋ ③□ O_2	④□ Ag_2O ⟶ ⑤□ Ag ＋ ⑥□ O_2
1は省略する。	⑦□ H_2O ⟶ ⑧□ $H_2 + O_2$	$2Ag_2O \longrightarrow 4Ag + O_2$

1 CO_2／銀／ナトリウム／H_2O／窒素／H_2／酸素／NaCl／Ag／アンモニア
2 単体／化合物／混合物　3 4／2／1

わからない用語は，教科書の要点の★で確認しよう！

物質

解答 p.23

定着のワーク ステージ2　2章 物質の表し方

1 元素記号　元素記号について，次の問いに答えなさい。ヒント

(1) 次の表の㋐〜㋕にあてはまる金属の元素記号，㋖〜㋛にあてはまる非金属の元素記号を答えなさい。

金属	
元素名	元素記号
カルシウム	㋐
銀	㋑
鉄	㋒
銅	㋓
ナトリウム	㋔
マグネシウム	㋕

非金属	
元素名	元素記号
硫黄（いおう）	㋖
塩素	㋗
酸素	㋘
水素	㋙
炭素	㋚
窒素	㋛

(2) 元素を原子番号順に並べ，化学的な性質が似た元素が縦の列に並んでいる表を何というか。（　　　）

2 物質を表す式　いろいろな物質を元素記号と数字を使って表した。これについて，次の問いに答えなさい。ヒント

(1) 物質を元素記号と数字を使って表したものを何というか。（　　　）

(2) 次の①〜④の図の□に，(1)の式を書きなさい。

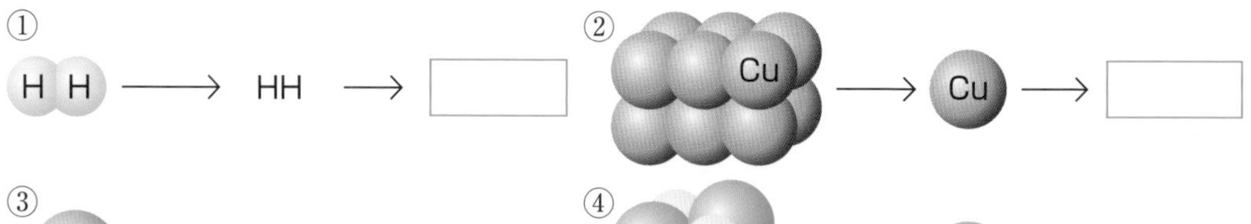

(3) (2)の①〜④から，単体をすべて選びなさい。（　　　）

(4) (2)の①〜④から，化合物をすべて選びなさい。（　　　）

(5) 次の㋐〜㋕の物質を，元素記号と数字を使って表しなさい。

㋐ 酸素（　　）　㋑ 窒素（　　）
㋒ 塩素（　　）　㋓ アンモニア（　　）
㋔ 炭素（　　）　㋕ 二酸化炭素（　　）

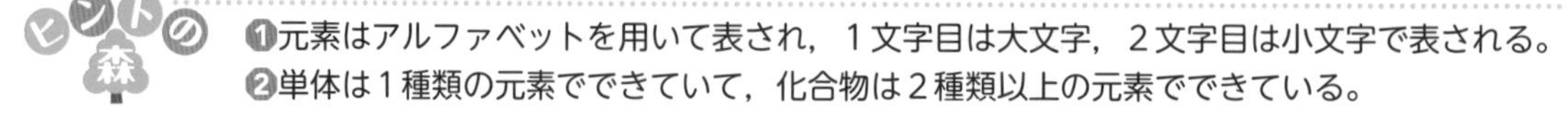

ヒントの森

❶元素はアルファベットを用いて表され，１文字目は大文字，２文字目は小文字で表される。
❷単体は１種類の元素でできていて，化合物は２種類以上の元素でできている。

❸ 水の電気分解の化学反応式

水の電気分解を化学反応式で表したい。このときの手順について，次の問いに答えなさい。

(1) 水を分解すると何ができるか。次の(　)にあてはまる物質を答えなさい。
(　　　　　)

水 ⟶ (　) ＋ 酸素

(2) (1)の式にある物質を，化学式で表すとどのようになるか。次の(　)にあてはまる化学式を答えなさい。　①(　　　　　)　②(　　　　　)

(①) ⟶ (②) ＋ O_2

記述 (3) (2)の式の左辺と右辺で，Oの数を等しくするためには，左辺と右辺のどちらに，どの分子を何個ふやすとよいか。ヒント
(　　　　　)

(4) (2)の式に(3)の分子をふやすと，どのような式になるか。
(　　　　　)

記述 (5) (4)の式の左辺と右辺で，Hの数を等しくするためには，左辺と右辺のどちらに，どの分子を何個ふやすとよいか。
(　　　　　)

(6) (5)の結果，水の電気分解はどのような化学反応式で表されるか。
(　　　　　)

❹ 化学反応式

いろいろな化学変化の化学反応式について，次の問いに答えなさい。ヒント

(1) 酸化銀を熱分解すると，何ができるか。２つ答えなさい。
(　　　　　)(　　　　　)

(2) 酸化銀は，分子からできている物質か，分子からできていない物質か。
(　　　　　)

(3) 酸化銀を化学式で表しなさい。　(　　　　　)

(4) 酸化銀の熱分解を，化学反応式で表しなさい。
(　　　　　)

(5) 炭酸水素ナトリウムを熱分解すると，炭酸ナトリウムのほかに何ができるか。２つ答えなさい。　(　　　　　)(　　　　　)

(6) 炭酸水素ナトリウムの化学式は$NaHCO_3$，炭酸ナトリウムの化学式はNa_2CO_3である。炭酸水素ナトリウムの熱分解を，化学反応式で表しなさい。
(　　　　　)

(7) 塩化銅水溶液を電気分解すると，何ができるか。２つ答えなさい。
(　　　　　)(　　　　　)

(8) 塩化銅の化学式は$CuCl_2$である。塩化銅水溶液の電気分解を，化学反応式で表しなさい。
(　　　　　)

❸(3)水分子には酸素原子が１個しかないが，酸素分子には酸素原子が２個ある。
❹化学反応式で表すときは，式の左辺と右辺で原子の種類と数が等しいか確かめる。

2章　物質の表し方

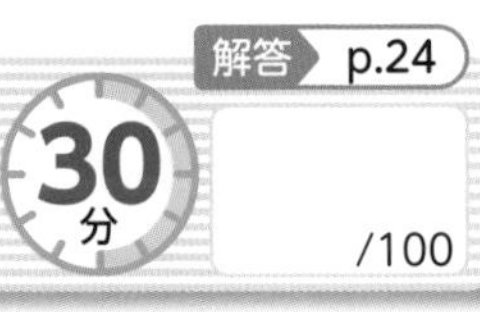

1 次のモデルで表される物質を，数に注意して化学式と数字で表しなさい。　2点×9（18点）

(1) O O

(2) H H　H H

(3) O C O

(4) N N　N N　N N

(5) Ag O Ag

(6) N H H H

(7) Na Cl

(8) O H H

(9) Cl Cu Cl

(1)		(2)		(3)		(4)		(5)	
(6)		(7)		(8)		(9)			

2 物質について，次の問いに答えなさい。　3点×9（27点）

(1) 次の物質は，何の原子が何個でできているか。原子の種類と数（割合(わりあい)）を例にならって答えなさい。

(例)二酸化炭素…炭素原子１個，酸素原子２個

①窒素(N_2)　②塩素(Cl_2)　③塩化銅($CuCl_2$)　④水(H_2O)

⑤アンモニア(NH_3)　⑥酸化銀(Ag_2O)　⑦水酸化ナトリウム(NaOH)

(2) (1)の①〜⑦を単体と化合物に分類して，番号で答えなさい。

(1)	①		②	
	③		④	
	⑤		⑥	
	⑦			
(2)	単体		化合物	

よく出る 3 物質の分類について，次の問いに答えなさい。

3点×12(36点)

(1) 単体とはどのような物質か。簡単に答えなさい。

(2) 化合物とはどのような物質か。簡単に答えなさい。

(3) 次の①～⑩の物質は，単体，化合物，混合物のどれか。

①水酸化ナトリウム水溶液　②酸素　③二酸化炭素　④銅

⑤炭酸水素ナトリウム　⑥炭酸ナトリウム　⑦空気　⑧砂糖(さとう)水

⑨塩化ナトリウム水溶液　⑩水素

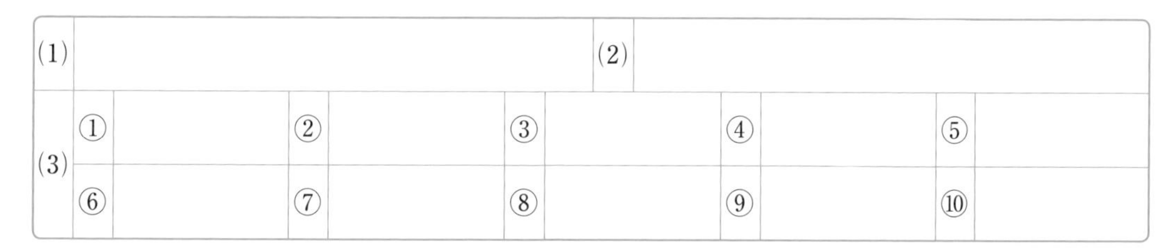

(1)				(2)					
(3) ①		②		③		④		⑤	
⑥		⑦		⑧		⑨		⑩	

よく出る 4 次のモデルで表される化学変化を，化学反応式で表しなさい。

2点×2(4点)

(1)

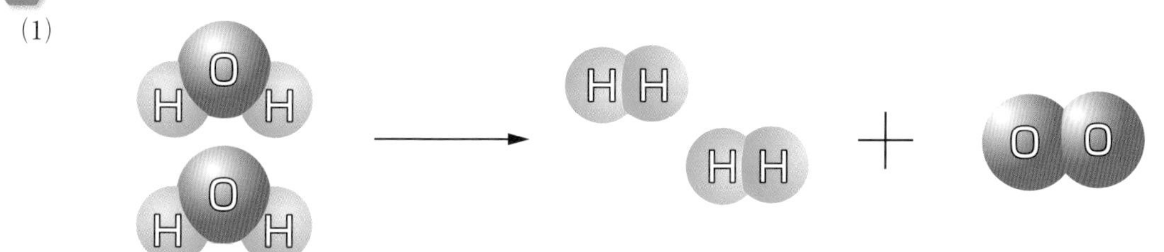

(2)

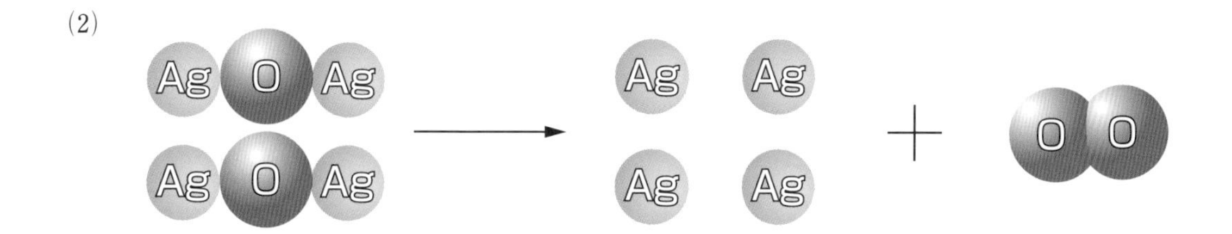

(1)		(2)	

5 次の化学変化を，化学反応式で表しなさい。

5点×3(15点)

(1) 塩化銅($CuCl_2$)水溶液の電気分解

(2) 炭酸水素ナトリウム($NaHCO_3$)の熱分解

(3) 水の電気分解

(1)		(2)	
(3)			

解答 p.25

3章 さまざまな化学変化

同じ語句を何度使ってもかまいません。

（ ）にあてはまる語句を，下の語群から選んで答えよう。

1 物質どうしが結びつく変化

教 p.174〜179

(1) 鉄と硫黄の混合物を加熱すると，黒い物質ができる。この物質はもとの物質とはちがう(①)である。

・化学反応式…Fe＋S ⟶ (②)

この物質に塩酸を加えると，においのある気体が発生する。（硫化水素）

(2) 2種類の物質が結びついたとき，もとの物質とは性質の異なる別の1種類の物質ができる。このような化学変化によってできた物質を(③★)という。

(3) 硫黄の蒸気に銅線を入れると，黒色の(④)ができる。

2 酸化（さんか）

教 p.180〜183

(1) 物質が酸素と結びつく化学変化を(①★)といい，酸化によってできた物質を(②)という。

(2) マグネシウムを加熱したときのように，激しく熱や光を出す酸化を(③★)という。（$2Mg + O_2 \rightarrow 2MgO$）

3 還元（かんげん）

教 p.184〜187

(1) 酸化銅と活性炭の混合物を加熱すると，銅ができる。このように，酸化物（さんかぶつ）から酸素をとり除（のぞ）く化学変化を(①★)という。

(2) 還元と同時に必ず(②)が起こる。

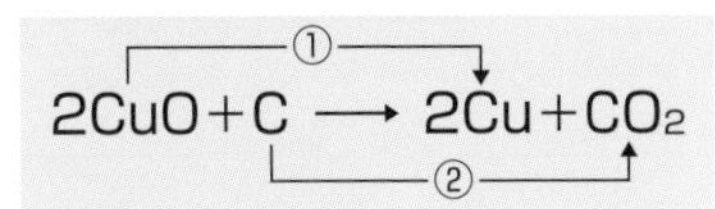

4 化学変化と熱

教 p.188〜190

(1) 鉄と硫黄の酸化で硫化鉄（りゅうかてつ）ができるとき，熱が発生して温度が(①)。塩化アンモニウムと水酸化バリウムを混ぜると温度が(②)。

(2) 化学変化のときに，熱が発生し，まわりの温度が上がる反応を(③★)という。（鉄の酸化など。）化学変化のときに，熱を吸収し，まわりの温度が下がる反応を(④★)という。（炭酸水素ナトリウムとクエン酸と水の反応など。）

ワンポイント

化合物とは2種類の物質が結びついてできた，もとの物質と**性質の異なる**物質のこと。
混合物は混ざっているだけなので，もとの物質の**性質は変化しない。**

まるごと暗記

● **酸化**
酸素と結びつく化学変化
● **還元**
酸化物から酸素をとり除く化学変化で，酸化と同時に起こる。

プラスα

酸化銅などの酸化物は，より酸素と結びつきやすい活性炭や水素などを用いると還元することができる。

まるごと暗記

● **発熱反応**
熱が発生するので，まわりの温度が**上がる。**
● **吸熱反応**
熱を吸収するので，まわりの温度は**下がる。**

語群
1 硫化銅／化合物／硫化鉄／FeS　2 燃焼（ねんしょう）／酸化／酸化物　3 酸化／還元
4 吸熱反応（きゅうねつはんのう）／下がる／発熱反応（はつねつはんのう）／上がる

★の用語は，説明できるようになろう！

同じ語句を何度使ってもかまいません。

□にあてはまる語句を，下の語群から選んで答えよう。

1 鉄と硫黄が結びつく変化

教 p.176～177

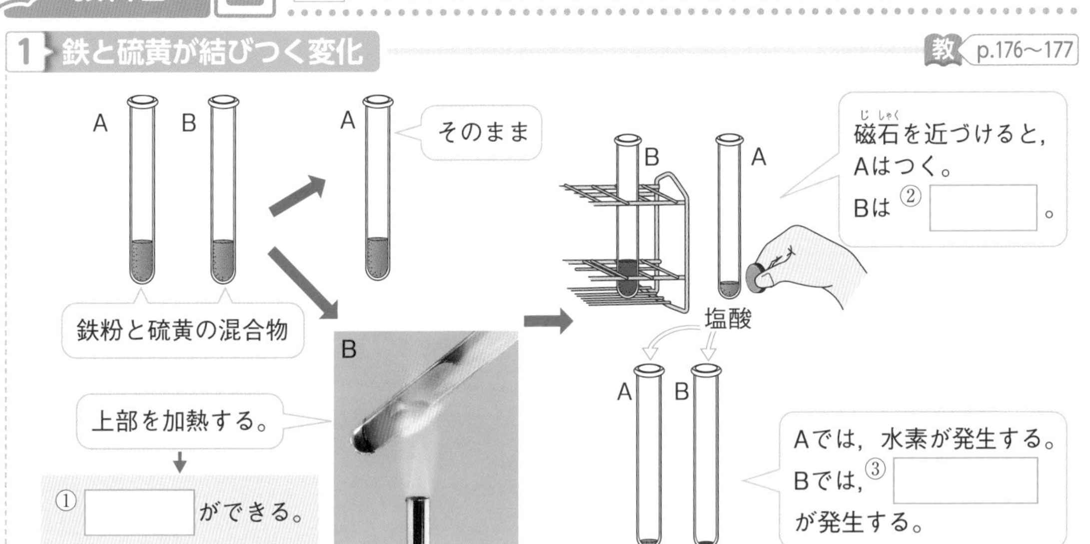

2 金属と酸素が結びつく変化

教 p.180，182

3 酸化銅の還元

教 p.185～186

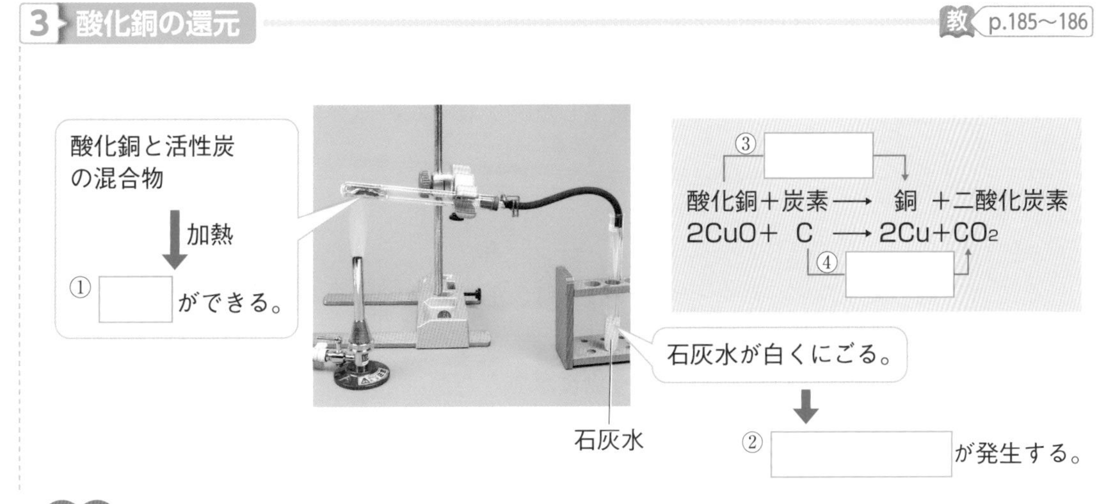

語群 1 つかない／硫化水素／硫化鉄　2 燃焼／酸化マグネシウム／光／酸化銅／熱
3 還元／銅／酸化／二酸化炭素

わからない用語は，教科書の要点の★で確認しよう！

解答 p.25

定着のワーク ステージ2　3章　さまざまな化学変化－①

1 教 p.176 実験3 **鉄と硫黄が結びつく変化**　下の図のように，鉄粉と硫黄の混合物をA，Bの試験管に入れた。そして，Aを加熱し，Bはそのままにして，AとBの中の物質の性質を調べた。これについて，あとの問いに答えなさい。

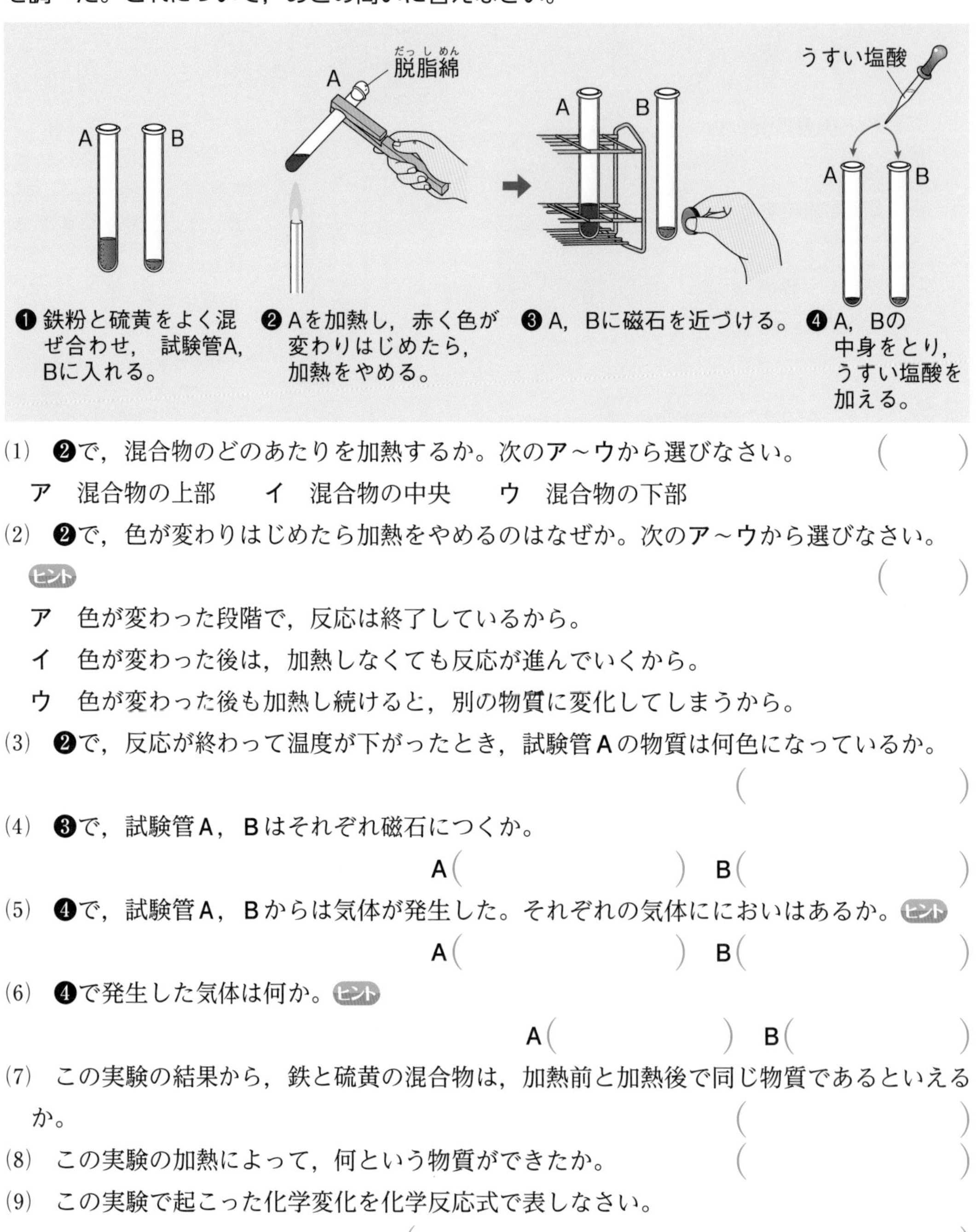

❶ 鉄粉と硫黄をよく混ぜ合わせ，試験管A，Bに入れる。
❷ Aを加熱し，赤く色が変わりはじめたら，加熱をやめる。
❸ A，Bに磁石を近づける。
❹ A，Bの中身をとり，うすい塩酸を加える。

(1) ❷で，混合物のどのあたりを加熱するか。次のア〜ウから選びなさい。（　　）

ア　混合物の上部　　イ　混合物の中央　　ウ　混合物の下部

(2) ❷で，色が変わりはじめたら加熱をやめるのはなぜか。次のア〜ウから選びなさい。ヒント（　　）

ア　色が変わった段階で，反応は終了しているから。

イ　色が変わった後は，加熱しなくても反応が進んでいくから。

ウ　色が変わった後も加熱し続けると，別の物質に変化してしまうから。

(3) ❷で，反応が終わって温度が下がったとき，試験管Aの物質は何色になっているか。（　　）

(4) ❸で，試験管A，Bはそれぞれ磁石につくか。A（　　）B（　　）

(5) ❹で，試験管A，Bからは気体が発生した。それぞれの気体ににおいはあるか。ヒント A（　　）B（　　）

(6) ❹で発生した気体は何か。ヒント A（　　）B（　　）

(7) この実験の結果から，鉄と硫黄の混合物は，加熱前と加熱後で同じ物質であるといえるか。（　　）

(8) この実験の加熱によって，何という物質ができたか。（　　）

(9) この実験で起こった化学変化を化学反応式で表しなさい。（　　）

ヒントの森　❶(2)鉄と硫黄の混合物を加熱すると，熱が発生する。この熱で反応が続くため，反応が始まれば加熱する必要はない。(5)(6)Aから発生した気体は有毒である。

2 銅と硫黄が結びつく変化　右の図のように，試験管に硫黄を入れて加熱し，硫黄の蒸気が発生したところに銅線を入れた。これについて，次の問いに答えなさい。

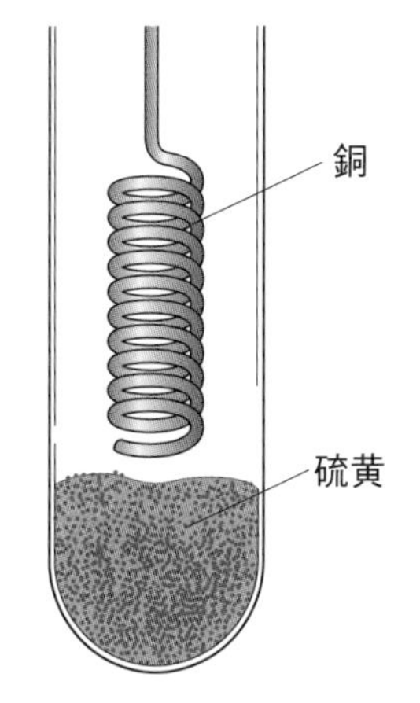

(1)　反応後の物質について正しいものを，次のア～エから２つ選びなさい。（　　）（　　）

ア　赤色で光沢がある。

イ　黒色で光沢がない。

ウ　力を加えると，よく曲がる。

エ　力を加えると，曲がらずに折れる。

(2)　硫黄と銅が反応してできた物質は何か。ヒント（　　）

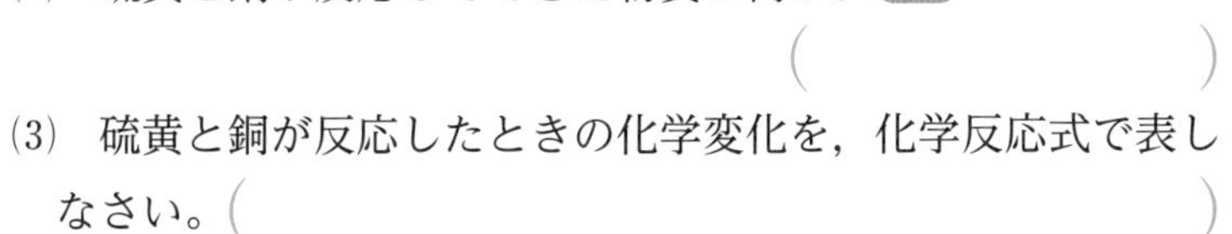

(3)　硫黄と銅が反応したときの化学変化を，化学反応式で表しなさい。（　　）

(4)　この実験のように，２種類以上の物質が結びつくと別の種類の物質ができる。この化学変化によってできた物質を何というか。（　　）

(5)　加熱した銅を塩素の入った集気びんに入れると，激しく反応して別の物質になる。その物質は何か。（　　）

(6)　(5)の反応を化学反応式で表しなさい。（　　）

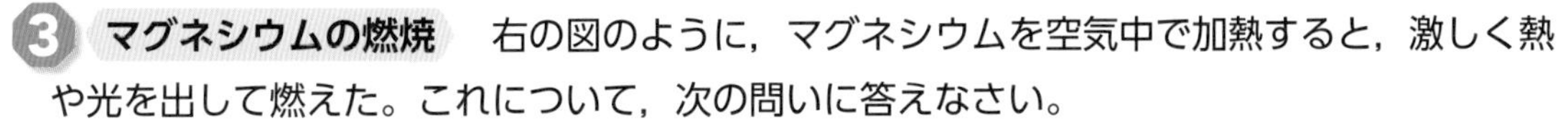

3 マグネシウムの燃焼　右の図のように，マグネシウムを空気中で加熱すると，激しく熱や光を出して燃えた。これについて，次の問いに答えなさい。

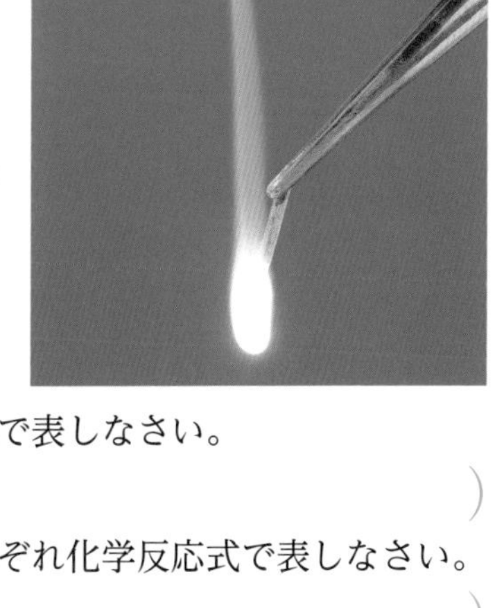

(1)　マグネシウムを空気中で加熱すると，何という物質と反応するか。（　　）

(2)　物質が(1)の物質と結びつくことを何というか。（　　）

(3)　(2)のような反応によってできた物質を何というか。（　　）

(4)　マグネシウムが(1)の物質と結びつくと，何という物質ができるか。（　　）

(5)　マグネシウムを加熱したときのように，激しく熱や光を出して燃えることを何というか。（　　）

(6)　マグネシウムを加熱したときの化学変化を，化学反応式で表しなさい。（　　）

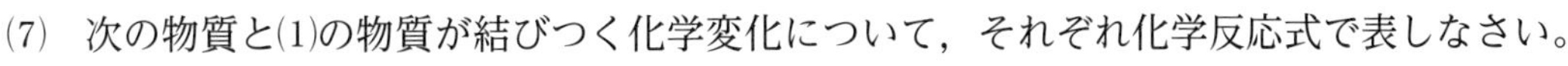

(7)　次の物質と(1)の物質が結びつく化学変化について，それぞれ化学反応式で表しなさい。

①　水素と(1)の物質 ヒント（　　）

②　炭素と(1)の物質 ヒント（　　）

③　銅と(1)の物質（　　）

ヒントの森

❷(2)できた物質は，硫黄とも銅とも異なる性質をもつ，別の物質である。

❸(7)①水の電気分解と逆の化学反応式になる。②炭素が燃えると，二酸化炭素ができる。

物質

解答 p.25

定着のワーク ステージ2 3章 さまざまな化学変化－②

1 教 p.185 実験4 **酸化銅の還元** 右の図のように，酸化銅の粉末と活性炭の混合物を試験管の中に入れて加熱し，発生した気体を石灰水に通した。これについて，次の問いに答えなさい。

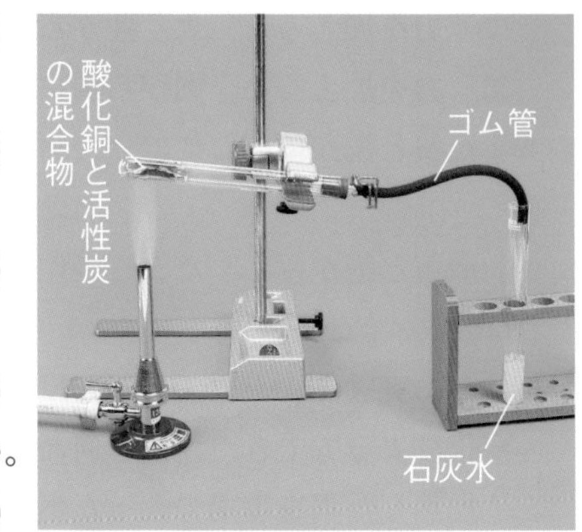

(1) 酸化銅の色は何色か。 (　　　　)

(2) 加熱後，試験管に残った物質の色は何色か。 (　　　　)

(3) 加熱後，試験管に残った物質は何か。 (　　　　)

(4) 石灰水はどのようになるか。 (　　　　)

(5) (4)より，何という気体が発生したことがわかるか。 (　　　　)

(6) 試験管内の酸化銅に起こった変化を，次のア～ウから選びなさい。 (　　)

　ア 空気中の酸素と結びついた。　イ 活性炭の炭素と結びついた。

　ウ 結びついていた酸素がとり除かれた。

(7) (6)の変化を何というか。 (　　　　)

(8) 試験管内の活性炭に起こった変化を，次のア～ウから選びなさい。 (　　)

　ア 空気中の酸素と結びついた。　イ 酸化銅の酸素と結びついた。

　ウ 炭素の気体となった。

(9) (8)の変化を何というか。ヒント (　　　　)

(10) この実験で起こった化学変化を，化学反応式で表しなさい。 (　　　　　　　　)

2 **酸化銅の還元** 右の図のように，酸化銅を加熱してから水素をふきこんだ試験管の中に入れた。これについて，次の問いに答えなさい。

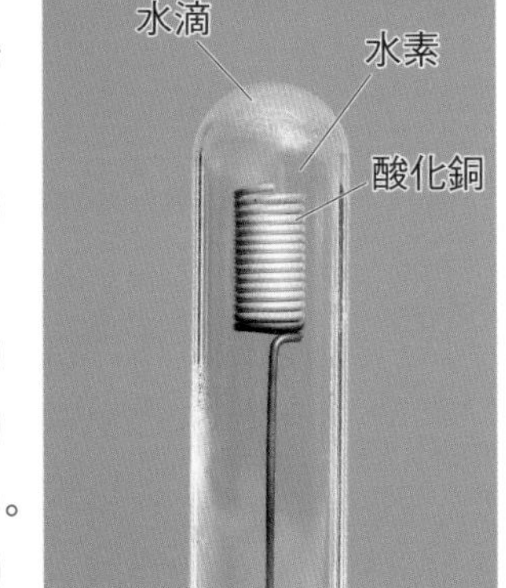

(1) 加熱した酸化銅を試験管に入れると，試験管の内側に水滴がついた。これは，試験管の中の水素が何という化学変化をしてできたものか。ヒント (　　　　)

(2) (1)で酸化銅に起こった変化について簡単に答えなさい。 (　　　　　　　　)

(3) (2)の化学変化を何というか。 (　　　　)

(4) 試験管の中で起こった化学変化を，化学反応式で表しなさい。 (　　　　　　　　)

❶(9)化学変化の中で，酸化と還元は同時に起こる。　❷(1)水素と何が結びつくと水ができるのかを考える。

3 化学変化と熱の出入り 右の図のように，水酸化バリウムと塩化アンモニウムの粉末をビーカーに入れ，よくかき混ぜた。これについて，次の問いに答えなさい。

(1) この実験で発生する気体は何か。 (　　　)

(2) なぜビーカーにぬれたろ紙をつけるのか。その理由を簡単に答えなさい。ヒント
(　　　)

(3) この実験でビーカーの温度はどのように変化するか。 (　　　)

(4) この反応は熱を発生する反応か，熱を吸収する反応か。 (　　　)

(5) このような反応を何というか。 (　　　)

4 教 p.189 実験5 **化学変化と熱** 下の図のように，Aは，鉄粉と活性炭を入れたポリエチレンの袋に塩化ナトリウム水溶液をしみこませた半紙を入れた。Bは，炭酸水素ナトリウムとクエン酸を入れたポリエチレンの袋に水を加えた。あとの問いに答えなさい。

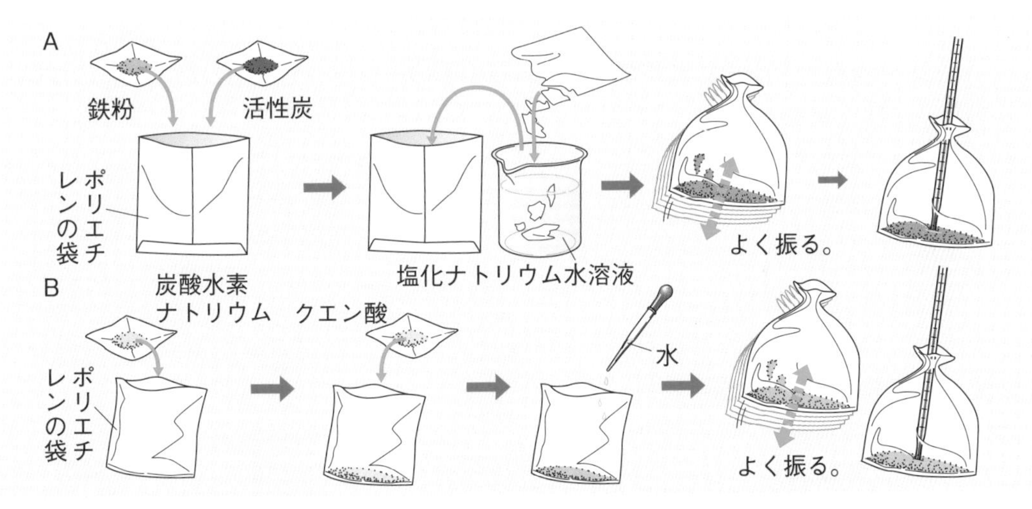

(1) A，Bの袋をよく振ると，それぞれの温度は上がるか，下がるか。ヒント
A(　　　) B(　　　)

(2) 熱を発生する反応が起こっているのは，A，Bのどちらか。 (　　　)

(3) (2)のような反応を何というか。 (　　　)

(4) 熱を吸収する反応が起こっているのは，A，Bのどちらか。 (　　　)

(5) (4)のような反応を何というか。 (　　　)

(6) 次のそれぞれの化学変化による温度変化は，A，Bのどちらのときと同じか。

① 鉄と硫黄が化合する。 (　　　)

② 酸化カルシウムと水を反応させる。 (　　　)

③ 塩化アンモニウムと水酸化バリウムを混ぜる。 (　　　)

ヒントの森

3(2)発生する気体は，水に溶けやすい性質をもつので，ビーカーにはぬれたろ紙をかぶせる。
4(1)Aの反応は市販の化学かいろに利用されている。Bの反応は冷却パックに利用されている。

解答 p.26

3章　さまざまな化学変化

/100

1 右の図のように，水素と酸素の混合気体を袋の中に入れて，電気の火花で点火した。これについて，次の問いに答えなさい。

4点×6（24点）

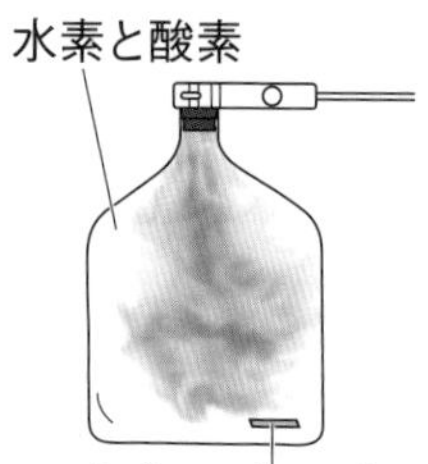

(1) 点火後に袋の中にできた物質は何か。

(2) この化学変化を化学反応式で表しなさい。

(3) 袋に入れる混合気体の水素と酸素の比を，もっとも簡単な整数の比で答えなさい。

(4) 袋の中に入れた塩化コバルト紙は何色から何色に変化するか。

(5) このように物質が酸素と結びつく化学変化を何というか。

(6) 激しく熱や光を出す(5)の化学変化を何というか。

(1)		(2)		(3)	：
(4)	色→　　色	(5)		(6)	

2 鉄粉と硫黄をよく混ぜて試験管に入れ，右の図のようにして加熱した。これについて，次の問いに答えなさい。

4点×8（32点）

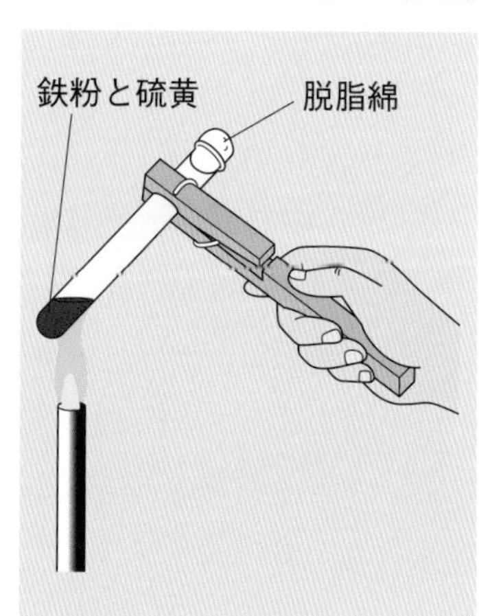

記述 (1) 赤く色が変わりはじめたところで加熱をやめると，鉄粉と硫黄の混合物の反応はどのようになるか。

(2) 加熱後にできた物質は何色か。

(3) 加熱前の物質と加熱後の物質のそれぞれに磁石を近づけると，どのようになるか。次のア〜エから選びなさい。

ア　加熱前の物質だけ磁石についた。

イ　加熱後の物質だけ磁石についた。

ウ　どちらも磁石についた。

エ　どちらも磁石につかなかった。

(4) 加熱後にできた物質の名称と化学式を答えなさい。

(5) この実験で起こった化学変化を化学反応式で表しなさい。

(6) 加熱前の物質にうすい塩酸を加えると，無臭（むしゅう）の気体が発生した。この気体は何か。

(7) 加熱後の物質にうすい塩酸を加えると，特有のにおいのある気体が発生した。この気体は何か。

(1)		(2)		(3)	
(4)	名称	化学式		(5)	
(6)		(7)			

3 右の図のように，ステンレス皿に入れた銅粉をガスバーナーで加熱した。これについて，次の問いに答えなさい。　4点×5（20点）

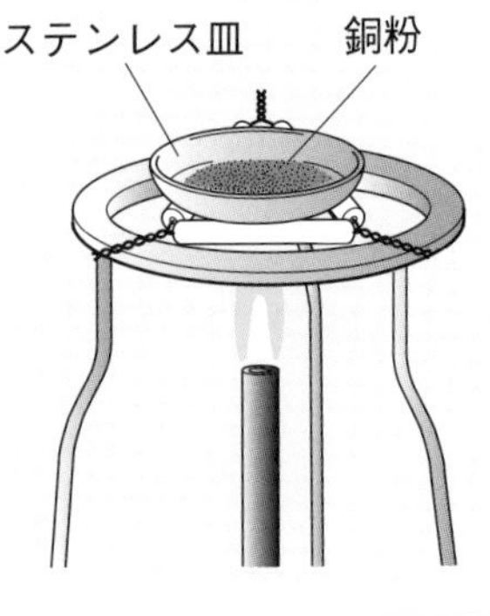

(1)　加熱後の銅粉は何色になるか。

(2)　銅粉を加熱すると何という物質になるか。

(3)　(2)の物質の質量は，加熱前の銅の質量と比べてどのようになっているか。

(4)　(2)の物質は，銅が何という物質と結びついてできたものか。物質の名称を答えなさい。

(5)　この実験で起こった化学変化を化学反応式で表しなさい。

(1)		(2)		(3)		(4)		(5)	

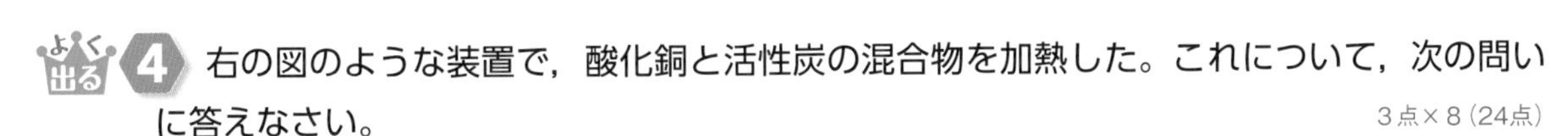

よく出る **4** 右の図のような装置で，酸化銅と活性炭の混合物を加熱した。これについて，次の問いに答えなさい。　3点×8（24点）

(1)　酸化銅の化学式を答えなさい。

(2)　加熱している間，ガラス管の先から気体が発生していた。このとき，石灰水はどのように変化するか。

(3)　(2)より，発生した気体が何であることがわかるか。

(4)　加熱後に残った固体について，次の**ア**～**キ**から正しいものをすべて選びなさい。

ア　電流を通す。　　**イ**　電流を通さない。

ウ　磁石につく。　　**エ**　磁石につかない。

オ　表面をこすると光沢が出てくる。

カ　色は黒色　　**キ**　色は赤色

酸化銅と活性炭

石灰水

(5)　この実験で起こった化学変化を化学反応式で表しなさい。

(6)　この実験の結果について，次の（　）にあてはまる言葉を答えなさい。

・酸化銅は還元されて（ ① ）になった。

・活性炭(炭素)は酸化されて（ ② ）になった。

(7)　この実験の結果から，酸素と結びつきやすいのは，銅と炭素のどちらであることがわかるか。

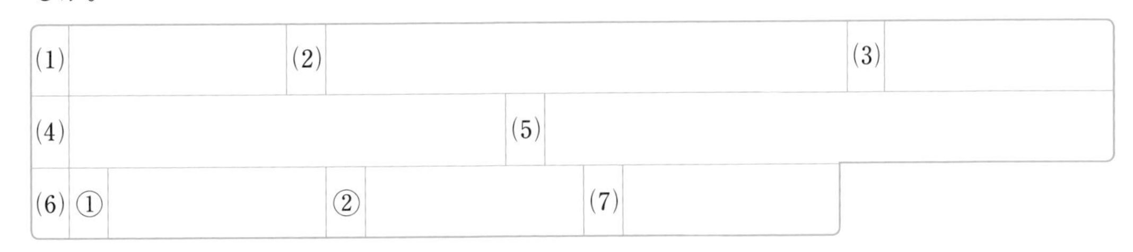

(1)		(2)		(3)	
(4)		(5)			
(6) ①		②		(7)	

物質

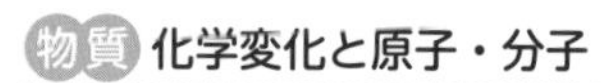

解答 p.26

確認のワーク ステージ1 4章 化学変化と物質の質量

教科書の要点

同じ語句を何度使ってもかまいません。

(　　)にあてはまる語句を，下の語群から選んで答えよう。

1 質量保存の法則

教 p.191〜194

(1) うすい硫酸とうすい水酸化バリウム水溶液を混合したときに**硫酸バリウム**の白い沈殿ができる反応では，反応の前後で物質全体の質量は(①　　　　)。

(2) うすい塩酸と炭酸水素ナトリウムが反応し，**二酸化炭素**が発生する反応では，容器が密閉されていれば，反応の前後で物質全体の質量は(②　　　　)。容器が密閉されていないときは，発生した気体の一部が逃げるため，容器内の質量が(③　　　　)。

(3) 閉じたフラスコに銅の粉末と酸素を入れて加熱すると，反応の前後で全体の質量は(④　　　　)。

一方，空気中で銅の粉末を加熱すると，結びついた酸素の質量分だけ，反応前の質量より(⑤　　　　)。

(4) 化学変化の前後で，**物質全体の質量は変わらない**。このことを，(⑥★　　　　)の法則という。

(5) 化学変化の前後で，物質をつくる原子の**組み合わせは変化**するが，反応に関係する物質の原子の種類と(⑦　　　　)は変わらない。そのため，**質量保存の法則**が成り立つ。

まるごと暗記
質量保存の法則
化学変化の前後で，関係する物質全体の質量は**変わらない**。

まるごと暗記
気体が発生する場合
- 密閉した容器の中なら，質量は**変化しない**。反応後にふたをゆるめると，気体は外に出て質量は**減る**。
- 密閉していない場合は，発生した気体の一部が外に逃げるので，その分だけ質量は**減る**。

2 反応する物質の質量の割合

教 p.195〜211

(1) ある質量の金属を空気中でじゅうぶんに加熱すると，質量は増えていくが，やがてとまり，それ以上は増えない。つまり，一定量の金属に結びつく酸素の質量には(①　　　　)がある。

(2) 金属の量を変えてじゅうぶんに加熱すると，反応する金属と酸素の質量の比は(②　　　　)であることがわかる。

(3) (2)の比は，銅と酸素なら約(③　　：　　)，マグネシウムと酸素なら約(④　　：　　)である。

(4) このように，反応する物質どうしの質量の比は，つねに(⑤　　　　)である。

2つの物質が化学変化するとき，どちらか一方の物質がなくなれば，それ以上化学変化は進まないよ。

まるごと暗記
化学変化では，関係する物質の質量の比は，つねに一定である。

プラスα
化学変化の前後では，関係する物質の原子の組み合わせは変化するが，原子の種類や数は変化しないので，質量が保存される。

語群
1 数／増加する／質量保存／減少する／変化しない
2 3：2／一定／限界／4：1

★の用語は，説明できるようになろう！

同じ語句を何度使ってもかまいません。

教科書の図　□にあてはまる語句を，下の語群から選んで答えよう。

1 質量保存の法則

教 p.192～194

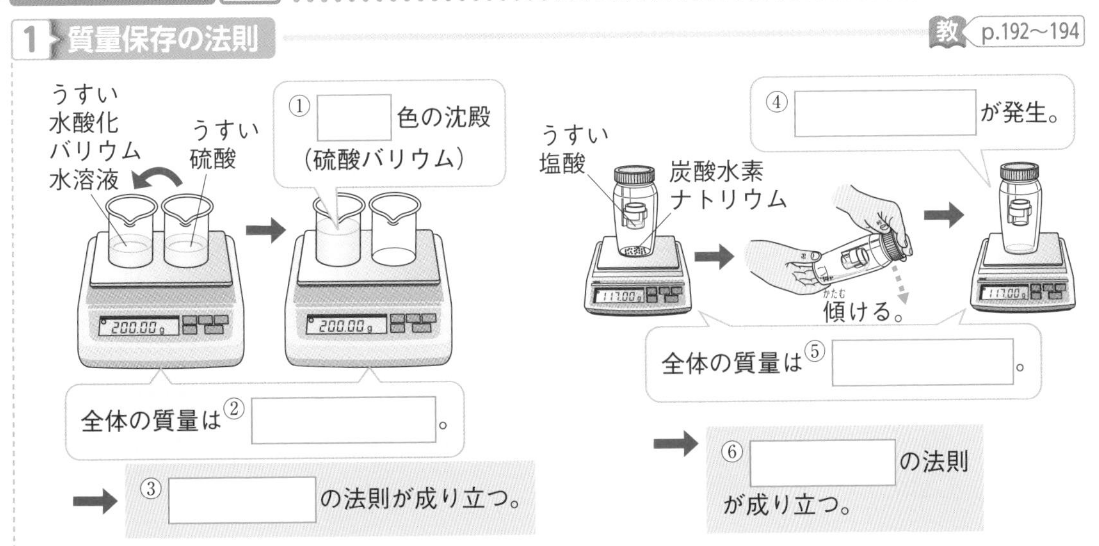

2 物質の質量の割合

①，②は銅かマグネシウムかを書こう。

教 p.195～201

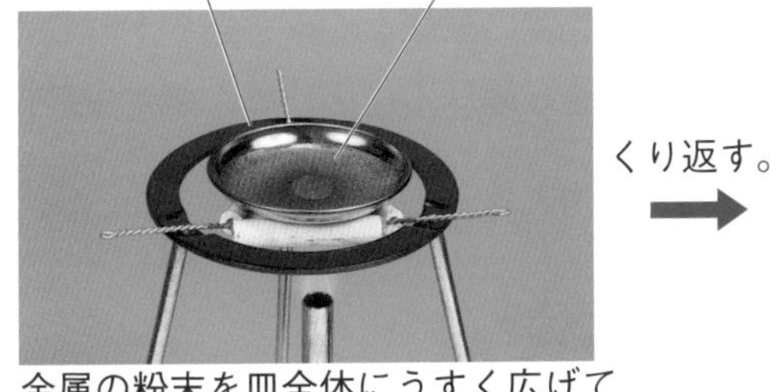

金属の粉末を皿全体にうすく広げて加熱する。冷めてから質量をはかる。

くり返す。

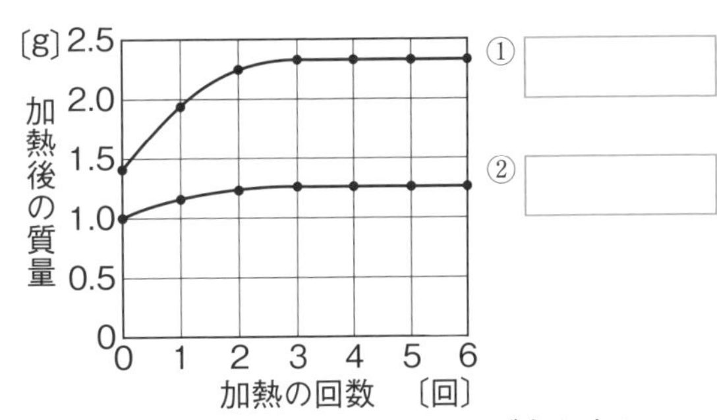

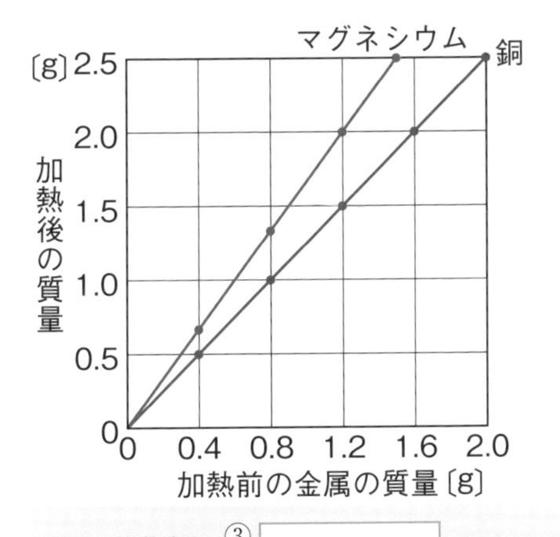

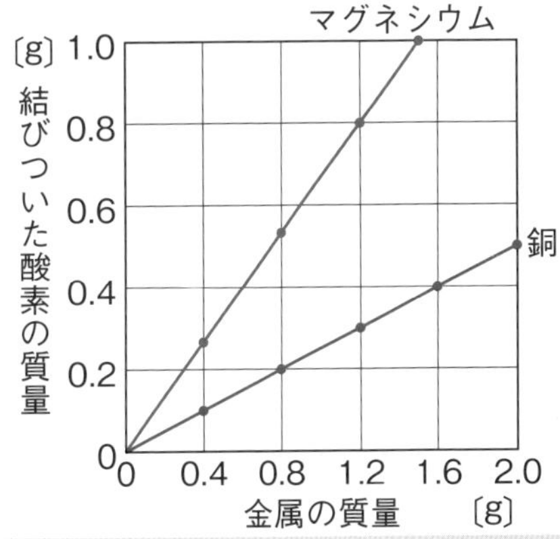

銅：酸化銅＝③

マグネシウム：酸化マグネシウム＝④

銅：酸素＝⑤

マグネシウム：酸素＝⑥

語群
1 質量保存／変化しない／白／二酸化炭素
2 3：5／マグネシウム／4：1／銅／3：2／4：5

わからない用語は，教科書の要点の★で確認しよう！

物質

解答 p.27

4章　化学変化と物質の質量－①

1 教 p.193 実験6 **化学変化と質量**　右の図のように，うすい硫酸にうすい水酸化バリウム水溶液を加えて，化学変化の前後での全体の質量を調べた。これについて，次の問いに答えなさい。

(1)　この化学変化では，どのような変化が起こるか。
（　　　　　　　　　　　　　　　　）

(2)　この化学変化で生じた白いものは，何という物質か。
（　　　　　　　　　　）

(3)　(2)の物質は，水にとけやすいか，とけにくいか。ヒント
（　　　　　　　　　　）

(4)　この化学変化の前後で，物質全体の質量はどのようになっているか。（　　　　　　　　　　）

水酸化バリウム水溶液
硫酸

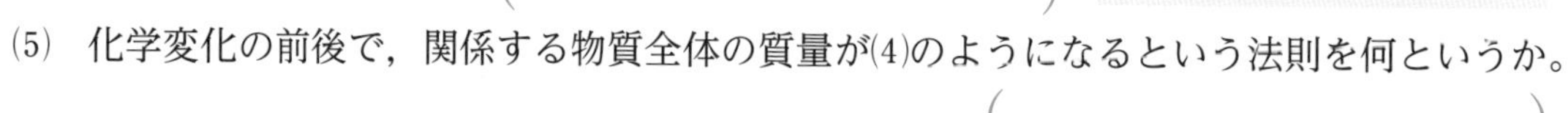

(5)　化学変化の前後で，関係する物質全体の質量が(4)のようになるという法則を何というか。
（　　　　　　　　　　）

2 教 p.193 実験6 **化学変化と質量**　下の図のように，うすい塩酸と炭酸水素ナトリウムを容器に別々に入れて，全体の質量をはかった。次に，容器を傾けて反応させた後，全体の質量をはかった。これについて，あとの問いに答えなさい。

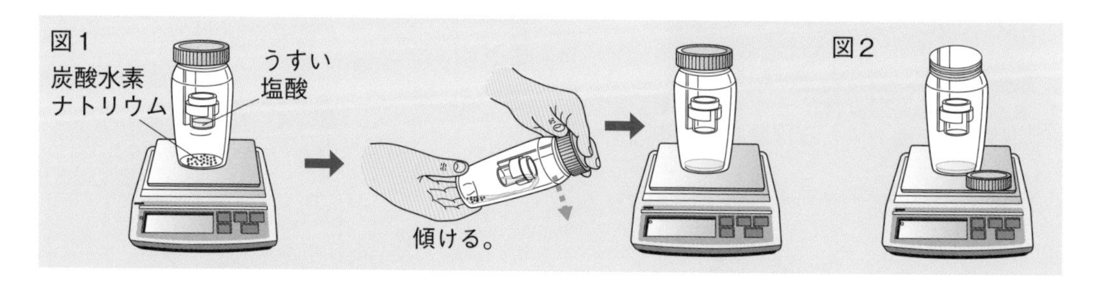

(1)　この実験で発生する気体は何か。（　　　　　　　　）

(2)　図1で，反応後の全体の質量は，反応前の全体の質量に比べて，どのようになっているか。（　　　　　　　　）

(3)　図1の後，図2のように容器のふたを開けてから質量をはかった。このときの全体の質量は，反応前の全体の質量に比べて，どのようになっているか。ヒント
（　　　　　　　　）

(4)　容器のふたを開けると全体の質量が(3)のようになったのは，発生した気体の一部がどのようになったからか。ヒント
（　　　　　　　　　　　　　　）

❶(3)水にとけにくい物質なので，白い沈殿が生じる。水にとける物質なら沈殿せず，水溶液は透明（とうめい）になる。　❷(3)(4)容器のふたを開けると，発生した気体がどのようになるのかを考える。

3 銅の酸化と質量　下の図１は，銅の粉末を空気中で加熱したときのようすを，図２は密閉容器内で銅と酸素を加熱したときのようすを表したものである。これについて，あとの問いに答えなさい。

図１

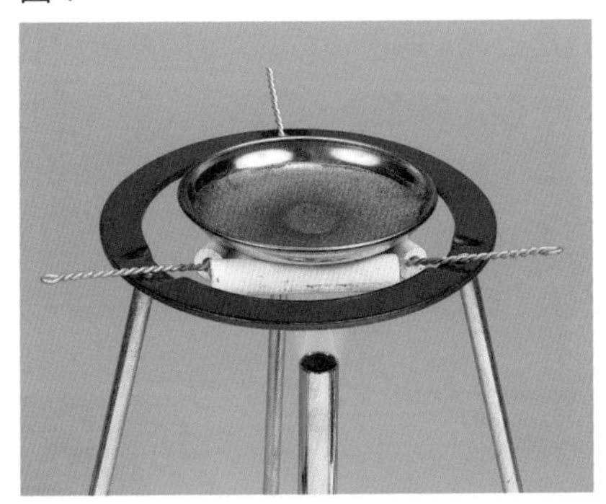

図２

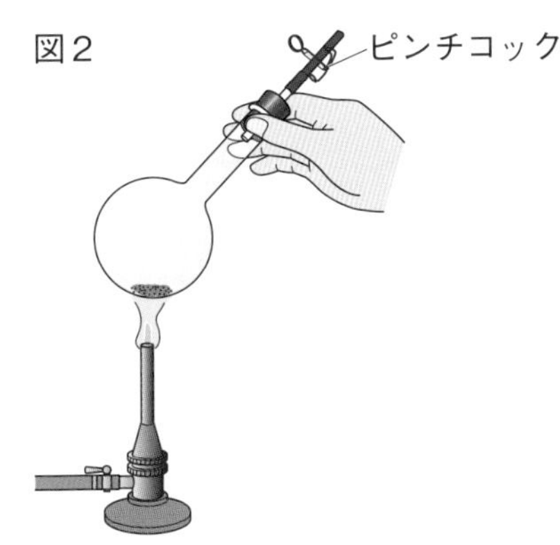

(1)　図１で，銅の粉末を加熱すると，何という物質ができるか。
（　　　　　　）

(2)　図１で，加熱後の(1)の質量は，加熱前の銅の質量に比べてどのようになっているか。次の〔　　〕から選びなさい。ヒント
（　　　　　　）

〔　増加している。　　減少している。　　変化していない。　〕

記述 (3)　加熱後の質量が(2)のようになるのはなぜか。簡単に答えなさい。
（　　　　　　　　　　　　　　　　）

(4)　図２で，銅と酸素を加熱すると，何という物質ができるか。（　　　　　　）

(5)　図２の密閉容器内で起こった化学変化を，化学反応式で表しなさい。
（　　　　　　　　　　　）

(6)　図２で，加熱後の容器全体の質量は，加熱前の容器全体の質量に比べてどのようになっているか。（　　　　　　）

(7)　図２の化学変化の前後で，全体の質量が(6)のようになるのはなぜか。次の文の(　)にあてはまる言葉を答えなさい。ヒント

①（　　　　　　）　②（　　　　　　）

化学変化によって，物質をつくる原子の(①)は変わるが，反応に関係する物質全体の原子の(②)と数は変わらないから。

(8)　図２の化学変化の前後で，全体の質量が(6)のようになるという法則を何というか。
（　　　　　　）

(9)　図２で，反応後にピンチコックを開いた。このとき，どのような変化が起こるか。次のア～ウから選びなさい。（　　）

ア　容器内から気体が逃げていくので，容器全体の質量が減少する。

イ　容器内に空気が入ってくるので，容器全体の質量が増加する。

ウ　容器内に気体の出入りはないので，容器全体の質量は変化しない。

ヒントの森

3 (2)銅と酸素が結びつく化学変化が起こることから考える。(7)化学反応式の左辺と右辺で何が変わり，何が変わらなかったかを考える。

解答 p.27

4章　化学変化と物質の質量－②

1 化学変化のきまり　右の図は，1.0 gの銅の粉末と0.6 gのけずり状のマグネシウムをそれぞれステンレスの皿に広げ，ガスバーナーで加熱したときの加熱の回数と加熱後の質量をグラフに表したものである。これについて，次の問いに答えなさい。ヒント

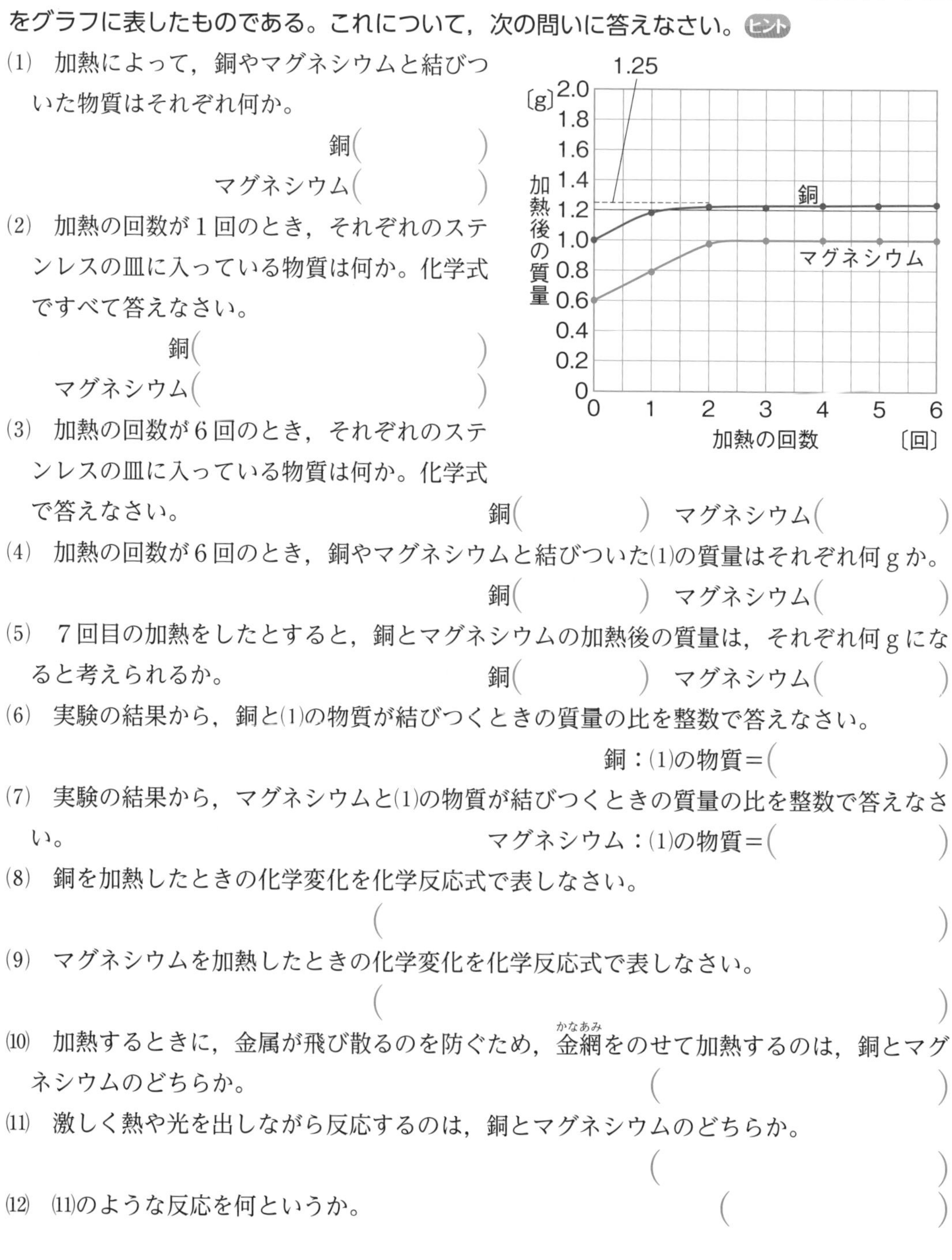

(1)　加熱によって，銅やマグネシウムと結びついた物質はそれぞれ何か。

銅（　　　　）
マグネシウム（　　　　）

(2)　加熱の回数が1回のとき，それぞれのステンレスの皿に入っている物質は何か。化学式ですべて答えなさい。

銅（　　　　）
マグネシウム（　　　　）

(3)　加熱の回数が6回のとき，それぞれのステンレスの皿に入っている物質は何か。化学式で答えなさい。

銅（　　　　）　マグネシウム（　　　　）

(4)　加熱の回数が6回のとき，銅やマグネシウムと結びついた(1)の質量はそれぞれ何gか。

銅（　　　　）　マグネシウム（　　　　）

(5)　7回目の加熱をしたとすると，銅とマグネシウムの加熱後の質量は，それぞれ何gになると考えられるか。

銅（　　　　）　マグネシウム（　　　　）

(6)　実験の結果から，銅と(1)の物質が結びつくときの質量の比を整数で答えなさい。

銅：(1)の物質＝（　　　　）

(7)　実験の結果から，マグネシウムと(1)の物質が結びつくときの質量の比を整数で答えなさい。

マグネシウム：(1)の物質＝（　　　　）

(8)　銅を加熱したときの化学変化を化学反応式で表しなさい。

（　　　　）

(9)　マグネシウムを加熱したときの化学変化を化学反応式で表しなさい。

（　　　　）

(10)　加熱するときに，金属が飛び散るのを防ぐため，金網（かなあみ）をのせて加熱するのは，銅とマグネシウムのどちらか。

（　　　　）

(11)　激しく熱や光を出しながら反応するのは，銅とマグネシウムのどちらか。

（　　　　）

(12)　(11)のような反応を何というか。

（　　　　）

❶銅は酸素とおだやかに反応して，黒色の酸化銅ができる。マグネシウムは激しく熱や光を出して反応し，白色の酸化マグネシウムができる。

2 教 p.198 実験7 **化学変化と質量**　下の図1のように，いろいろな質量の銅粉をくり返し加熱して，完全に酸素と結びついてできた酸化銅の質量をはかった。また，けずり状のマグネシウムについても，同様に加熱して，できた酸化マグネシウムの質量をはかった。表はその結果である。これについて，あとの問いに答えなさい。

図1

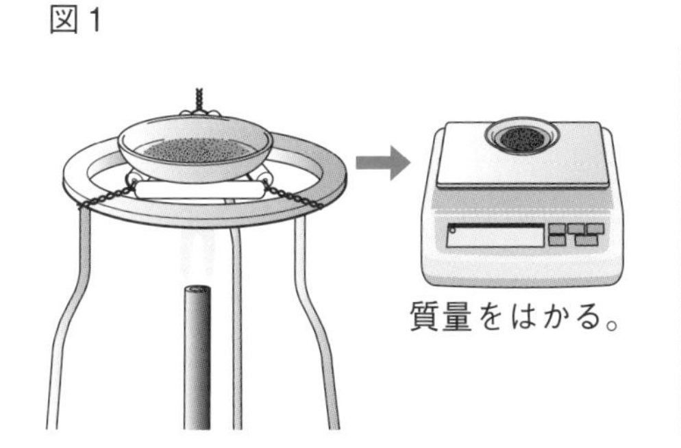

銅の質量〔g〕	0.50	0.60	0.70	0.80	0.90
酸化銅の質量〔g〕	0.62	0.74	②	0.99	1.13
結びついた酸素の質量〔g〕	0.12	①	0.17	0.19	③

マグネシウムの質量〔g〕	0.30	0.60	0.90	1.20	1.50
酸化マグネシウムの質量〔g〕	0.50	④	1.49	2.02	2.48
結びついた酸素の質量〔g〕	0.20	0.40	0.59	0.82	⑤

(1)　表の①～⑤にあてはまる数値(すうち)を求めなさい。ヒント

①(　　　　)　②(　　　　)　③(　　　　)　④(　　　　)　⑤(　　　　)

作図 (2)　実験の結果から，銅の質量と酸化銅の質量の関係を表すグラフを，下の図2にかきなさい。ヒント

(3)　実験の結果から，マグネシウムの質量と結びついた酸素の質量の関係を表すグラフを，下の図3にかきなさい。ヒント

図2

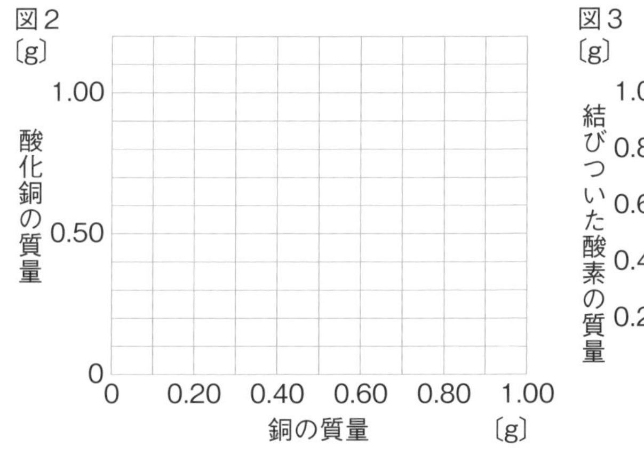

図3

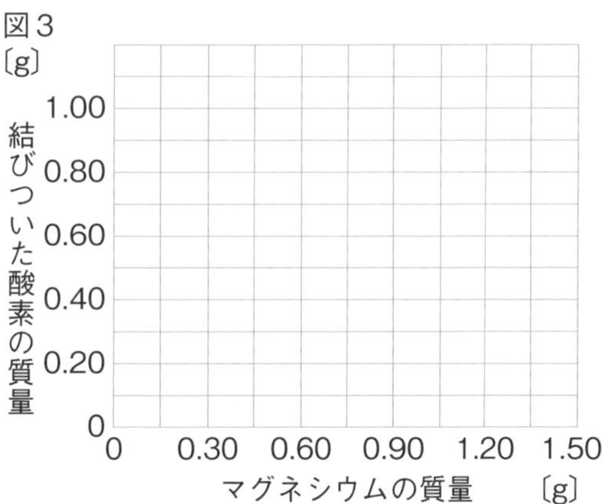

(4)　(2)のグラフから，結びついた銅と酸素の質量の比は約何：何であることがわかるか。

銅：酸素＝(　　　　)

(5)　(3)のグラフから，結びついたマグネシウムと酸素の質量の比は約何：何であることがわかるか。

マグネシウム：酸素＝(　　　　)

(6)　実験の結果について，次の文の(　)にあてはまる言葉を答えなさい。

①(　　　　)　②(　　　　)　③(　　　　)

金属の質量と結びついた酸素の質量は(　①　)している。また，金属の質量と結びついた酸素の(　②　)の比は，つねに(　③　)になっている。

2 (1)銅の質量＋結びついた酸素の質量＝酸化銅の質量となる。マグネシウムについても同様に考える。(2)(3)これらのグラフは，原点を通る直線になる。

解答 p.28

4章 化学変化と物質の質量

1 右の図のように，うすい硫酸とうすい水酸化バリウム水溶液を混合すると，沈殿ができた。また，混合する前後で全体の質量をはかった。これについて，次の問いに答えなさい。 5点×4（20点）

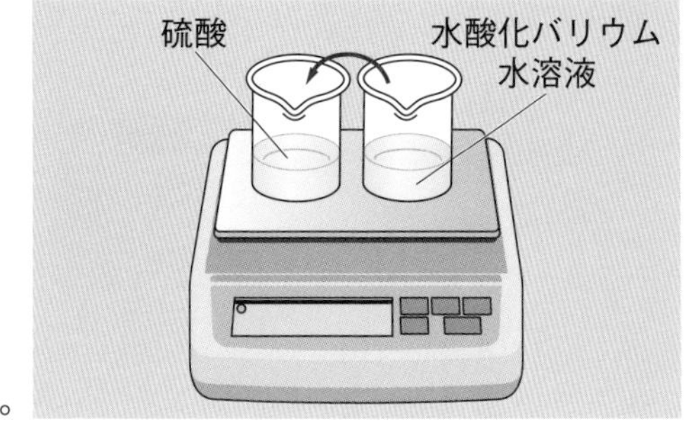

記述 (1) このときできた物質が沈殿するのはなぜか。

(2) このときできた沈殿は，何という物質か。

(3) この反応で，気体になってビーカーの外に出ていった物質はあるか。

(4) 混合する前後で，全体の質量に変化はあるか。

(1)		(2)		(3)		(4)	

よく出る **2** 下の図のように，容器にうすい塩酸と炭酸水素ナトリウムを別々に入れて密閉し，全体の質量をはかると67 gであった。密閉したまま容器を傾け，うすい塩酸と炭酸水素ナトリウムを反応させた後に，再び全体の質量をはかった。次に，ふたを開けてから全体の質量をはかった。これについて，あとの問いに答えなさい。 5点×4（20点）

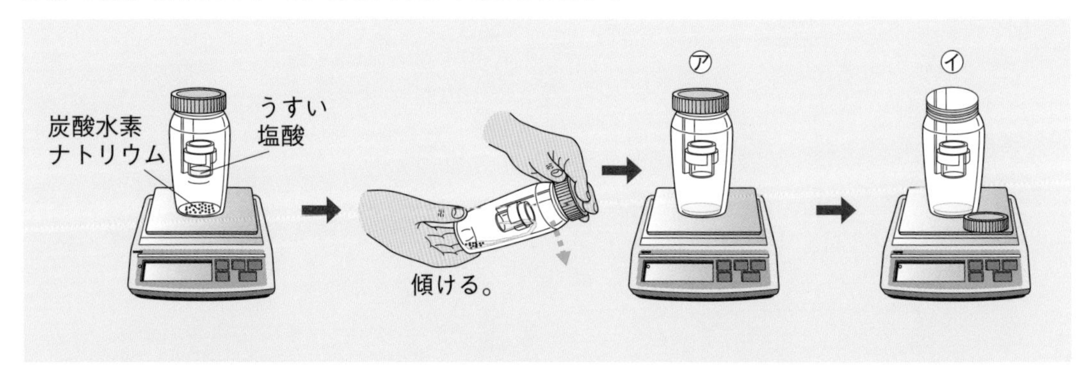

(1) 密閉したまま反応させた㋐の全体の質量は何gか。次のア～ウから選びなさい。

ア 67 gよりも小さい。

イ 67 g

ウ 67 gよりも大きい。

(2) (1)のようになるのは，何という法則が成り立っているからか。

(3) ふたを開けた㋑の全体の質量は何gか。(1)のア～ウから選びなさい。

記述 (4) (2)の法則が成り立つのはなぜか。化学変化で関係する物質の原子の種類や数がどうなるのかをふくめて答えなさい。

(1)		(2)		(3)	
(4)					

よく出る **3** 右のグラフは，銅とマグネシウムについて，加熱前の金属と加熱後の化合物の質量との関係を表したものである。これについて，次の問いに答えなさい。

4点×9（36点）

(1)　銅を加熱したときにできる物質の化学式と色を答えなさい。

(2)　マグネシウムを加熱したときにできる物質の化学式と色を答えなさい。

(3)　８gの銅と結びつく酸素の質量は何gか。

(4)　３gのマグネシウムと結びつく酸素の質量は何gか。

(5)　グラフから，銅を加熱したとき，銅と結びついた酸素の質量の比を求めなさい。

(6)　グラフから，マグネシウムを加熱したとき，マグネシウムと結びついた酸素の質量の比を求めなさい。

(7)　３gの酸素と結びつく銅は何gか。

〔g〕
加熱後の化合物の質量
0 1 2 3 4 5 6 7 8 9 10
マグネシウム
銅
0 1 2 3 4 5 6 7 8 9 10
加熱前の金属の質量〔g〕

(1)	化学式		色		(2)	化学式		色		(3)	
(4)		(5)	銅：酸素＝		(6)	マグネシウム：酸素＝		(7)			

4 マグネシウムリボンを空気中で燃焼させたところ，粉末状になった。図１はマグネシウムリボンの質量と生じた粉末の質量の関係を表したものである。次の問いに答えなさい。

4点×6（24点）

(1)　マグネシウムリボンを燃焼させてできた物質は何か。

作図

(2)　マグネシウムリボンの質量と，結びついた酸素の質量の関係を表すグラフを図２にかきなさい。

(3)　6.0gのマグネシウムリボンを燃焼させると何gの(1)ができるか。

(4)　12.5gのマグネシウムリボンと結びつく酸素は何gか。四捨五入して小数第１位まで求めなさい。

(5)　マグネシウムと酸素が結びつくとき，マグネシウムの質量と酸素の質量はどのような関係になっているか。

(6)　マグネシウムと酸素が結びつくとき，マグネシウムの質量と結びついてできた粉末の質量の比を簡単な整数で表しなさい。

図１

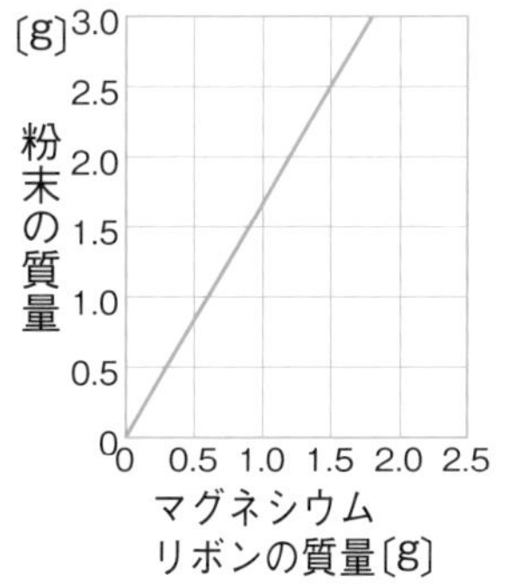

図２

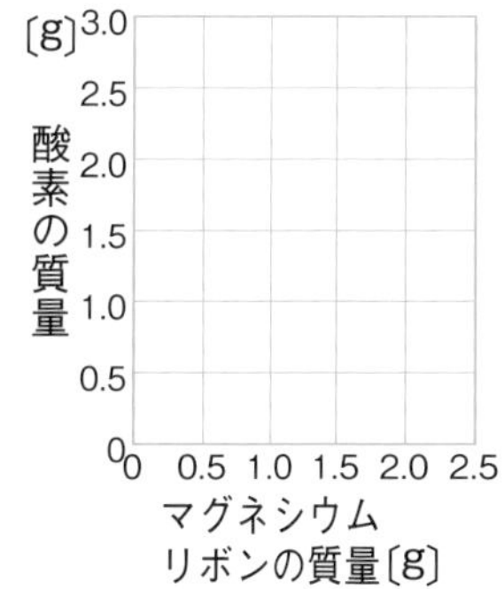

(1)		(2)	図２に記入	(3)	
(4)		(5)		(6)	

物質

物質 化学変化と原子・分子

解答 p.29

/100

1 右の図のような装置で炭酸水素ナトリウムを加熱した。すると，気体が発生したので，しばらくしてから試験管Bに気体を集め，ゴム栓(せん)をしてとり出した。その後，気体が発生しなくなってからガスバーナーを試験管の下からはずし，火を消した。このとき，試験管Aの口には無色の液体が生じ，底には白い物質が残った。

5点×8（40点）

(1) 下線部の操作の直前に行わなければならないことは何か。

(2) 試験管Bに石灰水を入れよく振ると，石灰水は白くにごった。このことから，発生した気体は何であると考えられるか。化学式で答えなさい。

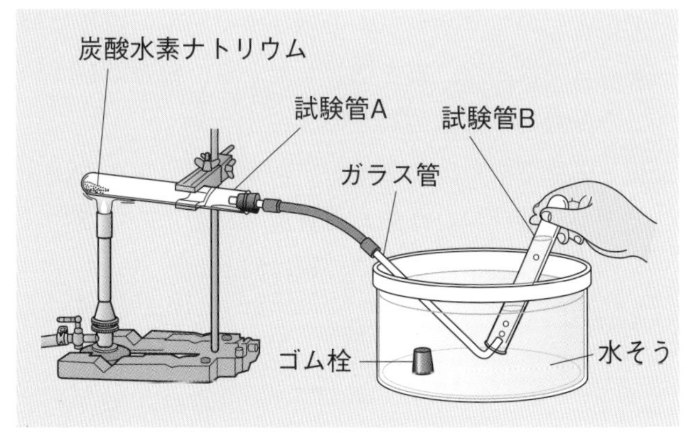

(3) 試験管Aの口に生じた液体が何かを調べるために塩化コバルト紙を液体につけたところ，色が変化した。次の①，②に答えなさい。

① 塩化コバルト紙は何色から何色に変化したか。

② 塩化コバルト紙の変化から，液体は何であるとわかるか。

(4) 加熱後の試験管Aに残った白い物質と炭酸水素ナトリウムをそれぞれ水にとかし，ちがいを調べた。次の①，②に答えなさい。

① 水にとけやすいのはどちらか。次のア，イから選びなさい。

ア 加熱後の白い物質

イ 炭酸水素ナトリウム

② それぞれをとかした水溶液に，フェノールフタレイン溶液を加えたとき，濃い赤色になるのはどちらか。次のア，イから選びなさい。

ア 加熱後の白い物質

イ 炭酸水素ナトリウム

(5) この実験のように，１種類の物質が２種類以上の物質に分かれる化学変化について，次の①，②に答えなさい。

① このような化学変化を何というか。

② ①の化学変化を，次のア〜エから選びなさい。

ア 塩化ナトリウム水溶液を加熱すると，水が蒸発(じょうはつ)する。

イ 酸化銅を活性炭とともに加熱すると，二酸化炭素が発生し，銅が残る。

ウ 氷を加熱すると，液体の水になる。

エ 酸化銀を加熱すると，酸素が発生し，銀が残る。

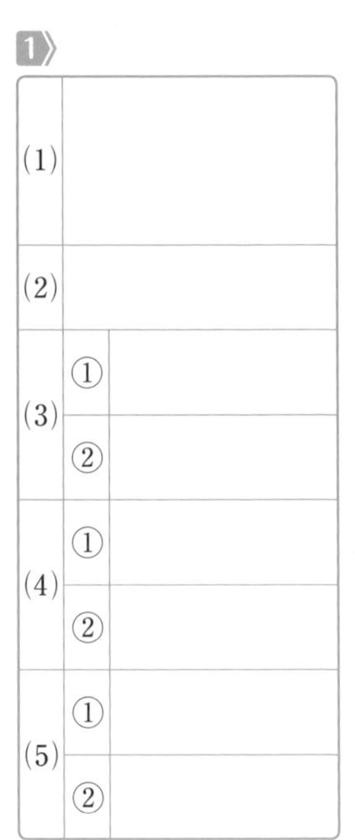

1		
(1)		
(2)		
(3)	①	
	②	
(4)	①	
	②	
(5)	①	
	②	

目標 化学変化のしくみを正しく理解しよう。化学変化を化学反応式で表せるようになろう。

自分の得点まで色をぬろう!

がんばろう! もう一歩 合格!

0 60 80 100点

2》 けずり状のマグネシウムと銅粉をそれぞれ加熱したときの質量の変化を調べるため，次の実験を行った。これについて，あとの問いに答えなさい。 6点×10(60点)

〈実験１〉銅粉をはかりとり，ステンレス皿に入れて，よくかき混ぜてから加熱した。銅粉の色が変わったら加熱をやめ，じゅうぶんに冷めてから，できた物質の質量をはかった。同じ手順で，銅粉1.0gから，質量を変えて実験をくり返した。

〈実験２〉マグネシウムについても同様に実験を行った。

図１

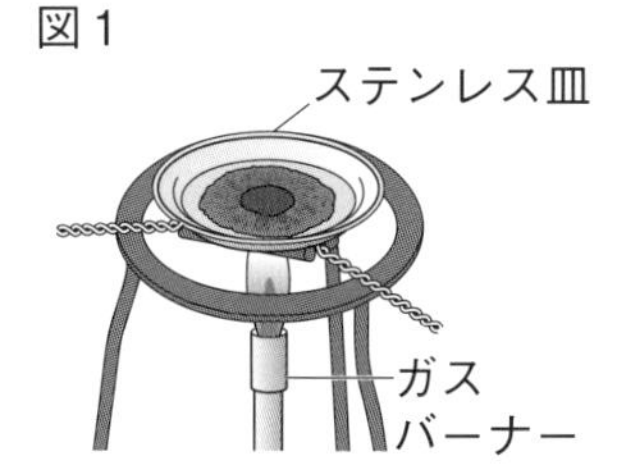

図２

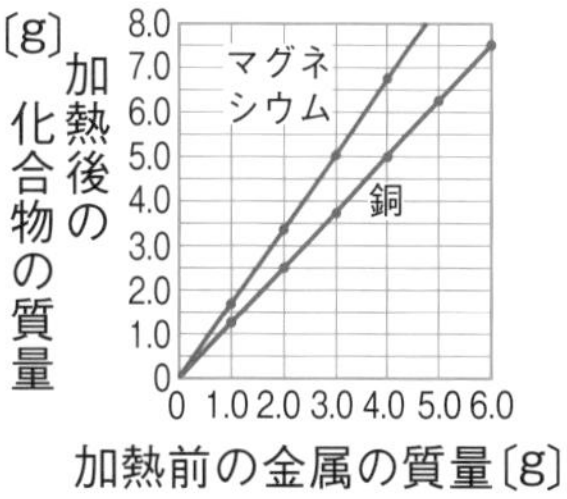

図３

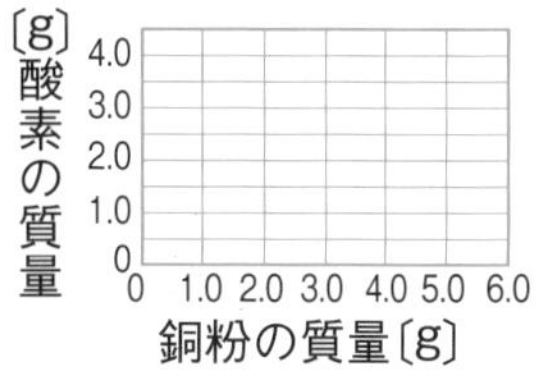

(1) 銅粉を加熱したときのようすを，次のア～エから選びなさい。

　ア　激しく熱や光を出して燃え，白色の物質に変化した。
　イ　赤く光って燃え，黒色の物質に変化した。
　ウ　光沢がなくなり，しだいに黒色の物質に変化した。
　エ　赤くなった後，しだいに白色の物質に変化した。

(2) マグネシウムを加熱したときのようすを，(1)のア～エから選びなさい。

(3) 銅粉と酸素が結びつくときの化学変化を，化学反応式で表しなさい。

(4) マグネシウムと酸素が結びつくときの化学変化を，化学反応式で表しなさい。

(5) 図２の実験の結果から，銅粉の質量と結びついた酸素の質量の関係を表すグラフを，図３にかきなさい。

(6) 図３の結果から，銅粉の質量と銅粉と結びついた酸素の質量の比を求め，簡単な整数比で表しなさい。

(7) (6)と同様に，マグネシウムと結びついた酸素の質量の比を求め，簡単な整数比で表しなさい。

(8) 銅粉8.0 gをステンレス皿に入れ加熱したが，加熱中によくかき混ぜなかったため，銅粉の一部が酸素と反応せず，加熱後の物質の質量は9.5 gであった。反応しなかった銅粉の質量は何gか。

(9) 酸化銅を試験管に入れ，活性炭とともに加熱すると，もとの銅にもどすことができる。このとき，酸化銅に起こる化学変化を何というか。

(10) (9)で起こった化学変化を，化学反応式で表しなさい。

2》

(1)	
(2)	
(3)	
(4)	
(5)	図３に記入
(6)	銅：酸素＝
(7)	マグネシウム：酸素＝
(8)	
(9)	
(10)	

物質

終わったら後ろの，2，5，6，12をやろう。

解答 p.31

確認のワーク ステージ1 1章 電流の性質(1)

教科書の要点

同じ語句を何度使ってもかまいません。

(　)にあてはまる語句を，下の語群から選んで答えよう。

1 電流が流れる道すじ

教 p.212〜220

(1) 電気の流れを(①★　　　)，その流れる道すじを(②★　　　)という。

(2) 回路のようすを**電気用図記号**を使って表したものを(③★　　　)，実物に近い形で表したものを**実体配線図**という。

(3) 電流の流れる道すじが**1本道である回路**を(④★　　　)，**枝分かれしている回路**を(⑤★　　　)という。

まるごと暗記

- 直列回路　1本道の回路
- 並列回路　枝分かれした回路

2 回路に流れる電流

教 p.221〜226

(1) 電流の大きさは(①★　　　)(記号A)という単位で表し，電流計ではかることができる。

1mA = 0.001A　1A = 1000mA

(2) 電流計は，はかりたい点に(②★　　　)につなぎ，乾電池の＋極側の導線を電流計の＋端子に，−極側を−端子につなぐ。また，電流の大きさがわからないときは，50mA，500mA，5Aの−端子のうち，(③　　　)の端子につなぐ。

(3) (④　　　)回路では，回路のどの点でも**電流の大きさが等しい**。

(4) (⑤　　　)回路では，枝分かれした電流の**和**と枝分かれする前の電流や合流した後の電流の大きさが等しい。

まるごと暗記

- 電流の大きさの単位　アンペア(A)　1A=1000mA

直列回路では，どの点でも電流の大きさは**等しい**。

並列回路では，**枝分かれした部分の和＝分かれる前後の大きさ**。

3 回路に加わる電圧

教 p.227〜230

(1) 電流を流そうとするはたらきの大きさを表す量を(①★　　　)といい，(②★　　　)(記号V)という単位で表す。電圧は電圧計ではかることができる。

(2) 電圧計は，電圧をはかりたい区間に(③★　　　)につなぎ，−端子は乾電池の−極側の導線につなぐ。

はじめは一番大きい電圧の−端子につなぐ。

(3) (④　　　)回路では，各豆電球に加わる電圧の**和**と電源の電圧は等しい。

(4) (⑤　　　)回路では，各豆電球に加わる電圧と電源の電圧は等しい。

まるごと暗記

- 電圧の大きさの単位　ボルト(V)

直列回路では，各豆電球に加わる電圧の和＝電源の電圧。

並列回路では，各豆電球の個々に加わる電圧＝電源の電圧。

プラスα

一般的な乾電池の電圧は1.5V

語群

①直列回路／回路／並列回路／回路図／電流　②直列／アンペア／並列／5A

③ボルト／直列／並列／電圧

★の用語は，説明できるようになろう！

同じ語句を何度使ってもかまいません。

教科書の図　□にあてはまる語句を，下の語群から選んで答えよう。

1 回路に流れる電流

教 p.222〜226

電流の大きさが予想できないときは①（　　）の一端子につなぐ。

はかりたい点に②（　　）につなぐ。

●直列回路

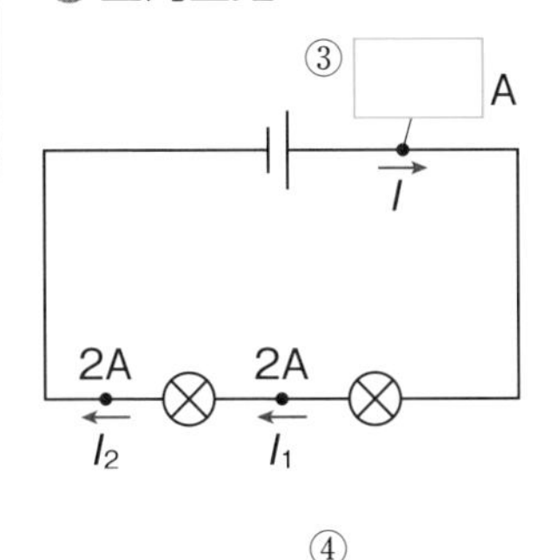

$I = I_1$ ④（　　） I_2
（記号）

回路のどの点でも電流の大きさが⑤（　　）。

●並列回路

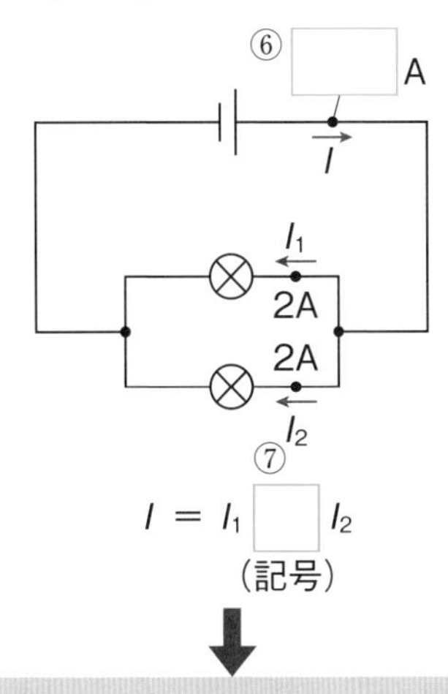

$I = I_1$ ⑦（　　） I_2
（記号）

枝分かれした電流の大きさの⑧（　　）は，合流した後の電流の大きさに等しい。

2 回路に流れる電圧

教 p.228〜230

電圧の大きさが予想できないときは①（　　）の一端子につなぐ。

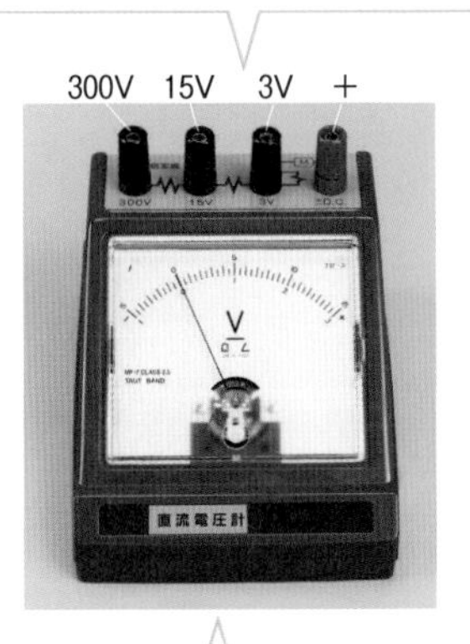

はかりたい区間に②（　　）につなぐ。

●直列回路

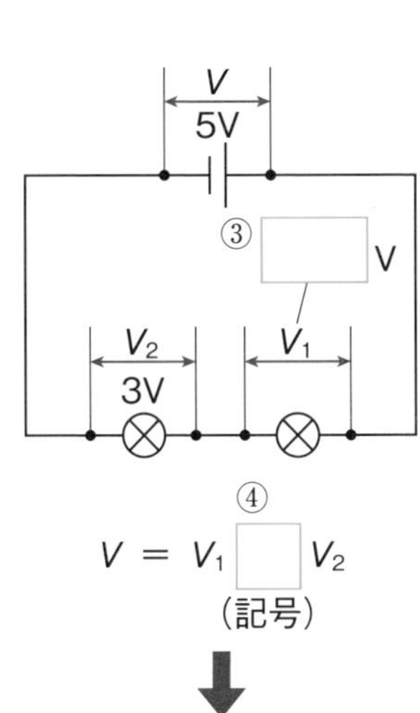

$V = V_1$ ④（　　） V_2
（記号）

それぞれの豆電球に加わる電圧の⑤（　　）は電源の電圧に等しい。

●並列回路

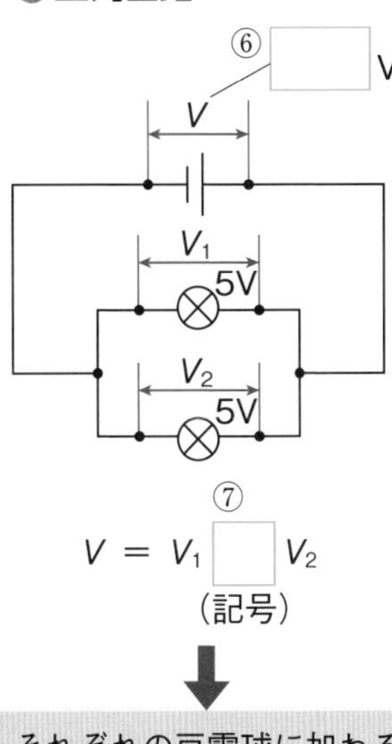

$V = V_1$ ⑦（　　） V_2
（記号）

それぞれの豆電球に加わる電圧は⑧（　　）で，電源の電圧に等しい。

語群
1 同じ／4／直列／＋／和／＝／2／5 A
2 2／＝／同じ／和／並列／5／300 V／＋

わからない用語は，教科書の要点の★で確認しよう！

解答 p.31

1章 電流の性質(1)

1 直列回路と並列回路 下の図のように，直列につないだ２個の乾電池とスイッチを用いて，豆電球を２個つなぐ回路を考える。これについて，あとの問いに答えなさい。

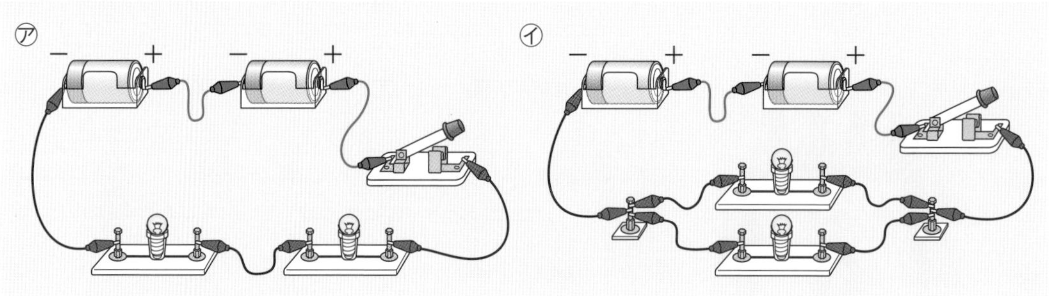

(1) ㋐の回路を何回路というか。(　　　　　　)

(2) ㋑の回路を何回路というか。(　　　　　　)

作図 (3) ㋐，㋑の回路図を右の□にかきなさい。

(4) 豆電球が明るくつくのは，㋐と㋑のどちらか。
ヒント (　　　)

(5) 一方の豆電球をはずすと，もう一方の豆電球も消えてしまうのは，㋐と㋑のどちらか。(　　　)

2 電流計と電圧計 右の図の電流計と電圧計について，次の問いに答えなさい。

(1) 電流計は㋐と㋑のどちらか。(　　　)

(2) 電流計は，電流をはかりたい点にどのようにつなげばよいか。ヒント(　　　)

(3) 電流計の＋端子は，電源の＋極側と－極側のどちらにつなぐか。(　　　)

(4) 電流の大きさが予測できないとき，どの－端子につなげばよいか。次のア～ウから選びなさい。(　　　)

ア　50mA　　イ　500mA　　ウ　5 A

㋐

㋑

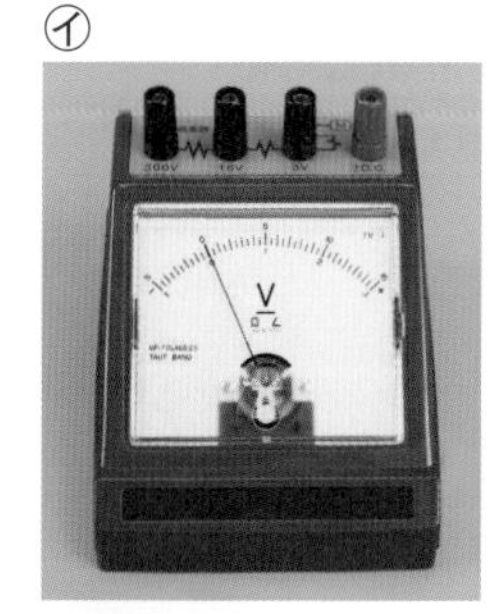

(5) 電圧計は，電圧をはかりたい区間にどのようにつなげばよいか。ヒント (　　　　　)

(6) 電圧計の＋端子は，電源の＋極側と－極側のどちらにつなぐか。(　　　　　)

(7) 電圧の大きさが予想できないとき，どの－端子につなげばよいか。次のア～ウから選びなさい。(　　　)

ア　300 V　　イ　15 V　　ウ　3 V

❶(4)並列回路のほうが，１つの豆電球により多くの電流が流れる。
❷(2)(5)電流計ははかりたい点に直列に，電圧計ははかりたい区間に並列につなぐ。

3 教 p.223 実験 1 **回路に流れる電流**　下の図のように，豆電球を２個つないだ回路をつくり，各点の電流の大きさを調べた。これについて，あとの問いに答えなさい。

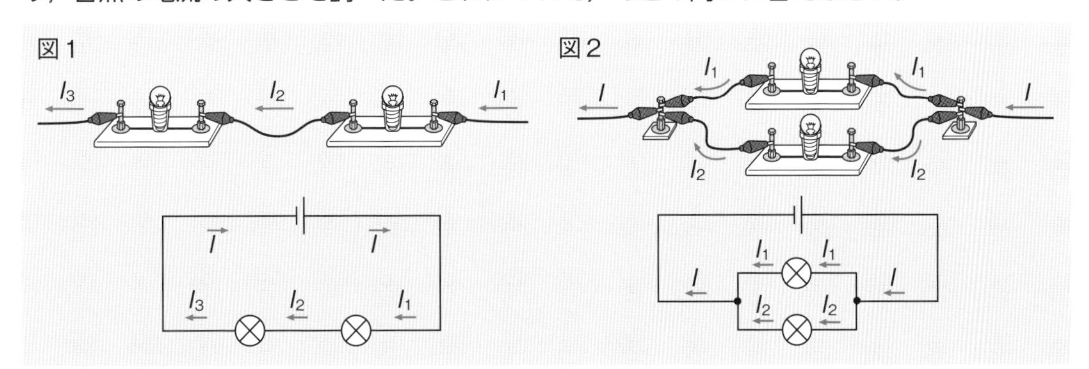

(1)　図１の豆電球のつなぎ方を何つなぎというか。　(　　　　)

(2)　図１のI，I_1，I_2，I_3の関係を式で表しなさい。ヒント　(　　　　)

(3)　図１で，I_1＝0.2 A，I_2＝0.2 A，I_3＝0.2 Aのとき，Iは何Aか。　(　　　　)

(4)　図２の豆電球のつなぎ方を何つなぎというか。　(　　　　)

(5)　図２のI，I_1，I_2の関係を式で表しなさい。　(　　　　)

(6)　図２で，I_1＝0.2 A，I_2＝0.2 Aのとき，Iは何Aか。　(　　　　)

4 教 p.229 実験 2 **回路に加わる電圧**　下の図のように，豆電球を直列つなぎや並列つなぎにした回路をつくり，各区間に加わる電圧の大きさを調べた。あとの問いに答えなさい。

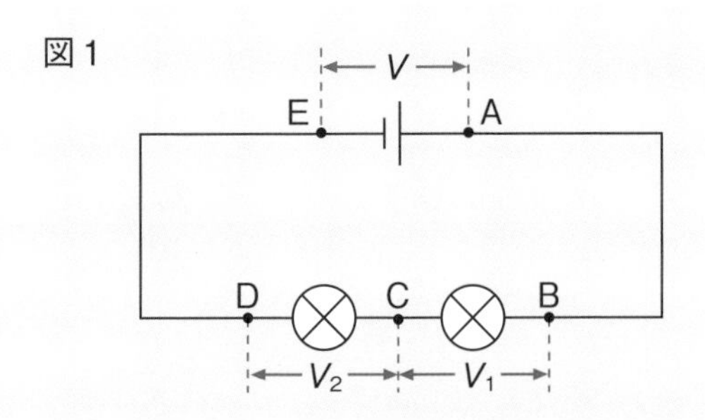

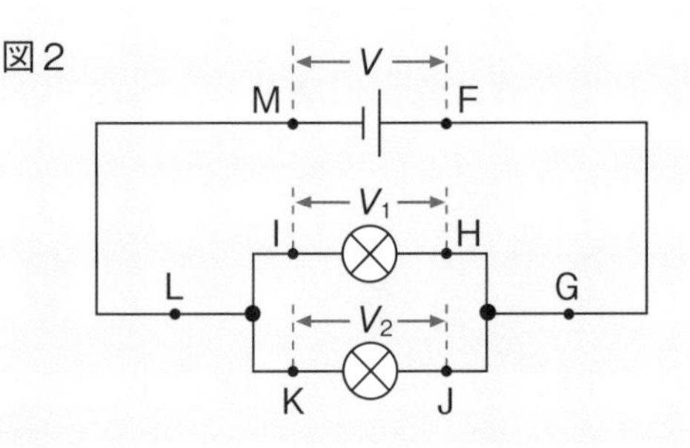

(1)　図１のV，V_1，V_2の関係を式で表しなさい。ヒント

(　　　　)

(2)　図１で，V_1＝1.5 V，V_2＝1.5 Vのとき，次の①，②の区間の電圧は何Vか。　①AE間 (　　　　)　②BD間 (　　　　)

(3)　図２のV，V_1，V_2の関係を式で表しなさい。

(　　　　)

(4)　図２で，V_1＝1.5 V，V_2＝1.5 Vのとき，次の①，②の区間の電圧は何Vか。　①FM間 (　　　　)　②GL間 (　　　　)

回路の導線に加わる電圧は，ごくわずかなので，０Vと考えるよ。

3(2)直列回路では，各点を流れる電流はどこも等しくなる。
4(3)並列回路では，各区間に加わる電圧はどこも等しくなる。

エネルギー

解答 p.31

実力判定テスト ステージ3 1章 電流の性質(1)

30分 /100

1 回路について，あとの問いに答えなさい。 2点×8（16点）

図1

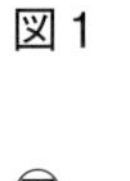
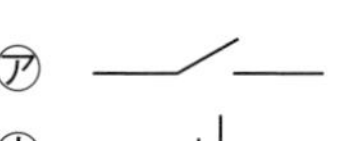

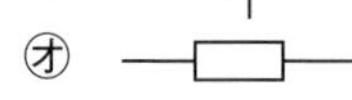

図2

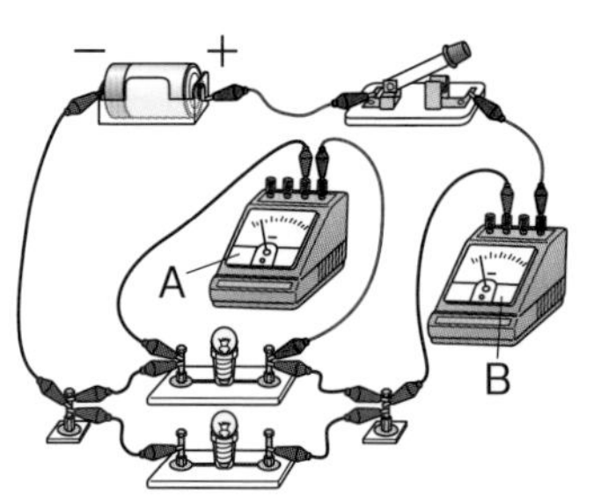

図3

(1) 図1は，いろいろな電気器具を，電気用図記号で表したものである。㋐〜㋔はそれぞれ何という電気器具を表しているか。

(2) 図2は，ある回路を表したものである。A，Bの電気器具をそれぞれ何というか。

(3) 図2の回路を，電気用図記号を使って図3に回路図で表しなさい。

(1)	㋐		㋑		㋒		㋓		㋔	
(2)	A		B		(3)	図3に記入				

2 電流計と電圧計について，あとの問いに答えなさい。 4点×6（24点）

図1

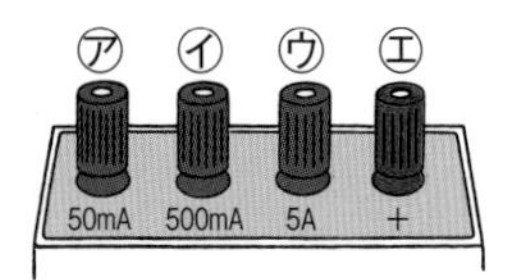

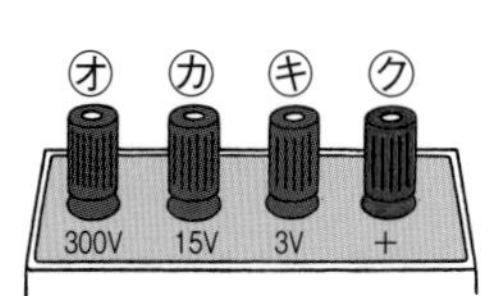

図2

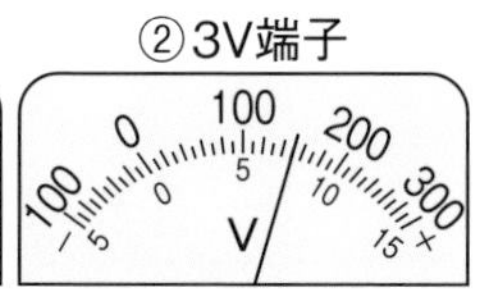

(1) 電流計は，はかりたい点にどのようにつなぐか。

(2) 電圧計は，はかりたい区間にどのようにつなぐか。

(3) 電流計と電圧計を回路につなぐとき，はじめにどの−端子につなぐか。図1の㋐〜㋗からそれぞれ選びなさい。

(4) 500mAの−端子につないだとき，電流計の指針（ししん）は図2の①のようになった。このときの電流の大きさを読みとりなさい。

(5) 3Vの−端子につないだとき，電圧計の指針は図2の②のようになった。このときの電圧の大きさを読みとりなさい。

(1)				(2)			
(3)	電流計		電圧計	(4)		(5)	

よく出る 3 下の図１，図２の回路をつくり，回路に流れる電流と回路に加わる電圧について調べた。これについて，あとの問いに答えなさい。

4点×15(60点)

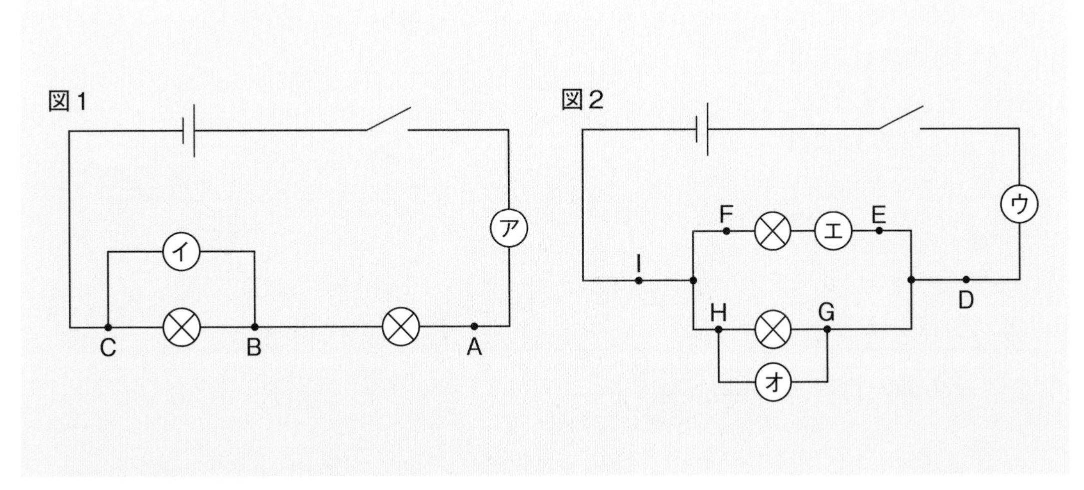

(1)　図１，図２のような回路をそれぞれ何というか。

(2)　㋐～㋔は電流計または電圧計を表している。電流計を表しているものを，㋐～㋔からすべて選びなさい。

(3)　図１で，スイッチを入れると，点Ａを流れる電流が250mAであった。このとき，点Ｂ，点Ｃを流れる電流はそれぞれ何mAか。

(4)　250mAは何Ａか。

(5)　図１で，スイッチを入れると，電源の電圧が４Ｖ，BC間の電圧が２Ｖであった。このとき，AB間，AC間の電圧はそれぞれ何Ｖか。

(6)　図２で，スイッチを入れると，点Ｄを流れる電流が４Ａ，点Ｅを流れる電流が1.8Ａであった。このとき，点Ｇ，点Ｉを流れる電流はそれぞれ何Ａか。

(7)　図２で，スイッチを入れると，電源の電圧が８Ｖであった。このとき，EF間，GH間，DI間の電圧はそれぞれ何Ｖか。

(8)　図１と図２で，４つの豆電球をすべて同じものに変え，電源の電圧を同じにして実験を行った。このとき，豆電球が明るく点灯するのは図１と図２のどちらの回路のときか。

(9)　(8)で，豆電球が明るく点灯するのはなぜか。「電流」という言葉を使って簡単に答えなさい。

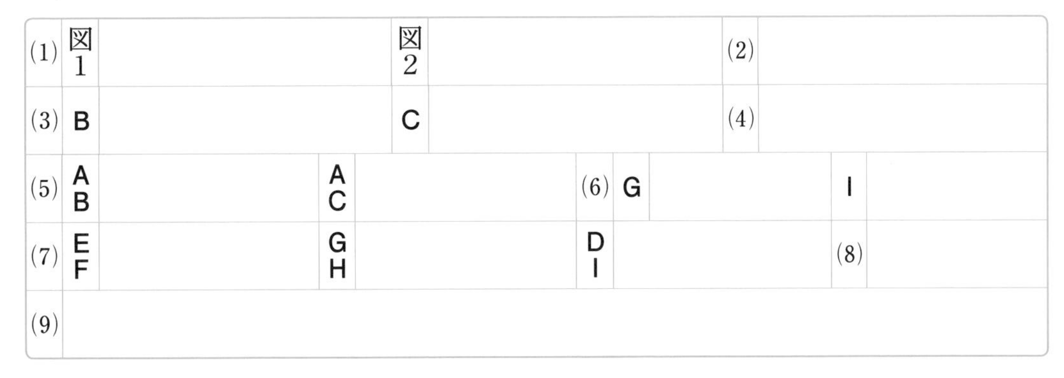

(1)	図1		図2		(2)	
(3)	B		C		(4)	
(5)	AB		AC		(6) G		I	
(7)	EF		GH		DI		(8)	
(9)						

解答 p.32

確認のワーク ステージ1　1章　電流の性質(2)

教科書の要点　(　)にあてはまる語句を，下の語群から選んで答えよう。

同じ語句を何度使ってもかまいません。

1 電圧と電流の関係

教 p.231〜240

(1) 抵抗器(ていこうき)や電熱線に流れる電流の大きさは，それらに加える電圧に比例する。これを(①★　　　)という。

(2) 電流の流れにくさを表す量を(②★　　　)(抵抗(ていこう))といい，その大きさは(③★　　　)(記号Ω)という単位で表す。

電気抵抗(でんきていこう)〔Ω〕＝$\frac{\text{加えた電圧〔V〕}}{\text{流れた電流〔A〕}}$

(3) 電圧をV〔V〕，電流をI〔A〕，抵抗をR〔Ω〕とすると，オームの法則(ほうそく)は次の式で表すことができる。　$I=\frac{V}{R}$，$R=\frac{V}{I}$とも表せる。

$V=RI$

(4) 金属などの電流を通しやすい物質を(④★　　　)，ガラスなどの電流をほとんど通さない物質を(⑤★　　　)(絶縁体(ぜつえんたい))という。

(5) 抵抗器を(⑥　　　)につなぐと，回路全体の電気抵抗は，それぞれの電気抵抗の和になる。抵抗器を(⑦　　　)につなぐと，回路全体の電気抵抗はそれぞれの電気抵抗よりも小さくなる。

まるごと暗記
- オームの法則
  電圧$V=R\times I$
  (R：電気抵抗　I：電流)

まるごと暗記
- 抵抗の直列つなぎ
  全体は各抵抗の和
  $R=R_1+R_2$
- 抵抗の並列つなぎ
  全体は各抵抗より小さい。
  $\frac{1}{R}=\frac{1}{R_1}+\frac{1}{R_2}$

2 電流のはたらきを表す量

教 p.241〜247

(1) 電気(でんき)エネルギーによるはたらきを表す量を(①★　　　)といい，その大きさは(②★　　　)(記号W)という単位で表す。

電力(でんりょく)〔W〕＝電圧〔V〕×電流〔A〕

(2) 電熱線に電流を流すと熱(ねつ)が発生する。このときの熱量(ねつりょう)は(③★　　　)(記号J)という単位で表す。

電流による発熱量〔J〕＝電力〔W〕×時間〔s〕

(3) 電気器具が消費する電力を(④★　　　)という。

(4) 電気器具で消費された電気エネルギーの量を(⑤★　　　)といい，ジュールという単位で表す。

電力量(でんりょくりょう)〔J〕＝電力〔W〕×時間〔s〕

(5) 電力量の単位には，(⑥　　　)(記号Wh)や，(⑦　　　)(記号kWh)を使うこともある。

まるごと暗記
電気エネルギーによるはたらきを表す。
電力$W=V\times A$
(V：電圧　A：電流)

まるごと暗記
消費した電気エネルギーの量
電力量$J=W\times s$
(W：電力　s：時間(秒))
電流による発熱量に等しい。
1Wh＝3600J
1kWh＝1000Wh

語群
1 オーム／直列／電気抵抗／導体(どうたい)／オームの法則／並列／不導体(ふどうたい)
2 ジュール／ワット時／ワット／キロワット時／電力／電力量／消費電力(しょうひでんりょく)

★の用語は，説明できるようになろう！

同じ語句を何度使ってもかまいません。

教科書の図　□にあてはまる語句を，下の語群から選んで答えよう。

1 電圧と電流の関係

③，⑤は流れやすいか流れにくいかを書こう。 教 p.234～235

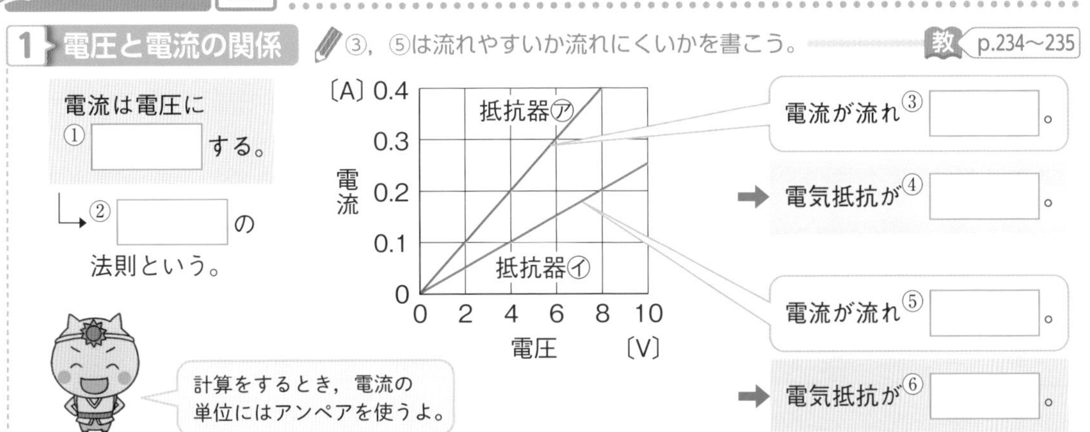

2 回路全体の電気抵抗

②は大きい，小さい，等しいから選ぼう。 教 p.236～239

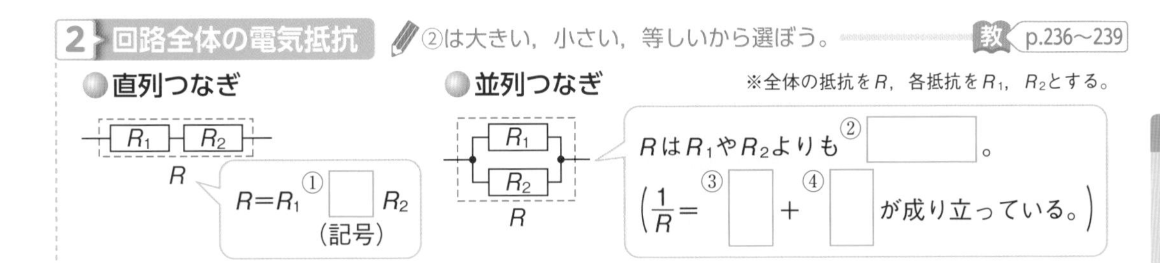

3 電流による発熱

教 p.243～246

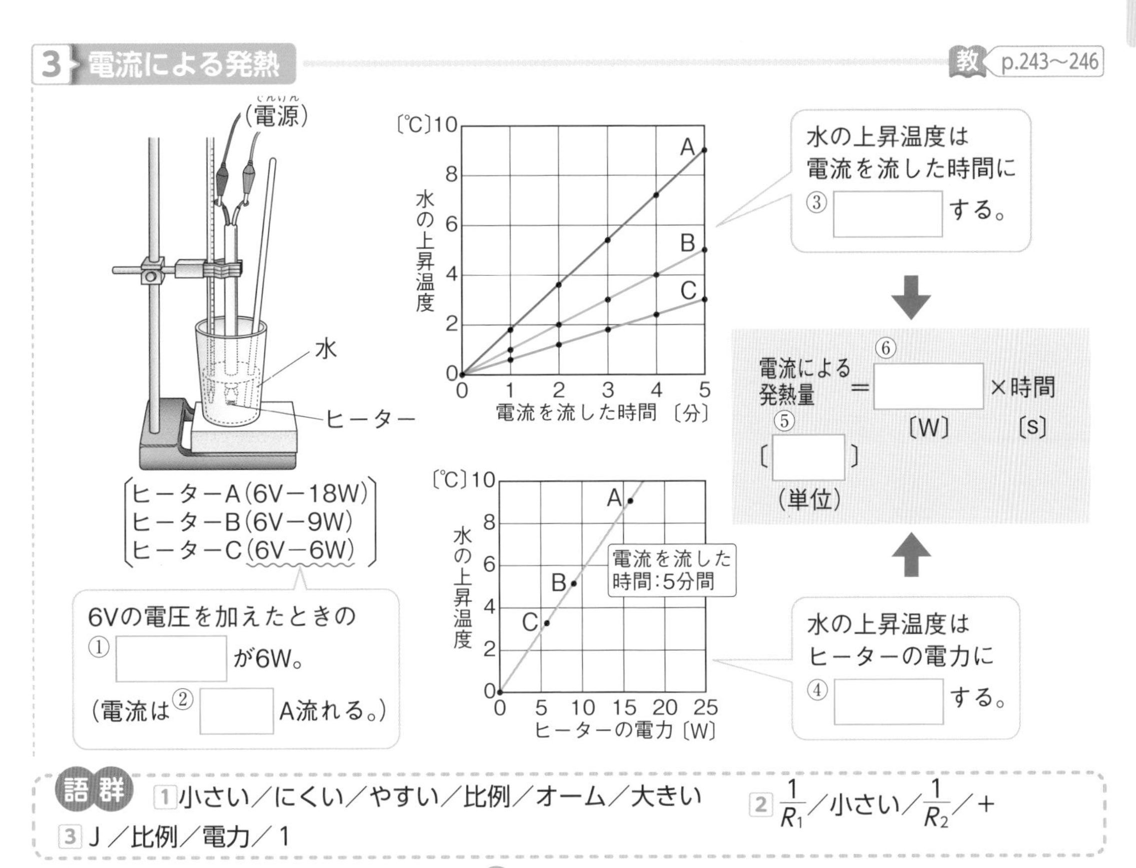

語群　1 小さい／にくい／やすい／比例／オーム／大きい　2 $\frac{1}{R_1}$／小さい／$\frac{1}{R_2}$／＋　3 J／比例／電力／1

わからない用語は，教科書の要点の★で確認しよう！

解答 p.32

1章 電流の性質(2)－①

1 教 p.233 実験3 **電圧と電流の関係** 下の図のように，抵抗器aに加わる電圧を変え，その電流の大きさを測定した。次に抵抗器aを抵抗器bに変えて，同じように測定した。表はその結果を表したものである。これについて，あとの問いに答えなさい。

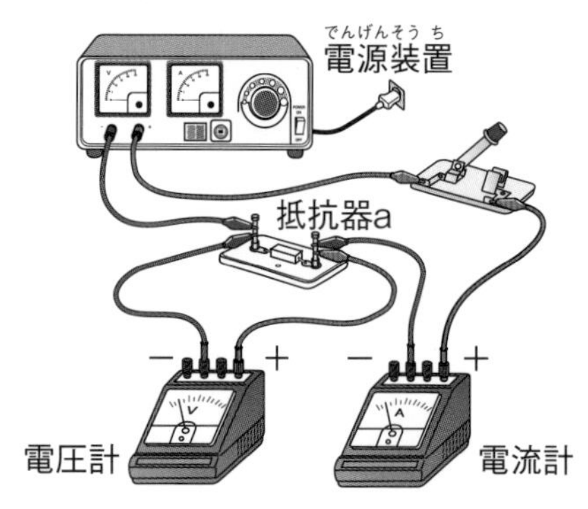

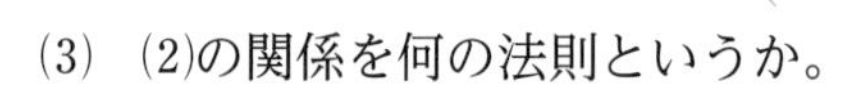

電圧〔V〕		0	2.0	4.0	6.0	8.0	10.0
電流〔A〕	a	0	0.08	0.16	0.23	0.33	0.39
	b	0	0.10	0.20	0.30	0.40	0.50

作図

(1) 抵抗器aと抵抗器bの電圧と電流の関係を，右のグラフにそれぞれ表しなさい。ヒント

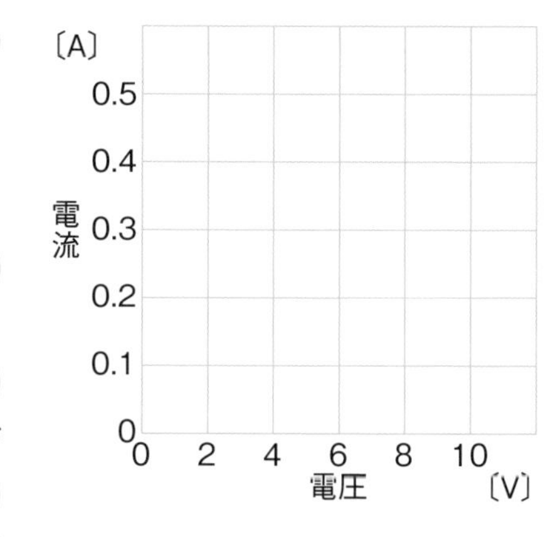

(2) グラフより，抵抗器に加わる電圧と電流の大きさにはどのような関係があることがわかるか。ヒント
( )

(3) (2)の関係を何の法則というか。
( )

(4) 抵抗器aに5Vの電圧を加えると，何Aの電流が流れるか。 ( )

(5) 抵抗器bに5Vの電圧を加えると，何Aの電流が流れるか。 ( )

(6) 抵抗器aと抵抗器bに同じ電圧を加えたとき，流れる電流が小さいのはどちらか。
( )

(7) 抵抗器aと抵抗器bで，電流が流れにくいのはどちらか。ヒント ( )

(8) (7)のような，電流の流れにくさのことを何というか。 ( )

(9) 図のような回路で，抵抗器の(8)の大きさをR，抵抗器に加える電圧をV，流れる電流の大きさをIとしたとき，Rはどのように表せるか。VとIを使った式で答えなさい。
( )

(10) 図のような回路で，抵抗器の(8)の大きさをR，抵抗器に加える電圧をV，流れる電流の大きさをIとしたとき，Vはどのように表せるか。RとIを使った式で答えなさい。
( )

❶(1)(2)原点を通る直線になっている。(7)電圧と電流の関係を表した(1)のグラフの傾きが小さいほど，電流が流れにくいことを示している。

2 オームの法則の利用

オームの法則を使って，次の①の電流 I，②の電圧 V，③の電気抵抗 R の大きさを求めなさい。

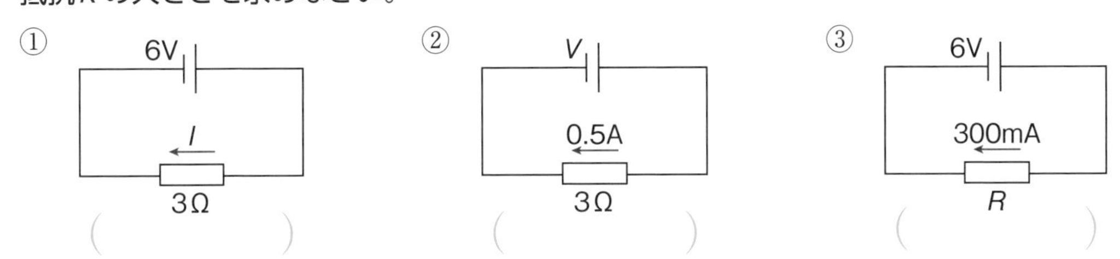

（　　　）（　　　）（　　　）

3 回路全体の電気抵抗

下の図のように，電気抵抗が20Ωの抵抗器Aと，30Ωの抵抗器Bを使って回路をつくった。これについて，あとの問いに答えなさい。ヒント

図１

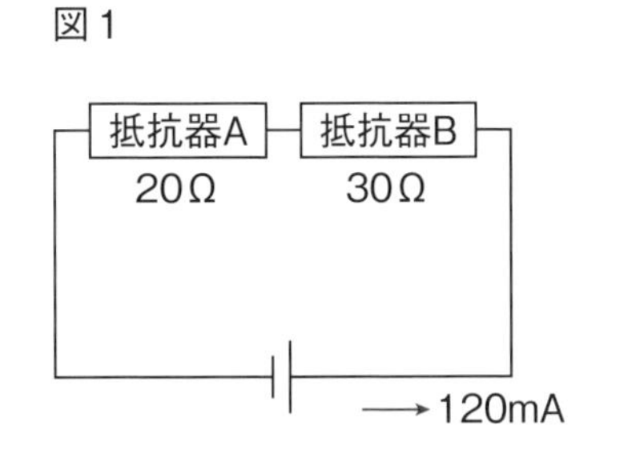

図２

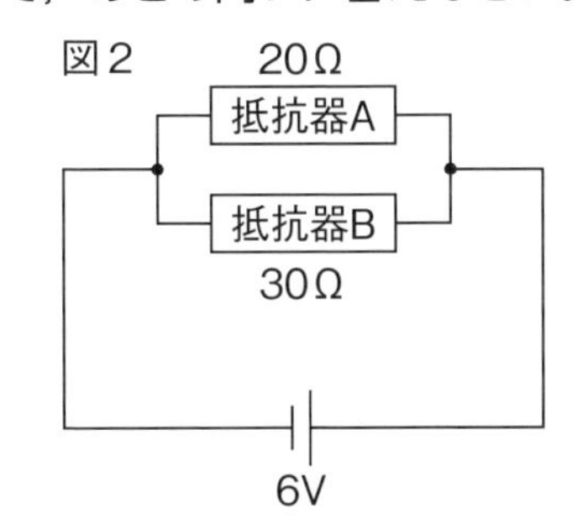

(1) 図１で，回路全体の電気抵抗は何Ωか。（　　　）

(2) 図１で，回路全体の電圧は何Ｖか。（　　　）

(3) 抵抗器を直列につなぐと，回路全体の電気抵抗はどのように求めるか。「それぞれの電気抵抗」という言葉を使って簡単に答えなさい。

（　　　）

(4) 図２で，回路全体の電気抵抗は何Ωか。（　　　）

(5) 図２で，回路全体の電流は何Ａか。（　　　）

(6) 抵抗器を並列につなぐと，回路全体の電気抵抗はそれぞれの電気抵抗よりも大きくなるか，小さくなるか。（　　　）

4 オームの法則の応用

右の図の回路について，次の問いに答えなさい。ヒント

(1) 抵抗器Aに加わる電圧は何Ｖか。（　　　）

(2) 抵抗器Bに加わる電圧は何Ｖか。（　　　）

(3) 抵抗器Bを流れる電流は何Ａか。（　　　）

(4) 抵抗器Bの電気抵抗は何Ωか。（　　　）

(5) 抵抗器Cの電気抵抗は何Ωか。（　　　）

(6) 回路全体の電気抵抗は何Ωか。（　　　）

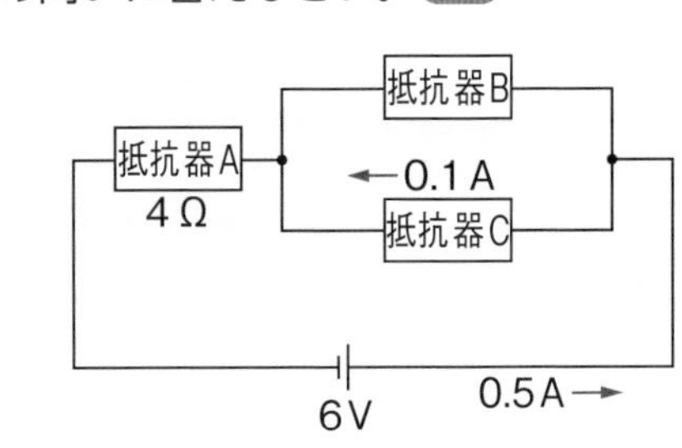

❸直列回路では，どの部分も電流は等しい。並列回路では，全体の電圧と各部分の電圧は等しい。　❹まず，並列部分を１つの抵抗器とした直列回路を考え，次に並列回路を考える。

エネルギー

解答 p.34

1章　電流の性質⑵ー②

1 物質の種類と電気抵抗　物質の種類と電気抵抗について，次の問いに答えなさい。

⑴　電気抵抗が小さい物質は，電流が流れやすいか，流れにくいか。（　　　）

⑵　金属のように，電気抵抗が小さく，⑴の性質がある物質を何というか。（　　　）

⑶　ガラスやゴムのように，電気抵抗が大きい物質のことを何というか。（　　　）

2 教 p.243 実験4 **電流による発熱量**　下の図のように，６Ｖ－６Ｗ，６Ｖ－９Ｗ，６Ｖ－18Ｗの電熱線を用意し，装置を組み立てた。そして，電熱線に６Ｖの電圧を加え，５分間電流を流し続けた。表はそれぞれの電熱線で実験したときの，開始前の水温と１分ごとの水温である。これについて，あとの問いに答えなさい。

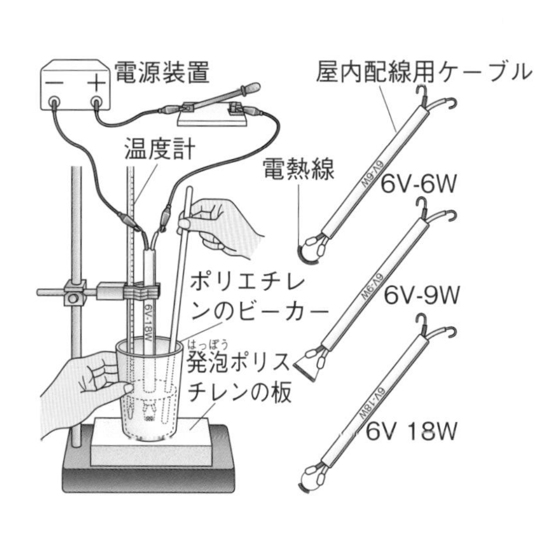

電熱線	開始前の水温℃	時間	水温℃
㋐6V－6W	18.0	1分後	18.7
		2分後	19.5
		3分後	20.1
		4分後	20.8
		5分後	21.5
㋑6V－9W	18.0	1分後	19.1
		2分後	20.1
		3分後	21.3
		4分後	22.4
		5分後	23.5
㋒6V－18W	18.0	1分後	20.2
		2分後	22.5
		3分後	24.6
		4分後	26.9
		5分後	29.0

⑴　㋐〜㋒の電熱線に６Ｖの電圧を加えると，それぞれ何Ａの電流が流れるか。ヒント
㋐（　　　）㋑（　　　）㋒（　　　）

⑵　㋐〜㋒の電熱線の電気抵抗はそれぞれ何Ωか。ヒント
㋐（　　　）㋑（　　　）㋒（　　　）

⑶　５分間の水の上昇温度がもっとも大きかったのは，㋐〜㋒のどの電熱線か。（　　　）

⑷　水の上昇温度と電流を流した時間には，比例の関係があるか。（　　　）

⑸　水の上昇温度と電力には，比例の関係があるか。（　　　）

⑹　㋐〜㋒の電熱線に５分間電流を流し続けたとき，電熱線からの発熱量をそれぞれ求めなさい。ヒント
㋐（　　　）㋑（　　　）
㋒（　　　）

❷⑴電力＝電圧×電流から求める。⑵オームの法則から求める。⑹発熱量＝電力×時間から求める。時間の単位に注意する。

❸ 電気器具と熱量

100V-500W，100V-1050Wという表示のある２つの電気ポットA，Bに同量の水を入れ，100Vの電源につないだ。次の問いに答えなさい。

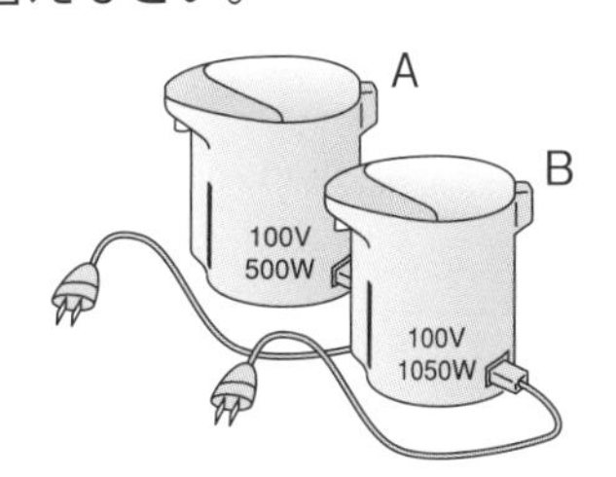

(1)　大きな電流が流れるのは，A，Bどちらの電気ポットか。次の**ア**～**ウ**から選びなさい。　(　　)

ア　電気ポットA　　**イ**　電気ポットB　　**ウ**　同じ。

(2)　発生する熱量が大きいのは，A，Bどちらの電気ポットか。(1)の**ア**～**ウ**から選びなさい。　(　　)

(3)　１Wの電力を１秒間使ってとり出せる熱量は何Jか。　(　　　　)

(4)　Aの100V-500Wのポットの中の水の温度が10℃上がったとき，Bの100V-1050Wのポットの中の水の温度は何℃上昇するか。ただし，どちらのポットも発生した熱の90%が水の温度上昇に使われるものとする。ヒント　(　　　　)

❹ 電気器具と電力

右の表は，ある家庭で使っている電気器具の一覧である。この家庭では，電力会社との契約(けいやく)で，100Vの電圧で合計20Aまでしか同時に電流を使えない。次の問いに答えなさい。

電気器具	消費電力〔W〕
電球	40
電球	60
テレビ	100
炊飯器(すいはんき)	800
ヘアドライヤー	1200
エアコン	1500

(1)　テレビをつけた時，流れる電流は何Aか。ヒント　(　　　　)

(2)　テレビを２時間使った時，その電力量は何kJか。ヒント　(　　　　)

(3)　(2)の時，その電力量は何Whか。ヒント　(　　　　)

(4)　テレビを２時間使って，ヘアドライヤーを10分使うと，合計の電力量は何Whか。　(　　　　)

(5)　この家庭の契約だと，同時に使える電力は何Wか。　(　　　　)

(6)　エアコンを使用している時，同時に使える電気器具の合計の消費電力量は何Wか。　(　　　　)

(7)　エアコンを使用している時，エアコン以外に同時に使えない電気器具をすべて選びなさい。　(　　　　)

(8)　電気の使用量をへらすため，２つある電球をどちらもLED電球にかえることにした。LED電球の消費電力が１個10Wのとき，消費電力は合計で何Wへるか。　(　　　　)

(9)　２つのLED電球を１日に合計２時間，１か月30日間使ったとすると，電球を使った時に比べて何kWhの節電になるか。　(　　　　)

❸(4)水の温度上昇と発生する熱量は比例する。　❹(1)電力〔W〕＝電圧〔V〕×電流〔A〕
(2)(3)電力量〔J〕＝電力〔W〕×時間〔s〕　単位に気をつける。1Wh＝3600J

解答 p.35

1章　電流の性質(2)

30分　/100

1 抵抗器A，Bに電圧を加え，電圧と電流の大きさを測定した。右のグラフは，その結果をまとめたものである。これについて，次の問いに答えなさい。　3点×6(18点)

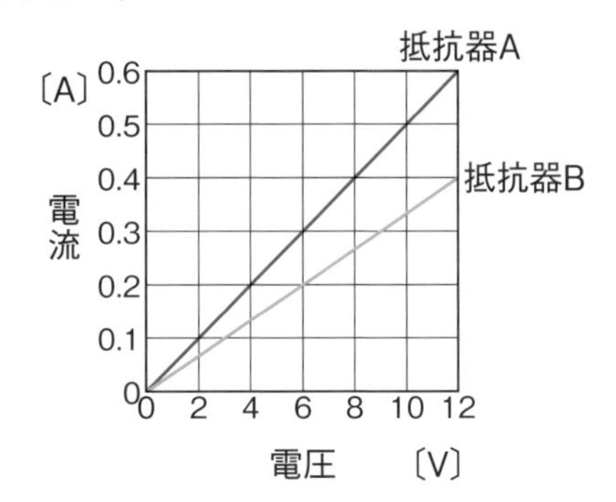

(1) 抵抗器Aに4Vの電圧を加えたとき，流れる電流は何Aか。

(2) 抵抗器Aの電気抵抗は何Ωか。

(3) 抵抗器Bに0.4Aの電流を流すには，何Vの電圧を加えればよいか。

(4) 抵抗器Bの電気抵抗は何Ωか。

(5) 抵抗器A，Bを，①直列につないだときと，②並列につないだときで，それぞれの全体の電気抵抗は何Ωになるか。

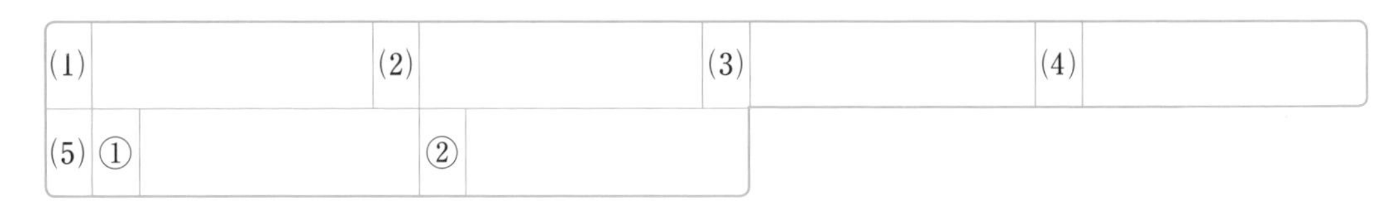

(1)		(2)		(3)		(4)	
(5)	①		②				

2 下の図の回路について，あとの問いに答えなさい。　3点×10(30点)

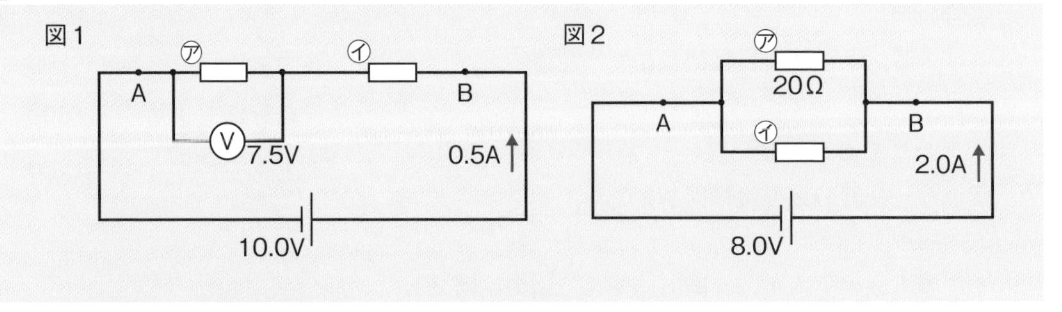

(1) 図1の回路について，次の①〜⑤に答えなさい。
① ㋐に流れる電流は何Aか。　② ㋐の電気抵抗は何Ωか。
③ ㋑に加わる電圧は何Vか。　④ ㋑の電気抵抗は何Ωか。
⑤ AB間の全体の電気抵抗は何Ωか。

(2) 図2の回路について，次の①〜⑤に答えなさい。
① ㋐に加わる電圧は何Vか。　② ㋐に流れる電流は何Aか。
③ ㋑に流れる電流は何Aか。　④ ㋑の電気抵抗は何Ωか。
⑤ AB間の全体の電気抵抗は何Ωか。

(1)	①		②		③		④		⑤	
(2)	①		②		③		④		⑤	

3 右の表は，いろいろな物質の電気抵抗をまとめたものである。これについて，次の問いに答えなさい。 3点×8（24点）

(1) 右の表で，もっとも電気抵抗が小さい物質はどれか。

(2) 右の表で，もっとも電気抵抗が大きい物質はどれか。

(3) (1)のように，電気抵抗の小さい物質を何というか。

(4) (2)のように，電気抵抗の大きい物質を何というか。

(5) 右の表で，導線によく使われている物質はどれか。

(6) 右の表で，抵抗器や電熱線によく使われている物質はどれか。

(7) 導線の外側をおおっている物質は，(3)と(4)のどちらか。その名称を答えなさい。

(8) (3)と(4)の中間くらいの電気抵抗をもち，電子部品に多く利用されている物質を何というか。

物質の電気抵抗
（長さ1 m，断面積1 mm^2）

物　質	電気抵抗〔Ω〕
銀	0.015
銅	0.016
鉄	0.089
ニクロム	1.1
ガラス	10^{18}
ゴム	10^{18}〜10^{19}

※表中の10^aは，10をa回かけた数を表している。

(1)		(2)		(3)		(4)	
(5)		(6)		(7)		(8)	

4 右の図のように，水を入れたビーカーA，Bがあり，Aには50Ωの電熱線a，Bには20Ωの電熱線bを入れた。電熱線a，bを並列につなぎ，電流を流したところ，点㋐には0.2Aの電流が流れた。これについて，次の問いに答えなさい。 3点×6（18点）

(1) 電源装置の電圧は何Vか。

(2) 点㋑を流れる電流は何Aか。

(3) 電熱線a，bで消費される電力をそれぞれ求めなさい。

(4) 2分間電流を流し続けたときの，電熱線a，bから発生する熱量をそれぞれ求めなさい。

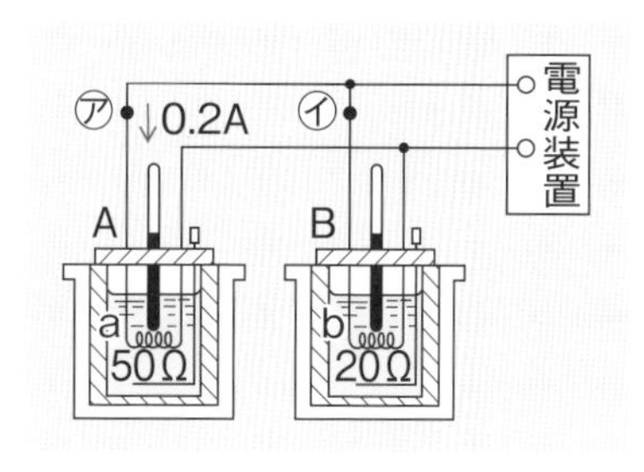

5 家の中の照明器具について，次の文の(　)にあてはまる数字や記号を答えなさい。①〜③は四捨五入して整数で，④，⑤は<，>，=のいずれかで答えなさい。 2点×5（10点）

電球の消費電力は，同じくらいの明るさで，白熱電球は60W，蛍光灯(けいこうとう)は11W，LED電球は8Wである。これらを1日に1時間ずつ365日使うと，1年の電力量は白熱電球で約(①)kWh，蛍光灯で約(②)kWh，LED電球で約(③)kWhになる。この結果から消費電力を比べると，白熱電球(④)蛍光灯(⑤)LED電球とわかる。

解答 p.36

2章　電流の正体

教科書の要点

同じ語句を何度使ってもかまいません。

(　　)にあてはまる語句を，下の語群から選んで答えよう。

1 静電気

教 p.248〜251

(1) ちがう種類の物質をたがいに摩擦したときに発生し，物体にたまった電気を(①★　　　　)という。

(2) 電気には，次のような性質がある。

・(②　　　　)(正)と(③　　　　)(負)の２種類がある。（記号が入る。）

・同じ種類の電気の間には(④　　　　)合う力がはたらき，異なる種類の電気の間には(⑤　　　　)合う力がはたらく。

(3) 電気の間にはたらく力を(⑥★　　　　)(電気の力)といい，この力は離れていてもはたらく。

まるごと暗記

電気には＋(プラス)と－(マイナス)がある。
同じ種類は**しりぞけ合う。**
異なる種類は**引き合う。**

プラスα

離れていて，はたらく力
電気力・重力・磁力

2 電流の正体

教 p.252〜256

(1) 雷のように，電気が空間を移動したり，たまっていた電気が流れ出したりする現象を(①★　　　　)という。

(2) 圧力を小さくした気体の中を放電することを，(②★　　　　)という。

(3) 電流のもとになる粒子を(③★　　　　)という。

・放電のとき，(④　　　　)極側の電極から出て，(⑤　　　　)極側に向かう。この流れを(⑥　　　　)という。

・(⑦　　　　)の電気をもつ。

・質量をもつ粒子で，非常に小さい。

(4) 金属中では，電子のもつ－の電気を打ち消す＋の電気が存在するため，金属全体では電気を帯びていない。これを電気的に(⑧　　　　)という。

まるごと暗記

電流の正体は電子。
電子は**－の電気**をもち，－極から＋極へ移動する。
電子の流れと電流の流れは向きが**逆**になる。

ワンポイント

金属は自由に動ける電子をたくさんもつので，電気を通しやすい。

3 放射線の発見とその利用

教 p.257〜259

(1) 放電管から最初に発見された放射線が(①★　　　　)である。その後，α線，γ線，β線などが発見された。

(2) 放射線を出す物質を(②★　　　　)という。（ウラン，ポロニウム，ラジウムなど。）

(3) 放射線は物質を透過する性質があり，さまざまに利用されている。

プラスα

放射線は医療や農工業などに，はば広く利用されているが，生物が浴びる(被曝する)と，細胞が傷ついてしまう可能性がある。

語群

❶引き／＋／静電気／しりぞけ／－／電気力　❷－／電子／陰極線／中性／＋／放電／真空放電　❸放射性物質／X線

★の用語は，説明できるようになろう！

同じ語句を何度使ってもかまいません。

□にあてはまる語句を，下の語群から選んで答えよう。

1 静電気

教 p.249～251

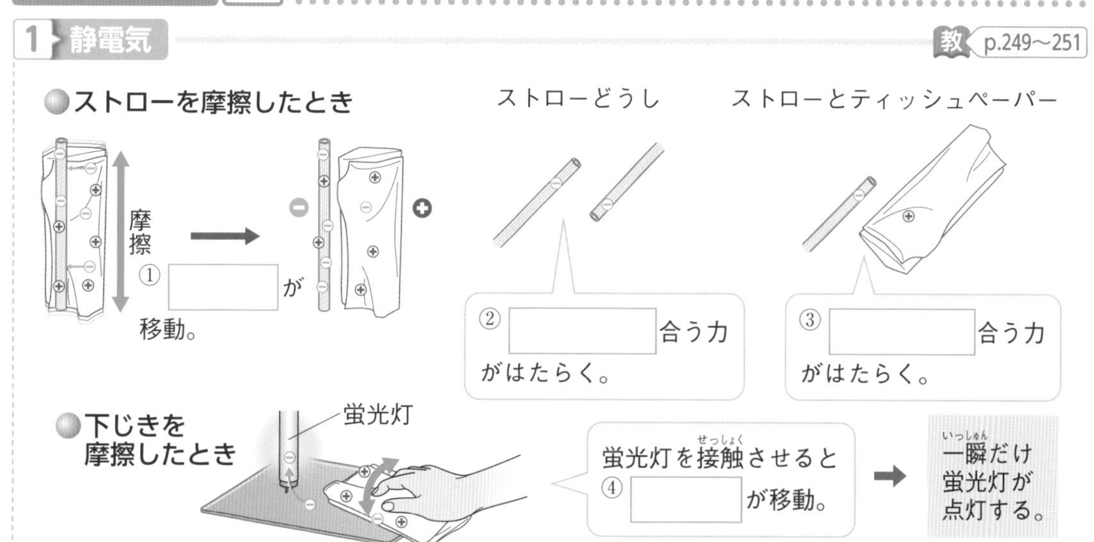

2 陰極線

教 p.253～254

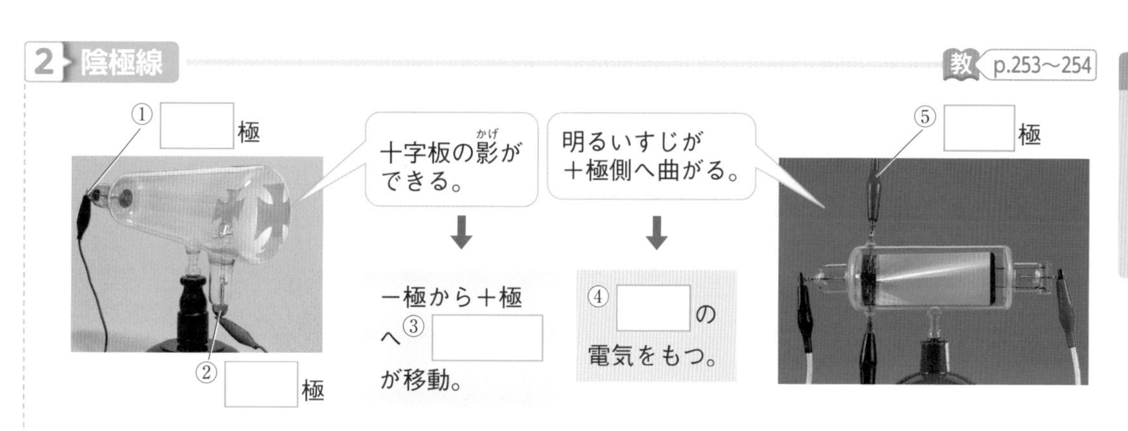

3 電流の正体

教 p.255

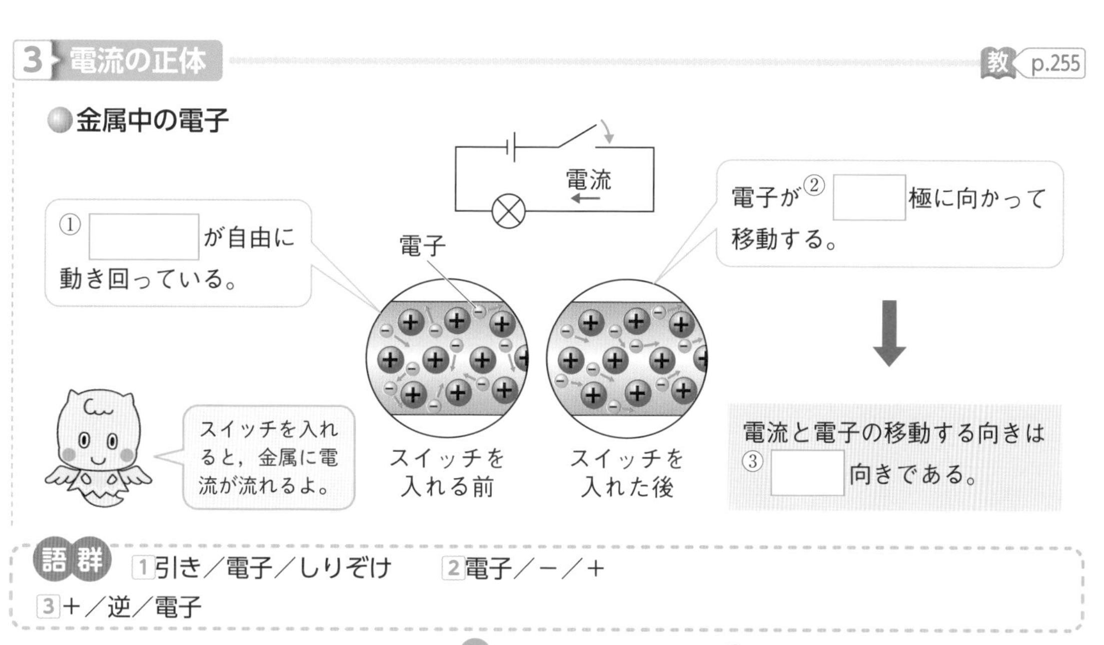

語群 1 引き／電子／しりぞけ　2 電子／－／＋
3 ＋／逆／電子

わからない用語は，教科書の要点の★で確認しよう！

解答 p.36

定着のワーク ステージ2　2章　電流の正体

1 教 p.249 実験5 **静電気による力** 右の図のように，消しゴムにゼムクリップをさし，ティッシュペーパーでよくこすったストローAをゼムクリップにかぶせた。これについて，次の問いに答えなさい。

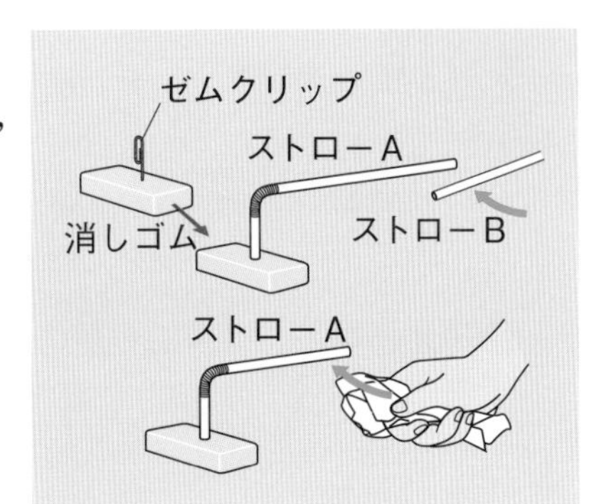

(1) ティッシュペーパーでこすったストローAは，－の電気を帯びていた。このような，摩擦によって発生し，物体にたまった電気を何というか。（　　　）

(2) 別のストローBをティッシュペーパーでよくこすって，ストローAに近づけた。2つのストローの間にはどのような力がはたらくか。ヒント（　　　）

(3) ストローBは，＋の電気と－の電気のどちらを帯びているか。（　　　）

(4) ストローBをこすったティッシュペーパーを，ストローAに近づけると，ストローAとティッシュペーパーの間にはどのような力がはたらくか。（　　　）

(5) ストローBをこすったティッシュペーパーは，＋の電気と－の電気のどちらを帯びているか。（　　　）

(6) ストローとティッシュペーパーを摩擦したときに移動した，電気をもつ粒子を何というか。（　　　）

(7) (6)は，ストローとティッシュペーパーのどちらからどちらへ移動したか。（　　　）

(8) (6)は，＋の電気と－の電気のどちらをもっているか。（　　　）

2 **放電** 図1のような装置に電極をつなぎ，高い電圧を加えて，放電管内のようすを調べた。すると，図2のように，十字板の影ができた。これについて，次の問いに答えなさい。

(1) 図2のように，十字板の影ができたときのa，bは＋極か，－極か答えなさい。

a（　　　）　b（　　　）

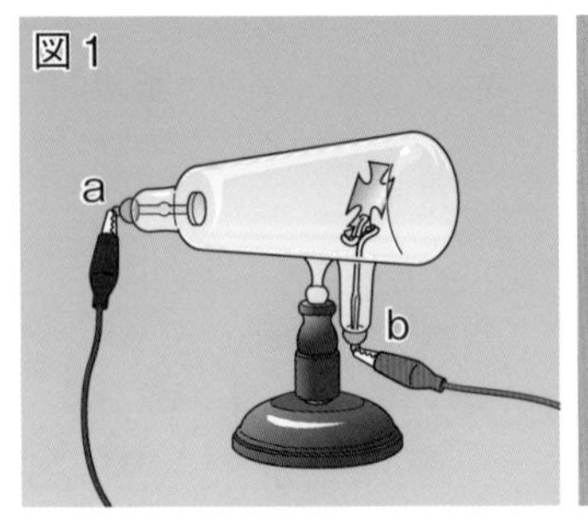

図1

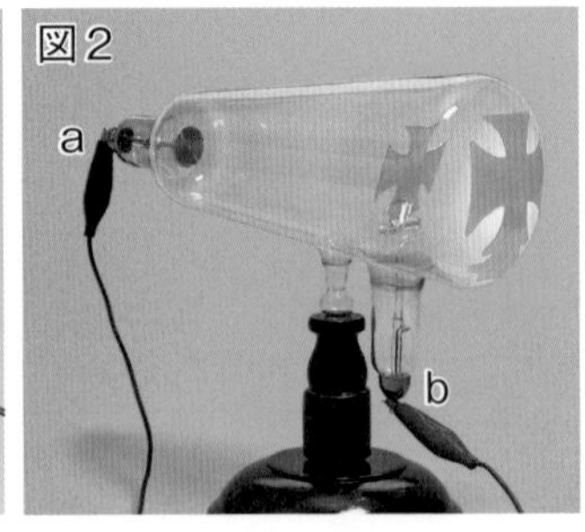

図2

(2) 図2のように，十字板の影ができたときの放電管内の圧力はどうなっているか。次のア〜ウから選びなさい。ヒント（　　　）

ア　大気圧よりも大きい。

イ　大気圧と同じ。　　ウ　大気圧よりも小さい。

(3) 図2で，放電管内で起こった現象を何というか。（　　　）

ヒントの森

❶(2)摩擦によって発生する静電気は，物質の組み合わせによって，＋か－かが決まる。

❷(2)放電管内の圧力を小さくし，真空に近づけて電圧を加えると，放電のようすが観察できる。

3 電子の性質　図1のように，放電管の－極と＋極の間に高い電圧を加えると，蛍光板(けいこうばん)上に明るいすじが現れた。これについて，次の問いに答えなさい。ヒント

(1) 図1で，蛍光板上の明るいすじのもとは，何極から何極に向かって移動しているか。
（　　　　　）

図1

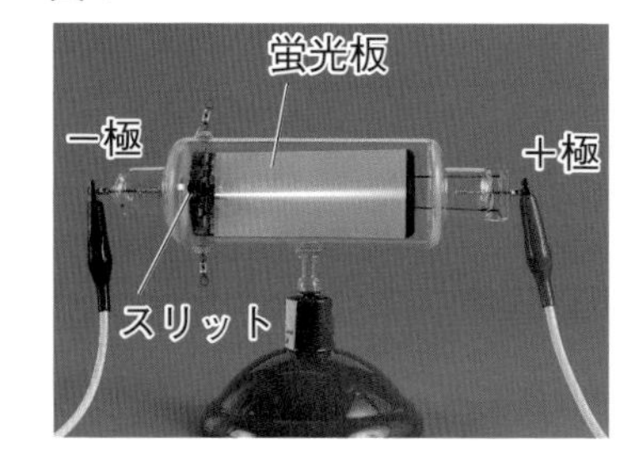

(2) 図1で，蛍光板を明るくしたものは，質量をもった非常に小さな粒子である。この粒子を何というか。
（　　　　　）

(3) 図2のように，進路に平行な電極Xと電極Yの間に電圧を加えると，明るいすじは上に曲がった。このとき，＋極は電極Xと電極Yのどちらか。
（　　　　　）

図2

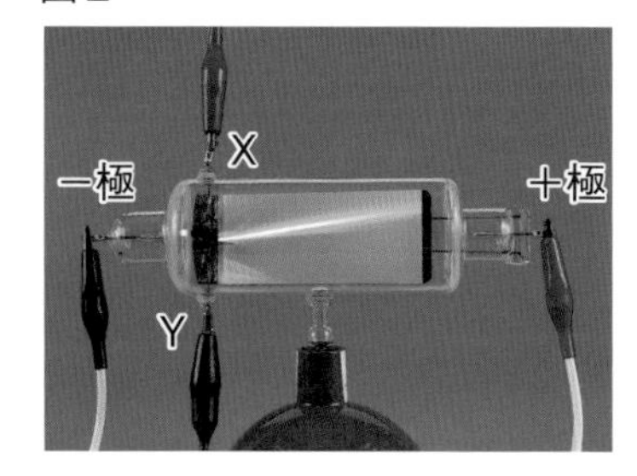

(4) (3)のことから，(2)の粒子はどのような電気をもっているとわかるか。（　　　　　）

(5) 図2で，電極Xと電極Yの＋極と－極を入れかえると，明るいすじはどのようになるか。次のア～エから選びなさい。（　　）

ア　図2と同じように上に曲がる。
イ　図1と同じような，まっすぐなすじになる。
ウ　下に曲がる。
エ　明るいすじはなくなる。

4 放射線　放射線に関する次の問いに答えなさい。ヒント

(1) 次の文の(　　)にあてはまる言葉を答えなさい。

①（　　　　　）②（　　　　　）
③（　　　　　）④（　　　　　）

ドイツのレントゲンは，真空放電の実験中に，放電管から出ている(①)を発見した。これを利用したのが，体内の骨のようすがうつる(②)である。その後，①のように，目に見えないが，物質を透過する性質のある(③)が次々に発見された。

これらの③を出す物質(④)には，ウランやポロニウム，ラジウムなどがあり，④を出す能力を放射能という。

(2) おもな放射線を4つ答えなさい。

（　　　　　）（　　　　　）
（　　　　　）（　　　　　）

(3) (2)の4つの中で，透過力がもっとも弱い放射線は何か。（　　　　　）

❸＋の電気と－の電気の間には，引き合う力がはたらくことから考える。
❹体の中をうつすことができるレントゲンは，X線を発見した人の名前をとっている。

エネルギー

解答 p.36

2章　電流の正体

1 図1のように，2本のストローA，Bをティッシュペーパーで摩擦し，図2のような装置を組み立てて，Aが自由に回転できるようにした。これについて，次の問いに答えなさい。

4点×9（36点）

(1) ちがう種類の物質をたがいに摩擦したときに発生し，物体にたまった電気を何というか。

(2) 次の文の（　）にあてはまる言葉を答えなさい。

電気には（ ① ）の電気と（ ② ）の電気があり，同じ種類の電気の間には（ ③ ）合う力がはたらき，異なる種類の電気の間には（ ④ ）合う力がはたらく。

(3) 図1のように，ストローを摩擦すると，ストローAは－の電気を帯びる。このとき，①ストローB，②ティッシュペーパーは，それぞれどのような電気を帯びているか。

(4) 図2のように，ストローBを近づけると，ストローAは㋐と㋑のどちらの向きに動くか。

(5) 図2で，ストローBのかわりに，ストローをこすったティッシュペーパーを近づけると，ストローAは㋐と㋑のどちらの向きに動くか。

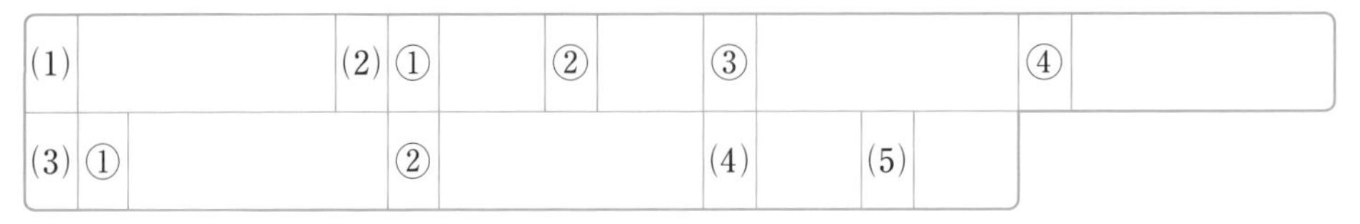

(1)		(2) ①		②		③		④	
(3) ①		②		(4)		(5)			

よく出る 2 右の図のような，蛍光板の入った放電管の電極AとBに電圧を加えると，蛍光板上に電流のもとになるものが明るいすじとなって現れた。これについて，次の問いに答えなさい。

4点×6（24点）

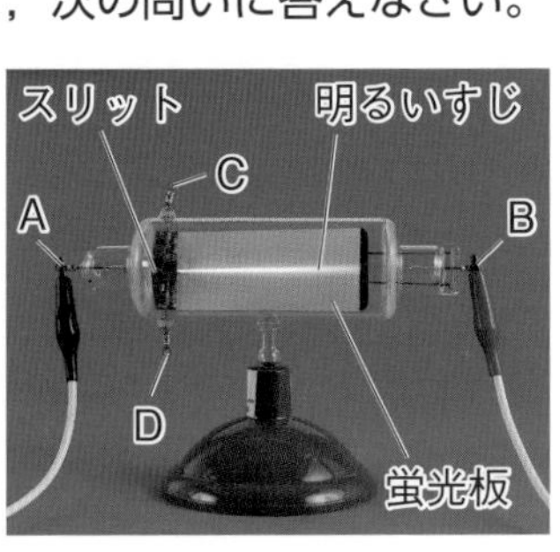

(1) 電極Aは，電源の＋極と－極のどちらにつないだか。

(2) 電極CとDに別の電源をつなぎ電圧を加えると，明るいすじは，上のほうに曲がった。このとき，電極C，Dは，それぞれ電源の＋極と－極のどちらにつないだか。

(3) 明るいすじが(2)のように曲がったことから，明るいすじのもとになるものはどのような性質をもっているか。

(4) 明るいすじのもとになる粒子を何というか。

(5) (4)の粒子は，電極AとBのどちらから飛び出すか。

(1)		(2) C		D		(3)		(4)		(5)	

3 右の図は金属の中のようすを模式的に表している。これについて，次の問いに答えなさい。

3点×10(30点)

(1) 金属の中のAとBは異なる電気をもつ。Bを何というか。

(2) Bは＋と－のどちらの電気をもっているか。

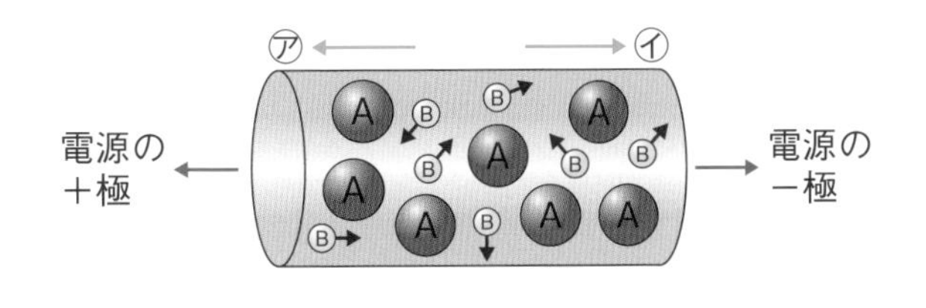

(3) AとBのもつ電気はたがいに打ち消し合って，全体ではどちらの電気も帯びていない。このような状態を何というか。

(4) 金属の両端（りょうたん）に電圧を加えたとき，Bは㋐と㋑のどちらに動くか。また，Aは動くか，動かないか。動くとしたら，㋐，㋑のどちらに動くか。

(5) (4)のとき，金属の中を流れる電流の向きは，㋐と㋑のどちらか。

(6) 金属は電気が流れやすい導体である。なぜ，金属は電気が流れやすいのか。(1)が金属の中にたくさんあることをふくめて答えなさい。

(7) ストローをティッシュペーパーでこすると，ストローは－の電気，ティッシュペーパーは＋の電気を帯びる。これについて説明した次の文の(　)にあてはまる言葉を答えなさい。

(　①　)が，(　②　)から(　③　)へ移動したことによって起こった。

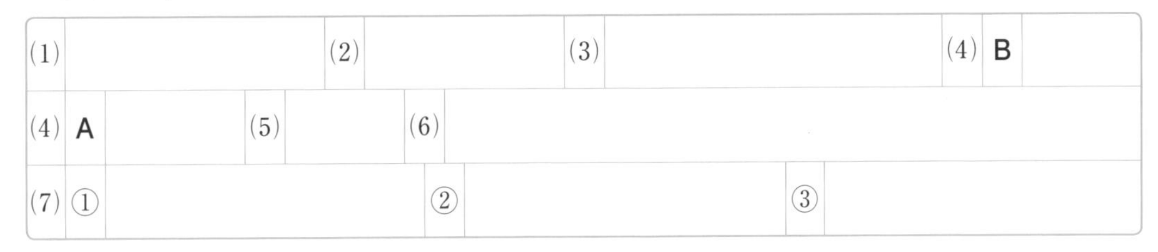

(1)		(2)		(3)		(4)	B	
(4)	A		(5)		(6)			
(7)	①		②		③			

4 放射線について，次の問いに答えなさい。

2点×5(10点)

(1) いろいろな放射線に共通してあてはまることを，次のア～オから2つ選びなさい。

ア　目に見える光の一種である。

イ　物質を通りぬける能力がある。

ウ　マイナスの電気をもっている。

エ　鉛（なまり）の厚い板で完全にさえぎることができる。

オ　自然界にも存在する。

(2) 放射線を発生させる物質を何というか。

(3) 放射線を出す物質は，ウラン，ポロニウム，ラジウムなど限られた物質である。これらの物質が，放射線を出す能力のことを何というか。

(4) 放射線をある量以上，体に浴びると，体の細胞を傷つけてしまうことがある。生物が放射線を浴びることを何というか。

(1)			(2)		(3)		(4)	

解答 p.37

3章 電流と磁界

教科書の要点

同じ語句を何度使ってもかまいません。

（　）にあてはまる語句を，下の語群から選んで答えよう。

1 磁界

教 p.260〜267

(1) 磁石による力を磁力という。また，磁力のはたらく空間には（①★　　　）があるという。

(2) 磁針のN極がさす向きを（②★　　　）という。

(3) 磁石のN極から出てS極に入る曲線を（③★　　　）という。

間隔がせまいところほど磁界が強い。

(4) まっすぐな導線に電流を流すと，導線を中心とした（④　　　）状の磁界ができる。磁界の向きは，（⑤　　　）の向きで決まる。

(5) 導線を流れる電流がつくる磁界は，電流が（⑥　　　）ほど，また，導線に近いほど，強くなる。

(6) コイルに電流を流すと，コイルの内側にコイルの軸に平行な磁界ができる。磁界の向きは，（⑦　　　）の向きで決まる。

まるごと暗記

磁力…磁石による力。
磁界…磁力のはたらく空間。
磁力線…N極→S極を結ぶ曲線。

まるごと暗記

まっすぐな導線に電流を流すと，同心円状に磁界ができる。コイルに電流を流すと，コイルの内側に磁界ができる。

2 モーターのしくみ

教 p.268〜271

(1) 磁界の中に置いた導線に電流を流すと，電流は（①　　　）から力を受ける。

モーターはこの力を利用している。

(2) 電流の向きや（②　　　）の向きを逆にすると，電流が磁界から受ける力の向きも逆になる。

(3) 電流を大きくしたり磁界を強くしたりすると，電流が磁界から受ける力は（③　　　）なる。

ワンポイント

電流と磁界は，たがいに深くかかわり合っている。

まるごと暗記

磁界の中で電流を流すと，導線に力が加わる。
コイルの中の磁界を変化させると，電流が流れる。これが誘導電流で，この現象が電磁誘導。

3 発電機のしくみ

教 p.272〜289

(1) コイルの中の磁界が変化すると，電圧が生じて電流が流れる。この現象を（①★　　　）といい，流れる電流を（②★　　　）という。

・コイルの（③　　　）を多くしたり，磁石を速く動かしたり，磁力を強くしたりすると，誘導電流は大きくなる。

磁界の変化を速くする。

(2) 向きと大きさが周期的に変わる電流を（④★　　　）といい，1秒間の変化の回数を（⑤★　　　）（単位ヘルツ）という。向きが変わらない電流を（⑥★　　　）という。

まるごと暗記

直流…流れる向きが一定。
交流…向きと大きさが周期的に変わる。

語群
1 磁力線／同心円／大きい／磁界／電流／磁界の向き　2 大きく／磁界
3 巻数／直流／誘導電流／周波数／交流／電磁誘導

★の用語は，説明できるようになろう！

同じ語句を何度使ってもかまいません。

教科書の図

□にあてはまる語句を，下の語群から選んで答えよう。

1 磁石と磁界

教 p.262〜263

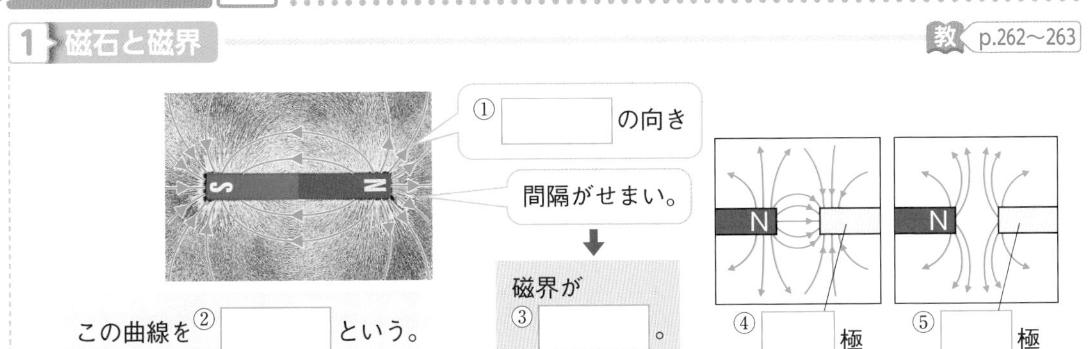

2 電流が磁界から受ける力

教 p.270

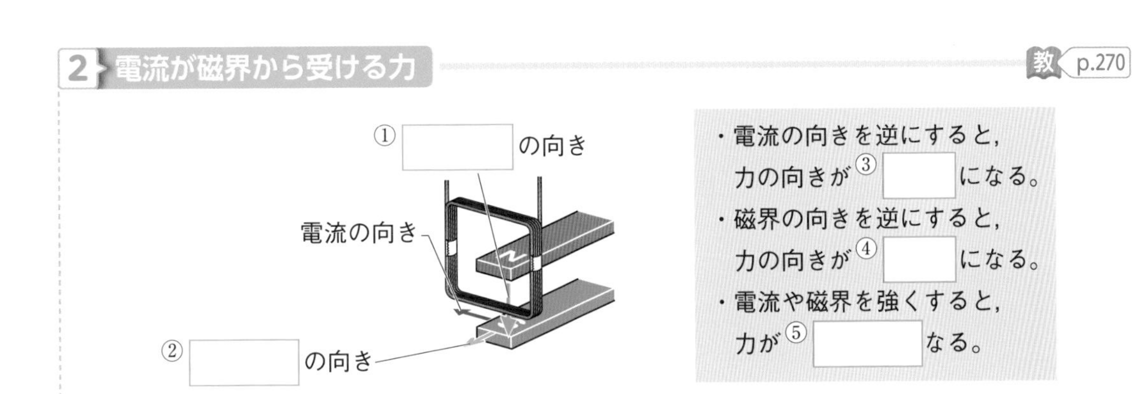

3 電磁誘導

教 p.274

4 交流と直流

教 p.277

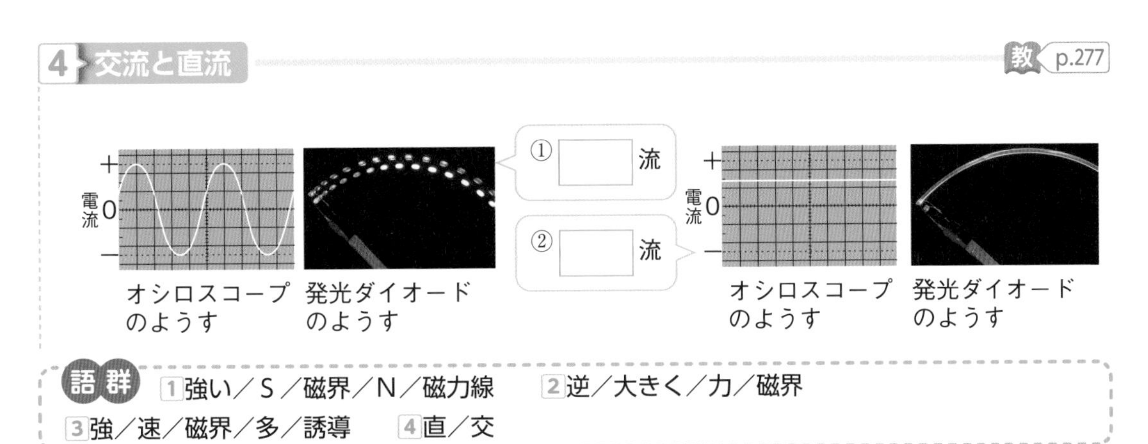

語群 1 強い／S／磁界／N／磁力線　2 逆／大きく／力／磁界
3 強／速／磁界／多／誘導　4 直／交

わからない用語は，教科書の要点の★で確認しよう！

エネルギー

解答 p.37

定着のワーク ステージ2　3章　電流と磁界－①

1 磁石のまわりのようす　右の図は，棒磁石のまわりにある，磁石による力のはたらく空間を表したものである。これについて，次の問いに答えなさい。

(1)　磁石による力を何というか。（　　　）

(2)　(1)のはたらく空間には何があるというか。（　　　）

(3)　(2)の向きに沿って結んだ図のような曲線を何というか。（　　　）

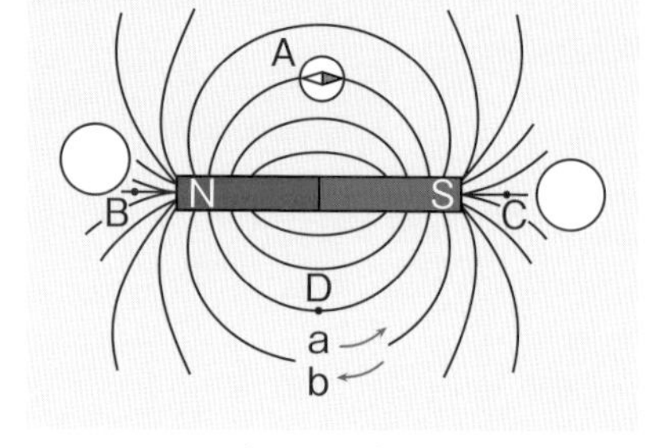

(4)　点Dでの(2)の向きは，aとbどちらか。（　　　）

(5)　図の点B，点Cの磁針の向きとして正しいものを，次の㋐～㋓からそれぞれ選びなさい。　B（　　　）　C（　　　）

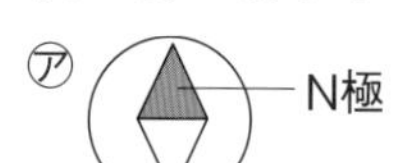

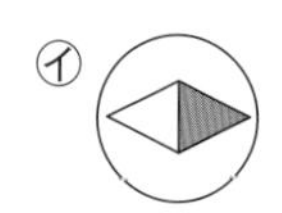

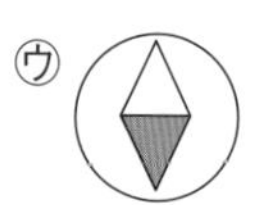

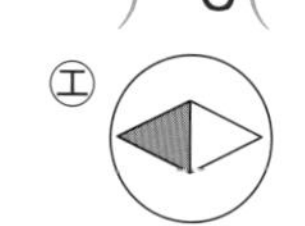

(6)　図の点Aでの(2)の強さに比べて，点B～Dの(2)の強さはどのようになっているか。次のア～ウからそれぞれ選びなさい。ヒント　B（　　　）　C（　　　）　D（　　　）

ア　点Aよりも強い。　イ　点Aよりも弱い。　ウ　点Aとほぼ同じ。

2 磁界のようす　磁石のまわりにできる磁界について，あとの問いに答えなさい。

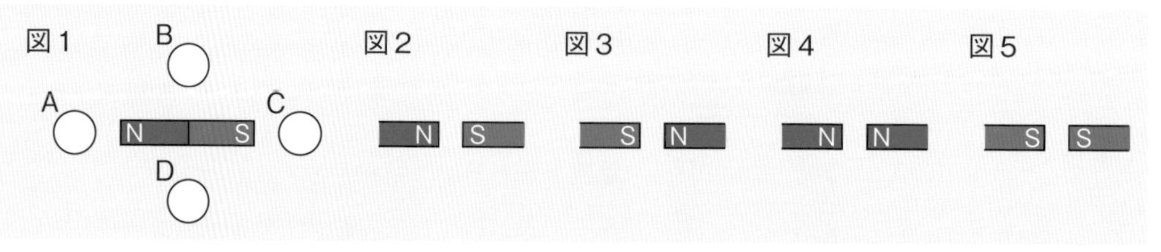

(1)　図1で，点A～Dの位置に置かれた磁針のさす向きを，次の㋐～㋓からそれぞれ選びなさい。　A（　　　）　B（　　　）　C（　　　）　D（　　　）

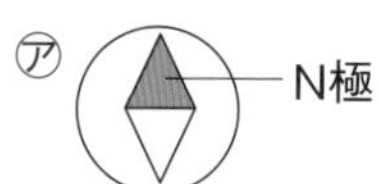

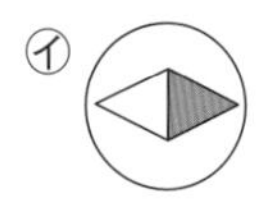

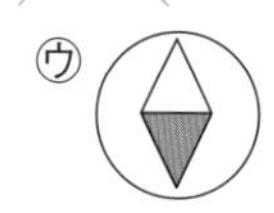

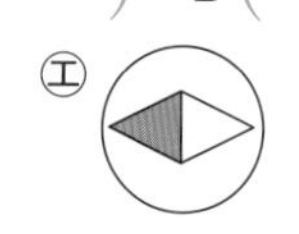

(2)　図2～図5で，2つの磁石の間の磁力線のようすを，次の㋐～㋓からそれぞれ選びなさい。ヒント　図2（　　　）　図3（　　　）　図4（　　　）　図5（　　　）

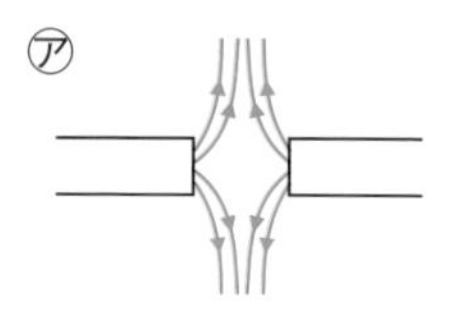

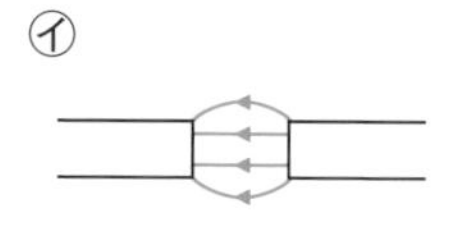

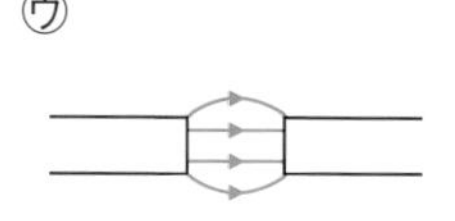

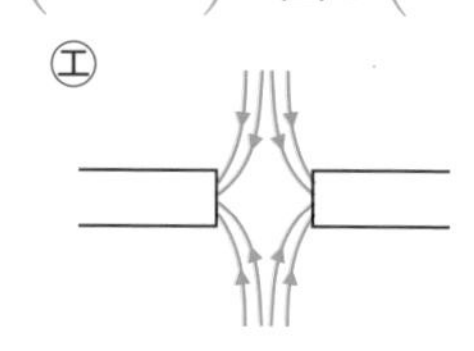

❶(6)磁界は，磁石の極の近くのように，磁力線の間隔のせまいところほど強い。
❷(2)磁力線は，引き合う力がはたらくとつながり，しりぞけ合う力がはたらくとつながらない。

3 教 p.264 実験6 電流がつくる磁界

まっすぐな導線に電流を流したときの磁界のようすを調べた。これについて，次の問いに答えなさい。

(1) 次の文の(　)にあてはまる言葉を答えなさい。

①(　　　　　) ②(　　　　　) ③(　　　　　)

導線に電流を流すと，図1のように(①)状に磁界ができる。その向きは，図2のように右ねじの進む向きを(②)の向きとしたとき，ねじを回す向きが(③)の向きとなる。

(2) 図1の点A～C，図3の点D，Eに置かれた磁針の向きを，次の㋐～㋗からそれぞれ選びなさい。ヒント

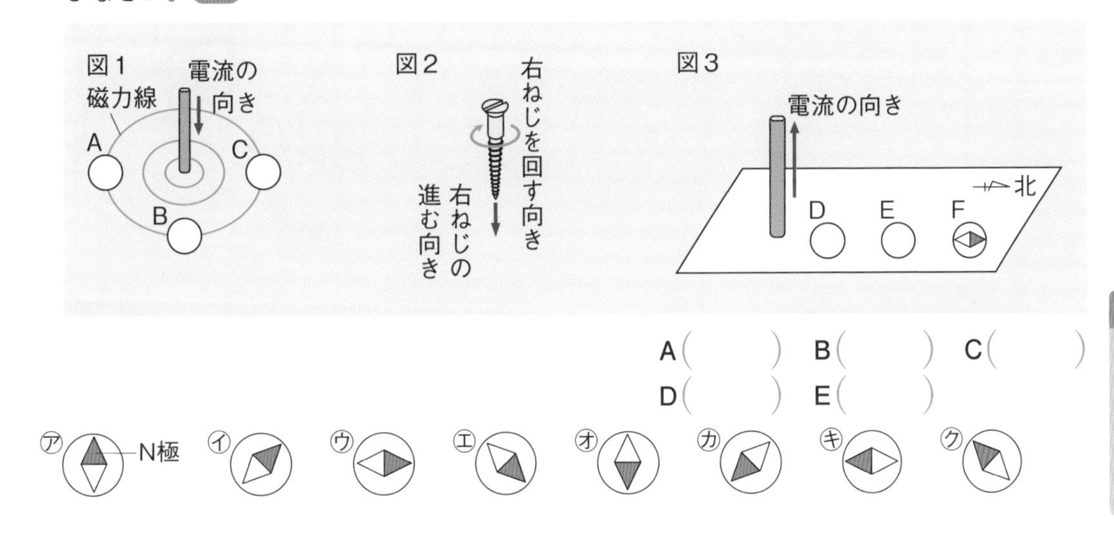

A(　　　) B(　　　) C(　　　)
D(　　　) E(　　　)

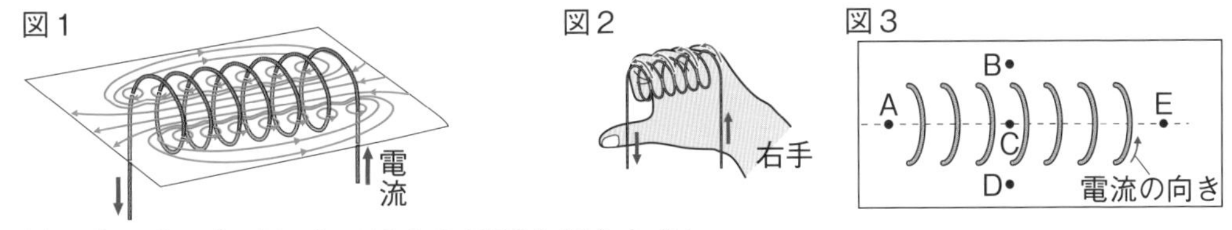

4 コイルのまわりの磁界

コイルに電流を流したときにできる磁界のようすを調べた。これについて，あとの問いに答えなさい。

図1　図2　図3

(1) 次の文の(　)にあてはまる言葉を答えなさい。

①(　　　　　) ②(　　　　　)

コイルに電流を流したとき，図2のように右手の4本の指を(①)の向きにしたときの親指の向きが，コイルの内側の(②)の向きとなる。

(2) 図3は，図1を真上から見たようすである。点A～Eでの磁界の向きを，次のア～オからそれぞれ選びなさい。ヒント

A(　　　) B(　　　) C(　　　) D(　　　) E(　　　)

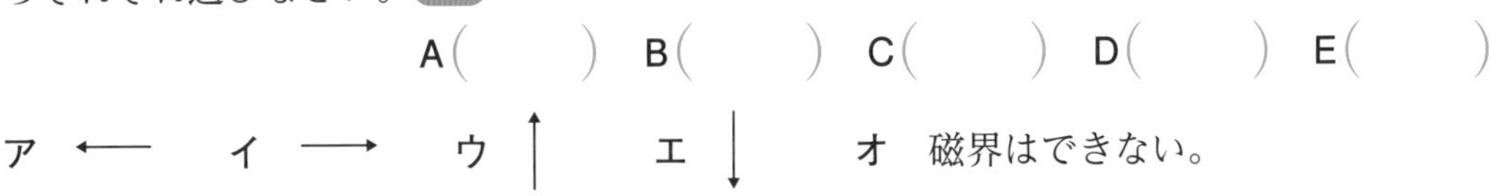

❸(2)電流による磁界は，導線から遠ざかるにつれて弱くなる。
❹(2)コイルの内側では，コイルの軸に平行な磁界ができる。

エネルギー

解答 p.38

定着のワーク ステージ2 3章 電流と磁界－②

1 教 p.268 実験7 **電流が磁界から受ける力** 右の図のように，磁界の中のコイルに電流を矢印の向きに流したところ，コイルはBの向きに動いた。これについて，次の問いに答えなさい。

(1) 図の状態から，次の①～③の状態に変えるとコイルはAとBのどちらに動くか。ヒント

① 電流の向きを逆にする。 (　　)

② 磁石のN極とS極を逆にする。 (　　)

③ 電流の向きを逆にし，磁石のN極とS極も逆にする。 (　　)

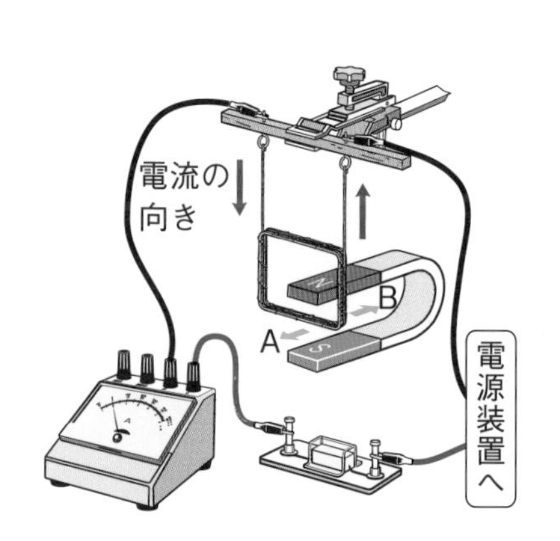

(2) コイルの動き方が大きくなるものを，次のア～エからすべて選びなさい。 (　　)

ア 電流を大きくする。

イ 電流を小さくする。

ウ 磁石を強いものに変える。

エ 磁石を弱いものに変える。

磁界の向きと電流の向きの両方に垂直な向きに力がはたらくんだね。

2 **モーターのしくみ** 下の図は，モーターのしくみを表したものである。これについて，あとの問いに答えなさい。

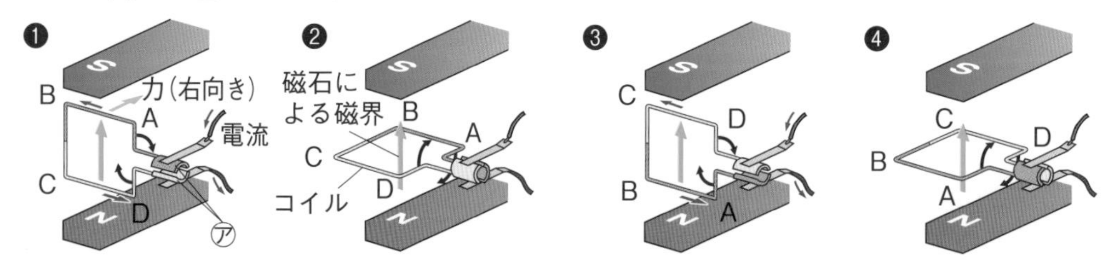

(1) ❶の㋐の部分を何というか。ヒント (　　)

(2) ❶のようにコイルに電流が流れると，コイルのABの部分には，右向きの力がはたらく。このとき，CDの部分には左と右のどちらの向きの力が加わるか。 (　　)

(3) ❷の状態で，コイルに電流は流れるか，流れないか。 (　　)

(4) (3)のとき，コイルは磁界から力を受けるか，受けないか。 (　　)

(5) 次の文の(　)にあてはまる言葉を答えなさい。

①(　　) ②(　　)

❸では，❶と逆向きに電流が流れる。その結果，ABの部分には(①)向き，CDの部分には(②)向きの力がはたらき，モーターは回転する。

ヒントの森

❶(1)コイルにはたらく力の向きは，電流と磁界によって決まる。

❷(1)モーターは，㋐のはたらきで，一定方向に力がはたらくように電流が流れる。

3 教 p.273 実験8 **発電のしくみ** 右の図のように，検流計(けんりゅうけい)にコイルをつなぎ，コイルに磁石を出し入れした。これについて，次の問いに答えなさい。

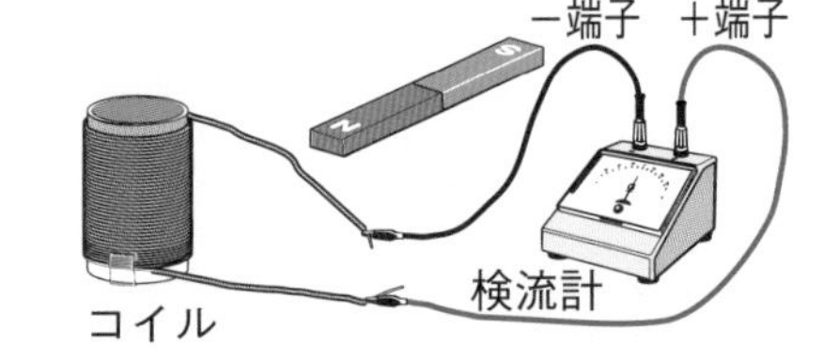

(1) 検流計に＋端子から電流が流れこむと，検流計の指針は，左と右のどちらに振れるか。（　　）

(2) 磁石のN極をコイルに入れると，検流計の指針は右に振れた。次の①～③のとき，検流計の指針は，左と右のどちらに振れるか。

① 磁石のS極をコイルに入れる。（　　）

② 磁石のN極をコイルから出す。（　　）

③ 磁石のS極をコイルから出す。（　　）

(3) コイルに磁石を出し入れすることで電流が流れるのは，コイルの中の何が変化したからか。ヒント（　　）

(4) コイルの中の(3)の変化により電圧が発生し，電流が流れる現象を何というか。

（　　）

(5) (4)のときに流れる電流を何というか。（　　）

(6) コイルに流れる電流を大きくする方法を，3つ答えなさい。

（　　）（　　）

（　　）

エネルギー

4 **直流と交流** 右の図のように，2個の発光ダイオードの向きを逆にして並列につないだものに乾電池をつなぎ，点灯のしかたを調べた。次に，交流電源に切りかえて，同様の操作をした。これについて，次の問いに答えなさい。ヒント

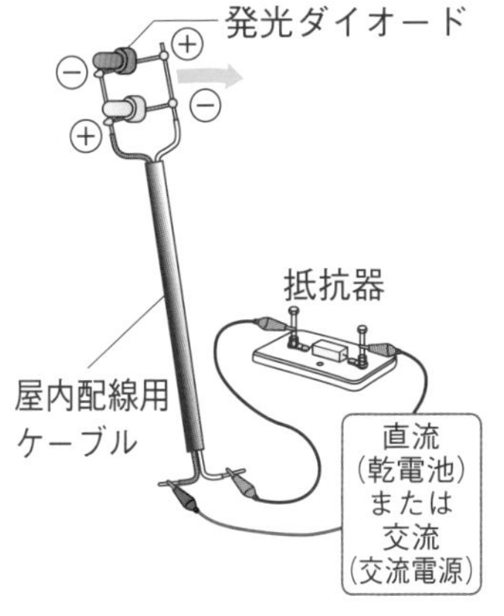

(1) 下の㋐，㋑は，それぞれ直流，交流のどちらを流したときの発光ダイオードの点灯のようすか。

㋐（　　）　㋑（　　）

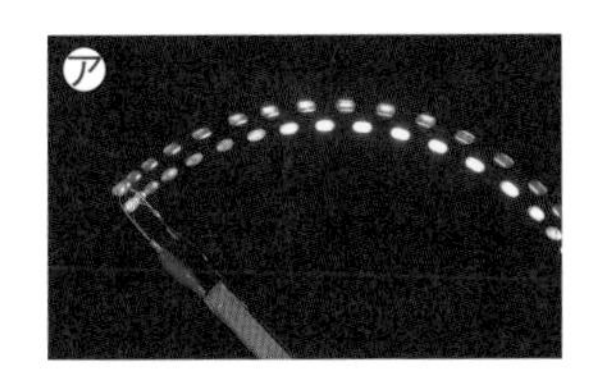

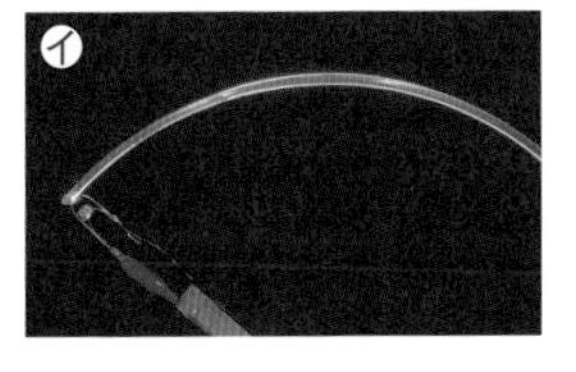

(2) 交流で，電流の変化が1秒間にくり返す回数を何というか。名称とその単位を答えなさい。　名称（　　）　単位（　　）

(3) 次の①～③のうち，直流はA，交流はBで答えなさい。

① 電流の流れる向きが一定方向である。（　　）

② 家庭のコンセントからとり出される電流である。（　　）

③ 発電所の発電機からとり出される電流である。（　　）

3(3)コイルの中の磁界が変化するとコイルに電圧が生じ，電流が流れる。また，磁界の変化が大きいほど電流も大きくなる。　**4**電流の向きは，直流では一定方向だが，交流では周期的に変化する。

3章　電流と磁界

1 下の図のような棒磁石の磁界について，あとの問いに答えなさい。　3点×6（18点）

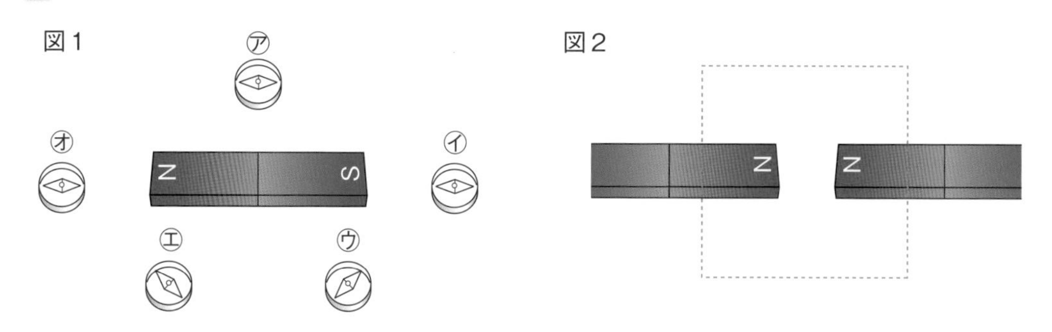

作図 (1) 図1で，㋐～㋔の磁針が正しい向きになるように，磁針のN極を黒くぬりなさい。

作図 (2) 図2で，□内の部分での磁界のようすについて，磁力線をかき入れ，磁界の向きを矢印で示しなさい。

(1)	図1に記入	(2)	図2に記入

2 電流による磁界について，次の問いに答えなさい。　3点×8（24点）

(1) 輪にした導線に図1のように電流を流すとき，次の問いに答えなさい。

作図 ① 図1の点A～Dに磁針を置くと，どのようになるか。磁針が正しい向きになるように，図2の磁針のN極を黒くぬりなさい。ただし，図2は図1を上から見たようすを表したものである。

② 図1の点Eでの磁界の向きを，㋐～㋓から選びなさい。ただし，磁界がないときは，㋔と答えなさい。

レベルUP ③ 図1の点Eでの磁界は，2つの導線からどのような影響を受けているか。次のア，イから選びなさい。

ア　強め合っている。

イ　弱め合っている。

(2) 磁界を強くする方法を1つ答えなさい。

(3) まっすぐな導線では，導線から遠ざかるほど磁界の強さはどのようになるか。

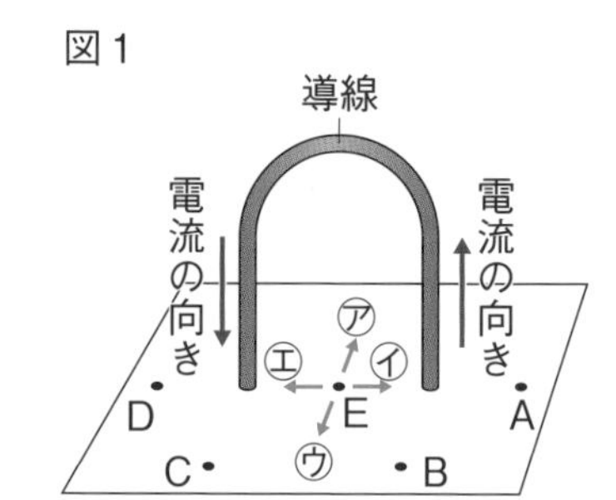

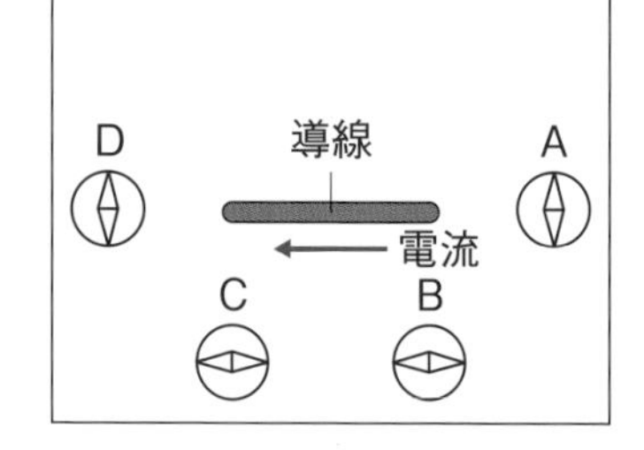

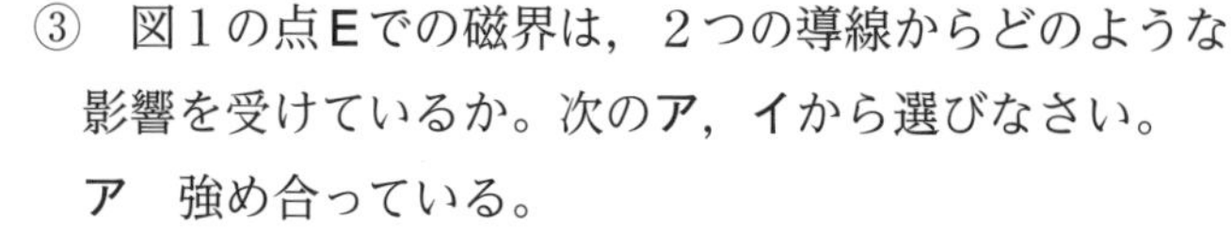

(1)	①	図2に記入	②		③		(2)		(3)	

よく出る **3** 右の図の装置をつくり，磁石の磁界の中でコイルに電流を流した。すると，コイルはAの向きに動いた。次の問いに答えなさい。 5点×5（25点）

記述 (1) 回路に抵抗器を入れるのはなぜか。「電流計」という言葉を用いて，簡単に答えなさい。

(2) 図で，磁界の向きをC，Dから選びなさい。

(3) 電流や磁石を，次の①～③のように変えると，コイルはA，Bのどちらに動くか。

① 電流の向きを逆にする。

② 磁石のN極とS極を逆にする。

③ 電流の向きを逆にし，磁石のN極とS極も逆にする。

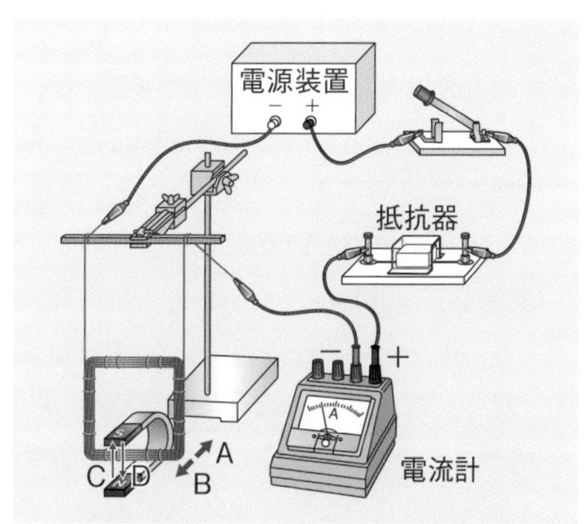

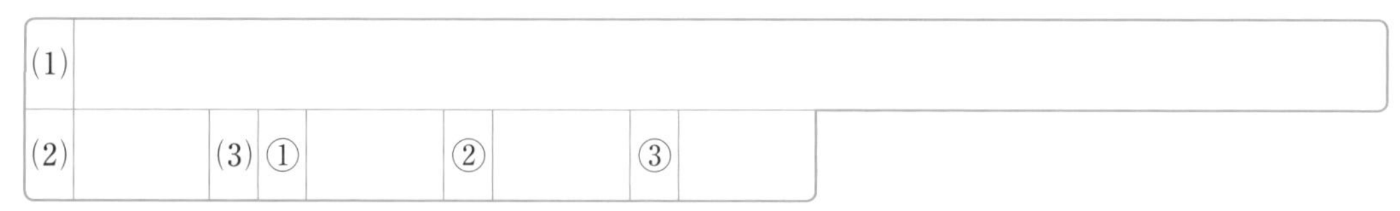

(1)						
(2)		(3) ①		②		③

よく出る **4** 棒磁石を使って，コイルの中の磁界を変化させた。次の問いに答えなさい。 3点×7（21点）

(1) コイルの中の磁界を変化させると電流が流れる。この現象を何というか。

(2) (1)で流れる電流を何というか。

(3) 右の図で，棒磁石のN極をコイルに近づけると，検流計の針が左に振れた。

① このとき，電流の向きはAとBのどちらか。

② 棒磁石のN極をコイルから遠ざけると，検流計の針は左右のどちらに振れるか。

③ 棒磁石のS極をコイルに近づけると，検流計の針は左右どちらに振れるか。

(4) 棒磁石を出し入れする速さを速くすると，検流計の針の振れ方はどうなるか。

(5) 棒磁石をコイルの中で動かさないと，検流計の針の振れ方はどうなるか。

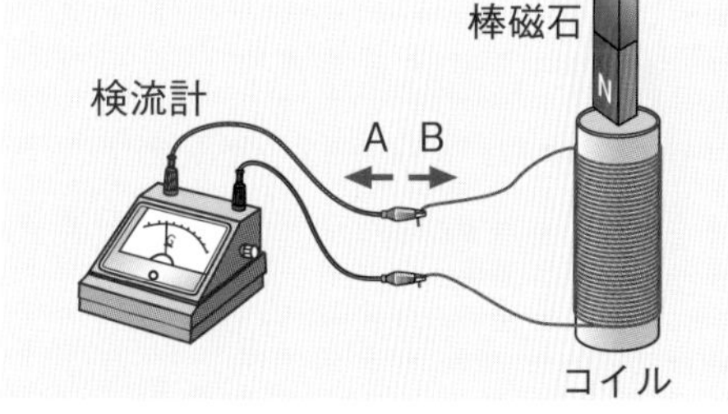

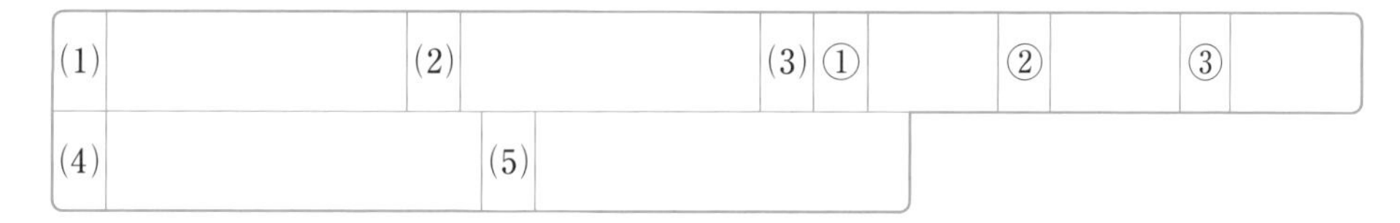

(1)		(2)		(3) ①		②		③	
(4)		(5)							

5 オシロスコープで調べた電流のようすについて，次の問いに答えなさい。 4点×3（12点）

(1) 図の㋐，㋑はそれぞれ交流と直流のどちらのようすか。

(2) コンセントからとり出す電流は，交流と直流のどちらか。

㋐

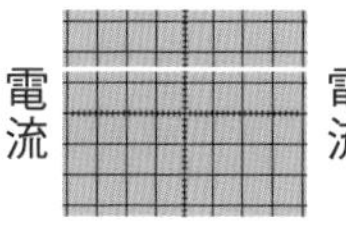

㋑

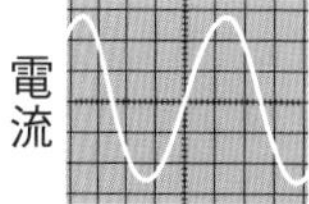

(1) ㋐		㋑		(2)	

解答 p.39

エネルギー 電流とその利用

1 電流のはたらきについて調べるため，次のような実験を行った。これについて，あとの問いに答えなさい。 7点×6（42点）

〈実験１〉 図１のように，電源，抵抗器P，電流計，電圧計，スイッチをつないだ。

〈実験２〉 図１のスイッチを入れて電流と電圧を測定したところ，電圧計は16Vを示し，電流計は図２のようになった。ただし，電流計の－端子には500mAを用いている。

〈実験３〉 図３のように，電圧計のかわりに電気抵抗の大きさが抵抗器Pの２倍である抵抗器Qをつないで，全体の電圧は変えずにスイッチを入れた。

〈実験４〉 図４のように，電流計のかわりにコイルをつなぎ，磁針を点aに置いてスイッチを入れた。

〈実験５〉 図５のように，コイルと棒磁石を用意し，棒磁石をコイルに近づけたり遠ざけたりすると，電流が流れた。

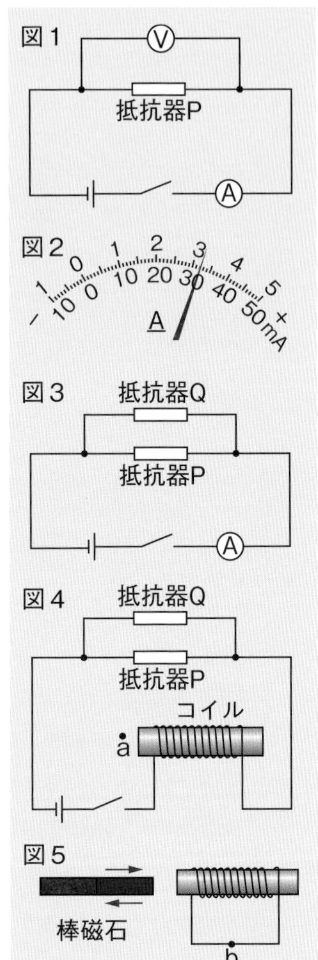

(1) 抵抗器Pの電気抵抗は何Ωか。

(2) **実験３**で，スイッチを入れたとき，電流計を流れる電流の大きさは何mAか。

(3) **実験４**で，スイッチを入れたとき，コイルに磁界ができた。点aに置いた磁針はどのようになるか。次の㋐～㋓から選びなさい。

(4) **実験４**で，抵抗器Qをはずしてスイッチを入れると，コイルの磁界はどのようになるか。次の**ア**～**ウ**から選びなさい。

ア 強くなる。 **イ** 弱くなる。 **ウ** 変わらない。

(5) **実験５**のように，磁石の動きによってコイルに電流が流れる現象を何というか。

(6) **実験５**で，棒磁石のN極をコイルに近づけると，点bを右向きに電流が流れた。次に，棒磁石の動かし方を変えたら，点bを左向きに電流が流れ，電流の大きさは大きくなった。どのような動かし方をしたか。次の**ア**～**エ**から選びなさい。

ア S極を速く近づけた。

イ S極をゆっくりと近づけた。

ウ S極を速く遠ざけた。

エ S極をゆっくりと遠ざけた。

1

(1)	
(2)	
(3)	
(4)	
(5)	
(6)	

直列回路と並列回路のちがい，オームの法則，電流と発熱の関係，電流と磁界の関係などを，しっかり理解しよう。

自分の得点まで色をぬろう!

かんばろう! もう一歩 合格!

0 60 80 100点

2》 2つのビーカーA，Bに同じ温度で同じ量の水を入れ，下の図のような回路をつくった。Aには電熱線M(6V－9W)，Bには電熱線N(6V－6W)をつけ，スイッチ1,2を入れて，6Vの電圧を加えて電流を流した。次の問いに答えなさい。 6点×5(30点)

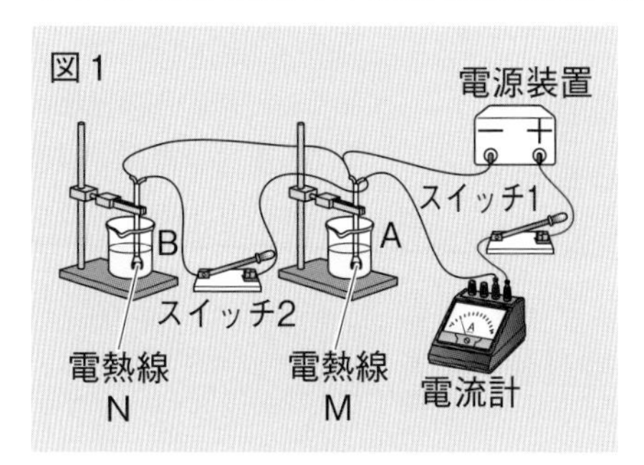

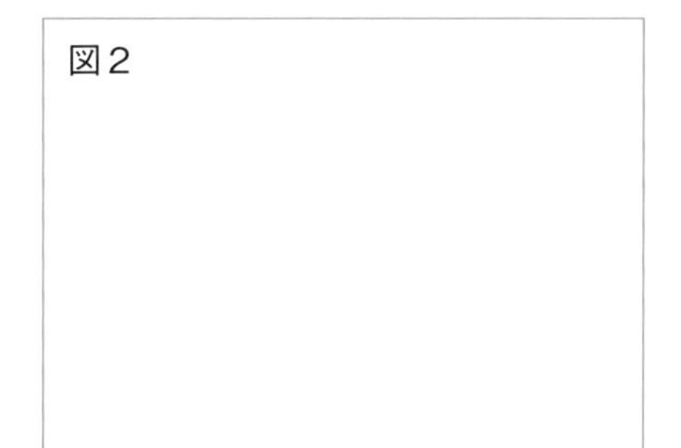

(1) 図1の回路の回路図を図2にかきなさい。

(2) 5分間電流を流すと水の温度がより高くなるのはA，Bのどちらか。ただし，電熱線で発生した熱は，すべて水の温度上昇に使われるものとする。

(3) このとき，電流計に流れる電流の大きさは何Aか。

(4) 電圧を6Vのままでスイッチ1だけを入れたとき，電流計に流れる電流の大きさは何Aか。

(5) 電熱線Mに1分間電流を流したときにAで発生する熱量は，(3)と(4)のどちらのときのほうが大きいか。

2》

(1)	図2に記入
(2)	
(3)	
(4)	
(5)	

3》 右の図のような装置をつくり，U字形磁石のN極を上，S極を下にして，N極がコイルに入るように置いた。コイルには電熱線A，Bを直列につなぎ，電源装置の電圧を4.0Vにしてスイッチを入れた。このとき，コイルは➡の方向に動き，電熱線Aに加わる電圧は2.4Vであった。次の問いに答えなさい。 7点×4(28点)

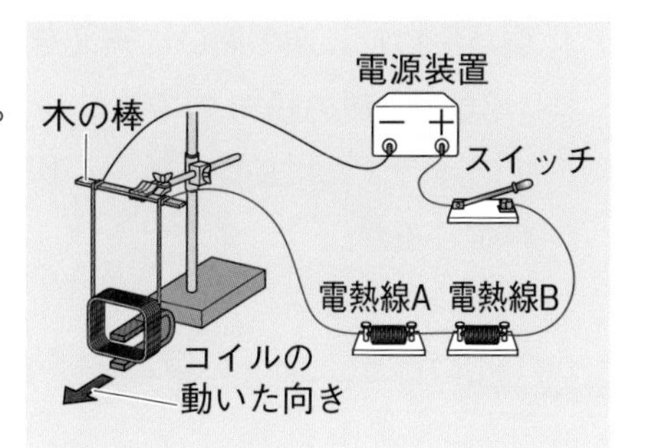

(1) スイッチを入れたとき，電熱線Bに加わる電圧は何Vか。

(2) 回路全体に流れる電流が200mAであったとき，電熱線Aの電気抵抗は何Ωか。

(3) (2)のとき，電熱線Bの電気抵抗は何Ωか。

(4) 電熱線AとBを並列につないで，電圧を変えずにスイッチを入れた。このとき，コイルの動き方は電熱線を直列につないだときと比べてどのようになるか。動く向きや大きさについて簡単に答えなさい。

3》

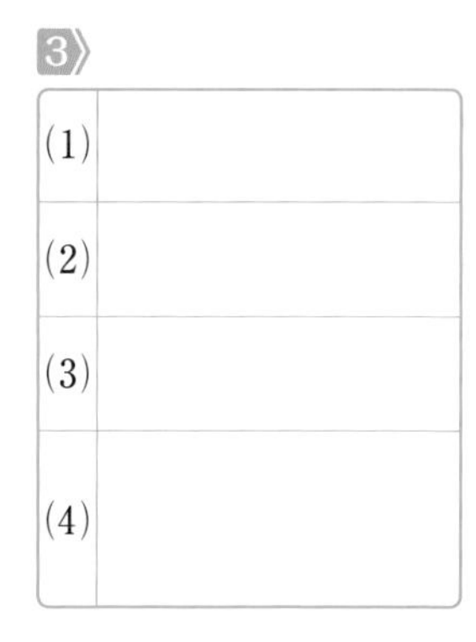

(1)	
(2)	
(3)	
(4)	

終わったら後ろの，3，7，8，9，13をやろう。

エネルギー

解答 p.40

プラスワーク 理科の力をのばそう

計算力UP 注意して計算してみよう！

1 **湿度と水蒸気** 右のグラフは，温度と1 m³の空気中にふくむことのできる水蒸気量との関係を表したもので，Aは10.7gの水蒸気をふくむ空気を表している。次の問いに答えなさい。

地球 2章
湿度は飽和水蒸気量に対する空気中の水蒸気量の割合であることから計算。

〔g/m³〕
水蒸気量
17.3
10.7
5.9
0
0 3 12 20
A
温度〔℃〕

(1) Aの空気1 m³中には，あと何gの水蒸気をふくむことができるか。

(　　　　　　　　)

(2) 20℃のAの空気の湿度は何％か。四捨五入して，整数で答えなさい。

(　　　　　　　　)

(3) Aの空気の温度が3℃まで下がったとき，生じる水滴は空気1 m³あたり何gか。

(　　　　　　　　)

(4) 湿度が100％の3℃の空気がある。この空気を20℃まであたためたとき，湿度は何％になるか。四捨五入して，整数で答えなさい。

(　　　　　　　　)

2 **銅の酸化と質量の変化** 右の図のように，4.0gの銅の粉末をステンレス皿に入れてじゅうぶんに加熱したところ，5.0gの酸化銅が生じた。次の問いに答えなさい。

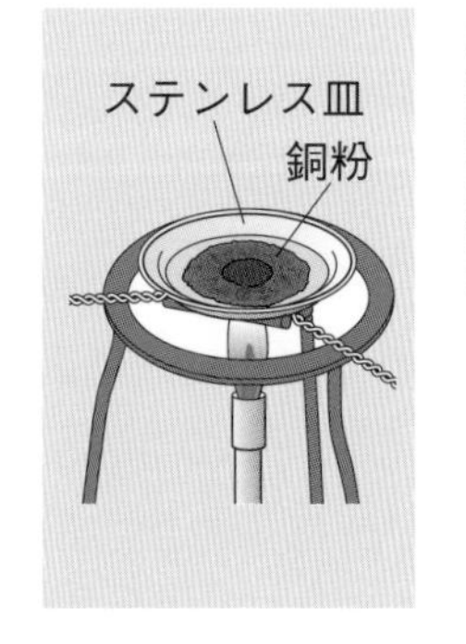

物質 4章
銅と酸素は，いつも一定の質量の割合で結びつくことから計算。

(1) 2.0 gの銅の粉末をステンレス皿に入れてじゅうぶんに加熱すると，何gの酸化銅が生じるか。

(　　　　　　　　)

(2) (1)のとき，2.0 gの銅と結びついた酸素の質量は何gか。

(　　　　　　　　)

(3) 同様に実験を行ったところ，7.5 gの酸化銅が生じた。このとき，銅と結びついた酸素は何gか。

(　　　　　　　　)

(4) 同様に実験を行ったところ，8.0 gの酸化銅が生じた。このとき，はじめにステンレス皿に入れた銅の粉末は何gか。

(　　　　　　　　)

(5) 酸化銅は，銅と酸素が約何：何の質量の比で結びついているか。

銅：酸素＝(　　　　　　　　)

3 **電流と電圧の関係** 電熱線A，Bをつなぎ，下の図1のような回路をつくった。この回路に9.0 Vの電圧を加えたところ，電流計㋐は0.5 Aを示し，電流計㋑は0.2 Aを示した。また，図2のように電熱線AとBを直列につないだ回路をつくり，この回路に電圧を加えると，0.4 Aの電流が流れた。これについて，次の問いに答えなさい。

エネルギー 1章
オームの法則を利用する。発熱量や消費電力の公式を用いる。

(1) 図1で，電熱線Aの電気抵抗は何Ωか。
( )

(2) 図1で，電熱線Bを流れる電流は何Aか。
( )

(3) 図1で，電熱線Bに加わる電圧は何Vか。
( )

(4) 図1で，電熱線Bの電気抵抗は何Ωか。
( )

(5) 図1の回路全体の電気抵抗は何Ωか。
( )

(6) 図1で，電熱線A，Bに電流を5分間流したときに発生する熱量は，それぞれ何Jか。
A( )
B( )

(7) 図2で，電熱線A，Bに加わる電圧はそれぞれ何Vか。
A( )
B( )

(8) 図1の電熱線A，B，図2の電熱線A，Bの消費電力はそれぞれ何Wか。

図1

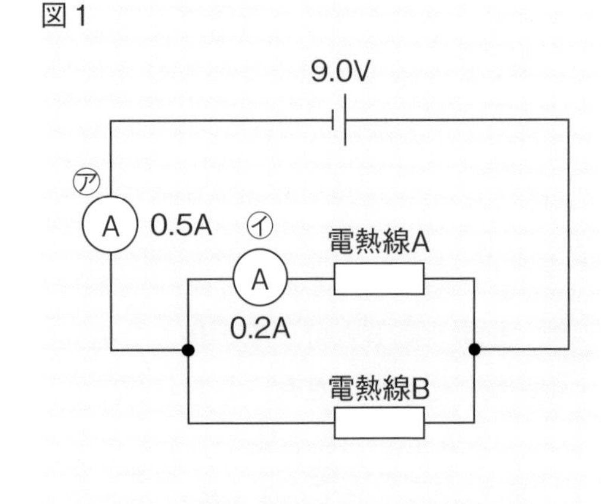

図2

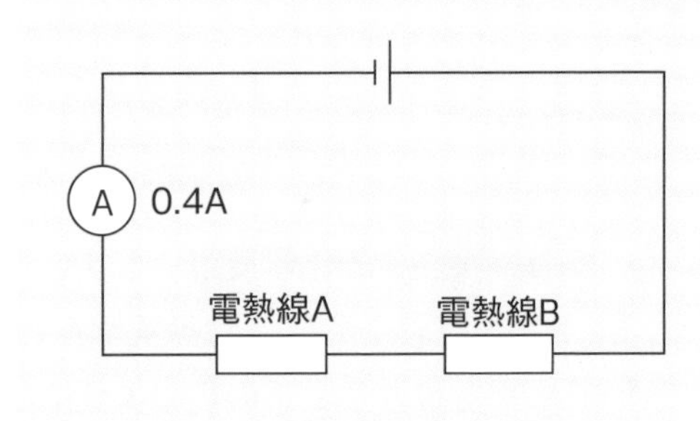

図1のA( )
B( )
図2のA( )
B( )

(9) 図1の電熱線Aを，電気抵抗のわからない電熱線Pにかえた。すると，電流計㋐は0.45 Aを示した。電熱線Pの電気抵抗は何Ωか。
( )

図1の回路は電熱線を並列に，図2の回路は電熱線を直列につないでいるよ。

プラスワーク

作図力UP よく考えてかいてみよう！

4 **天気図** 右の図1は，ある日の日本付近の天気図を表したものである。点Xにある低気圧はX－Y方向に寒冷前線，X－Z方向に温暖前線をともなっている。右の図2に前線を表す記号をかきなさい。

図1

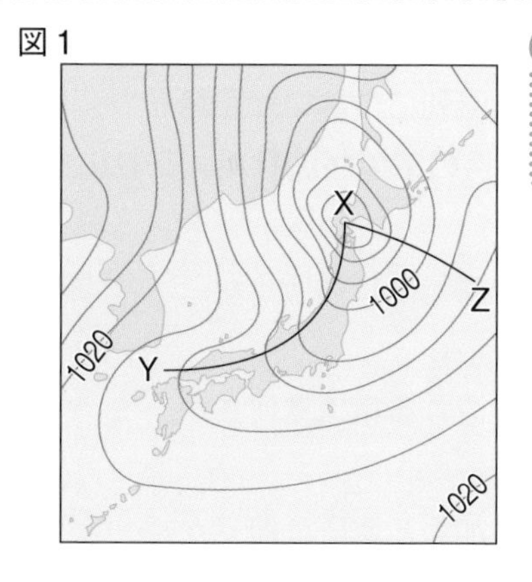

図2

X

Y

Z

地球 3章

天気記号は寒冷前線が▼，温暖前線が◓。

5 **化学反応式と分子モデル** 2種類の原子Ⓐ，Ⓑが結びついた化合物が化学反応を起こした。化学反応式が

$$2A_2B \rightarrow 4A + B_2$$

と表せるとき，その反応後の分子モデルをⒶ，Ⓑを用いて右の図にかきなさい。

ⒶⒷⒶ
ⒶⒷⒶ →

物質 2章

化学式の4Aとは，反応後のAが分子にならないことを表している。

6 **気体が発生する化学反応** うすい塩酸に炭酸水素ナトリウム1.0gを加え気体を発生させる実験を行った。反応の前後で装置全体の質量をはかると下の表のようになった。さらに，塩酸の量は変えずに，炭酸水素ナトリウムを2.0～6.0gに変えて実験すると下の表の結果になった。発生した気体の質量を表すグラフを右の図にかきなさい。

物質 4章

塩酸の量が一定なので，ある量以上はとけなくなる。

炭酸水素ナトリウム〔g〕	1.0	2.0	3.0
反応前〔g〕	96.0	97.0	98.0
反応後〔g〕	95.5	96.0	96.5
炭酸水素ナトリウム〔g〕	4.0	5.0	6.0
反応前〔g〕	99.0	100.0	101.0
反応後〔g〕	97.4	98.4	99.4

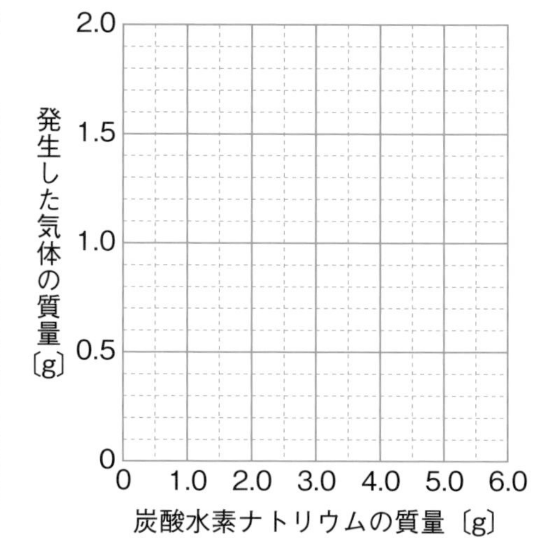

7 **並列回路** 図１は電熱線Ａ，Ｂを並列につなぎ，回路全体に加わる電圧と電流の大きさをはかろうとしているところである。正しく実験できるように，図１に導線を記入し，図２にその回路図をかきなさい。

エネルギー １章
電流計と電圧計のつなぎ方に注意。実体配線図は直線でなくてもよい。

図１

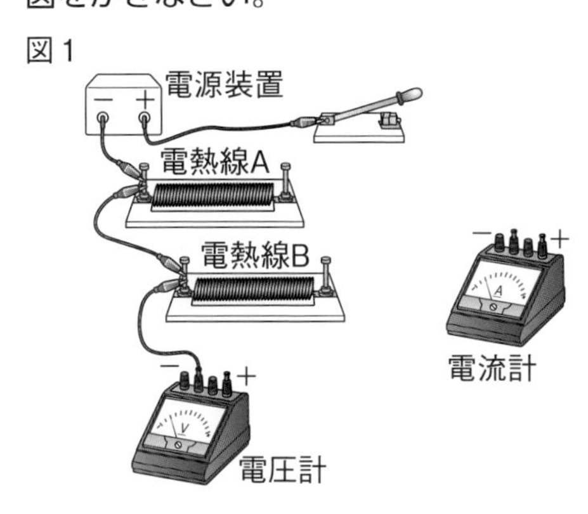

8 **電流と電圧** 電熱線Ａ，Ｂにいろいろな大きさの電圧を加え，流れる電流の大きさをはかった。下の図１は，その結果を表したものである。この電熱線Ａ，Ｂを直列につないだとき，回路全体に加わる電圧と電流の大きさの関係はどのようになるか。下の図２にグラフで表しなさい。

エネルギー １章
それぞれの電気抵抗の大きさを求めてから，直列につないだときの電気抵抗を考える。

図１

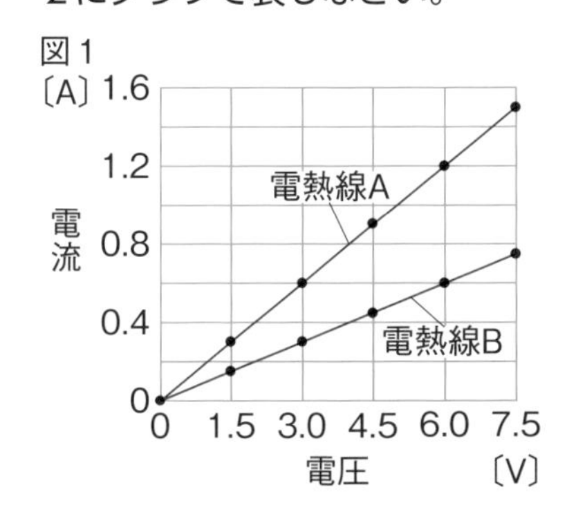

図２

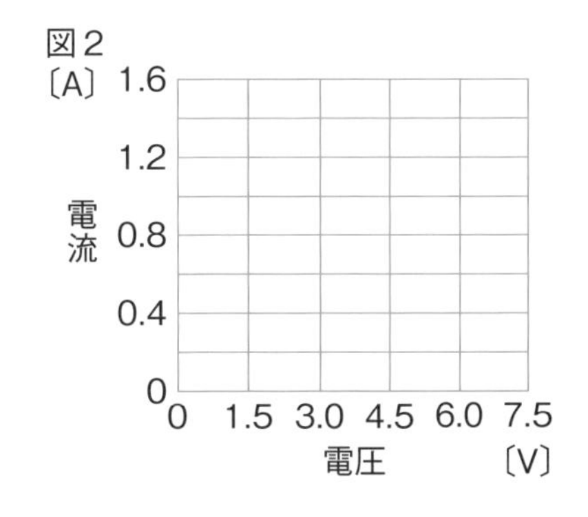

9 **電流のつくる磁界** 右の図のようなコイルに，図の向きに電流を流したとき，Ａ～Ｄに置いた方位磁針のＮ極はどちらに向くか。図２の○の中に矢印で示しなさい。

図１

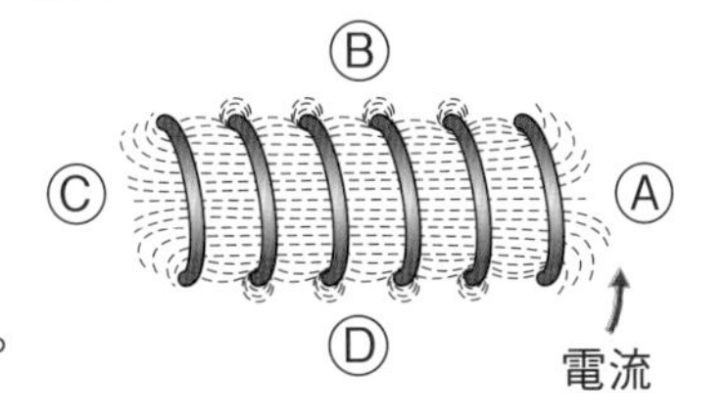

エネルギー ３章
コイルのまわりの磁界の向きは右手の親指の方向がＮ極になる。

図２

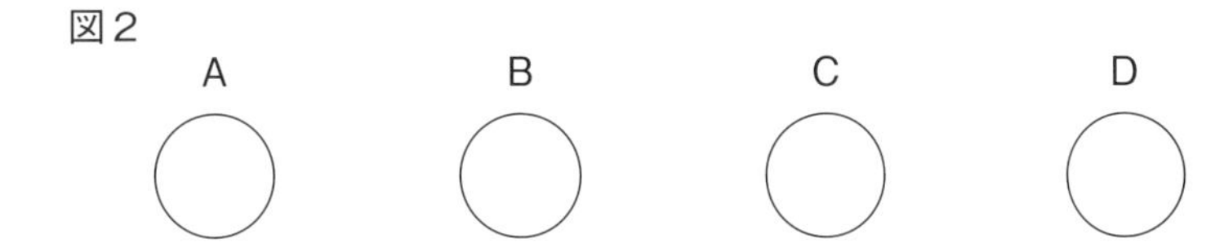

プラスワーク

記述力UP 自分の言葉で表現してみよう！

10 **酸素の循環** ヒトの体の中での酸素の循環について，次の問いに答えなさい。

> **生命** 3章
> 酸素の多いところとは肺，少ないところは酸素を必要とする細胞。

(1) とりこんだ酸素を体のすみずみまで送っているのが，赤血球にふくまれるヘモグロビンである。ヘモグロビンは酸素の多いところと少ないところでちがうはたらきをする。そのはたらきのちがいを簡単に答えなさい。

(　　　　　　　　　　　　　　　　)

(2) 運動をすると呼吸が早くなり，心臓の拍動が多くなるのはなぜか。簡単に答えなさい。

(　　　　　　　　　　　　　　　　)

11 **雲のでき方** 地表付近の空気は，どのように動いて雲になるか。そのしくみを，露点という言葉を使って簡単に答えなさい。

> **地球** 2章
> 空気はまわりの気圧によって，膨張したり圧縮されたりする。

(　　　　　　　　　　　　　　　　)

12 **化学反応による気体の発生** 化学反応による気体の発生について，次の問いに答えなさい。

> **物質** 1章
> においが強い気体(塩素やアンモニアなど)は，有毒な場合が多い。

(1) 発生した気体が何かわからないとき，においを調べる場合の適切な方法を簡単に答えなさい。

(　　　　　　　　　　　　　　　　)

(2) 発生した気体を水上置換法(すいじょうちかんほう)で試験管に集めるとき，最初に集めた試験管内の気体は使わない。その理由を簡単に答えなさい。

(　　　　　　　　　　　　　　　　)

13 **電流と磁界** 電流が磁界から受ける力を利用したものに，モーターがある。右の図は，直流用のモーターのしくみを表している。整流子はコイルを一定の方向に回し続けるうえでどのようなはたらきをするか，簡単に答えなさい。

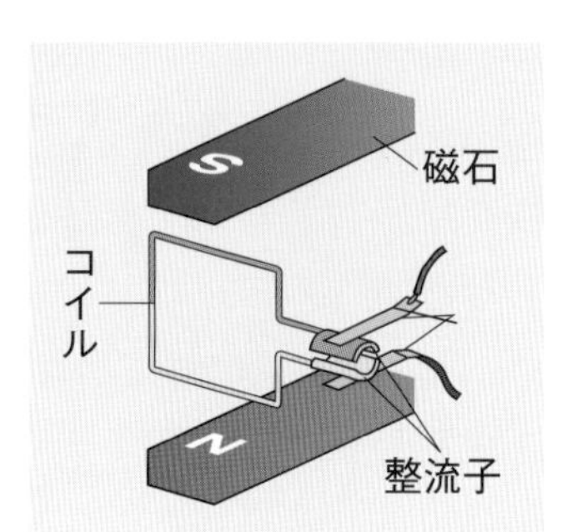

> **エネルギー** 3章
> 整流子のはたらきにより，半回転ごとに何が変化するかに着目。

(　　　　　　　　　　　　　　　　)

定期テスト対策

得点アップ！予想問題

1 この「**予想問題**」で実力を確かめよう！

2 「**解答と解説**」で答え合わせをしよう！

3 わからなかった問題は戻って復習しよう！

この本での学習ページ

スキマ時間でポイントを確認！
別冊「**スピードチェック**」も使おう

●予想問題の構成

回数	教科書ページ	教科書の内容	この本での学習ページ
第1回	2〜32	1章　生物の体をつくるもの 2章　植物の体のつくりとはたらき	2〜19
第2回	33〜69	3章　動物の体のつくりとはたらき 4章　動物の行動のしくみ	20〜41
第3回	70〜94	1章　地球をとり巻く大気のようす 2章　大気中の水の変化	42〜55
第4回	95〜135	3章　天気の変化と大気の動き 4章　大気の動きと日本の四季	56〜69
第5回	140〜173	1章　物質の成り立ち 2章　物質の表し方	70〜83
第6回	174〜211	3章　さまざまな化学変化 4章　化学変化と物質の質量	84〜101
第7回	212〜289	1章　電流の性質 2章　電流の正体 3章　電流と磁界	102〜131

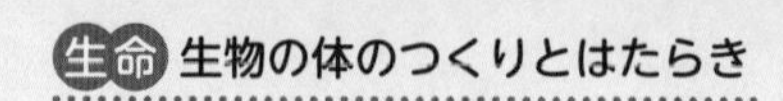

第1回 予想問題

1章　生物の体をつくるもの
2章　植物の体のつくりとはたらき

1 タマネギの表皮の細胞とヒトのほおの内側の細胞を顕微鏡で観察した。　2点×13(26点)

(1)　ヒトのほおの内側の細胞は，右図の㋐，㋑のどちらか。

(2)　右図のAのつくりを何というか。

(3)　右図のAの部分を観察しやすくするために用いる染色液は何か。

(4)　右図の２つの細胞に共通するつくりはAと何か。

(5)　右図のタマネギの表皮の細胞に見られ，ヒトのほおの内側の細胞には見られないつくりは何か。

(6)　(5)は，植物の体でどのようなはたらきをしているか。次のア，イから選びなさい。

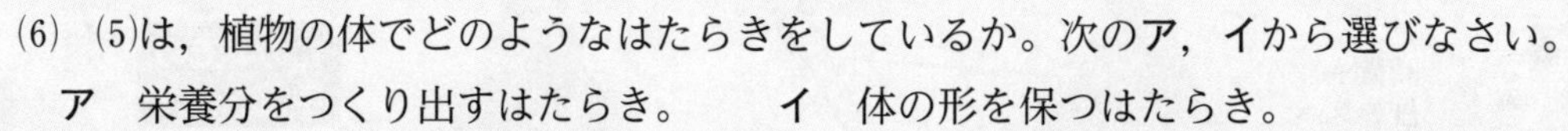

ア　栄養分をつくり出すはたらき。　　イ　体の形を保つはたらき。

(7)　タマネギやヒトのように，多くの細胞で体がつくられている生物を何というか。

(8)　(7)とちがい，１つの細胞で体がつくられている生物を何というか。

(9)　次の文の(　)にあてはまる言葉を答えなさい。

> 生物の体は，細胞が集まって(①)になり，①が集まって(②)になり，②が集まって１つの個体をつくっている。

(10)　右図のa，bにあてはまる言葉を答えなさい。また，このようなしくみを何というか。

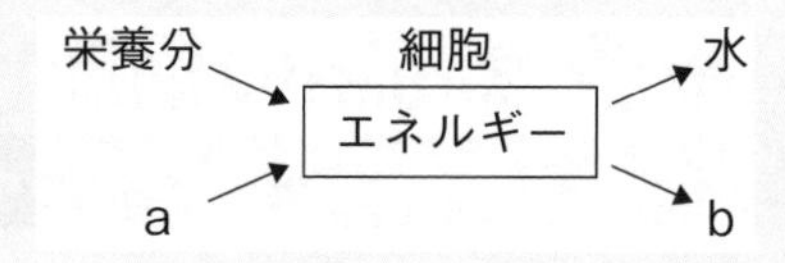

(1)		(2)		(3)		(4)		(5)	
(6)		(7)		(8)		(9) ①		②	
(10) a		b		しくみ					

2 根のつくりとはたらきについて，次の問いに答えなさい。　4点×6(24点)

(1)　トウモロコシの根のようすを表しているのは，図の㋐，㋑のどちらか。

(2)　図のA～Cをそれぞれ何というか。

(3)　根の先端近くに多くはえている，小さな毛のようなものを何というか。

(4)　(3)のつくりがある利点は何か。「表面積」という言葉を使って答えなさい。

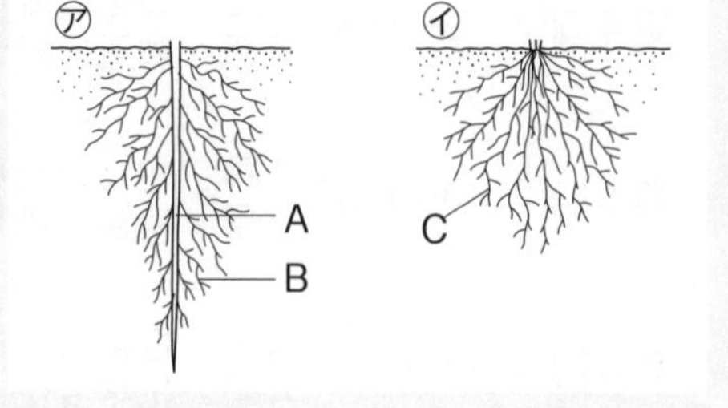

(1)		(2) A		B		C	
(3)		(4)					

3 茎と葉のつくりとはたらきについて，次の問いに答えなさい。 2点×9（18点）

(1) 根から吸収した水や水にとけた養分は，茎の㋐〜㋓のどの部分を通るか。また，葉の㋕と㋖のどちらの部分を通るか。

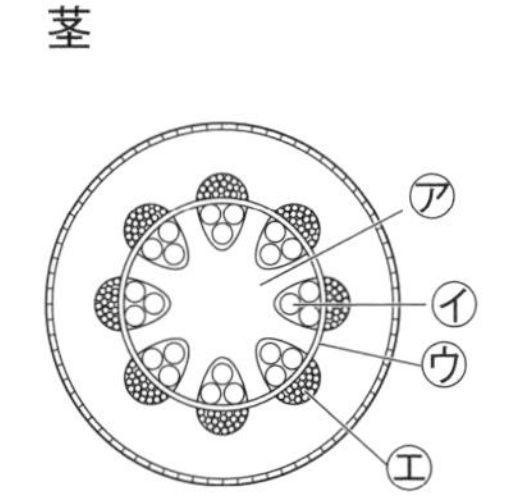

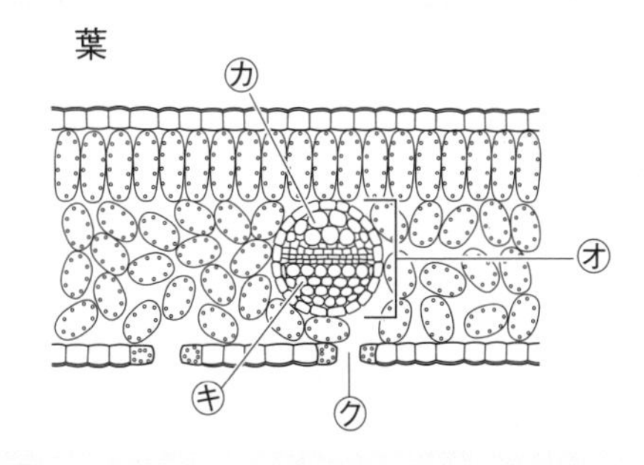

(2) 葉でつくられた栄養分は茎の㋐〜㋓のどの部分を通るか。また，葉の㋕と㋖のどちらの部分を通るか。

(3) (1)の部分を何というか。

(4) (2)の部分を何というか。

(5) (3)，(4)が集まってつくる束（葉の㋔）を何というか。

(6) 葉の㋗のすき間を何というか。

(7) (6)から出入りする気体は，酸素と何か。

(8) (6)から出ていく気体は何か。

(9) 多くの植物で昼にさかんに行われている，体から(8)が出ていくはたらきを何というか。

(1)		(2)		(3)		(4)		(5)	
(6)		(7)				(8)		(9)	

4 右の図は，植物の葉で行われている光合成を模式的に表したものである。これについて，次の問いに答えなさい。 4点×8（32点）

(1) 光合成は，細胞のどこで行われているか。

(2) 光合成の原料となる㋐，㋑は何か。

(3) ２本の試験管に息をふきこみ，１本には植物の葉を入れて，光に当てた。しばらくして，２本の試験管にある液体を入れてよく振ると，葉を入れない試験管だけ白くにごった。この液体は何か。

光
㋐ + ㋑ → デンプンなど + ㋒
空気中から　空気中へ

(4) 光合成の結果できる㋒は何か。

(5) 植物の光合成と呼吸について，次の**ア**〜**カ**から正しいものを３つ選びなさい。

ア 光合成は昼も夜も行われている。　**イ** 光合成はおもに昼に行われている。

ウ 光合成はおもに葉で行われている。　**エ** 光合成は葉，茎，根のすべてで行われている。

オ 呼吸は昼は行われず，夜のみ行われている。　**カ** 呼吸は１日中行われている。

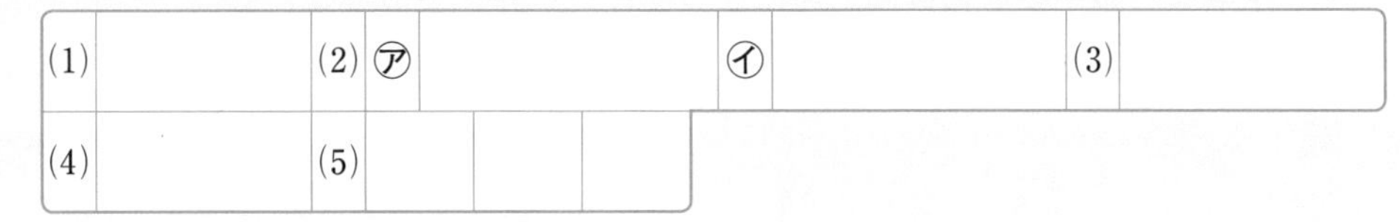

(1)		(2) ㋐		㋑		(3)	
(4)		(5)					

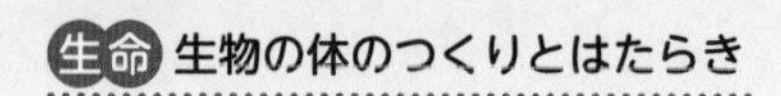

第2回 予想問題

3章 動物の体のつくりとはたらき
4章 動物の行動のしくみ

1 右の図は，小腸の壁を拡大して模式的に表したものである。　2点×7（14点）

⑴　図の突起を何というか。

⑵　この突起にはどのような利点があるか。簡単に答えなさい。

⑶　図の㋐の管を何というか。

⑷　図の㋑の管を何というか。

⑸　図の㋑の管から吸収される無機物以外の物質を２つ答えなさい。

⑹　⑸の物質は，何という器官に運ばれるか。

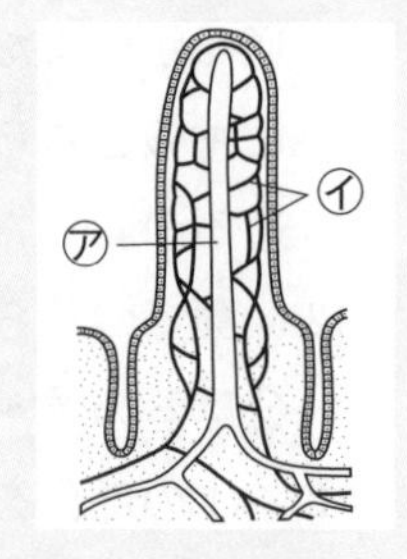

⑴		⑵					
⑶		⑷		⑸			⑹

2 肺による呼吸について，次の問いに答えなさい。　2点×4（8点）

⑴　鼻や口から吸いこんだ空気は，何を通って肺に入るか。

⑵　⑴が肺に入って枝分かれした管を何というか。

⑶　⑵の先についている右の図のような小さな袋を何というか。

⑷　⑶をとり囲んでいる血管を何というか。

⑴		⑵		⑶		⑷	

3 右の図は毛細血管と細胞を表したものである。次の問いに答えなさい。　2点×9（18点）

⑴　細胞のまわりを満たし，物質のやりとりのなかだちをする液体を何というか。

⑵　⑴の液体は，血液の何という成分が毛細血管からしみ出したものか。

⑶　㋐酸素を運ぶ図のAと，㋑その成分を何というか。

⑷　図の①⟶，②‐‐‐‐▸で毛細血管と細胞の間を出入りするものを，次のア〜エからすべて選びなさい。

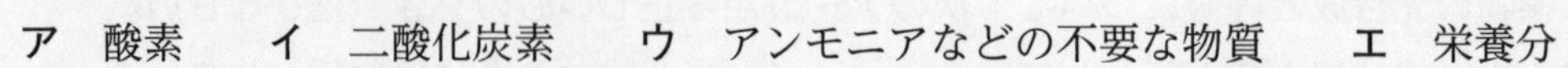

ア　酸素　　イ　二酸化炭素　　ウ　アンモニアなどの不要な物質　　エ　栄養分

⑸　尿素は，有害な何という物質をつくり変えたものか。

⑹　尿素などの不要な物質を血液中からこし出す器官を何というか。

⑺　尿素などの不要な物質は，何になって体外に排出されるか。

⑴		⑵		⑶	㋐		㋑	
⑷	①		②		⑸	⑹		⑺

4 ヒトの血液の流れを模式的に表した右の図について，次の問いに答えなさい。 3点×12(36点)

(1) A～Dの器官の名称をそれぞれ答えなさい。

(2) 図のa，b，c，gのうち，動脈血が流れているものをすべて選びなさい。

(3) 図のc，gを流れる道すじを何というか。

(4) 図のgの血管には，cにはない構造がついている。それは何で，どういう役目をはたしているかを簡単に答えなさい。

(5) 血管gで器官Bにもどってきた血液が入るのは，Bの中の何という部分か。

(6) 次の①～④は，図のa～fのどの血管を流れる血液か。

① 栄養分がもっとも多い　② 酸素がもっとも多い

③ 二酸化炭素がもっとも多い　④ 尿素がもっとも少ない

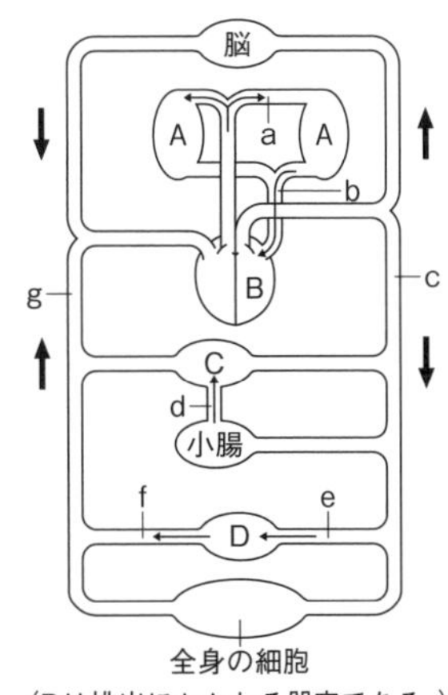

(Dは排出にかかわる器官である。)

(1)	A		B		C		D		(2)	
(3)		(4)								
(5)		(6)	①		②		③		④	

5 右の図1は，ヒトの目のつくりを，図2は，ヒトの刺激の信号が伝わるしくみを表したものである。これについて，次の問いに答えなさい。 2点×12(24点)

(1) 目のように，刺激を受けとる器官を何というか。

(2) 図1で，光の刺激を受けとる部分はどこか。㋐～㋕から選び，その名称を答えなさい。

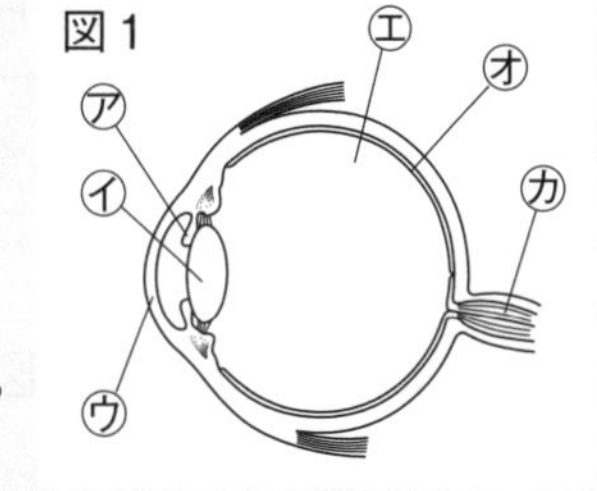
図1

(3) 光の信号を伝える神経はどこか。図の㋐～㋕から選び，その名称を答えなさい。

(4) 図2で，㋒と㋓，㋒と㋔をつないでいる神経をそれぞれ何というか。

(5) (4)の神経を，まとめて何というか。

(6) 脳と脊髄をまとめて何というか。

(7) 熱いものに手がふれると思わず引っこめるように，無意識に起こる反応を何というか。

(8) (7)の刺激を受けてから反応するまでの信号の伝わり方を，図2の㋐～㋔の記号を用いて㋐→㋑→㋒のように表しなさい。

(9) (7)はどのようなことに役立っているか。簡単に答えなさい。

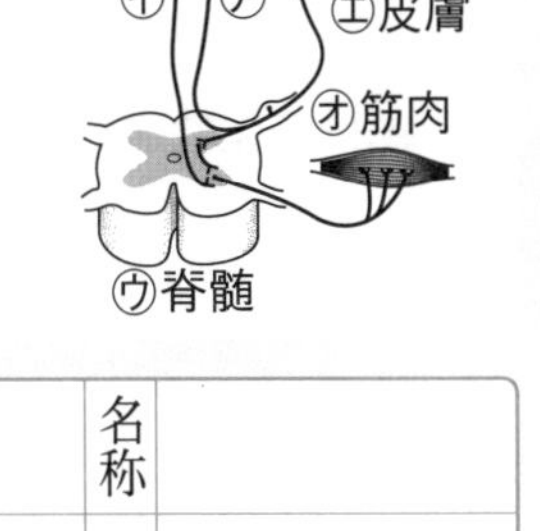
図2

(1)		(2)	記号		名称		(3)	記号		名称	
(4)	㋒と㋓		㋒と㋔			(5)			(6)		
(7)		(8)				(9)					

1章　地球をとり巻く大気のようす
2章　大気中の水の変化

解答 p.45

/100

1 重さが同じ1辺5cmの立方体と，底面が4cmの正方形で高さ6cmの直方体がある。100gの物体にはたらく重力の大きさを1Nとしたとき，次の問いに答えなさい。

5点×3（15点）

(1) 立方体から床にはたらく圧力が800Paのとき，この物体の質量は何gか。
(2) 直方体から床にはたらく圧力を，単位をつけて答えなさい。
(3) 重さが同じ立方体と直方体で，床にはたらく圧力がちがうのはなぜか。簡単に答えなさい。

(1)		(2)		(3)	

2 気圧について述べた次の文の～～部分が正しければ○をつけ，まちがっていれば正しい言葉に直しなさい。

5点×4（20点）

(1) 単位はhPa(ヘクトパスカル)で，1hPaは，1m^2あたり1Nの力がはたらいていることを表している。
(2) 気圧が1000hPaより高いところを高気圧，これより低いところを低気圧という。
(3) 気圧は空気にはたらく重力によって生じるので，標高が高くなるほど気圧は低くなる。
(4) 高気圧では周囲から風が吹きこむので，中心で上昇気流が生じ，雲が発生することが多い。

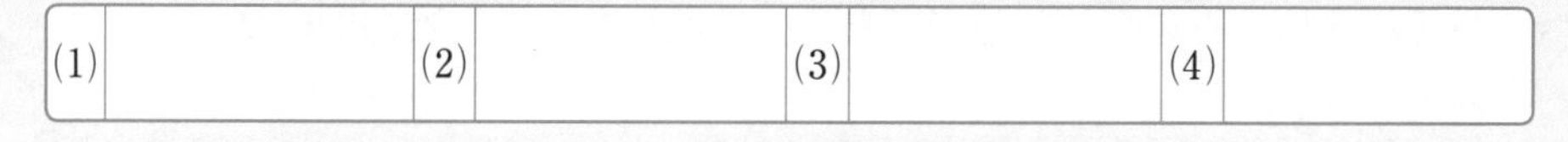

(1)		(2)		(3)		(4)	

3 乾湿計の示度が右の図のようになっているとき，次の問いに答えなさい。

5点×3（15点）

(1) 図の①，②のどちらが乾球温度計か。
(2) このときの湿度は何%か。
(3) 乾球温度計と湿球温度計の示度にはなぜ差があるのか。簡単に答えなさい。

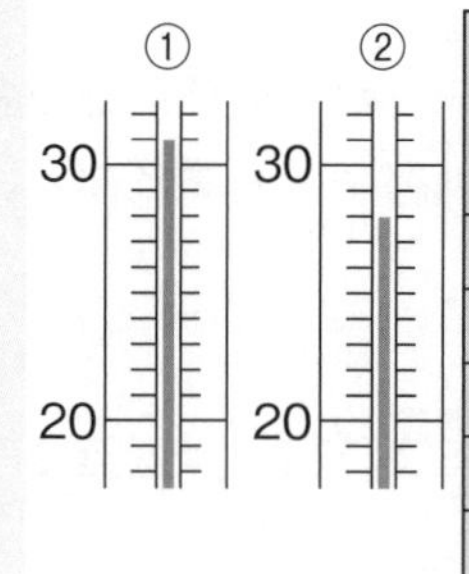

乾球温度計の示度（目もりの読み）〔℃〕	乾球温度計と湿球温度計との示度（目もりの読み）の差〔℃〕										
	0.0	0.5	1.0	1.5	2.0	2.5	3.0	3.5	4.0	4.5	5.0
32	100	96	93	89	86	82	79	76	73	70	66
31	100	96	93	89	86	82	79	75	72	69	66
30	100	96	92	89	85	82	78	75	72	68	65
29	100	96	92	89	85	81	78	74	71	68	64
28	100	96	92	88	85	81	77	74	70	67	64
27	100	96	92	88	84	81	77	73	70	66	63
26	100	96	92	88	84	80	76	73	69	65	62
25	100	96	92	88	84	80	76	72	68	65	61

(1)		(2)	
(3)			

4 右の図のような装置を用意し，フラスコ内に線香のけむりと水を少量入れて実験１，実験２を行った。これについて，あとの問いに答えなさい。　5点×4（20点）

〈**実験１**〉ピストンをすばやく引く。
〈**実験２**〉ピストンを押して空気を入れる。

(1) 実験１で，ピストンを引くと，フラスコ内にはどのような変化が起こるか。

(2) 実験１で，フラスコ内の温度は，ピストンを引く前と比べてどのように変化するか。

(3) 実験２で，フラスコ内の温度は，ピストンを押す前と比べてどのように変化するか。

(4) 地表近くの空気が冷やされて，水蒸気が水滴となって発生するものを何というか。

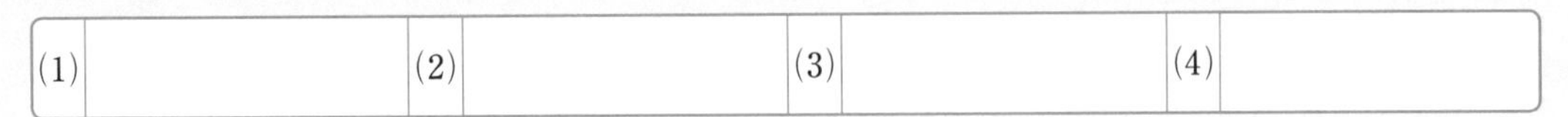

5 右の図の山の麓A点にある空気のかたまりが上昇し，途中で雨を降らせながら，山をこえてB点までふきおりた。A点は気温16℃，湿度50%だった。これについて，次の問いに答えなさい。　5点×6（30点）

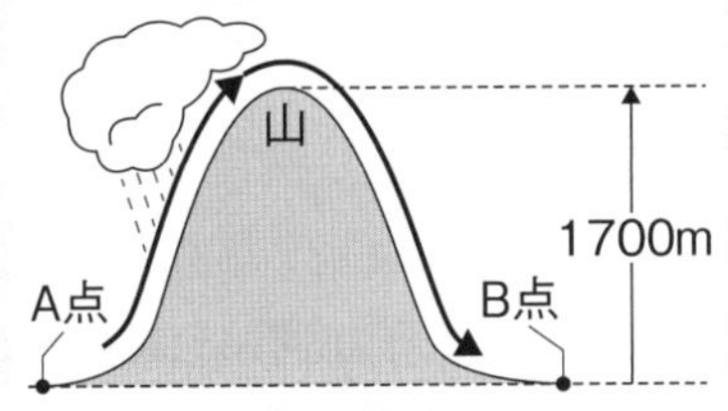

気温〔℃〕	飽和水蒸気量〔g/m³〕
1	5.2
2	5.6
3	6.0
4	6.4
5	6.8
6	7.3
7	7.8
8	8.3
9	8.8
10	9.4
11	10.0
12	10.7
13	11.4
14	12.1
15	12.8
16	13.6
17	14.5
18	15.4
19	16.3
20	17.3

(1) 山頂の気温は2℃だった。なぜ山頂の気温が麓の気温より低いのか。「大気圧」や「空気の体積」という言葉をふくめて簡単に答えなさい。

(2) 空気のかたまりが，水滴に変化しはじめる温度を何というか。またこの場合は何℃かを表から求めなさい。

(3) A点の空気のかたまりが(2)の温度に達するのは，標高何mか。ただし，気温は100m上昇するごとに1℃下がるものとする。

(4) 山頂を越えた2℃の空気のかたまりが，B点までふきおりたとき，温度は何℃になるか。ただし，気温は100m下がるごとに1℃上がるものとする。

(5) (4)の空気のかたまりがB点まで吹きおりたとき，湿度は何%か。小数点以下を四捨五入して整数で答えなさい。

(1)							
(2)	℃	(3)		(4)		(5)	

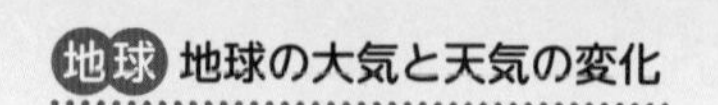

第4回 予想問題　3章 天気の変化と大気の動き　4章 大気の動きと日本の四季

1 右の図は，日本付近の気圧配置である。これについて，次の問いに答えなさい。

3点×9（27点）

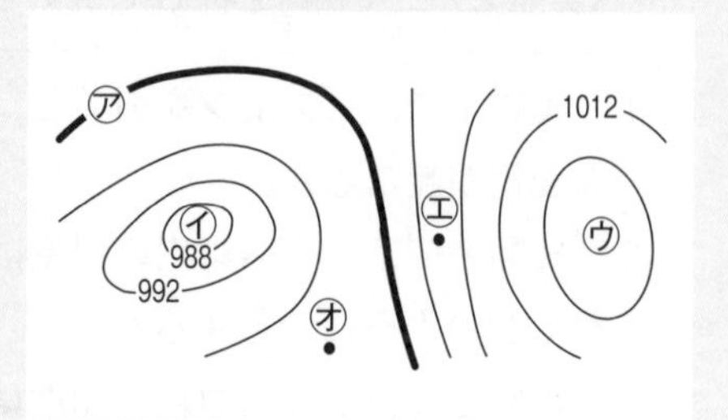

(1) 図にかかれている曲線を何というか。

(2) ㋐の線で示される気圧の値を答えなさい。

(3) 図の細い線の気圧の間隔はいくつか。

(4) 高気圧，低気圧の中心を㋐～㋔から選びなさい。

(5) 上昇気流が生じていると考えられる地点を，㋐～㋔から選びなさい。

(6) ㋑と㋒付近での風のふき方にもっとも近いのは，それぞれ次のA～Dのどれか。

(7) 図の㋓と㋔で，風が強いと考えられるのはどちらか。

(1)		(2)		(3)		(4)	高気圧		低気圧	
(5)		(6)	㋑		㋒		(7)			

2 右の図は，日本のある地点を低気圧が通過したときの気象観測の記録の一部である。次の問いに答えなさい。

3点×6（18点）

(1) 前線が通過したと考えられる時刻は何時から何時か。

(2) (1)の前線の通過で，天気や風向はどのように変わったか。簡単に答えなさい。

(3) このとき通過した前線の名称を答えなさい。

(4) (3)の前線付近に発達する雲の名称を答えなさい。

(5) (4)による降水として正しいものを，次のア，イから選びなさい。

ア　短い時間，せまい範囲で強い雨が降る。　イ　長い時間，広い範囲で弱い雨が降る。

(6) (3)の前線付近の寒気と暖気のようすを，次の㋐～㋓から選びなさい。

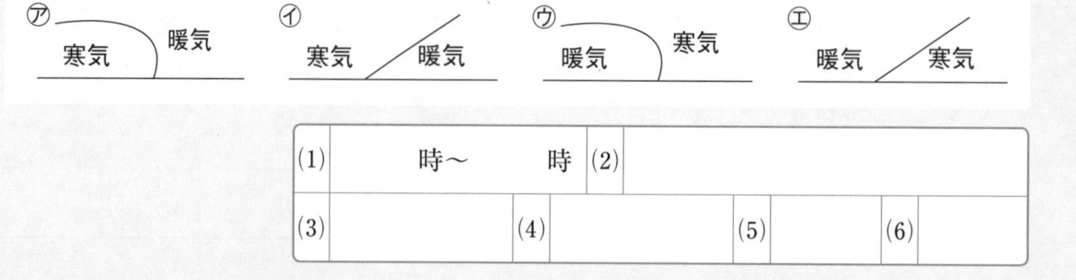

(1)	時～　時	(2)			
(3)		(4)		(5)		(6)	

3 右の図は，ある日の日本付近における気圧配置を示したものである。これについて，次の問いに答えなさい。

3点×13(39点)

(1) この天気図から考えられる日本の季節を答えなさい。

(2) 図のような気圧配置を何というか。

(3) 図のような気圧配置のときに大陸で発達している気団名を答えなさい。

(4) 図の㋐の前線名を答えなさい。

(5) 図の地点㋑での天気，気圧をそれぞれ答えなさい。

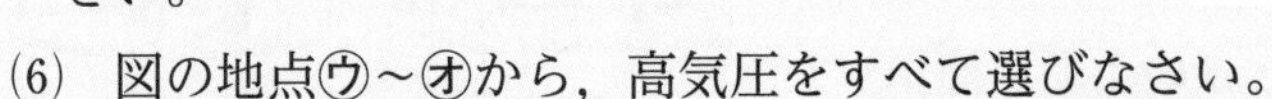

(6) 図の地点㋒～㋔から，高気圧をすべて選びなさい。

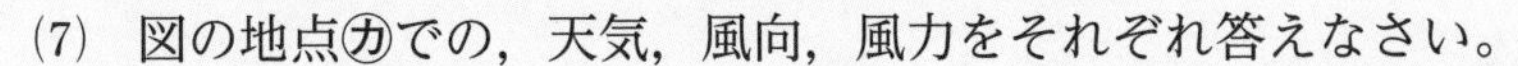

(7) 図の地点㋕での，天気，風向，風力をそれぞれ答えなさい。

(8) 次の文の①，②にあてはまる方角(4方位)，③にあてはまる言葉を答えなさい。

日本付近の天気は，ふつう(①)から(②)へと移り変わる。これは，日本付近の上空を(③)という風が1年中ふいているからである。

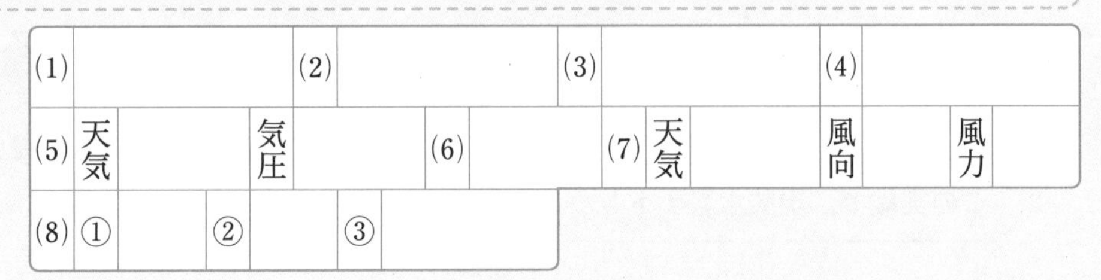

(1)		(2)		(3)		(4)			
(5)	天気		気圧		(6)		(7) 天気	風向	風力
(8)	①		②		③				

4 A～Dが日本の春，梅雨，夏，冬のどの季節の天気図かを答えなさい。また，次のア～エから，それぞれの季節の特徴を1つ選びなさい。

2点×8(16点)

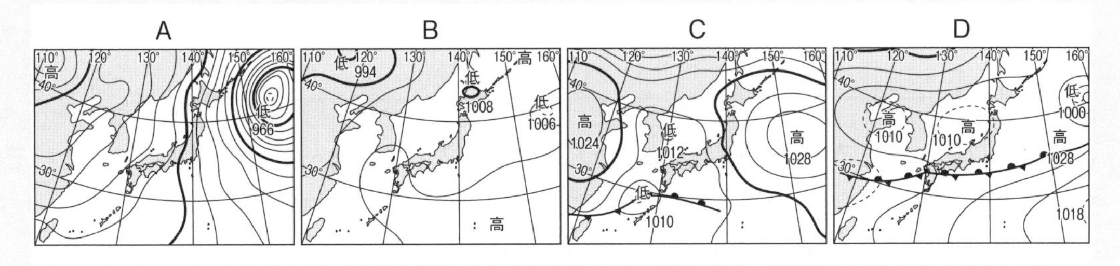

ア 太平洋高気圧が勢力を増し，日本の広範囲をおおうようになる。

イ 湿った気団の間に停滞前線ができて，雨やくもりの日が多くなる。

ウ 低気圧と高気圧が次々に日本列島付近を通るため，同じ天気が長く続かない。

エ 大陸にある高気圧から北西の季節風が吹く。

A	季節		特徴		B	季節		特徴	
C	季節		特徴		D	季節		特徴	

第5回 予想問題

1章　物質の成り立ち
2章　物質の表し方

1 炭酸水素ナトリウムを試験管に入れ，右の図のように加熱した。

3点×9（27点）

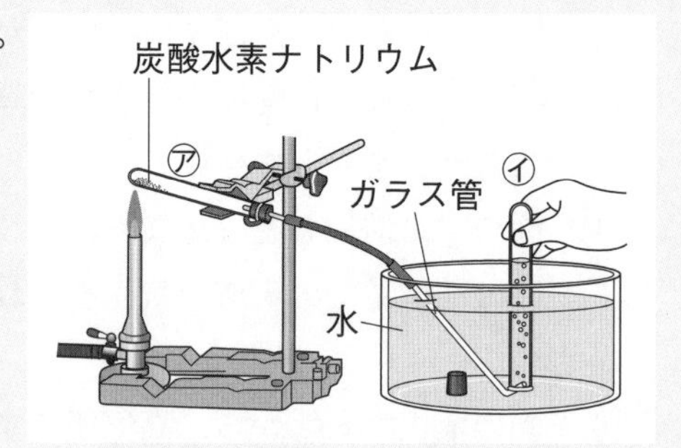

(1) 炭酸水素ナトリウムは単体，化合物のどちらか。

(2) 気体を集めた試験管㋑に石灰水を入れてよく振ると，白くにごった。試験管㋑に集まった気体は何か。化学式で答えなさい。

(3) 気体の発生の実験でよく用いる，右の図のような気体の集め方を何というか。

(4) 加熱をやめ，実験を終了するときの手順を簡単に答えなさい。

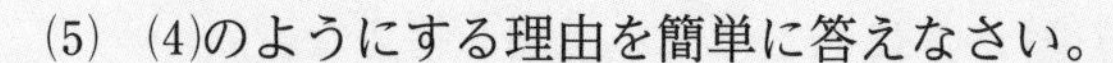

(5) (4)のようにする理由を簡単に答えなさい。

(6) 試験管㋐の口に液体がついていた。この液体に青色の塩化コバルト紙をつけると赤く変色した。この液体は何か。化学式で答えなさい。

(7) 次の①，②について，あてはまるものが炭酸水素ナトリウムの場合はア，加熱後の試験管㋐に残った固体の場合はイと答えなさい。

① より水にとけやすい。　② フェノールフタレイン溶液を加えると濃い赤色になる。

(8) この実験で，炭酸水素ナトリウムに起こった化学変化を何というか。

(1)		(2)		(3)				
(4)								
(5)								
(6)		(7) ①		②		(8)		

2 右の図の装置にうすい水酸化ナトリウム水溶液を入れて電気分解した。すると，それぞれの電極から気体が発生した。これについて，次の問いに答えなさい。

3点×4（12点）

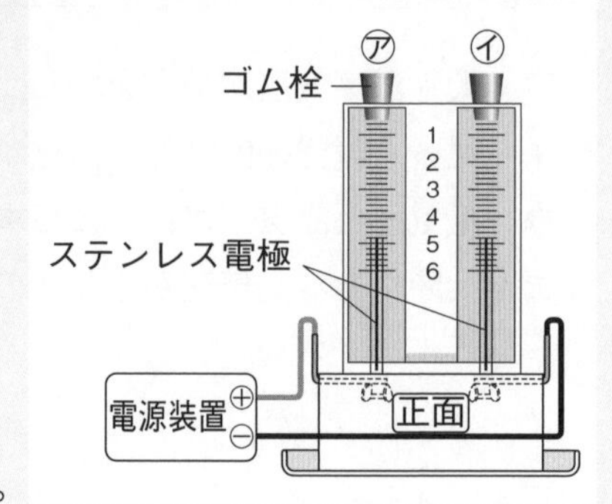

(1) この実験で，水酸化ナトリウム水溶液を用いた理由を簡単に答えなさい。

(2) じゅうぶんに電流を流した後，㋐のゴム栓をはずして火のついた線香を入れると，線香が激しく燃えた。発生した気体を化学式で答えなさい。

(3) ㋐のゴム栓をはずす前，水面は2の目盛りだった。㋑の水面の位置の目盛りはおよそいくつか。

(4) ㋑で発生した気体が何かを調べる方法を答えなさい。

(1)		(2)		(3)		(4)	

3 右の図のように，塩化銅水溶液に電流を流すと，一方の電極には赤色の物質が付着し，他方の電極からは気体が発生した。これについて，次の問いに答えなさい。 3点×5（15点）

陰極 陽極

塩化銅水溶液

(1) 赤色の物質が付着したのは，陽極と陰極のどちらか。

(2) 赤色の物質の性質として正しいものを，次のア〜エからすべて選びなさい。

ア 磁石につく。 **イ** こすると光沢が出る。

ウ 電気を通す。 **エ** たたくとうすくのびる。

(3) 赤色の物質は何か。化学式で答えなさい。

(4) 発生した気体の性質として正しいものを，次のア〜エからすべて選びなさい。

ア においがある。 **イ** においがない。

ウ 漂白（ひょうはく）作用がある。 **エ** ものを燃やす性質がある。

(5) 発生した気体は何か。化学式で答えなさい。

(1)		(2)		(3)		(4)		(5)	

4 物質の成り立ちについて，次の問いに答えなさい。 2点×17（34点）

(1) 物質をつくっている，それ以上分けることのできない粒子を何というか。

(2) 物質を構成する(1)の種類を何というか。

(3) (2)を原子番号順に並べた表を何というか。

(4) (1)が結びついてできている粒子で，物質の性質を示す最小の粒子を何というか。

(5) 1種類の(2)からできている物質を何というか。

(6) 2種類以上の(2)からできている物質を何というか。

(7) 次の①〜⑪を元素記号で表しなさい。

①酸素 ②水素 ③窒素 ④硫黄 ⑤炭素

⑥塩素 ⑦鉄 ⑧銅 ⑨銀 ⑩アルミニウム ⑪マグネシウム

(1)		(2)		(3)		(4)		(5)		(6)	
(7) ①		②		③		④		⑤		⑥	
⑦		⑧		⑨		⑩		⑪			

5 次のそれぞれの化学変化を化学反応式で表しなさい。 3点×4（12点）

(1) 炭酸水素ナトリウムの熱分解 (2) 酸化銀の熱分解

(3) 水の電気分解 (4) 塩化銅水溶液の電気分解

(1)		(2)	
(3)		(4)	

解答 p.46

第6回 予想問題　3章　さまざまな化学変化　4章　化学変化と物質の質量

/100

1 鉄粉と硫黄を乳ばちでよく混ぜ，２本の試験管㋐と㋑に分けた。試験管㋐を，下の図のようにガスバーナーで加熱したところ，混合物の色が赤くなりはじめたので加熱するのをやめた。また，試験管㋑はそのままにしておいた。次の問いに答えなさい。　4点×6（24点）

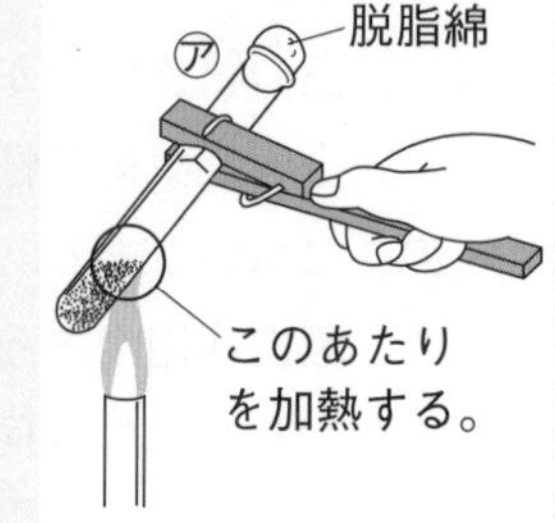

(1) 試験管㋐の混合物は，加熱をやめた後，どのようになるか。

(2) 試験管㋐，㋑に磁石を近づけるとどのようになるか。次のア～エから選びなさい。

ア　どちらも磁石につく。　　イ　試験管㋐だけ磁石につく。
ウ　どちらも磁石につかない。　エ　試験管㋑だけ磁石につく。

(3) 試験管の中身を少量とってうすい塩酸を加えたとき，特有のにおいのある気体が発生するのは，試験管㋐，㋑のどちらの物質か。また，発生した気体は何か。

(4) 試験管㋐で，鉄と硫黄の混合物は何という物質に変化したか。

(5) (4)の化学変化を化学反応式で表しなさい。

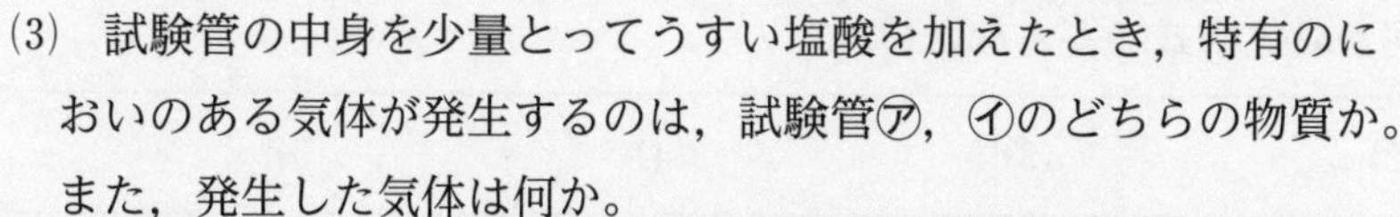

(1)		(2)		(3)	記号		気体名		(4)	
(5)										

2 右の図のように，酸化銅の粉末と活性炭（炭素の粉末）を混ぜたものを試験管に入れて加熱した。これについて，次の問いに答えなさい。　4点×7（28点）

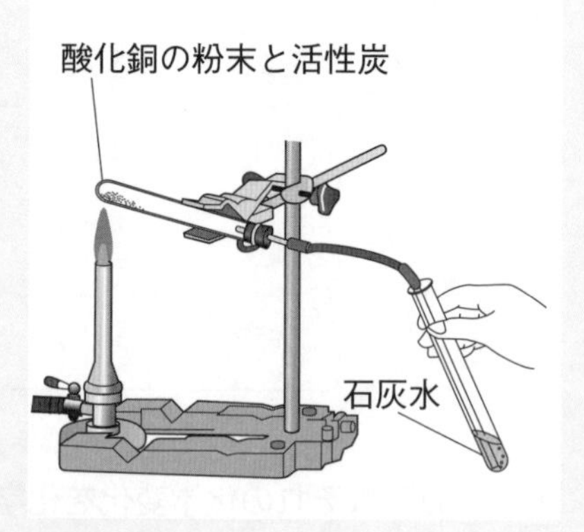

(1) 銅と酸素が結びついて酸化銅ができるときの化学変化を，化学反応式で表しなさい。

(2) 加熱後に発生した気体を化学式で答えなさい。

(3) 気体の発生が終わった後，試験管には何が残っているか。物質名を答えなさい。

(4) 加熱した試験管の中の活性炭に起こった化学変化を何というか。漢字２字で答えなさい。

(5) 加熱した試験管の中の酸化銅に起こった化学変化を何というか。漢字２字で答えなさい。

(6) 試験管の中で起こった化学変化を，化学反応式で表しなさい。

(7) この実験から考えて，酸素と結びつきやすいのは，銅と炭素のどちらか。

(1)		(2)		(3)		(4)	
(5)		(6)				(7)	

3 次のア，イの反応について，反応前の温度と反応後の温度を測定した。これについて，あとの問いに答えなさい。 3点×4（12点）

ア ビーカーに水酸化バリウムと塩化アンモニウムを入れ，よくかき混ぜた。

イ 鉄粉，活性炭，塩化ナトリウム水溶液を袋に入れ，よくかき混ぜた。

(1) ア，イの反応後，それぞれ温度が上がるか，下がるかを答えなさい。

(2) ア，イのような反応をそれぞれ何というか。

(1)	ア		イ		(2)	ア		イ	

4 下の図のような密閉容器に，うすい塩酸と炭酸水素ナトリウムを入れ，ふたを閉めたままで混ぜ合わせたところ，気体が発生した。反応の前後で質量をはかった。これについて，次の問いに答えなさい。 3点×4（12点）

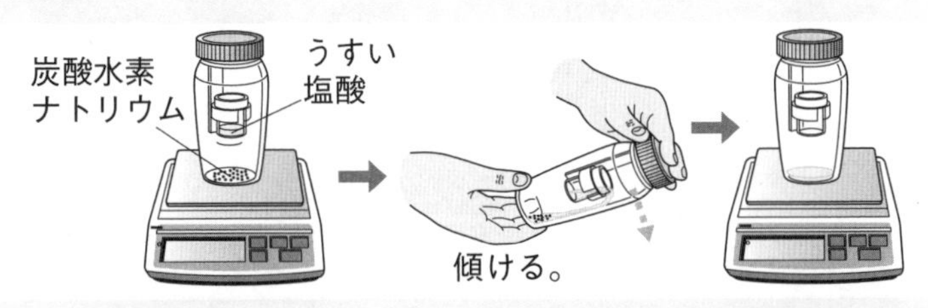

(1) 反応の前後で質量は変わらなかった。これを何の法則というか。

(2) (1)が成り立つ理由を説明した次の文の(　)にあてはまる言葉を答えなさい。

物質をつくる原子の(①)は変わるが，反応に関係する物質の原子の(②)と(③)は変わらないから。

(1)		(2)	①		②		③	

5 マグネシウムリボンを燃やし，マグネシウムリボンと燃やした後にできた物質の質量の関係を調べ，右のグラフに表した。次の問いに答えなさい。 4点×6（24点）

(1) マグネシウムを燃やした後にできた物質は何色か。

(2) マグネシウムを燃やした後にできる物質は何か。化学式で答えなさい。

(3) マグネシウムと結びついた物質の化学式を答えなさい。

(4) (2)ができるとき，マグネシウムと(3)の質量の比を，簡単な整数の比で答えなさい。

(5) マグネシウムリボン4.5gを燃やすと，(2)は何gできるか。

(6) この化学変化を化学反応式で表しなさい。

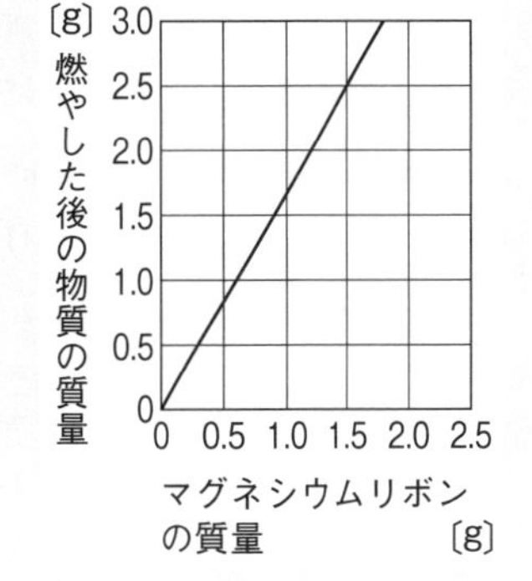

(1)		(2)		(3)		(4)	マグネシウム：(3)=	(5)	
(6)									

解答 p.47

第7回 予想問題
1章 電流の性質
2章 電流の正体
3章 電流と磁界

/100

1 右の図1のように，電熱線a，bをつないだ回路に電圧18Vを加えた。これについて，次の問いに答えなさい。　3点×14(42点)

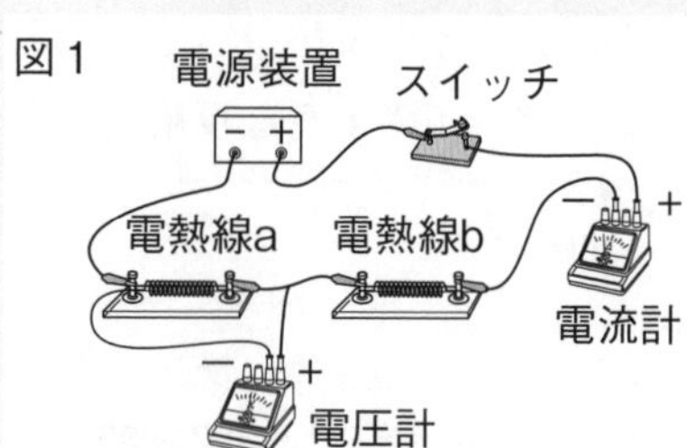

(1) 図1の回路図を図2にかきなさい。

(2) 図1の電熱線a，bを並列につなぎかえた回路図を図3にかきなさい。ただし，電流計，電圧計はかかなくてよい。

図2

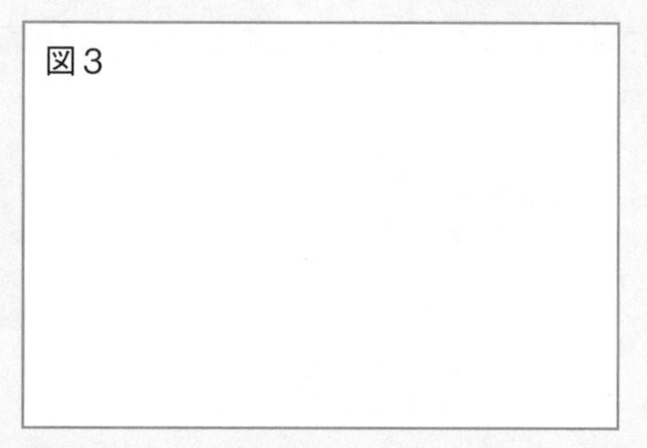

(3) 電流の大きさが予想できないとき，電流計の－端子は次のア～エのどれを用いるか。

ア 5A　　イ 500mA　　ウ 50mA　　エ どの端子でもよい

(4) 図2で電流計は400mA，電熱線aにつないだ電圧計は12Vを示した。このとき，電熱線bに流れる電流と加わる電圧はいくらか。

(5) (4)の結果から，電熱線a，bの電気抵抗をそれぞれ答えなさい。

(6) 図3で電熱線a，bに流れる電流はそれぞれいくらか。

(7) 図3の回路全体に流れる電流と，全体の電気抵抗はいくらか。

(8) ここで用いた電熱線の材料には一般的に何が使われているか。次のア～エから選びなさい。

ア アルミニウム　　イ ニクロム　　ウ 鉄　　エ ガラス

(9) 回路をつなぐ導線には銅が使われることが多い。銅と電熱線の材料である(8)の電気抵抗はどちらが小さいか。

(10) 導線の外側は，ポリ塩化ビニルなどの電流が流れにくい物質でおおってある。このような物質を何というか。

(1)	図2に記入	(2)	図3に記入	(3)		(4)	電流		電圧	
(5)	a		b		(6)	a		b		
(7)	電流		電気抵抗							
(8)		(9)		(10)						

2 「100 V　800 W」と表示されたドライヤーと「100 V　600 W」と表示された電気ポットがある。これについて，次の問いに答えなさい。　2点×7（14点）

(1)　ドライヤーに100 Vの電圧を加えたとき，何Aの電流が流れるか。

(2)　ドライヤーの電気抵抗は何Ωか。

(3)　ドライヤーに100 Vの電圧を加え，2分間使用したときに消費される電力量は何Jか。

(4)　電気ポットに100 Vの電圧を加えたとき，何Aの電流が流れるか。

(5)　電気ポットに100 Vの電圧を加えたとき，10分間で発生する熱量は何kJか。

(6)　家庭用の100 Vのコンセントにつなぎ，ドライヤーと電気ポットを同時に使用したときに流れる電流は何Aか。

(7)　ある家庭では，1か月間にドライヤーを合計4時間，電気ポットを30時間使用した。これら2つの機器を合わせた1か月間の電力量は何kWhか。

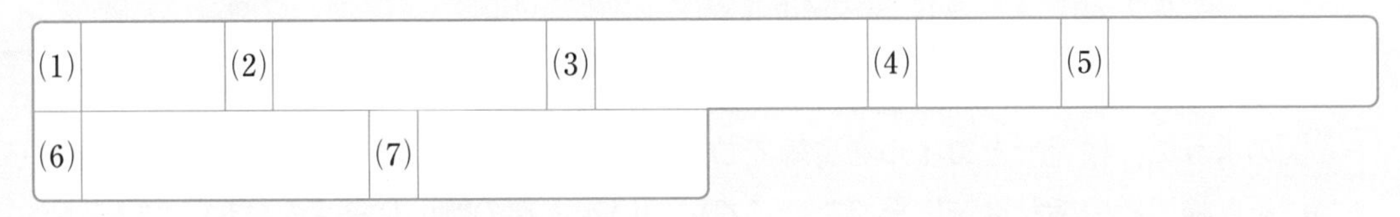

(1)		(2)		(3)		(4)		(5)	
(6)		(7)							

3 ポリエチレンの細いひもの束と塩化ビニルのパイプを，ティッシュペーパーで強くこすり，ポリエチレンのひもの真下から塩化ビニルのパイプを近づけると，図のようにひもが空中に浮いた。これについて，次の問いに答えなさい。ただし，ティッシュペーパーで塩化ビニルのパイプをこすると，パイプは－の電気を帯びる。　2点×4（8点）

(1)　摩擦によって物体にたまった電気を何というか。

(2)　摩擦によって物体に(1)がたまるとき，一方の物質から他方の物質に移動するものは何か。

(3)　ティッシュペーパーで塩化ビニルのパイプをこすったとき，(2)はどちらからどちらに移動したか。

(4)　ポリエチレンのひもは＋，－のどちらの電気を帯びているか。

(1)		(2)		(3)		(4)	

4 放電管の電極Aと電極Bに大きな電圧を加えると，右の図のように蛍光板にまっすぐな明るいすじが見えた。また，電極Cと電極Dの間に電圧を加えると，明るいすじは上へ曲がった。次の問いに答えなさい。　2点×5（10点）

(1)　＋極は，放電管の電極A，電極Bのどちらか。

(2)　電極Cは＋極，－極のどちらか。

(3)　電流の向きはA→B，B→Aのどちらか。

(4)　明るいすじは何の動きによって生じ，A→B，B→Aのどちらに動いたか。

(1)		(2)		(3)		(4)	何		動く向き	

5 コイルに流れる電流と磁界との関係を調べるため，次の実験を行った。 2点×5（10点）

〈実験〉コイル，U字形磁石を図のように置き，矢印の向きに電流を流したとき，コイルが少し動いた。

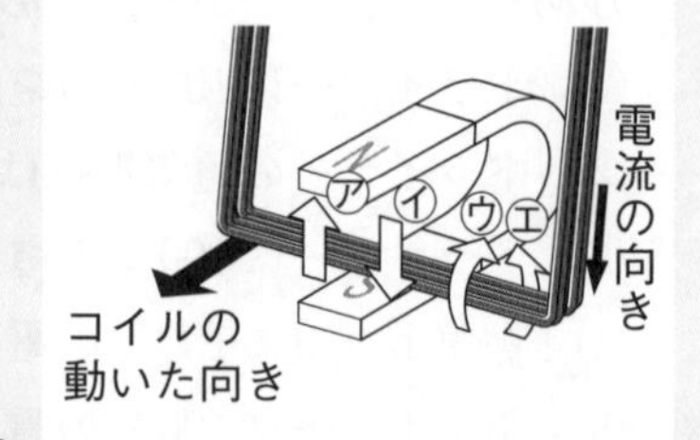

(1) 磁石の磁界の向きと，コイルのまわりの磁界の向きを，図のア～エからそれぞれ選びなさい。

(2) 流す電流を大きくすると，コイルの動きは大きくなるか，小さくなるか。

(3) 電流の流れる向きを逆にすると，コイルの動く向きは実験と比べてどうなるか。

(4) U字形磁石のN極とS極を逆にすると，コイルの動く向きは実験と比べてどうなるか。

(1)	磁石		コイル		(2)		(3)		(4)	

6 図のように，検流計とコイルを導線でつなぎ，棒磁石のN極を下にしてコイルに上から近づけると検流計の指針は左に振れた。これについて，次の問いに答えなさい。 2点×5（10点）

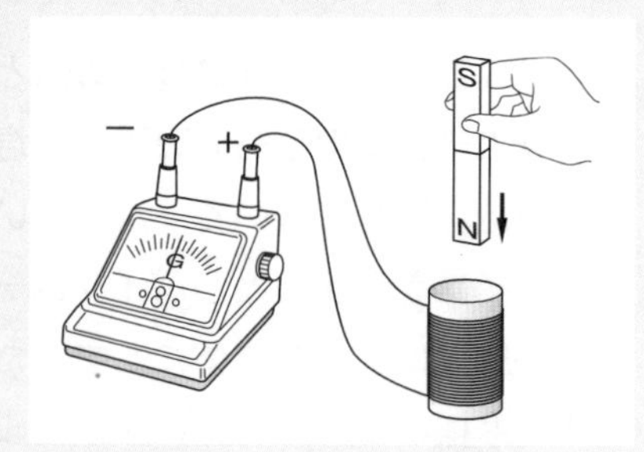

(1) 棒磁石をコイルに近づけたときに，コイルに電流が流れる現象を何というか。

(2) (1)で流れる電流を何というか。

(3) 棒磁石は変えずに，コイルに流れる電流を大きくする方法を2つ答えなさい。

(4) 実験と同じ原理を用いているものはどれか。次のア～エから選びなさい。

ア モーター イ 蛍光灯 ウ 発電機 エ 光電池

(1)		(2)			
(3)				(4)	

7 右の図のように，発光ダイオードの向きを逆にして並列につないだものに，乾電池や交流電源をつないで，左右に振ったときの点灯のしかたを調べた。これについて，次の問いに答えなさい。 2点×3（6点）

(1) 交流は電流の流れる向きがどのようになるか。簡単に答えなさい。

(2) 乾電池と交流電源を用いたときで，発光ダイオードの点灯のしかたは次のア～エのどれになるか。それぞれ選びなさい。

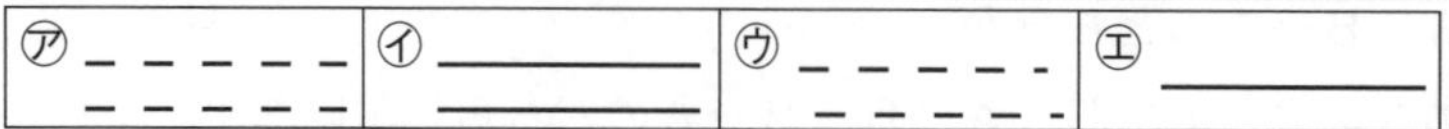

(1)		(2)	乾電池		交流電源	

教科書ワーク 理科 特別ふろく

無料アプリ

どこでもワーク

こちらにアクセスして，ご利用ください。
https://portal.bunri.jp/app.html

重要事項を
３択問題で確認！

3問目/15問中
A3.
・オホーツク海気団は，冷たく湿った気団である。
・小笠原気団とともに，初夏に日本付近にできる停滞前線の原因となる。

ふせん　次の問題

× シベリア気団
× 小笠原気団
○ オホーツク海気団

ポイント
解説つき

間違えた問題だけを何度も確認できる！

無料ダウンロード

ホームページテスト

無料でダウンロードできます。
表紙カバーに掲載のアクセスコードを入力してご利用ください。
https://www.bunri.co.jp/infosrv/top.html

問題▶

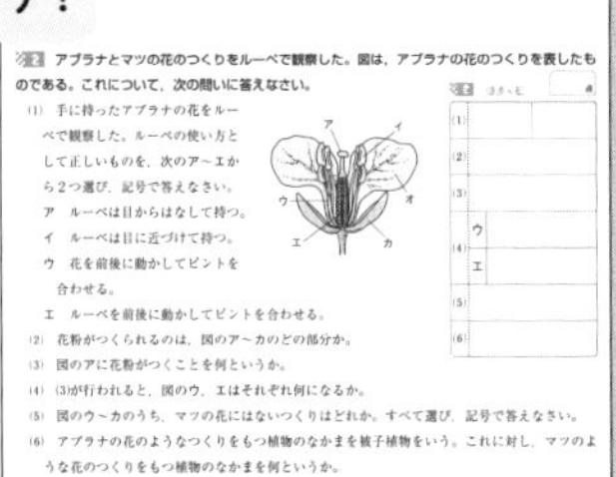
小学教科書ワーク ホームページテスト　第1回　花のつくりとはたらき　理科 1年 第1回

1 図の顕微鏡を使って，生物を観察した。これについて，次の問いに答えなさい。

2 アブラナとマツの花のつくりをルーペで観察した。図は，アブラナの花のつくりを表したものである。これについて，次の問いに答えなさい。

テスト対策や
復習に使おう！

同じ紙面に解答があって，
採点しやすい！

▼解答

1 図の顕微鏡を使って，生物を観察した。これについて，次の問いに答えなさい。

(1) 図のa，bの部分を何というか。

(2) 次のア～エの操作を，顕微鏡の正しい使い方の手順に並べなさい。

ア 真横から見ながら，調節ねじを回し，プレパラートと対物レンズをできるだけ近づける。

イ 接眼レンズをのぞき，bを調節して視野が明るく見えるようにする。

ウ プレパラートをステージにのせる。

エ 接眼レンズをのぞき，調節ねじを回し，プレパラートと対物レンズを遠ざけながら，ピントを合わせる。

(3) 対物レンズを低倍率のものから高倍率のものに変えた。このとき，視野の範囲と明るさはそれぞれどうなるか。簡単に書きなさい。

(1)	a	レボルバー
	b	反射鏡
(2)		イ→ウ→ア→エ
(3)		範囲はせまくなり，明るさは暗くなる。

2 アブラナとマツの花のつくりをルーペで観察した。図は，アブラナの花のつくりを表したものである。これについて，次の問いに答えなさい。

(1) 手に持ったアブラナの花をルー

注意　●サービスやアプリの利用は無料ですが，別途各通信会社からの通信料がかかります。
●アプリの利用には iPhone の方は Apple ID，Android の方は Google アカウントが必要です。対応 OS や対応機種については，各ストアでご確認ください。
●お客様のネット環境および携帯端末により，ご利用いただけない場合，当社は責任を負いかねます。ご理解，ご了承いただきますよう，お願いいたします。

中学教科書ワーク

解答と解説

啓林館版

理科2年

この「解答と解説」は，取りはずして使えます。

生命 生物の体のつくりとはたらき

1章　生物の体をつくるもの

p.2～3 ステージ1

●教科書の要点

❶ ①細胞　②単細胞生物　③多細胞生物
④組織　⑤器官　⑥個体

❷ ①核　②細胞質　③細胞膜　④細胞壁
⑤葉緑体　⑥液胞

❸ ①細胞呼吸　②日光

●教科書の図

1 ①多細胞　②単細胞

2 ①細胞　②組織　③器官

3 ①動物　②細胞膜　③核　④細胞質　⑤植物
⑥葉緑体　⑦細胞壁　⑧液胞

p.4～5 ステージ2

❶ (1)ゾウリムシ　(2)細胞　(3)単細胞生物
(4)多細胞生物

❷ (1)低倍率　(2)低倍率　(3)細胞
(4)タマネギ　(5)葉緑体

❸ (1)綿棒(めんぼう)　(2)核　(3)酢酸オルセイン
(4)１つ　(5)400倍

❹ (1)㋐核　㋑細胞壁　㋒細胞膜　㋓葉緑体
㋔細胞質　㋕液胞　㋖細胞膜　㋗核
㋘細胞質
(2)㋑，㋓，㋕　(3)細胞呼吸
(4)水と二酸化炭素

解説

❶ (3)単細胞生物にはアメーバ，ミカヅキモ，ミドリムシなどもある。

❷ (1)(2)最初は，低倍率で広い範囲を観察し，その後，高倍率にしてくわしく観察する。
(4)倍率が高いほど，もとの大きさと比べてより大きく観察できる。図の細胞の大きさは，タマネギとオオカナダモでほぼ同じだが，図に示されている大きさの尺度はオオカナダモの0.05mmよりタマネギの0.2mmのほうが大きいので，もとの大きさはタマネギのほうが大きいと考えられる。
(5)葉緑体は植物の緑色の部分，葉，茎の細胞の中にある。タマネギの表皮には葉緑体が見られない。

❸ (1)ほおの内側を傷つけないように，綿棒など，傷をつけにくいものを使う。
(5)顕微鏡の拡大率は接眼レンズの倍率×対物レンズの倍率である。ここでは10×40＝400倍である。

❹ (2)核，細胞膜は動物の細胞と植物の細胞に共通したつくりである。植物の細胞には，細胞壁，葉緑体，液胞などのつくりもある。

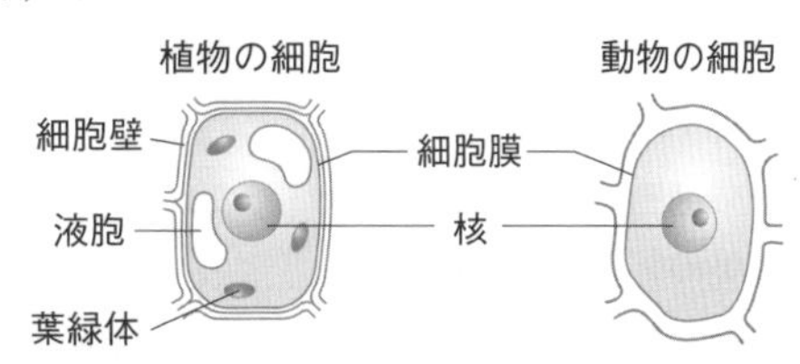

(3)(4)細胞は栄養分と酸素をとりこんで生きるためのエネルギーをつくり，その過程でできる水と二酸化炭素は細胞の外に排出する。このはたらきを細胞呼吸という。

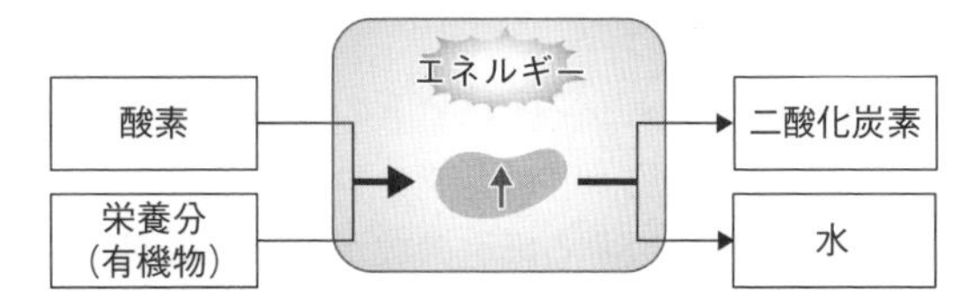

p.6～7 ステージ3

❶ (1)核を染色して観察しやすくするため。
(2)ア　(3)名称…細胞膜　B…㋔　C…㋖
(4)記号…㋒，㋘　名称…細胞壁
(5)記号…㋗　名称…葉緑体
(6)A…ウ　B…ア　C…イ

❷ ①細胞　②組織　③器官

❸ (1)㋑　(2)核
(3)細胞質　(4)㋐

❹ (1)㋐酸素　㋑二酸化炭素
(2)①エネルギー　②炭素　③日光

解説

❶ (1)(2)酢酸オルセイン溶液を使うと，核が赤紫色に染まり，細胞を観察しやすくなる。他の染色液では，酢酸カーミン溶液を使うと赤色に，酢酸ダーリア溶液を使うと青紫色に染まる。

酢酸オルセイン溶液	赤紫色
酢酸カーミン溶液	赤色
酢酸ダーリア溶液	青紫色

(3)核のまわりの部分を細胞質といい，細胞質のいちばん外側のうすい膜を細胞膜という。
(4)細胞壁は植物の体の形を保ち，細胞の内側を守るためのつくりである。
(5)葉緑体は植物の葉や茎などの緑色の細胞に見られる。植物は動物のように食物から栄養分をとりこめないため，このつくりで生きていくためのエネルギーをつくりだしている。
(6)A…細胞壁が見られないことから，動物の細胞だとわかる。
B…細胞壁は見られるが，葉緑体が見られないため，タマネギの表皮の細胞だとわかる。
C…細胞壁も葉緑体も見られるため，オオカナダモの葉の細胞だとわかる。

❷ 細胞が集まって組織がつくられ，組織が集まって器官がつくられ，器官が集まって個体がつくられている。

❸ (1)動物の細胞には，細胞壁が存在しない。
(2)(3)1つの細胞には核が1つある。核以外の部分を細胞質という。
(4)㋐はゾウリムシ，㋑はヒトのほおの内側の細胞，㋒は植物の細胞，㋓はミジンコである。この中で㋐だけが体をつくる細胞の数が1つの単細胞生物，㋑～㋓は多細胞生物である。

❹ (1)細胞内では，栄養分と酸素からエネルギーをとり出す。このはたらきを細胞呼吸という。細胞呼吸の過程で，水と二酸化炭素ができる。
(2)細胞呼吸で使われる栄養分は，炭水化物などの有機物で，炭素と水素をふくむ。そのため，分解したときに二酸化炭素や水が発生する。植物は日光を受けてつくった栄養分を使って細胞呼吸をする。

2章　植物の体のつくりとはたらき(1)

p.8～9　ステージ1

●教科書の要点

❶ ①光合成　②日光　③葉緑体　④デンプン
⑤対照実験　⑥水
⑦二酸化炭素（⑥，⑦は順不同）　⑧酸素

❷ ①呼吸　②酸素　③二酸化炭素　④呼吸

●教科書の図

1 ①水　②デンプン　③酸素　④気孔
⑤ヨウ素

2 ①光合成　②呼吸　③種子　④果実
⑤根

3 ①光合成　②酸素　③二酸化炭素　④呼吸

p.10～11　ステージ2

❶ (1)葉を脱色(だっしょく)するため。
(2)右図　(3)デンプン
(4)①㋑と㋒　②㋐と㋑

❷ (1)細胞
(2)日光に当てた葉
(3)葉緑体　(4)青紫色
(5)日光が当たると葉緑体にデンプンができること。(光合成には日光が必要であること。)

❸ (1)二酸化炭素　(2)石灰水　(3)㋐
(4)白くにごった。
(5)激しく燃える。(炎(ほのお)をあげて燃える。)
(6)酸素
(7)光合成で入る気体は二酸化炭素，出る気体は酸素であること。

❹ (1)対照実験　(2)㋐　(3)二酸化炭素
(4)①酸素　②二酸化炭素
③二酸化炭素　④酸素
(5)光合成

解説

❶ (1)葉をエタノールにつけると，葉の緑色がとけ出して，白っぽくなる。葉を脱色することで，ヨウ素溶液による色の変化が確認しやすくなる。
(2)(3)葉緑体に光が当たると光合成が行われ，デンプンなどができる。しかし，葉緑体のない部分や光の当たっていない部分では光合成が行われず，

デンプンはできない。

(4)①光が当たる部分で，葉緑体があるところ(㋑)とないところ(㋒)の結果を比べる。

②葉緑体のある部分で，光が当たったところ(㋑)と当たっていないところ(㋐)の結果を比べる。

❷ (4)ヨウ素溶液はデンプンと反応して青紫色になる。

(5)日光によく当てたオオカナダモの葉緑体でヨウ素溶液の反応が現れ，暗室に置いたものでは反応が現れなかったことから，光合成には日光が必要であることがわかる。

❸ (1)はいた息には二酸化炭素が多くふくまれる。

(2)～(4)二酸化炭素が多くふくまれるところに石灰水を入れてよく振ると，石灰水は白くにごる。タンポポの葉を入れた試験管に光を当てると，タンポポの葉が光合成を行い，二酸化炭素をとり入れる。そのため，試験管の中の二酸化炭素が少なくなり，石灰水はほとんど変化しなくなる。

(5)(6)酸素には，ものを燃やすはたらきがあるため，火をつけた線香を入れると，線香は炎をあげて激しく燃える。

(7)光合成では，日光を受けて，とり入れた水と二酸化炭素を使って，デンプンなどをつくり，酸素を出す。このしくみは緑の葉の細胞内にある葉緑体が行っている。

❹ (1)㋐に対する㋑のように，調べようとすることがら以外の条件をすべて同じにして行う，比較のための実験を対照実験という。

(2)～(4)植物は，日光が当たっているときも当たっていないときも呼吸をして，酸素をとり入れ，二酸化炭素を出している。

(5)日光が当たっているときは，光合成のほうがさかんで，光合成によって出入りする気体のほうが，呼吸で出入りする気体よりも多くなるため，光合成だけが行われているように見える。

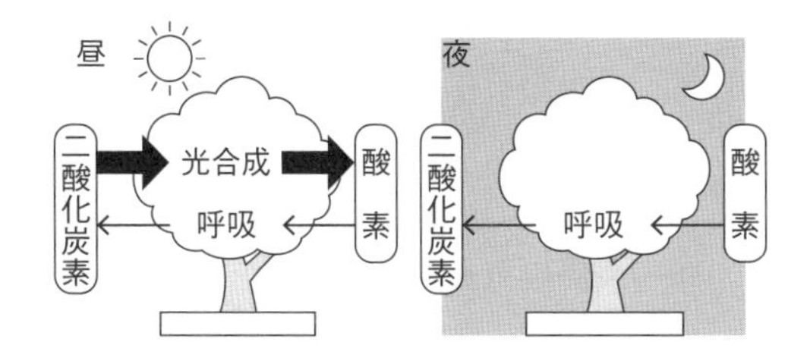

p.12～13 ステージ3

❶ (1)ヨウ素溶液　(2)葉緑体

(3)葉緑体でデンプンがつくられたこと。

(4)①水　②二酸化炭素　③酸素

(①，②は順不同)

❷ (1)二酸化炭素　(2)減る。

(3)植物が光合成で，二酸化炭素をとり入れたから。

❸ (1)黄色　(2)青色

(3)オオカナダモが光合成をして，二酸化炭素をとり入れたから。

❹ (1)対照実験

(2)結果のちがいが，葉のはたらきによるものであることを確認するため。

(3)㋒

(4)㋐では光合成と呼吸が行われ，㋒では呼吸だけが行われた。

解 説

❶ (3)葉緑体がヨウ素溶液で青紫色に変化したことから，日光を受けた葉緑体で光合成が行われ，デンプンができたことがわかる。

❷ (2)植物は日光を受けて光合成を行う。光合成では二酸化炭素が植物にとり入れられるので，袋の中の二酸化炭素は減る。

❸ (1)BTB溶液は，酸性の水溶液で黄色，中性の水溶液で緑色，アルカリ性の水溶液で青色を示す性質がある。また，二酸化炭素の水溶液(炭酸水)は酸性の水溶液である。ふきこんだ息には二酸化炭素が多くふくまれるため，水溶液は酸性になり，黄色を示す。

(2)(3)じゅうぶんに光の当たった植物は光合成を行い，二酸化炭素をとり入れるため，水溶液中の二酸化炭素は少なくなる。その結果，水溶液の性質は，酸性からもとの性質にもどり，色が黄色から緑色，そしてもとの青色へと変わる。

❹ (1)(2)葉を入れていない袋を用意して，葉を入れた袋の結果と比較することで，実験結果のちがいが葉のはたらきによるものであることを確認できる。このような実験を対照実験という。

(3)葉が光合成を行わず，呼吸だけを行っていた㋒の袋の中の空気が，もっとも二酸化炭素が多くなっている。

(4)日光が当たった葉では，光合成も呼吸も行われているが，光合成のほうがさかんであるため，光合成だけを行っているように見える。

2章　植物の体のつくりとはたらき(2)

p.14〜15　ステージ1

●教科書の要点

❶ ①水　②主根　③側根　④ひげ根　⑤根毛　⑥大きく

❷ ①道管　②師管　③維管束

❸ ①葉緑体　②気孔　③蒸散

●教科書の図

1 ①師管　②道管　③維管束　④側根　⑤主根　⑥根毛　⑦ひげ根

2 ①道管　②師管　③気孔　④葉緑体　⑤水蒸気　⑥酸素

p.16〜17　ステージ2

❶ ①記号…㋒　名称…道管
②記号…㋑　名称…師管
③記号…㋓　名称…根毛
④記号…㋐　名称…維管束

❷ (1)気孔　(2)孔辺細胞
(3)酸素，二酸化炭素

❸ (1)蒸散　(2)①蒸散　②蒸発
(3)道管　(4)気孔　(5)ア　(6)イ
(7)イ　(8)A　(9)多くなる。
(10)水にとけた養分を運ぶ。
光合成に使われる。

解説

❶ ①根から吸収された水や水にとけた養分が通る管が㋒で，道管という。
②葉で光合成によってつくられた養分(デンプンなど)は，水にとけやすい形になって，㋑の師管を通る。
③根毛は，土の粒の間に入りこんで，粒と密着(みっちゃく)している。多くの根毛があることで，根と土がふれる面積が大きくなり，水や水にとけた養分を吸収しやすくなる。
④道管と師管が何本か集まって束になっているので，このつくりを維管束という。ホウセンカなどの双子葉類では，維管束が輪のように並んでいる。トウモロコシなどの単子葉類では，維管束は散在している。束の中では道管が内側，師管が外側にある。維管束は根，茎，葉とつながっている。

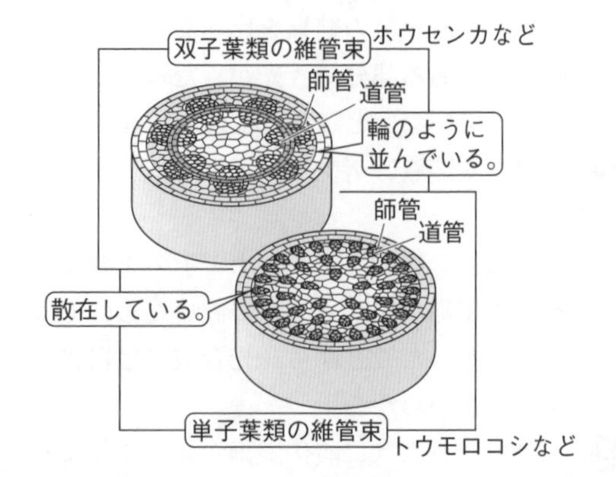

❷ (1)(2)葉の表皮には，三日月形をした2つの孔辺細胞に囲まれた気孔というすきまがある。孔辺細胞によって，気孔の開閉が行われている。

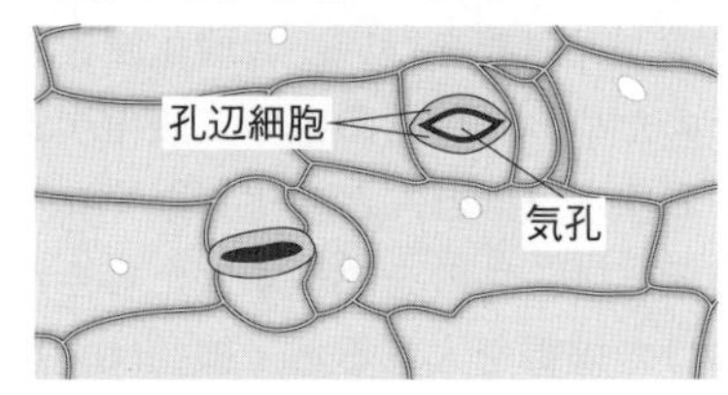

(3)気孔からは気体が出入りしている。光合成では二酸化炭素が入り，酸素が出る。呼吸では逆に，酸素が入り，二酸化炭素が出る。昼間は光合成による気体の出入りが多く，夜は呼吸による気体の出入りが多い。

❸ (2)ワセリンをぬった部分では蒸散が起こらない。また，試験管の水の水面に油を浮かべると，水面からの水の蒸発を防ぐことができる。
(3)(4)根から吸収した水は，道管を通って葉に運ばれて光合成に使われ，余った水は気孔から水蒸気として出ていく。
(6) **注意** **葉の表にワセリンをぬると，水蒸気は葉の裏側だけから出ていく。葉の裏にワセリンをぬると，水蒸気は葉の表側だけから出ていく。このことから考えよう。**
葉の表にワセリンをぬった㋐の枝の入った試験管のほうが水の減少量が多かったことから，葉の裏側からの蒸散のほうが多かったことがわかる。
(7)(8)蒸散は気孔で行われることから，蒸散量の多い，葉の裏側に気孔が多いことがわかる。
(9)蒸散がさかんになると，根からの水の吸い上げはさかんになる。
(10)地中にある養分は水にとけこんでいるので，水と一緒に根から吸収する。光合成などでつくられるデンプンなどの養分は，水にとけこんで師管の中を運ばれている。また，光合成は水と二酸化炭素を原料にしている。

p.18〜19 ステージ3

1 (1)A　(2)C　(3)道管
(4)輪のように並んでいる。
(5)散在している。
(6)㋑　(7)水(や水にとけた養分)
(8)㋐師管　㋑道管　(9)維管束
(10)つながっている。

2 (1)㋐主根　㋑側根　㋒ひげ根　(2)B
(3)C　(4)㋓道管　㋔師管　㋕師管　㋖道管
(5)根毛
(6)根と土のふれる面積が大きくなり，水にとけた養分が吸収しやすくなる点。
(7)㋙

3 (1)気孔　(2)裏側
(3)水が水蒸気として植物の体の表面から出ていく現象。
(4)さかんになる。　(5)㋑道管　㋒師管

解説

1 (1)〜(5)着色した水は，道管を通って植物の体に運ばれるため，道管が青く染まる。ホウセンカの茎の維管束は輪のように並び，トウモロコシの茎の維管束は散在している。
(6)茎の維管束は，内側に道管，外側に師管がある。

2 (1)(2)イネなどの単子葉類の根は，図1のBのようにひげ根からなる。図1のAのように主根と側根からなる根をもつのは，タンポポなどの双子葉類である。
(3)主根と側根からなる根をもつ植物(双子葉類)では，茎の維管束が輪のように並び，ひげ根からなる根をもつ植物(単子葉類)では，茎の維管束が散在している。
(5)(6)根の先端近くに根毛が多く生えていることで，根と土がふれる面積が大きくなり，水や水にとけた養分を吸収しやすくなっている。

3 (2)気孔は，ふつう葉の表側よりも裏側に多くある。
(5)葉の維管束では，表側に道管，裏側に師管がある。

3章　動物の体のつくりとはたらき(1)

p.20〜21 ステージ1

●教科書の要点

1 ①有機物　②消化　③消化管　④消化液
⑤消化酵素　⑥ブドウ糖　⑦アミノ酸
⑧脂肪酸
⑨モノグリセリド(⑧，⑨は順不同)

2 ①柔毛　②毛細血管　③リンパ管　④大腸
⑤肛門

●教科書の図

1 ①唾液腺　②肝臓　③胆のう　④すい臓
⑤消化管　⑥唾液　⑦ペプシン　⑧すい液
⑨ブドウ糖　⑩アミノ酸　⑪脂肪

2 ①柔毛　②リンパ管　③毛細血管　④肝臓

p.22〜23 ステージ2

1 (1)試験管…㋑　色…B　(2)デンプン
(3)試験管…㋐　色…D
(4)麦芽糖(麦芽糖やブドウ糖)
(5)デンプンを分解する(消化する)はたらき。
(6)消化液　(7)消化酵素　(8)アミラーゼ

2 (1)消化管　(2)㋐　(3)ブドウ糖
(4)アミノ酸　(5)脂肪酸，モノグリセリド
(6)ペプシン　(7)記号…㋒　名称…肝臓
(8)器官…㋐，㋓
①が分解するもの…デンプン
②が分解するもの…タンパク質
③が分解するもの…脂肪
(9)柔毛　(10)記号…㋔　名称…小腸
(11)リンパ管　(12)ブドウ糖，アミノ酸

解説

1 (1)(2)デンプンがふくまれていると，ヨウ素溶液を加えたときに青紫色に変化する。㋐では，唾液によってデンプンが分解されてなくなっているため，色が変化しない(A)。㋑では，デンプンがそのまま残っているため，青紫色に変化する(B)。
(3)(4)デンプンが分解されて，麦芽糖やブドウ糖ができていると，ベネジクト溶液を加えて加熱したときに赤褐色ににごる。㋐では唾液によってデンプンが分解されて麦芽糖などになっているため，色が変化する(D)。㋑では，デンプンがそのまま残っているので，色が変化しない(C)。

❷

		食物の成分ごとの消化酵素			
		デンプン	タンパク質	脂肪	つくるところ
消化酵素	唾液	アミラーゼ	×	×	だ液腺
	胃液	×	ペプシン	×	胃
	胆汁(酵素をふくまない)	×	×	細かく分解	肝臓
	すい液	アミラーゼ	トリプシン	リパーゼ	すい臓
	小腸の壁	消化酵素	消化酵素	×	
吸収される状態		ブドウ糖	アミノ酸	脂肪酸 モノグリセリド	

(7)胆汁は，肝臓でつくられ，胆のうにたくわえられ，十二指腸に出される。消化酵素をふくまないが，脂肪の分解を助けるはたらきがある。

(9)〜(12)小腸の壁にはたくさんのひだがあり，その表面には柔毛というたくさんの小さな突起がある。柔毛があることで表面積が大きくなり，栄養分を効率よく吸収できる。ブドウ糖やアミノ酸，無機物は，柔毛から吸収されて毛細血管に入り，肝臓を通って全身に運ばれる。脂肪酸とモノグリセリドは，柔毛から吸収され，再び脂肪となってからリンパ管に入り，首の下で血管と合流する。

p.24〜25 ステージ3

❶ (1)ウ　(2)ヨウ素溶液　(3)B
(4)ベネジクト溶液　(5)加熱する。　(6)C
(7)デンプンは唾液のはたらきによって分解されること。

❷ (1)エネルギー源　(2)○　(3)タンパク質
(4)肝臓　(5)ブドウ糖　(6)○

❸ (1)㋐唾液腺　㋑食道　㋒肝臓　㋓胃
㋔すい臓　㋕胆のう　㋖小腸　㋗大腸

(2)

消化液	デンプン	タンパク質	脂　肪
唾　液	○		
胃　液		○	
胆　汁			○
すい液	○	○	○

(3)①ブドウ糖　②アミノ酸
③脂肪酸，モノグリセリド
(4)柔毛
(5)表面積が大きくなり，栄養分を効率よく吸収できる点。
(6)毛細血管　(7)リンパ管　(8)大腸
(9)便として肛門から排出される。

解説

❶ (1)唾液はヒトの体温くらいの温度でもっともよくはたらく。

(2)(3)ヨウ素溶液は，デンプンがあると青紫色に変化する。試験管Aでは唾液によってデンプンが分解されたので変化が見られない。一方，試験管Bではデンプンがあるので青紫色に変化する。

(4)〜(6)ベネジクト溶液は，麦芽糖やブドウ糖があると，加熱したときに赤褐色ににごる。試験管Cでは唾液によってデンプンが分解されているので，赤褐色に変化する。一方，試験管Dではデンプンのままなので，変化が見られない。

ヨウ素溶液	デンプン	黄色→青紫色
ベネジクト溶液 加えてから加熱	麦芽糖 ブドウ糖	青色→ にごった赤褐色

❷ (1)炭水化物や脂肪は，おもにエネルギー源となる。タンパク質はエネルギー源にもなるが，おもに体をつくる材料として使われる。

(2)カルシウムは骨の成分などになり，ナトリウムや鉄は血液の成分などになる。

(3)消化酵素は，決まった物質にだけはたらく。ペプシンはタンパク質にはたらく消化酵素である。

(4)柔毛から吸収されたブドウ糖やアミノ酸は，毛細血管に入り，肝臓を経て全身に運ばれる。

(5)肝臓では，ブドウ糖の一部がグリコーゲンに合成され，たくわえられる。アミノ酸の一部は，肝臓でタンパク質に合成され，全身に運ばれる。

❸ (2)唾液中のアミラーゼはデンプンにはたらく。胃液中のペプシンは，タンパク質にはたらく。胆汁には消化酵素がふくまれていないが，脂肪の消化を助けている。すい液にはアミラーゼ，トリプシン，リパーゼがふくまれ，それぞれデンプン，タンパク質，脂肪を分解する。

(5) 注意「どのようなよい点があるか。」という問いなので，「〜点。」という形で答えよう。
たくさんの柔毛があることで，栄養分とふれる表面積が大きくなり，栄養分の吸収が効率よく行える。

(6)ブドウ糖やアミノ酸は，柔毛から吸収されて毛細血管に入り，肝臓を通って全身に運ばれる。

(7)脂肪酸とモノグリセリドは，柔毛から吸収されると再び脂肪になり，リンパ管に入る。

3章　動物の体のつくりとはたらき(2)

p.26〜27　ステージ1

●教科書の要点

1 ①肺　②横隔膜　③肺胞

2 ①アンモニア　②肝臓　③排出　④腎臓

3 ①赤血球　②血しょう　③静脈　④肺循環
⑤動脈血

●教科書の図

1 ①肺　②気管　③気管支　④毛細血管
⑤肺胞　⑥二酸化炭素　⑦酸素
⑧気管(支)　⑨肺　⑩横隔膜　⑪吸っ

2 ①腎臓　②ぼうこう　③尿

3 ①赤血球　②白血球　③血しょう　④肺
⑤左心室　⑥動脈　⑦弁　⑧静脈

p.28〜29　ステージ2

1 (1)㋐酸素　㋑二酸化炭素　(2)肺胞
(3)毛細血管　(4)細胞呼吸

2 (1)A…腎臓　B…輸尿管　C…ぼうこう
(2)①肝臓　②尿素　③尿

3 (1)血しょう
(2)記号…㋐　名称…赤血球
(3)記号…㋒　名称…血小板
(4)記号…㋑　名称…白血球

4 (1)A…右心房　B…左心房　C…右心室
D…左心室　(2)弁　(3)㋐→㋒→㋑
(4)A・C…二酸化炭素　B・D…酸素

5 (1)肺循環　(2)体循環　(3)A
(4)名称…弁　はたらき…血液の逆流を防ぐ。
(5)動脈血　(6)B　(7)静脈血　(8)A

解説

1 (1)〜(3)肺胞はうすい膜でできていて，まわりを毛細血管がとり囲んでいる。肺胞内に入った空気から血液中に酸素がとりこまれ，血液中から肺胞内の空気に二酸化炭素が出される。
(4)血液中にとりこまれた酸素は全身の細胞に運ばれ，細胞呼吸に使われる。細胞呼吸では，栄養分と酸素からエネルギーをとり出し，二酸化炭素と水が出される。

2 アンモニアは肝臓で害の少ない尿素に変えられ，血液で腎臓へと送られる。腎臓では，尿素が余分な塩分や水分とともに血液中からこし出され，尿となる。尿は輸尿管を通ってぼうこうに一時ためられてから，体外に排出される。

3 ヒトの血液の成分には，固形成分である赤血球，白血球，血小板などと，液体成分である血しょうがある。赤血球にはヘモグロビンがふくまれ，酸素を運ぶはたらきがある。白血球には，病原体を分解するはたらきがある。血小板は，小さくて不規則な形をしていて，出血したときに血液を固めるはたらきがある。

成分	形	はたらき
赤血球	中央がくぼんだ，円盤(えんばん)の形	酸素を運ぶ。
白血球	さまざまな形をしている	細菌やウイルスといった病原体を分解する。
血小板	小さく，不規則な形	出血したときに，血液を固める。
血しょう	液体	栄養分，不要な物質などをとかしている。

4 (1) **注意** 図は，心臓を正面から見たものなので，自分の体の右側にあるものは図の左側に見え，自分の体の左側にあるものは図の右側に見えることに注意しよう。
血液を送り出す部屋が心室(下側)，血液が流れこむ部屋が心房(上側)である。
(2)部屋と部屋の間には弁があり，血液の逆流を防いでいる。
(3)心房が広がり，静脈から血液が流れこむ→心房が収縮して心室が広がり，心房から心室に血液が流れる→心室が収縮し，血液が動脈に流れ出る。

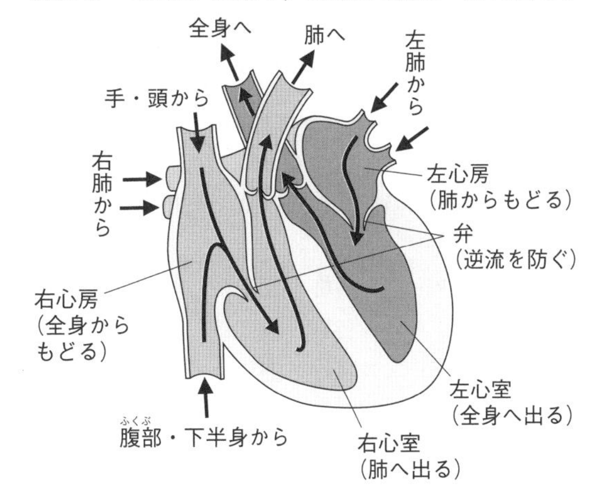

5 ⑴⑵心臓→全身→心臓の道すじを体循環といい，心臓→肺→心臓の道すじを肺循環という。

⑶⑷心臓から送り出される血液が流れる血管を動脈，心臓にもどる血液が流れる血管を静脈という。静脈には，血液の逆流を防ぐ弁がある。また，静脈の壁は，動脈に比べてうすい。

⑸〜⑻酸素を多くふくむ血液を動脈血といい，二酸化炭素を多くふくむ血液を静脈血という。動脈血は，肺動脈を除く動脈と肺静脈に流れる。

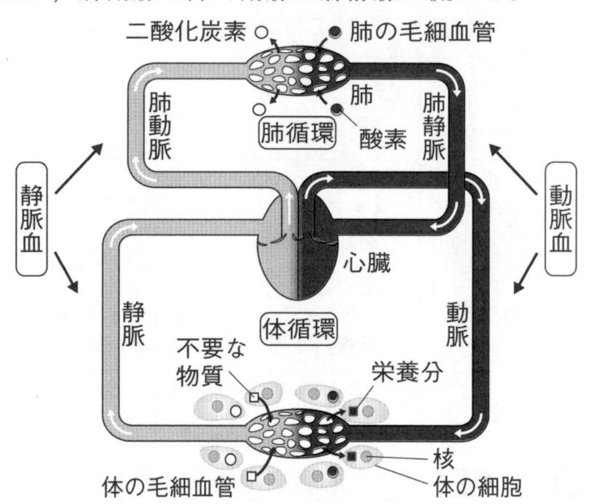

p.30〜31 ステージ3

1 ⑴肺胞

⑵表面積が大きくなり，効率よく気体(二酸化炭素と酸素)の交換(出入り)ができる点。

⑶㋐

⑷①A　②ろっ骨　③上が　④横隔膜　⑤下が

2 ⑴㋐肺動脈　㋑肺静脈　⑵D

⑶腎臓　⑷ぼうこう　⑸アンモニア

⑹肝臓

3 ⑴記号…㋑　名称…赤血球

⑵ヘモグロビン

⑶酸素の多いところでは酸素と結びつき，酸素の少ないところでは酸素をはなす性質

⑷組織液　⑸㋓

⑹①記号…㋒　名称…血小板

②記号…㋐　名称…白血球

③記号…㋓　名称…血しょう

4 ⑴心臓　⑵肺循環　⑶ウ

⑷A，C，D，F　⑸A，B，D，G

⑹H　⑺血液の逆流を防ぐはたらき。

解説

1 ⑶心臓から肺に送られる血液(㋐)には，全身の細胞でできた二酸化炭素が多くふくまれる。肺では血液中から二酸化炭素を出し，血液中に酸素をとりこむので，肺から心臓にもどる血液には酸素が多くふくまれている。

⑷横隔膜(㋔)が下がり，ろっ骨(㋓)が引き上げられることで，胸こうの体積が大きくなるため，肺の中に空気が吸いこまれる。

2 ⑴㋐は心臓から肺に送り出された血液が流れる肺動脈，㋑は肺から心臓にもどる血液が流れる肺静脈である。

⑵尿素は，腎臓で血液中からこし出されるため，腎臓を通過した後の血管でもっとも少ない。

⑶〜⑹細胞でアミノ酸が分解されると，アンモニアができる。有害なアンモニアは，肝臓で害の少ない尿素に変えられる。尿素は腎臓で余分な水分や塩分とともにこし出され，尿となる。尿はぼうこうに一時ためられてから，体外に排出される。

3 ⑴〜⑶赤血球にふくまれるヘモグロビンが，肺胞で酸素と結びつき，全身の細胞で酸素をはなす。これによって，酸素が細胞まで運ばれる。

⑷⑸細胞のまわりを満たす組織液は，毛細血管を流れる血液の血しょうの一部がしみ出したものである。組織液は，血液と細胞の間での物質のやりとりのなかだちをしている。血液から細胞へは栄養分や酸素が，細胞から血液へは二酸化炭素やアンモニアなどがわたされる。

4 ⑵心臓から肺を通って心臓にもどる血液の道すじを，肺循環という。心臓から全身を通って心臓にもどる血液の道すじは，体循環という。

⑶肺循環では，血液は，右心室→肺動脈(C，F)→肺→肺静脈(B，G)→左心房の順に流れる。

⑷心臓から送り出された血液が流れる血管を動脈という。心臓にもどる血液が流れる血管は静脈という。

⑸動脈血は酸素を多くふくむ血液(肺から心臓にもどり，全身に送られる血液)で，肺動脈以外の動脈と肺静脈を流れる。静脈血は二酸化炭素を多くふくむ血液(全身から心臓にもどり，肺に送られる血液)で，肺静脈以外の静脈と肺動脈を流れる。

4章　動物の行動のしくみ

p.32〜33　ステージ1

●教科書の要点

❶ ①感覚器官　②網膜　③鼓膜　④うずまき管

❷ ①中枢神経　②末しょう神経　③脳
④運動神経　⑤反射

❸ ①骨格　②筋肉　③けん　④関節　⑤内骨格

●教科書の図

1 ①虹彩　②レンズ　③網膜　④視神経　⑤脳
⑥鼓膜　⑦耳小骨　⑧うずまき管　⑨聴神経
⑩脳

2 ①脳　②脊髄　③中枢　④運動　⑤感覚
⑥末しょう　⑦背骨　⑧脊髄　⑨脳　⑩脊髄

p.34〜35　ステージ2

❶ (1)㋐虹彩　㋑レンズ　㋒網膜　㋓視神経
(2)①㋒　②㋐　③㋑　(3)脳
(4)①鼻　②舌　③皮膚

❷ (1)①刺激…音　器官…耳
②刺激…光　器官…目
③刺激…におい　器官…鼻
④刺激…温度　器官…皮膚
⑤刺激…味　器官…舌
(2)感覚神経
(3)①聴覚　②視覚　③嗅覚　④触覚
⑤味覚

❸ (1)㋐鼓膜　㋑耳小骨　㋒聴神経
㋓うずまき管
(2)①㋑　②㋐　③㋓
(3)㋐→㋑→㋓→㋒
(4)感覚器官　(5)感覚細胞

❹ (1)感覚神経　(2)運動神経
(3)末しょう神経　(4)脊髄　(5)背骨
(6)脳　(7)中枢神経　(8)反射
(9)脊髄

解説

❶ (1)〜(3)光の伝わり方は次の通りである。
レンズ(㋑)で光を屈折させ，網膜(㋒)上に像を結ばせる→網膜にある感覚細胞が光の刺激を受けとる→視神経(㋓)から脳へ伝わる

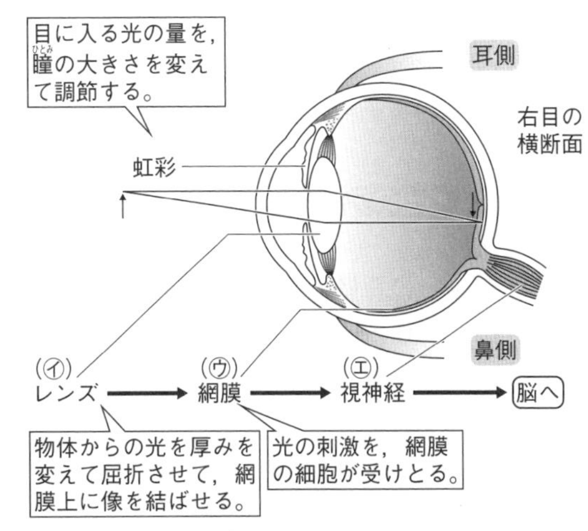

(4)においの刺激は鼻で，味の刺激は舌で受けとる。圧力や温度，痛みなどの刺激は皮膚で受けとる。

❷ 感覚細胞で受けとった刺激の信号が，感覚神経を通って脳に伝わると，感覚が生じる。音の刺激は耳で受けとられ，脳に伝わると聴覚が生じる。同じように，光の刺激は目で受けとられ，視覚が生じる。においの刺激は鼻で受けとられ，嗅覚が生じる。温度の刺激は皮膚で受けとられ，触覚(温覚)が生じる。味の刺激は舌で受けとられ，味覚が生じる。

❸ (2)(3)音の伝わり方は次の通りである。
鼓膜(㋐)が音をとらえて振動する→耳小骨(㋑)が鼓膜の振動をうずまき管(㋓)に伝える→うずまき管の内部の液体の振動が信号に変えられ，聴神経(㋒)に伝わる→聴神経から脳へ伝わる

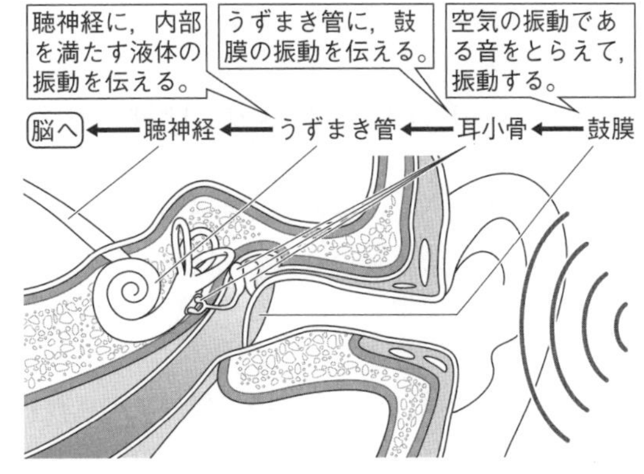

(4)(5)外界からの刺激を受けとる器官を感覚器官という。感覚器官には，刺激を受けとるための感覚細胞が集まっている。

❹ (6)意識して起こす反応では，脳に刺激の信号が伝えられて感覚が生じ，脳から反応の命令が出される。

(8)(9)熱いものに手がふれたときの無意識に起こる反応(反射)では，刺激の信号が脊髄に伝わると，脊髄から直接運動神経に命令が出される。

p.36～37 ステージ2

❶ (1)皮膚
(2)①感覚 ②脊髄 ③脳 ④脊髄 ⑤運動
(3)0.25秒(0.26秒)

❷ (1)感覚神経…a 運動神経…d
(2)末しょう神経
(3)感覚器官→a→Y→b→X→c→Y→d→運動器官
(4)感覚器官→a→Y→d→運動器官

❸ (1)約200個 (2)関節
(3)①支える ②神経 ③内臓

❹ (1)㋐関節 ㋑けん (2)ウ (3)イ
(4)内骨格

解説

❶ (1)(2)これは意識して起こす反応である。片方(かたほう)の手の皮膚で受けた刺激の信号を脳に伝え，脳からの命令の信号をもう一方の手に伝えて反応している。

(3)最初の人は，ストップウォッチをスタートさせると同時に次の人の手をにぎっているので，体内を刺激や命令の信号が伝わっていないと考えることができる。右手をにぎられて，左手で次の人の手をにぎっているのは4人ということになる。3回の測定結果の平均時間を求め，さらにそれを4〔人〕で割る。

(1.0＋1.2＋0.9)÷3＝1.03…より，1.0秒
1.0÷4＝0.25〔秒〕

❷ (1)感覚器官から中枢神経に刺激の信号を伝える神経(a)を，感覚神経という。中枢神経からの命令の信号を運動器官に伝える神経(d)を，運動神経という。

(3)感覚器官で受けとった刺激の信号が感覚神経を通って脊髄に伝わり，脳に伝えられる。脳では反応の命令が出される。命令の信号は，脊髄に伝わり，運動神経を通って運動器官に伝えられる。

(4)このような反応は反射とよばれる。感覚器官で受けとった刺激の信号が感覚神経を通って脊髄に伝えられると，脊髄から直接，反応の命令が出される。命令の信号は，運動神経を通って運動器官に伝えられる。

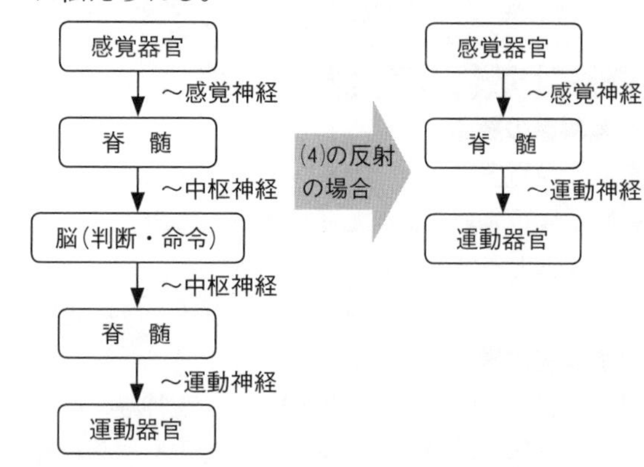

上記の図のように，反射は刺激を受けてから反応するまでの伝達ルートが短いので，反応時間が短くなる。そのおかげで，危険(きけん)から身を守ることができる。

❸ (1)ヒトの体には約200個の骨があって，それらは関節でつながっている。

(2)関節はぐるっと回転できたり，ねじったりできて，ヒトの複雑な動きを可能にしている。

(3)骨は動物の体の中にあり，硬い成分でできていて，体を支えている。また，やわらかい組織の内臓は，骨によって守られている。心臓や胃腸などは意識して動かせるわけではないが，筋肉によって動いている。

❹ (1)㋐関節は骨と骨がつながっている部分のことである。㋑骨についている筋肉の両端をけんといい，関節をへだてた2つの骨についている。

(2)(3)㋒はうでの内側にある筋肉で，㋓はうでの外側にある筋肉である。うでをのばしているとき，㋒がゆるみ，㋓が収縮する。うでを曲げているときは，これとは逆になる。このように，一方が収縮して他方がゆるむことで，関節の部分が曲がり，動かすことができる。

p.38～39 ステージ3

❶ (1)記号…㋐ 名称…虹彩
(2)記号…㋑ 名称…レンズ
(3)記号…㋓ 名称…網膜
(4)記号…㋔ 名称…視神経
(5)①㋐ ②㋓
(6)におい…嗅覚 音…聴覚
圧力…触覚 味…味覚
(7)温度，痛み

❷ ①空気　②鼓膜　③耳小骨　④うずまき管
⑤聴神経

❸ (1)中枢神経　(2)背骨
(3)a…感覚神経　d…運動神経
(4)末しょう神経　(5)反射
(6)a→e→d　(7)脊髄
(8)危険から体を守ること。
体のはたらきを調節すること。
(9)ア，ウ，エ，オ
(10)a→c→b→d

❹ (1)内骨格
(2)体を支える。
脳などの神経や内臓を保護する。

解説

❶ (1)～(4)虹彩によって瞳の大きさを変え，目に入る光の量を調節する。目に入った光は，レンズによって屈折し，網膜上に像を結ぶ。網膜には感覚細胞がたくさんあり，光の刺激が信号に変えられる。信号は，視神経を通って脳に伝えられる。
(5)しぼりは，カメラに入る光の量を調節する部分である。撮像素子は，入ってきた光の像が結ばれるところである。

❷ 音は，空気の振動として鼓膜でとらえられ，耳小骨を通してうずまき管に伝えられる。うずまき管には感覚細胞がたくさんあり，音の刺激が信号に変えられる。信号は，聴神経を通って脳に伝えられる。

❸ (5)～(7)無意識に起こる反応を，反射という。反射では，刺激の信号が感覚神経によって脊髄などに伝えられると，脊髄などから直接，反応の命令が出される。命令の信号は運動神経によって運動器官に伝えられ，反応が起こる。
(8)反射では，信号が脳を通らないので，刺激を受けてから反応するまでの時間が短くなり，危険から体を守ることができる。たとえば，熱いものにふれたとき，思わず手を引っこめる反応などがこれにあたる。体のはたらきの調整をする反射には食べたとき自然に唾液が出る，まぶしいとき瞳が小さくなるなどがある。
(9)イは，子どもが飛び出したことを意識してブレーキをふむという反応である。訓練することによって，反応までの時間を短くすることはできるが，反射ではない。
(10)熱いという感覚が生じてから手を冷やしているので，意識して起こす反応である。この場合，刺激の信号は感覚器官から感覚神経，脊髄を通って脳にまで伝えられ，脳で反応の命令が出される。命令の信号は脳から脊髄，運動神経を通って，運動器官に伝わる。熱いものに触れたとき，手を引っこめる反応は反射だが，手を冷やすことは脳が考えている。

❹ ヒトの骨格のように，体の内部にある骨格を内骨格という。骨格は，体を支えたり，神経や内臓を守ったりするはたらきがある。

p.40～41　単元末総合問題

1》 (1)核　(2)細胞膜　(3)細胞壁
(4)液胞　(5)葉緑体

2》 (1)根毛　(2)㊄，㊋　(3)道管
(4)師管　(5)維管束　(6)光合成　(7)気孔
(8)酸素(二酸化炭素)

3》 (1)①肺　②小腸　③心臓
(2)肺から心臓
(3)表面積が大きくなっているから。
(4)ウ

4》 (1)脊髄　(2)中枢神経　(3)末しょう神経
(4)反射　(5)Ⅰ…ア　Ⅱ…ウ

解説

1》 (1)核は酢酸オルセイン溶液によって赤紫色に染まる。
(2)(3)細胞を包んでいるのは細胞膜で，植物ではその外側に細胞壁がある。
(4)液胞には不要な物質などがとけていて，成長した植物の細胞によく見られる。花の色の色素や果実の酸味を出す物質などが入っている。
(5)植物は葉緑体で光合成を行う。

2》 (1)根の構造は双子葉類では主根と側根，単子葉類ではひげ根と異なるが，どちらも先端近くに小さな根毛がたくさん見られる。根毛によって，根の表面積が大きくなり，効率よく水分や水にとけた養分が吸収できる。
(2)(3)㊄，㊋はどちらも道管である。
(4)師管は図２の㋑，図３の㋗にあたる。師管を通る養分とは，葉緑体でつくられたデンプンが水にとけやすい物質に変わったものである。
(5)道管と師管をまとめて維管束という。

(6)光合成は葉や茎にふくまれる葉緑体で，デンプンなどの養分をつくるはたらきのことで，二酸化炭素と水を使って，光のエネルギーで養分をつくり出し，酸素を放出する。

(7)(8)気孔は葉の裏に多く，ここから気体が出入りする。光合成では二酸化炭素が入り，酸素が出る。呼吸では酸素が入り，二酸化炭素が出る。水分調整のため，水蒸気が出る。

3》 (1)①は肺の説明で，小さな袋とは肺胞のことである。②は小腸，③は心臓の説明である。

(2)血液は心臓から肺に送られ，肺で二酸化炭素を出し，酸素をとり入れ，再び心臓にもどり，全身へと送られる。もっとも酸素を多くふくんでいる血液は，肺から心臓に流れている。

(3)表面積が大きくなることで，肺ではより多くの気体が出入りでき，小腸ではより多くの栄養分を吸収することができる。

(4)背中側に2つある器官とは腎臓のことで，この器官で血液にふくまれる尿素などの不要な物質や，余分な水分，塩分をこし出している。アは小腸や大腸，イは肝臓，エはぼうこうのはたらきである。

4》 (1)(2)Cの脳とDの脊髄を中枢神経という。

(3)Xは感覚神経，Yは運動神経を表していて，これらをまとめて，末しょう神経という。

(4)(5)体を危険から守るときなどに起こる反射では，刺激に対する反応の命令の信号が脊髄などから出される。ⅠとⅡを比べてもわかるように，反射は脳を経由しないで反応するために，速く命令が出される。意識して起こす反応では，刺激に対する反応の命令の信号が脳から出される。

地球 地球の大気と天気の変化

1章　地球をとり巻く大気のようす

p.42～43 ステージ1

●教科書の要点

1 ①圧力　②パスカル　③N/m²　④面積　⑤大気圧　⑥ヘクトパスカル

2 ①気象要素　②快晴　③晴れ　④くもり　⑤風向　⑥風力　⑦天気図記号

●教科書の図

1 ①1　②4　③<

2 ①大気　②低い　③1013

3 ①気温　②湿度　③雨　④北北東　⑤3　⑥○　⑦◐　⑧◎

p.44～45 ステージ2

1 (1)㋐0.01m²　㋑0.002m²　㋒0.001m²
(2)㋐10N　㋑10N　㋒10N
(3)㋐1000Pa　㋑5000Pa　㋒10000Pa
(4)㋒

2 (1)A…0.12m²　B…0.20m²　C…0.15m²
(2)6N　(3)A…6N　B…6N　C…6N
(4)A…50Pa　B…30Pa　C…40Pa
(5)大気圧(気圧)
(6)1気圧(約1013hPa)

3 (1)5N　(2)5Pa
(3)式…40〔Pa〕×0.5〔m²〕
重さ…20N
(4)式…10〔N〕÷80〔Pa〕
底面積…0.125m²または1250cm²

4 (1)ある。　(2)麓　(3)麓
(4)袋がふくらんだ。
(5)山頂の気圧が麓より低いため。
(6)約1013hPa

解説

1 (1) 注意 圧力を求める式の分母の面積の単位はm²である。1m²＝10000cm²なので，cm²をm²に変換するには，10000で割ろう。

㋐100÷10000＝0.01〔m²〕
㋑20÷10000＝0.002〔m²〕
㋒10÷10000＝0.001〔m²〕

(2)ペットボトルの重さは変わらないので，ペットボトルが板を押す力は変わらない。

(3)圧力〔Pa，N/m²〕$=\dfrac{力の大きさ〔N〕}{力がはたらく面積〔m^2〕}$

から求める。

㋐ $\dfrac{10〔N〕}{0.01〔m^2〕}=1000〔Pa〕$

㋑ $\dfrac{10〔N〕}{0.002〔m^2〕}=5000〔Pa〕$

㋒ $\dfrac{10〔N〕}{0.001〔m^2〕}=10000〔Pa〕$

2 (1)A…0.4〔m〕×0.3〔m〕=0.12〔m²〕

B…0.5〔m〕×0.4〔m〕=0.20〔m²〕

C…0.5〔m〕×0.3〔m〕=0.15〔m²〕

(3)どの面を下にしても押す力の大きさは変わらない。

(4)A… $\dfrac{6〔N〕}{0.12〔m^2〕}=50〔Pa〕$

B… $\dfrac{6〔N〕}{0.2〔m^2〕}=30〔Pa〕$

C… $\dfrac{6〔N〕}{0.15〔m^2〕}=40〔Pa〕$

3 (1)重力の大きさは100gあたり1Nになる。

(2)圧力〔Pa〕$=\dfrac{力の大きさ〔N〕}{力がはたらく面積〔m^2〕}$

$\dfrac{5〔N〕}{1〔m^2〕}=5〔Pa〕$

(3)重力の大きさは

40〔Pa〕×0.5〔m²〕=20〔N〕

力がはたらく面積〔m²〕$=\dfrac{力の大きさ〔N〕}{圧力〔Pa〕}$ なので，

$\dfrac{10〔N〕}{80〔Pa〕}=0.125〔m^2〕$

4 (2)(3)麓のほうが，上空までの距離が大きいので，空気も多く，上にある空気の重さ，気圧ともに大きくなる。

(4)(5)大気圧によって，物体にはあらゆる方向から圧力が加わる。その圧力が山頂では麓より小さいので袋がふくらむ。

(6)海面と同じ高さのところの気圧を平均すると約1013hPaで，1気圧とも表される。

p.46~47 ステージ2

1 (1)①気温　②風向(または風力)
③雲量　④雨量

(2)快晴…0～1　晴れ…2～8
くもり…9～10

(3)①快晴　②⦶　③くもり　④●
⑤雷　⑥⊛

(4)①②③

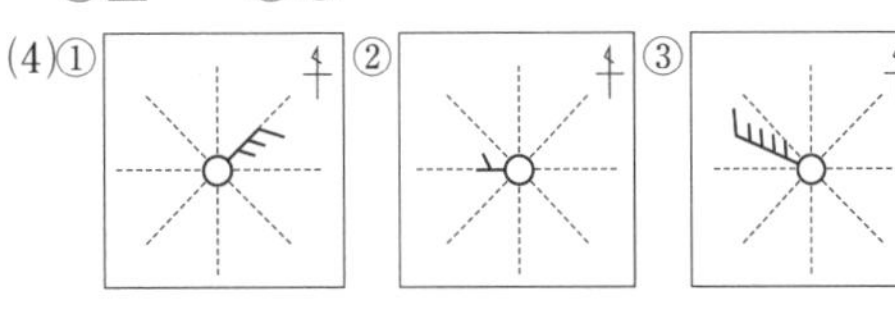

(5)①16方位　②○　③0～12までの数

2 (1)晴れ

(2)空全体にしめる雲の割合が6割のこと。

(3)

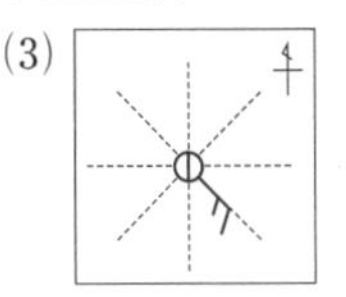

(4)どちらから…南東
どちらへ……北西

3 (1)A　(2)30.0℃　(3)4℃(4.0℃)
(4)72%　(5)2.5℃　(6)23.5℃

4 (1)9時…晴れ，15時…雨　(2)低くなる。

(3)高くなる。

(4)気温が高くなると湿度は低くなり，気温が低くなると湿度は高くなる。

(5)昼は夜より気温が高い。

解説

1 (2)空全体を10としたときに雲がしめる割合を雲量といい，雲量が0～1で快晴，2～8で晴れ，9～10でくもりと決められている。

(5)①風向は風がふいてくる方向を16方位で表す。

③風力は，周辺のようすから0から12の階級のどれかを選び，その数値を風力とする。

2 (1)晴れは雲量が2～8

(2)雲量とは，空全体にしめる雲の割合のことで，0～10までの数字で表す。

(3)天気図記号は，中心の○印の中に天気記号を，矢の向きで風向(風のふいてくる方向)を，はねの数で風力を表す。

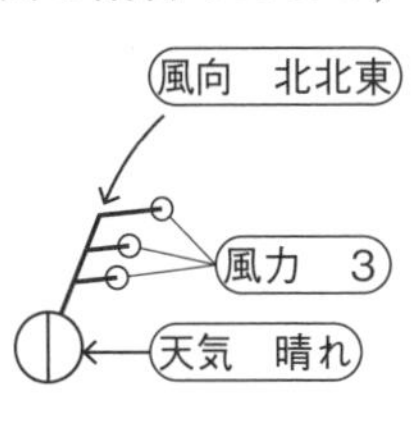

3 (1)乾湿計では，気温を示す乾球温度計のほうが湿球温度計よりも示度が高くなる。

(2)～(4)乾球温度計の示度より，気温は30℃だとわかる。湿球温度計の示度は26.0℃なので，乾球温度計と湿球温度計の示度の差は４℃である。湿度表の乾球30℃と示度の差４℃の交わるところを見ると，湿度は72％だとわかる。

⑸⑹湿度表の乾球26℃，湿度80％のところを見ると，乾球と湿球との差は2.5℃である。湿球は乾球より示度が低く，その差が2.5℃なので，湿球の示度は26.0－2.5＝23.5℃とわかる。

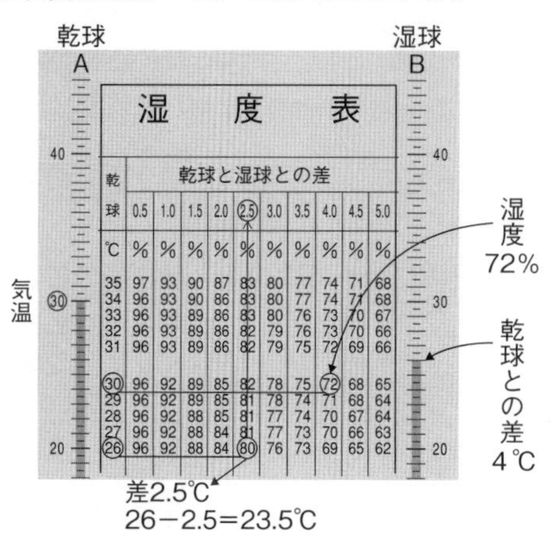

湿度表

乾球	乾球と湿球との差									
	0.5	1.0	1.5	2.0	2.5	3.0	3.5	4.0	4.5	5.0
℃	%	%	%	%	%	%	%	%	%	%
35	97	93	90	87	83	80	77	74	71	68
34	96	93	90	86	83	80	77	74	71	68
33	96	93	89	86	83	80	76	73	70	67
32	96	93	89	86	82	79	76	73	70	66
31	96	93	89	86	82	79	75	72	69	66
30	96	92	89	85	82	78	75	72	68	65
29	96	92	89	85	81	78	74	71	68	64
28	96	92	88	85	81	77	74	70	67	64
27	96	92	88	84	81	77	73	70	66	63
26	96	92	88	84	80	76	73	69	65	62

❹ ⑴図の天気記号でわかる。

⑵～⑷晴れているときは日が当たるので，気温は高くなり湿度は低くなる。雨が降っているときは，気温が低くなり湿度は高くなる。気温は他の条件によって変化するが，今回はグラフを見て答えられる。

気温が急に下がる。
湿度が急に上がる。
11 12 13 14 15 16
時刻
天気　くもり◎→雨●

⑸一般的に晴れている昼間は日が当たるので，夜よりも気温が高くなる。

p.48～49　ステージ3

❶ ⑴500gのおもり

⑵スポンジにはたらく力の大きさが大きくなるほど，圧力は大きくなること。

⑶25cm^{2}の板

⑷スポンジに力がはたらく面積が小さくなるほど，圧力は大きくなること。

❷ ⑴空気　⑵あらゆる向き　⑶１気圧

⑷約1013hPa

⑸麓の大気圧が山頂より大きいから。

❸ ⑴○　⑵0～12の数

⑶16方位　⑷○　⑸低くなる

❹ ⑴10月15日…晴れ　10月16日…くもり

⑵A…気温　B…湿度。　⑶大きい。

⑷低くなる。　⑸高い。

⑹晴れの日は気圧が高く，雨が降ってくると気圧が低くなる。

解説

❶ ⑴⑵板の面積が同じとき，おもりの質量が大きいほど，スポンジを押す力が大きくなり，へこみ方も大きくなる。

⑶⑷おもりの質量(重さ)が等しいとき，力のはたらく面積が小さいほどスポンジのへこみ方が大きくなる。

❷ ⑶⑷海面と同じ高さのところでは，大気圧はほぼ１気圧である。１〔気圧〕＝約1013〔hPa〕

⑸麓に比べて山頂のほうが，上空にある空気が少ないため，大気圧は小さくなる。大気圧の小さいところの空気をペットボトルの中に閉じこめたので，このペットボトルを大気圧の大きい麓に持っていくと，外側からはたらく圧力が大きく，つぶれる。

❸ ⑵風力は風速計がないとき，周辺のようすを見て判断する。風力階級表には，０～12の数字ごとに周辺のようすが示されている。

⑷雲量０～１が快晴，２～８が晴れ，９～10がくもり。

❹ ⑵気温は，晴れの日の昼すぎがもっとも高く，明け方ごろがもっとも低いのでAが気温。湿度は，晴れの日の昼すぎに低くなり，雨の日に高くなるのでBが湿度。

⑶晴れの日は，雨の日に比べて太陽光の影響を大きく受けるため，気温や湿度の変化も大きくなる。

⑷晴れの日は気温が上がり，湿度が低くなる。

2章　大気中の水の変化

p.50～51　ステージ1

●教科書の要点

❶ ①水滴　②霧

❷ ①上昇気流　②下降気流　③膨張

④水滴　⑤高くなり　⑥にくい　⑦降水

❸ ①飽和水蒸気量　②露点　③湿度

●教科書の図

1 ①水滴　②霧

2 ①熱　②あたたか　③冷た　④上昇

⑤膨張　⑥水蒸気　⑦水滴

3 ①4　②水滴　③飽和水蒸気量　④5
⑤露点　⑥100

p.52~53 ステージ2

1 (1)大きくなる。　(2)下がる。
(3)白いくもりができる。(水滴ができる。)
(4)くもりがなくなる。(水滴がなくなる。)
(5)圧縮される。　(6)上がる。
(7)上昇気流

2 (1)低くなる。　(2)膨張する。　(3)下がる。
(4)㋐水滴　㋑氷　(5)雪

3 (1)降水　(2)蒸発　(3)液体　(4)太陽光
(5)霧　(6)ウ

4 (1)室温　(2)露点　(3)飽和水蒸気量
(4)13.6g　(5)70%　(6)100%

解説

1 注意 気圧が下がる→空気が膨張する→空気の温度が下がる→空気中の水蒸気の一部が水滴になる。という流れを理解しよう。

(1)~(3)ピストンを引くと，引いた分だけフラスコ内にある空気の体積が大きくなる。空気の体積が大きくなる(膨張する)と，空気の温度が下がり，水蒸気の一部が小さな水滴になり，フラスコの中が白くくもる。

(4)~(6)ピストンを押すと，フラスコ内にある空気の体積が小さくなる。空気の体積が小さくなる(圧縮する)と，空気の温度が上がり，水滴が水蒸気になり，フラスコの中のくもりがなくなる。

(7)(1)~(3)の実験は，上昇気流によって，気圧の低い上空に上がった空気のかたまりが，水滴となって雲をつくるようすを表している。

2 (1)(2)上空では気圧が低くなるため，空気が膨張して体積が大きくなる。

(3)空気が膨張すると，温度が下がる。

(4)空気の温度が下がり，露点に達すると，水滴ができ，雲ができはじめる。そして，さらに冷やされると，水滴は氷の粒になる。

3 太陽光のエネルギーによってあたためられた水は蒸発し，水蒸気になる。水蒸気の一部は雲をつくり，雨や雪などの降水として地表に降る。

4 注意 「コップの表面がくもりはじめる温度での飽和水蒸気量」=「空気中にふくまれている水蒸気量」であることから考えよう。

(2)コップがくもりはじめたときの水温が部屋の空気の露点と等しくなる。

(4)(5)室温が22℃なので飽和水蒸気量は19.4g/m^3，露点が16℃なので部屋の空気中にふくまれる水蒸気量は13.6g/m^{3}である。

湿度[%]=

$$\frac{空気1\,m^3中にふくまれる水蒸気量[g/m^3]}{その温度での飽和水蒸気量[g/m^3]}\times 100$$

$$\frac{13.6[g/m^3]}{19.4[g/m^3]}\times 100=70.1\cdots$$より，70%

(6)空気中にふくまれる水蒸気量が16℃の飽和水蒸気量なので，室温が16℃に下がれば，湿度は100%になる。

p.54~55 ステージ3

1 ①○　②×　③○　④×

2 (1)㋑
(2)①上昇　②低　③下降　④高　⑤上昇

3 (1)白くくもる。(小さな水滴がつく。)
(2)下がる。　(3)水蒸気が水滴に変化した。
(4)へこませる。(あたためる。)

4 (1)露点…15℃　水蒸気量…12.8g
(2)露点…10℃　湿度…54.3%

5 (1)B　(2)室内側
(3)室内のあたたかい空気が冷たい窓ガラスにふれたから。

6 (1)A　(2)C　(3)C　(4)D，E
(5)B，C

解説

1 ①②風がない晴れた夜は，地面から熱が逃げて，地表の温度が大きく下がる。そして，地表付近の空気が冷やされ，水蒸気が水滴になり，霧が発生しやすい。

④ピストンを引いてフラスコ内の気圧を下げると，フラスコの中にくもりができる。

2 (1)あたたかい空気は密度が小さくて軽いので上へ，冷たい空気は密度が大きくて重いので下へいく。

(2)空気があたためられると上昇気流が生じて上空にいくので，気圧が低くなる。このとき，空気が膨張して温度が下がり，雲ができやすい。

3 (1)~(3)ペットボトル内の気圧が下がり，空気が膨張すると，温度が下がる。その結果，水蒸気が冷やされて水滴になり，白くくもる。

(4)ペットボトル内の空気が圧縮され，温度が上がると，水滴が水蒸気になるため，くもりがなくなる。空気を圧縮するためには，ペットボトルを強くへこませるとよい。また，ペットボトルの中の空気をドライヤーなどで直接あたためても，温度が上がってくもりがなくなる。

4 (1)水滴ができたときの温度が露点なので，この空気の露点は15℃であるとわかる。露点のときの飽和水蒸気量が，空気にふくまれている水蒸気量に等しいので，この空気 1 m^3 中にふくまれている水蒸気量は，12.8g である。

(2)空気 1 m^3 中にふくまれている水蒸気量が 9.4g であり，これが露点での飽和水蒸気量に等しい。飽和水蒸気量が 9.4g/m^3 となるのは，10℃のときである。20℃の空気の飽和水蒸気量は 17.3g/m^3 なので，

湿度〔%〕

$$=\frac{\text{空気 1 m}^3\text{中にふくまれる水蒸気量〔g/m}^3\text{〕}}{\text{その温度での飽和水蒸気量〔g/m}^3\text{〕}}\times 100$$

$$=\frac{9.4\text{〔g/m}^3\text{〕}}{17.3\text{〔g/m}^3\text{〕}}\times 100=54.33\cdots$$ より，54.3%

5 (1)室内の空気中にふくまれる水蒸気が，氷の入った冷たい水によって冷やされ，水滴になってコップにつく。くみ置きの水では冷やされないので，水滴はできない。

(2)(3)室内のあたたかい空気中にふくまれる水蒸気が，室外の空気で冷やされたガラスにふれて冷やされ，水滴になる。そのため，水滴は室内側につく。

6 (1)湿度は，ふくまれる水蒸気量と飽和水蒸気量との差が大きくなるほど低くなる。もっとも差があるのは，Aの空気である。

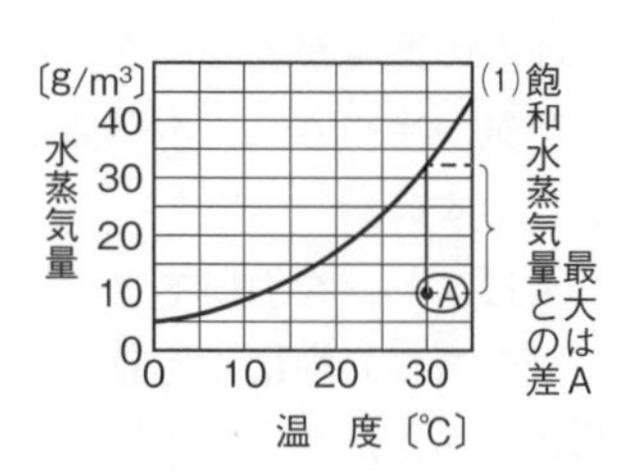

(2)露点は，ふくまれている水蒸気量が多いほど高くなる。もっとも多くの水蒸気がふくまれているのは，Cの空気である。

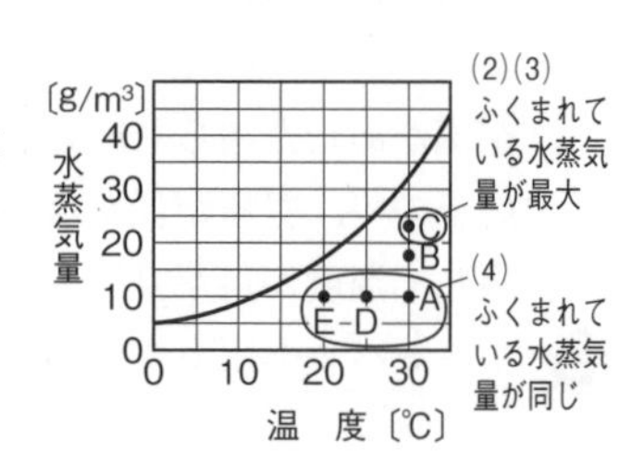

(3)ふくまれている水蒸気量が多いほど，水滴もたくさん生じる。

(4)ふくまれている水蒸気量が等しい空気は，露点が等しい。Aと同じ水蒸気量がふくまれている空気は，D，Eである。

(5)温度が等しい空気は，飽和水蒸気量が等しい。

Aと同じ温度の空気は，B，Cである。

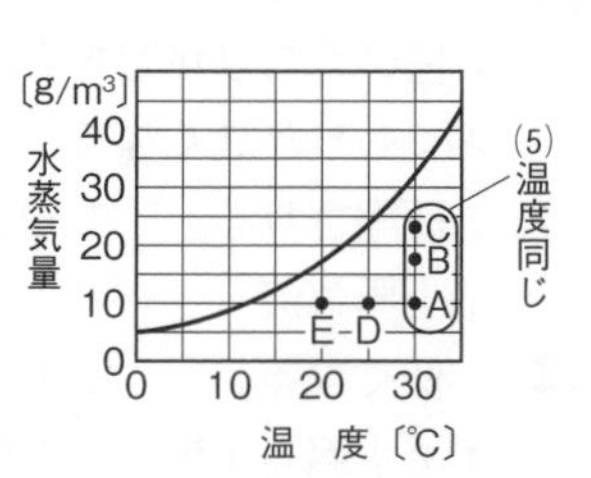

3章　天気の変化と大気の動き

p.56〜57　ステージ1

●教科書の要点

1 ①等圧線　②気圧配置　③高気圧　④低気圧　⑤天気図　⑥下降　⑦晴れ　⑧上昇　⑨強

2 ①気団　②前線面　③前線　④停滞前線　⑤寒冷前線　⑥温暖前線　⑦北　⑧下　⑨南　⑩上

3 ①移動性高気圧　②偏西風

●教科書の図

1 ①高　②時計　③出す　④低　⑤反時計　⑥こむ

2 ①寒　②暖　③停滞　④寒冷　⑤温暖　⑥閉塞

3 ①積乱　②乱層　③寒　④暖　⑤寒冷　⑥温暖

p.58〜59　ステージ2

1 (1)A…低気圧　B…高気圧

(2)右図

(3)1012hPa

(4)D地点

(5)気圧配置

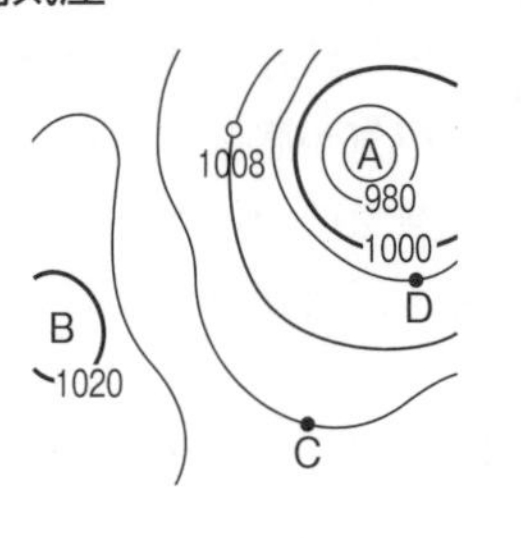

2 (1)A…低気圧

B…高気圧

(2)㋐上昇

㋑下降

(3)

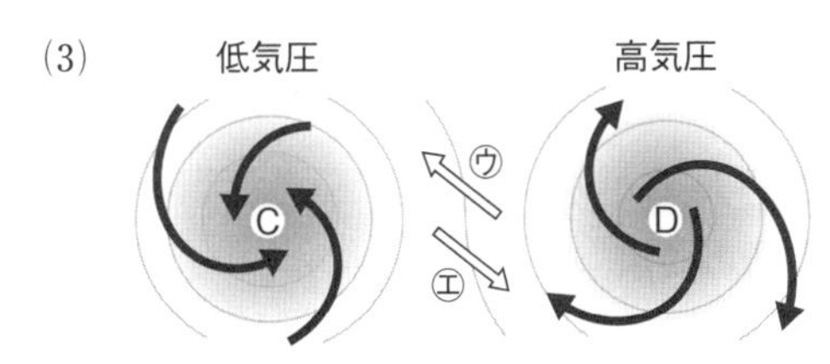

(4)ウ　(5)A

3 (1)気団
(2)A…前線面　B…前線
(3)上昇気流

4 (1)ア…温暖前線　イ…寒冷前線
(2)ウ…乱層雲　エ…積乱雲
(3)広範囲に弱い雨が長い時間降る。
(4)せまい範囲に強い雨が短い時間降る。
(5)西から東へ
(6)①南　②上　③北　④下

5 (1)下降気流　(2)上昇気流　(3)西から東
(4)移動性高気圧
(5)(日本上空に1年中，西から東へふく)偏西風がふいているため。

解説

1 (1)等圧線が丸く閉じていて，中心に向かって気圧が低くなっているAは低気圧である。中心に向かって気圧が高くなっているBが高気圧である。
(2)等圧線は途中でなくなったり新しくはじまったりしない。また，途中で枝分かれしたり，交わったりもしない。気圧がかかれていない部分は，まわりの気圧をもとに推定してなめらかな曲線で結ぶ。1008hPaの等圧線は，1004hPaと1012hPaの間を通ると考えられる。
(3)C地点は1008hPaのすぐ外側なので1012hPa。
(4)等圧線の間隔がせまいと，気圧の差が大きく，風が強い。

2 (1)〜(3)まわりより気圧が高いところを高気圧という。高気圧の中心では，下降気流が生じ，地表付近では時計回りに風がふき出している。まわりより気圧が低いところを低気圧という。低気圧の中心では上昇気流が生じ，地表付近では反時計回りに風がふきこんでいる。
(4)風は，高気圧から低気圧に向かってふく。
(5)上昇気流が起きると，雲ができやすく，くもりや雨になりやすい。

3 (3)暖気団は寒気団より密度が小さく，軽いため，上昇気流が生じる。そのため，雲ができやすい。

4 (1)日本付近の低気圧は，西側に寒冷前線が，東側に温暖前線ができることが多い。このような低気圧を温帯低気圧という。
(2)〜(4)寒冷前線付近では積乱雲が発達し，温暖前線付近では乱層雲が発達する。そのため，寒冷前線付近ではせまい範囲に強い雨が短い時間降り，温暖前線付近では広い範囲に弱い雨が長い時間降る。
(5)日本付近を通過する低気圧や高気圧は，偏西風の影響を受け，西から東へ移動することが多い。これにともない，天気も西から東へ移り変わりやすい。
(6)温暖前線の通過後は暖気が入るので，南よりの風がふいて気温が上がる。寒冷前線の通過後は寒気が入るので，北よりの風がふいて気温が下がる。天気の観測で，風向と気温が急変したら，前線が通過したとわかる。

5 (1)北極付近は，太陽から受ける光の量が少なく，気温が低いため，空気の密度が大きくなり，下降気流が生じる。
(2)赤道付近は，太陽から受ける光の量が多く，気温が高いため，空気の密度が小さくなり，上昇気流が生じる。
(3)(4)低気圧も高気圧も，西から東へ移動することが多い。
(5)中緯度(北緯・南緯30度〜60度のこと。日本は南北に長いので，北緯20度から46度にある)で1年中ふいている偏西風は西から東へふくので，低気圧，高気圧も，天気の移り変わりも偏西風の影響を受ける。

p.60〜61 ステージ3

1 (1)低気圧　(2)1012hPa　(3)エ
(4)くもり　(5)上昇気流　(6)高気圧
(7)1024hPa　(8)イ　(9)晴れ
(10)下降気流

2 (1)等圧線　(2)寒冷前線　(3)温暖前線
(4)①ア　②エ　(5)温帯低気圧

3 (1)前線面　(2)B…積乱雲　C…乱層雲
(3)B　(4)C
(5)D…寒冷前線　E…温暖前線　(6)暖気

4 (1)停滞前線　(2)閉塞前線　(3)イ
(4)寒気　(5)暖気　(6)A…ア　B…イ

解説

❶ (2)1016hPaの等圧線よりも1本内側の等圧線上にある。図は低気圧付近の等圧線を表しているので，1016－4＝1012〔hPa〕である。
(3)低気圧のまわりでは，風は低気圧の中心に向かって反時計回りにふきこむ。
(4)(5)低気圧の中心では，上昇気流が生じ，雲が発生しやすく，くもりや雨の天気が多い。
(7)1020hPaの等圧線よりも1本内側の等圧線上にある。図は高気圧付近の等圧線を表しているので，1020＋4＝1024〔hPa〕である。
(8)高気圧のまわりでは，風は高気圧の中心から時計回りにふき出す。
(9)(10)高気圧の中心では，下降気流が生じ，雲が発生しにくく，晴れの天気が多い。

❷ (2)(3)日本付近の低気圧は，西側に寒冷前線が，東側に温暖前線ができることが多い。それぞれの前線の記号から読みとってもよい。
(4)(5)寒冷前線は，前線面の傾きが急で，寒気が暖気を押し上げるようにして進む。そのため，㋐のようになる。一方，温暖前線は前線面の傾きがゆるやかで，暖気が寒気の上にはい上がるように進むので，断面を見ると㋓のようになっている。

❸ (2)～(4)寒冷前線付近では，せまい範囲に強いにわか雨を降らせる積乱雲(B)が発達する。温暖前線付近では，広い範囲に長時間弱い雨を降らせる乱層雲(C)が発達する。
(5)寒冷前線(D)の前線面は傾きが急で，温暖前線(E)の前線面は傾きがゆるやかである。
(6)温暖前線は暖気(F)が寒気の上にはい上がるようにして進む。

❹ (3)日本付近では，前線が西から東へ移動する。
(5)温暖前線と寒冷前線の間にあるのは暖気である。
(6)寒気と暖気の強さが同じくらいのときにできる前線が停滞前線である。ふつう，温暖前線よりも寒冷前線のほうが進み方が速いため，発達した低気圧では寒冷前線が温暖前線に追いつき，閉塞前線ができる。

4章　大気の動きと日本の四季

p.62～63　ステージ1

●教科書の要点

❶ ①上昇　②海風　③上昇　④陸風
⑤季節風

❷ ①シベリア　②西高東低　③偏西風
④移動性　⑤オホーツク海　⑥梅雨前線
⑦小笠原　⑧秋雨前線　⑨台風

●教科書の図

1 ①海風　②陸　③陸風　④海

2 ①シベリア　②冬　③オホーツク海　④夏
⑤小笠原　⑥夏

3 ①高　②シベリア　③低　④西高東低
⑤乾燥　⑥雪　⑦乾燥

p.64～65　ステージ2

❶ (1)地面　(2)向き…海から陸，名称…海風
(3)陸に上昇気流が生じて気圧が低くなったから。

❷ ①記号…C　名称…小笠原気団
②記号…A　名称…シベリア気団
③記号…B　名称…オホーツク海気団

❸ (1)A…高気圧　B…低気圧　(2)西高東低
(3)北西　(4)シベリア気団
(5)①高　②雪　③低　④晴れ

❹ (1)ア　(2)移動性高気圧　(3)ウ

❺ (1)梅雨前線　(2)南高北低　(3)南東

❻ (1)熱帯低気圧
(2)①偏西風　②太平洋高気圧

解説

❶ 注意 温度の変化の大きい地面のほうが，あたたまりやすく，冷めやすいといえる。
(1)(2)晴れた日の昼は，あたたまりやすい地面が海面より温度が高くなるので，陸上で上昇気流が起こりやすい。陸上で上昇気流が起こると，陸上の気圧が低くなり，海から陸に向かって海風がふく。

❷ 注意 北のほうでは冷たい気団が，南のほうではあたたかい気団ができる。また，海上では湿った気団が，陸上では乾燥した気団ができることから考えよう。
①南の海上で夏に発達する小笠原気団はあたたかく，湿っている。日本の蒸し暑い夏をもたらす気

団である。
②北の陸上で冬に発達するシベリア気団は冷たく，乾燥している。冬の冷たい北西の季節風をふかせ，日本海側に大雪，太平洋側に乾燥した晴天をもたらす。
③北の海上で夏の前に発達するオホーツク海気団は冷たく，湿っている。この気団と南の小笠原気団の勢力が同じくらいなので，梅雨前線が停滞して雨が降りつづく。

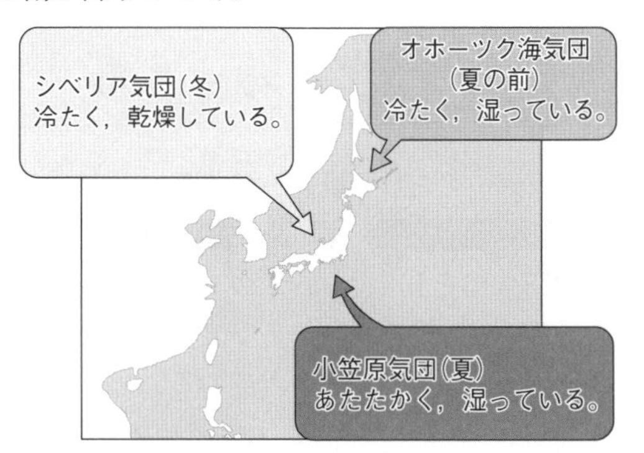

3 (2)東に低気圧，西に高気圧があることから，西高東低の気圧配置とよばれる。
(3)(4)冬には，大陸で気温が低くなり，シベリア気団ができる。シベリア気団では下降気流が起き，気圧が高くなる。その結果，大陸から海洋に向かう，北西の季節風がふく。
(5)北西の季節風は冷たく乾燥しているが，日本海上を通過するときに水蒸気をふくむ。そして，日本列島の山脈にぶつかって上昇気流となり，雲が発達して，日本海側に大雪を降らせる。水蒸気が少なくなった風は山脈をこえ，太平洋側に乾燥した晴天をもたらす。

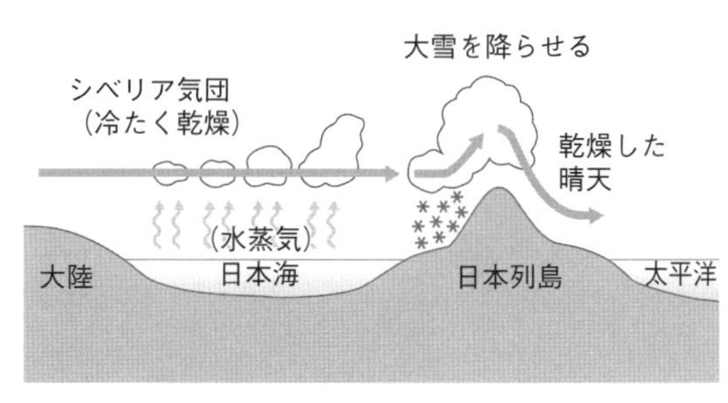

4 (1)(2)移動性高気圧は，偏西風の影響を受けて西から東へ進む。
(3)低気圧と移動性高気圧が，交互に日本列島付近を通過するため，周期的に天気が変化する。
5 (1)梅雨の時期の停滞前線を梅雨前線，秋雨の時期の停滞前線を秋雨前線という。
(2)夏の気圧配置は，南に高気圧，北に低気圧があることから，南高北低の気圧配置とよばれる。
(3)夏には，太平洋よりも大陸上で気温が高くなり，上昇気流が起こって低気圧ができる。その結果，海洋から大陸に向かう，南東の季節風がふく。
6 最大風速が17.2 m/s以上になった熱帯低気圧を台風という。夏から秋にかけて発生した台風は，最初は北西に向かって進み，その後，太平洋高気圧のふちに沿って北東に向かうようになる。このとき，偏西風の影響を受けて，速さを増しながら進む。

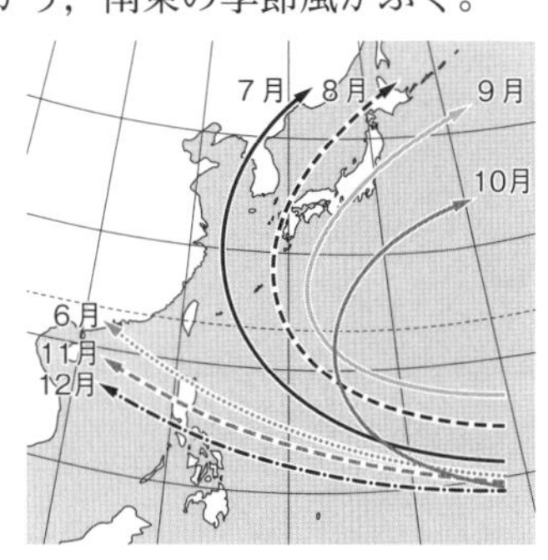

台風の大雨は河川の氾濫(はんらん)や土砂災害を起こしたり，強風は高潮や家屋・農地などに被害をおよぼしたりする。

p.66～67 ステージ3

1 ①×　②×　③×　④○　⑤×
2 (1)陸風　(2)陸
(3)気温…低い。　気圧…高い。　(4)図2
3 (1)季節風　(2)北西　(3)A，C
(4)日本海側…雪の日が多い。
太平洋側…晴れて乾燥した日が多い。
4 (1)夏　(2)小笠原気団　(3)南東
(4)積乱雲　(5)南高北低
5 (1)A…イ　B…オ　C…エ
(2)A…梅雨前線　C…秋雨前線
(3)オホーツク海気団と小笠原気団の勢力がほぼ同じため。
(4)季節…冬　海流…暖流
(5)①太平洋高気圧　②偏西風

解説

1 ①台風は前線をともなわず，天気図では，間隔がせまい，ほぼ同心円状の等圧線で表される。
②海風は，陸の気温が海よりも高くなり，陸で上昇気流が生じることでふく風である。
③海よりも陸のほうがあたたまりやすく冷めやすいので，温度変化が大きくなる。

⑤梅雨前線は，オホーツク海気団と小笠原気団がぶつかり合ってできる停滞前線である。

2 (1)陸から海へふく風を陸風，海から陸へふく風を海風という。Aは陸風。

(3)陸のほうが冷めやすいため，夜は海上よりも陸上の気温のほうが低くなり，陸上で下降気流が起きて気圧が高くなり，陸から海へ陸風が吹く。

(4)晴れた日の昼は，海上よりも陸上の温度のほうが高くなり，陸上で上昇気流が起きて，海風がふく。

3 (2)冬は，大陸のシベリア気団から北西の季節風がふく。

(3)大陸での空気(A)は乾燥しているが，日本海を通過するときに水蒸気をふくむので，日本海側(B)では空気が湿っている。しかし，日本海側で雪を降らせることにより水蒸気が少なくなるので，山脈をこえた太平洋側(C)では空気が乾燥している。

4 (1)日本の南の太平洋上に大きな高気圧があることから，夏の天気図であることがわかる。

(2)(3)夏は，小笠原気団からの南東の季節風がふく。

(4)小笠原気団から，あたたかく湿った季節風がふきこむため，蒸し暑い日が続き，水不足や熱中症などの被害が出る。昼に大気が熱せられ，急激な上昇気流が生じて積乱雲が発達し，にわか雨や雷が発生することがある。局地的な大雨による被害も出ることがある。

5 (1)A…日本列島に長く停滞前線がのびていることから，梅雨だとわかる。

B…等圧線の間隔のせまい西高東低の気圧配置になっているので，冬だとわかる。

C…日本付近には，低気圧と高気圧や停滞前線があり，南の海上には台風もあることから秋だとわかる。

(3)Aの梅雨前線は，北東のオホーツク海気団と南の小笠原気団がぶつかり合っていて，両者の勢力がほぼ同じため，前線が停滞する。

(4)日本の北東に低気圧の雲のかたまりがあり，北西の季節風にそったすじ状の雲も見られるのは，冬の雲画像である。すじ状の雲は，シベリア高気圧からふき出す大気が，暖流の流れる日本海の上を通過することによってできる。

(5)夏から秋にかけて発生した台風は北西に進み，太平洋高気圧のふちに沿って，しだいに北よりから北東に進路を変える。そして，日本列島に近づくと，偏西風の影響を受けて速さを増していく。

p.68～69 単元末総合問題

1 (1)空にしめる雲の割合(雲量)
(2)①雨　②寒冷前線(前線)
(3)7.5g　(4)ア　(5)㋐→㋒→㋑

2 (1)A　(2)東
(3)偏西風の影響を受けるから。　(4)西
(5)温帯低気圧

3 (1)積乱雲　(2)シベリア気団　(3)ア
(4)ア　(5)冬
(6)天気…くもり　風向…西北西　風力…4

解 説

1 (1)空全体を10としたときに雲がしめる割合を雲量といい，雲量が0～1で快晴，2～8で晴れ，9～10でくもりと決められている。

(2)①13日12時の天気は，天気記号から雨である。②その後，気圧が急に下がり，湿度も上がっているので，雨が夜まで降って，前線が通過したと考えられる。気温が下がっていくので，寒冷前線が通過したと考えられる。

(3)3月13日午前6時の気温は10℃，湿度は80%なので，空気1 m^3 中にふくまれていた水蒸気の量は，9.4〔g/m^3〕×0.8=7.52〔g/m^3〕より，7.5g。

(4)気温，湿度がともに高いと，空気中にふくまれる水蒸気量が多くなり，露点が高くなる。

(5)温帯低気圧は偏西風の影響を受けて，西から東に動いていく。

2 (1)等圧線の間隔がせまいところほど，強い風がふく。

(2)(3)日本付近の低気圧は，日本付近の上空にふいている西よりの偏西風に押し流され，西から東へと進むことが多い。

(4)低気圧のまわりでは，低気圧の中心に向かって反時計回りに風がふきこむ。

(5)日本付近では，温帯低気圧が発生することが多い。低気圧の中心から南東に温暖前線，南西に寒冷前線ができる。

3 (1)低気圧の中心から南西に向かってのびる寒冷前線付近では積乱雲ができる。

(2)～(5)シベリア気団からの北西の季節風によるすじ状の雲ができていることから，冬の雲画像であ

ることがわかる。シベリア気団は冷たく乾燥しているが，日本海を通過する間に水蒸気をふくみ，日本海側に大雪を降らせる。水蒸気が少なくなった空気は山脈をこえ，太平洋側に乾燥した晴天をもたらす。

(6)天気図記号は，◯印の中に天気記号を，はねの数で風力を，矢の向きで風向を表す。風向は風のふいてくる方向を16方位で表す。

物質 化学変化と原子・分子

1章 物質の成り立ち

p.70~71 ステージ1

●教科書の要点

❶ ①炭酸ナトリウム ②二酸化炭素 ③赤 ④塩化コバルト紙 ⑤酸素 ⑥化学変化 ⑦分解 ⑧熱分解

❷ ①水素 ②酸素 ③塩素 ④電気分解

❸ ①原子 ②分子

●教科書の図

1 ①炭酸ナトリウム ②水 ③塩化コバルト紙 ④二酸化炭素 ⑤石灰水

2 ①銀 ②光沢 ③酸素

3 ①水素 ②酸素 ③赤 ④銅 ⑤塩素

p.72~73 ステージ2

❶ (1)イ (2)赤色 (3)イ (4)炭酸ナトリウム (5)塩化コバルト紙 (6)赤色 (7)水 (8)もともと装置内にあった空気が出てくるから。 (9)石灰水 (10)二酸化炭素 (11)イ (12)熱分解

❷ (1)黒色 (2)線香が激しく燃える。 (3)酸素 (4)白色 (5)特有の光沢が出る。 (6)うすくのびる。 (7)通す。 (8)銀 (9)ガラス管を水そうからぬくこと。

❸ (1)水酸化ナトリウム水溶液 (2)ア (3)水素 (4)激しく燃える。 (5)酸素 (6)2：1 (7)電気分解

解説

❶ (1)~(4)炭酸水素ナトリウムを加熱すると，炭酸ナトリウムができる。炭酸水素ナトリウムも炭酸ナトリウムも水にとけるとアルカリ性を示す。炭酸ナトリウムの水溶液のほうが炭酸水素ナトリウムの水溶液よりもアルカリ性が強く，フェノールフタレイン溶液は濃い赤色を示す。また，炭酸ナトリウムのほうが水によくとける。

(5)~(7)炭酸水素ナトリウムの熱分解で生じる液体は水で，青色の塩化コバルト紙を赤色に変える性

質がある。

(8)はじめに出てくる気体は，もともと装置(加熱した試験管)内に入っていた空気なので，１本目の試験管に集めた気体は使用しない。

(9)(10)炭酸水素ナトリウムの熱分解で生じる気体は二酸化炭素で，石灰水を白くにごらせる性質がある。

(11)発生した液体(水)が加熱部分に流れこむと，試験管が割れるおそれがある。そのため，試験管の口を少し下げる。

❷ (1)酸化銀は黒色の物質で，加熱すると白色に変化する。

(2)(3)酸化銀の熱分解で生じる気体は酸素である。酸素にはものを燃やすはたらきがあるので，酸素を集めた気体に火のついた線香を入れると，線香は激しく燃える。

(4)～(8)酸化銀の熱分解で生じる白色の固体は銀である。銀は金属なので，しっかり押し固めてからこすると，金属光沢(きんぞくこうたく)が出る。また，たたくとうすくのびる，電気をよく流すなどの，金属に共通した性質を示す。

(9)水そうの水が試験管に逆流しないように，ガラス管を水そうからぬいた後に加熱をやめる。

❸ **注意** **電源装置の＋極と接続した電極を陽極，－極と接続した電極を陰極ということを確認しておこう。**

(1)純粋(じゅんすい)な水は電流が流れにくいので，少量の水酸化ナトリウムを加えて電流が流れやすくする。

(2)(3)陰極側に集まった気体にマッチの火を近づけると，気体が音を立てて燃える。このことから，陰極側で発生した気体は水素だとわかる。

(4)(5)陽極側に集まった気体に火のついた線香を入れると，線香が激しく燃える。このことから，陽極側で発生した気体は酸素だとわかる。

(6)水を電気分解すると，陽極側からは酸素，陰極側からは水素が発生する。発生する気体の体積比は，水素：酸素＝２：１である。

p.74～75 ステージ2

❶ (1)赤色　(2)銅　(3)できない。
(4)ある。　(5)塩素
(6)できない。
(7)①銅　②塩素(①，②は順不同)

❷ (1)①イ　②ウ　③ア　(2)120
(3)イ　(4)分子

❸ (1)～(4)下図

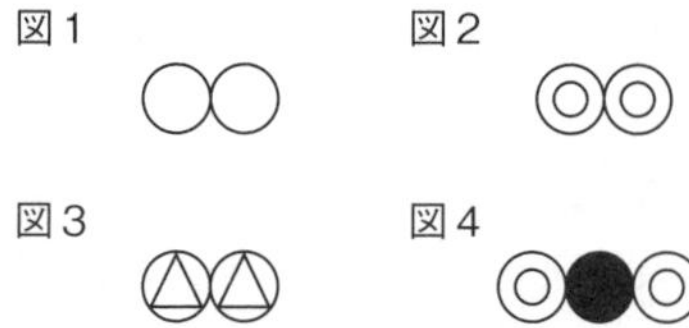

(5)水分子
(6)アンモニア分子
(7)ナトリウム原子，塩素原子
(8)つくらない。
(9)銀原子がたくさん集まってできている。

❹ (1)広がる。
(2)図２

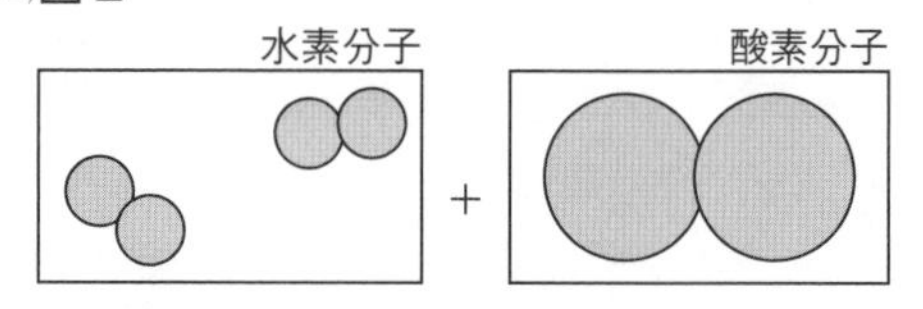

(3)状態変化　(4)化学変化

解説

❶ (1)～(3)塩化銅の電気分解で陰極に付着した赤色の物質は銅である。銅は，それ以上分解できない物質である。

(4)～(6)塩化銅の電気分解で陽極から発生した気体は，プールの消毒のにおいがする塩素である。塩素は，それ以上分解できない物質である。

❷ (1)物質は非常に小さい原子からできている。原子には，ア～ウのような性質がある。

(4)いくつかの原子が結びついたものを分子という。物質には，分子を単位としてできているものがある。

❸ (3)窒素分子は，窒素原子が２つ結びついてできている。

(4)二酸化炭素分子は，酸素原子，炭素原子，酸素原子の順に結びついてできている。

(7)～(9)物質の中には，分子をつくらないものもある。塩化ナトリウムは分子をつくらない物質で，ナトリウム原子と塩素原子が規則的に並んでできている。銀などの金属や炭素は，原子がたくさん集まってできている。

❹ (1)(3)水が水蒸気になっても水分子は変わらない。液体から気体になると，分子がばらばらに広がる

ので，体積は1000倍以上になる。水が氷(固体)になる場合は，同じように水分子そのものは変わらないが，分子どうしが強く結びつく。

注意 **状態変化とは，物質そのものは変わらず，その集まり方が変わる。**固体→液体→気体と変化するにつれて，分子は自由になり，広がる。状態変化は熱の出し入れで，自由に変化する。

(2)(4)水が水素と酸素に分かれる電気分解は，化学変化の一種で，水分子そのものが変化して，水素と酸素に分かれる。水素原子と酸素原子は2つずつ結ばれて，水素分子と酸素分子になる。

p.76〜77 ステージ3

1 (1)出てくる液体が加熱部分に流れて，試験管が割れることを防ぐため。
(2)白くにごる。　(3)二酸化炭素
(4)水が試験管に逆流しないようにするため。
(5)青色から赤色　(6)水　(7)赤色になる。
(8)アルカリ性　(9)分解(熱分解)

2 (1)黒色から白色　(2)激しく燃える。
(3)酸素　(4)銀　(5)通す。

3 (1)電流を流れやすくするため。
(2)(線香が)激しく燃える。　(3)酸素
(4)気体が音を立てて燃える。　(5)水素
(6)4 cm^3　(7)電気分解　(8)水
(9)できない。

4 (1)B　(2)銅　(3)塩素　(4)できない。
(5)できない。　(6)つくらない。

解 説

1 (1)(4)発生した水や水そうの水が加熱部分に流れこむと，温度差によって試験管が割れるおそれがある。

(2)(3)二酸化炭素には，石灰水を白くにごらせる性質がある。

(5)(6)水には，青色の塩化コバルト紙を赤色に変える性質がある。

(7)(8)炭酸ナトリウムは水にとけ，その水溶液は強いアルカリ性を示す。そのため，フェノールフタレイン溶液を加えると，濃い赤色になる。

2 (2)(3)酸素には，ものを燃やすはたらきがあるため，火のついた線香が激しく燃える。

(4)(5)銀は金属の性質(電流や熱を通しやすい，みがくと特有の光沢が出るなど)をもつ。

3 (1)純粋な水は電流が流れにくい。

(2)(4) 注意 **発生した気体の調べ方や特徴をおぼえておこう。**

酸素	線香を近づけると，線香が激しく燃える
水素	マッチの火を近づけると，音を立てて燃える
二酸化炭素	石灰水を入れると，白くにごる
塩素	プールの消毒のようなにおいがする
硫化水素	卵(たまご)の腐(くさ)ったようなにおいがする
アンモニア	鼻をさすようなにおいがする

(2)〜(6)水を電気分解すると，陽極側(A)からは酸素が，陰極側(B)からは水素が発生する。その体積の比は，酸素：水素＝1：2である。水素は燃える気体なので，マッチの火を近づけると音を立てて燃える。

(9)水は電流を流すと分解できるが，水を加熱しても，水蒸気(気体)に状態変化するだけで，水分子のままで分解はしない。

4 (1)〜(3)電源の＋極につながっている電極を陽極，−極につながっている電極を陰極という。塩化銅水溶液を電気分解すると，陽極側からは塩素が発生し，陰極側には銅が付着する。

2章　物質の表し方

p.78〜79 ステージ1

●教科書の要点

1 ①元素　②酸素　③炭素　④周期表
⑤化学式　⑥水　⑦Ag　⑧NaCl
⑨単体　⑩化合物

2 ①化学反応式　②反応前　③原子　④$2H_2O$
⑤$2H_2$　⑥O_2

●教科書の図

1 ①H_2　②酸素　③H_2O　④アンモニア
⑤CO_2　⑥窒素　⑦銀　⑧Ag
⑨ナトリウム　⑩NaCl

2 ①混合物　②単体　③化合物

3 ①2　②2　③1　④2　⑤4　⑥1
⑦2　⑧2

p.80〜81 ステージ2

1 (1)㋐Ca　㋑Ag　㋒Fe　㋓Cu　㋔Na
㋕Mg　㋖S　㋗Cl　㋘O　㋙H
㋚C　㋛N　(2)周期表

❷ (1)化学式
(2)① H_2 ② Cu ③ H_2O ④ NaCl
(3)①，② (4)③，④
(5)㋐ O_2 ㋑ N_2 ㋒ Cl_2 ㋓ NH_3 ㋔ C
㋕ CO_2

❸ (1)水素 (2)① H_2O ② H_2
(3)左辺に水分子を1個ふやす。
(4) $2H_2O \longrightarrow H_2+O_2$
(5)右辺に水素分子を1個ふやす。
(6) $2H_2O \longrightarrow 2H_2+O_2$

❹ (1)銀，酸素 (2)分子からできていない物質
(3) Ag_2O (4) $2Ag_2O \longrightarrow 4Ag+O_2$
(5)二酸化炭素，水
(6) $2NaHCO_3 \longrightarrow Na_2CO_3+CO_2+H_2O$
(7)銅，塩素
(8) $CuCl_2 \longrightarrow Cu+Cl_2$

解説

❶ (1)それぞれの元素には，アルファベット1文字(大文字1字)または，2文字(大文字＋小文字)を用いた記号が決められている。

❷ (2)銅や塩化ナトリウムは分子をつくらない物質で，元素が規則的に並んでいる。
(3)(4)単体は1種類の元素からできている物質，化合物は2種類以上の元素からできている物質である。

❸ **注意** **元素の数を等しくしたいとき，分子をつくる物質の場合は，分子の数をふやそう。**
(3)酸素原子(O)の数に着目すると，左辺では1個(H_2O)であるのに対し，右辺では2個(O_2)である。左辺に水分子(H_2O)を1個ふやすと，左辺と右辺で酸素原子(O)の数が等しくなる。
(5)水素原子(H)の数に着目すると，左辺では4個($2H_2O$)であるのに対し，右辺では2個(H_2)である。右辺に水素分子(H_2)を1個ふやして $2H_2$ とすると，左辺と右辺で水素原子(H)の数が等しくなる。

❹ **注意** **化学反応式をつくるときは，→の左右で原子の種類と数が等しくなっているか，必ず確認しよう。**
(1)～(4)酸化銀の化学式は Ag_2O，銀の化学式は Ag，酸素の化学式は O_2 である。化学反応式では，→の左右で銀原子の数が等しくなるように，右辺の銀原子を4個にする。
(5)(6)二酸化炭素の化学式は CO_2，水の化学式は H_2O である。
(7)(8)塩化銅の化学式は $CuCl_2$，銅の化学式は Cu，塩素の化学式は Cl_2 である。

p.82～83 ステージ3

❶ (1) O_2 (2) $2H_2$ (3) CO_2 (4) $3N_2$
(5) Ag_2O (6) NH_3 (7) NaCl
(8) H_2O (9) $CuCl_2$

❷ (1)①窒素原子2個 ②塩素原子2個
③銅原子1個，塩素原子2個
④水素原子2個，酸素原子1個
⑤窒素原子1個，水素原子3個
⑥銀原子2個，酸素原子1個
⑦ナトリウム原子1個，酸素原子1個，水素原子1個
(2)単体…①，②
化合物…③，④，⑤，⑥，⑦

❸ (1)1種類の元素からできている物質。
(2)2種類以上の元素からできている物質。
(3)①混合物 ②単体 ③化合物 ④単体
⑤化合物 ⑥化合物 ⑦混合物 ⑧混合物
⑨混合物 ⑩単体

❹ (1) $2H_2O \longrightarrow 2H_2+O_2$
(2) $2Ag_2O \longrightarrow 4Ag+O_2$

❺ (1) $CuCl_2 \longrightarrow Cu+Cl_2$
(2) $2NaHCO_3 \longrightarrow Na_2CO_3+CO_2+H_2O$
(3) $2H_2O \longrightarrow 2H_2+O_2$

解説

❶ 数字の位置や大きさに注意して表す。
注意 **化学式の前にかく大きな数字は，化学式で表される分子がいくつあるかを表す。原子を表す記号の右下にある小さい数字は，その分子をつくっている原子の数を表す。**たとえば(2)の $2H_2$ の大きな2は水素分子 H_2 が2個という意味で，(1)の O_2 の小さな2は，酸素原子が2個で酸素分子をつくっているという意味である。

❷ (2)物質をつくる元素が1種類であれば，単体である。2種類以上あれば，化合物である。

❸ 単体や化合物は純物質である。
①水酸化ナトリウム水溶液は，水酸化ナトリウムと水の混合物である。
⑦空気は，窒素や酸素などの混合物である。

❹ (1)水の電気分解を表す化学反応式である。
(2)酸化銀の熱分解を表す化学反応式である。

❺ (1)塩化銅は，銅と塩素に分解される。
(2)炭酸水素ナトリウムは，炭酸ナトリウムと二酸化炭素と水に分解される。
(3)水は，水素と酸素に分解される。

3章　さまざまな化学変化

p.84〜85 ステージ1

●教科書の要点

❶ ①硫化鉄　②FeS　③化合物　④硫化銅
❷ ①酸化　②酸化物　③燃焼
❸ ①還元　②酸化
❹ ①上がる　②下がる　③発熱反応　④吸熱反応

●教科書の図

1 ①硫化鉄　②つかない　③硫化水素
2 ①酸化銅　②酸化マグネシウム　③熱　④光(③，④は順不同)　⑤燃焼
3 ①銅　②二酸化炭素　③還元　④酸化

p.86〜87 ステージ2

❶ (1)ア　(2)イ　(3)黒色
(4)A…つかない。　B…つく。
(5)A…ある。　B…ない。
(6)A…硫化水素　B…水素　(7)いえない。
(8)硫化鉄　(9)$Fe+S \longrightarrow FeS$

❷ (1)イ，エ　(2)硫化銅
(3)$Cu+S \longrightarrow CuS$　(4)化合物
(5)塩化銅
(6)$Cu+Cl_2 \longrightarrow CuCl_2$

❸ (1)酸素　(2)酸化　(3)酸化物
(4)酸化マグネシウム　(5)燃焼
(6)$2Mg+O_2 \longrightarrow 2MgO$
(7)① $2H_2+O_2 \longrightarrow 2H_2O$
② $C+O_2 \longrightarrow CO_2$
③ $2Cu+O_2 \longrightarrow 2CuO$

解説

❶ (1)(2)鉄と硫黄の混合物を加熱するときは，混合物の上部を加熱する。そして，赤色になりはじめたら，加熱をやめる。いったん反応がはじまると，反応自体で熱を発するので加熱をやめても反応は続く。
(4)試験管Aの物質は鉄粉が硫化鉄に変化しているので，磁石につかない。試験管Bの物質には鉄粉がふくまれているので，磁石につく。
(5)(6)試験管Aの硫化鉄にうすい塩酸を加えると，卵の腐ったようなにおいのする硫化水素が発生する。試験管Bには鉄粉がふくまれているので，うすい塩酸を加えると，水素が発生する。水素にはにおいがない。

❷ (1)(2)硫黄の蒸気に銅線を入れると，銅は硫黄と結びついて硫化銅となる。硫化銅は黒色をしていて折れやすいなど，銅とは異なる性質をもつ。
(3)化学反応は化学式で表せるようにしよう。
(4)2種類以上の物質が結びついて別の物質ができる。この物質は化合物である。
(5)(6)銅と塩素の反応によって塩化銅ができる。

❸ (1)〜(5)物質が酸素と結びつくことを酸化といい，酸化によってできた物質を酸化物という。マグネシウムを加熱すると，激しく熱や光を出して酸化し，酸化マグネシウムになる。 **注意** 激しく熱や光を出す酸化を，燃焼という。

p.88〜89 ステージ2

❶ (1)黒色　(2)赤色　(3)銅
(4)白くにごる。　(5)二酸化炭素　(6)ウ
(7)還元　(8)イ　(9)酸化
(10)$2CuO+C \longrightarrow 2Cu+CO_2$

❷ (1)酸化
(2)酸素がとり除かれる変化。
(酸素が奪われる変化。)
(3)還元　(4)$CuO+H_2 \longrightarrow Cu+H_2O$

❸ (1)アンモニア
(2)アンモニアを吸着(きゅうちゃく)させるため。
(3)下がる。　(4)(熱を)吸収する反応
(5)吸熱反応

❹ (1)A…上がる。　B…下がる。　(2)A
(3)発熱反応　(4)B　(5)吸熱反応
(6)①A　②A　③B

解説

❶ (1)〜(5)酸化銅の粉末と活性炭(炭素)の混合物を加熱すると，黒色の酸化銅が赤色の銅に変化する。このとき，二酸化炭素が発生し，石灰水が白くにごる。

(6)～(9)酸化物から酸素をとり除く化学変化を還元という。この実験では，炭素によって酸化銅が還元されて，銅になっている。酸化銅から酸素を奪った炭素は，酸化されて二酸化炭素になっている。 注意 化学変化において，還元と酸化は同時に起こる。

❷ (1)水素が酸化銅から酸素を奪って酸化することで，水ができた。

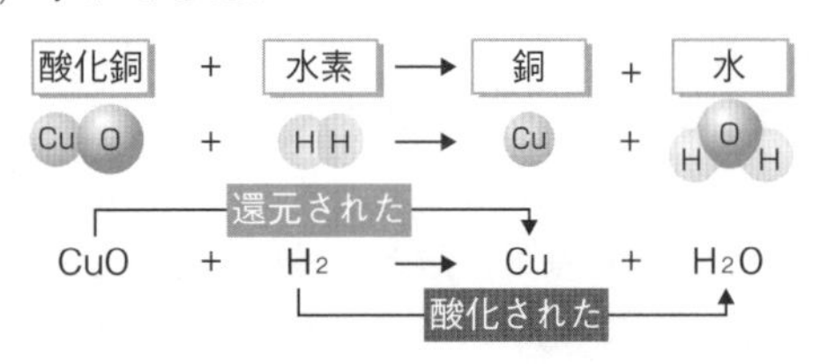

(2)(3)酸化銅は，水素によって酸素を奪われ(とり除かれ)，銅に変化する。この変化を還元という。

❸ (1)～(4)水酸化バリウムと塩化アンモニウムを混ぜると，アンモニアが発生する。このとき，温度が下がる。

(2)アンモニアは有毒な気体だから，吸いこまないようにする。アンモニアは水にとけやすいので，ぬらしたろ紙に吸着させて，アンモニアがビーカーの外に出ないようにする。

(4)(5)化学変化のときにまわりの熱を吸収する反応を吸熱反応という。

❹ (1)～(5)鉄粉と活性炭の混合物に塩化ナトリウム水溶液を加えると，熱が発生し，まわりの温度が上がる。このような反応を発熱反応という。炭酸水素ナトリウムとクエン酸の混合物に水を加えると，熱が吸収され，まわりの温度が下がる。このような反応を吸熱反応という。

(6)③アンモニアが発生して，温度が下がる，吸熱反応である。❸で取り上げた反応。

p.90～91 ステージ3

❶ (1)水　(2)$2H_2+O_2 \longrightarrow 2H_2O$　(3)2：1
(4)青色→赤色　(5)酸化　(6)燃焼

❷ (1)反応は続いていく。　(2)黒色　(3)ア
(4)名称…硫化鉄　化学式…FeS
(5)$Fe+S \longrightarrow FeS$　(6)水素　(7)硫化水素

❸ (1)黒色　(2)酸化銅
(3)増えている。(大きくなっている。)
(4)酸素　(5)$2Cu+O_2 \longrightarrow 2CuO$

❹ (1)CuO　(2)白くにごる。
(3)二酸化炭素　(4)ア，エ，オ，キ
(5)$2CuO+C \longrightarrow 2Cu+CO_2$
(6)①銅　②二酸化炭素　(7)炭素

解説

❶ (1)水素と酸素を反応させると水ができる。

(3)水の電気分解によって発生する水素，酸素と同じ体積の比にする。

(4)水は，塩化コバルト紙が青色から赤色に変化することで確認できる。

(6)酸素と結びついて，激しく熱や光を出す酸化を燃焼という。

❷ (1)鉄と硫黄が結びつく化学反応は熱を出す反応(発熱反応)である。いったん反応がはじまると，加熱しなくても，反応で出た熱によってさらに反応が続く。

(3)加熱後にできた硫化鉄は，鉄とは別の物質であるため，鉄の性質をもたない。

(6)加熱前の鉄と塩酸が反応して水素が発生する。

(7)加熱後の硫化鉄と塩酸が反応して，硫化水素が発生する。硫化水素は卵の腐ったような特有のにおいがあり，有毒な気体である。

❸ 銅を加熱すると，空気中の酸素と結びついて酸化銅ができる。このとき，加熱前の銅の質量と加熱後の酸化銅の質量を比べると，結びついた酸素の質量の分だけ増加している。

❹ (1)～(6)酸化銅は活性炭(炭素)によって還元されて，銅になる。また，活性炭は酸化されて二酸化炭素となる。このように，化学変化において，還元と酸化は同時に起こる。この実験でできた銅は赤色で金属の性質をもち，二酸化炭素は石灰水を白くにごらせる性質をもつ。

(7)銅と結びついていた酸素が，炭素と結びついたことから，炭素のほうが酸素と結びつきやすい物質であることがわかる。

4章　化学変化と物質の質量

p.92～93 ステージ1

●教科書の要点

❶ ①変化しない　②変化しない　③減少する
④変化しない　⑤増加する
⑥質量保存　⑦数

❷ ①限界　②一定　③4：1

④3：2　⑤一定

●**教科書の図**

1 ①白　②変化しない　③質量保存
④二酸化炭素　⑤変化しない　⑥質量保存

2 ①マグネシウム　②銅　③4：5
④3：5　⑤4：1　⑥3：2

p.94～95 ステージ2

1 (1)沈殿ができる。　(2)硫酸バリウム
(3)とけにくい。　(4)変化しない。
(5)質量保存の法則

2 (1)二酸化炭素　(2)変化しない。
(3)減少している。　(4)空気中へ逃げたから。

3 (1)酸化銅　(2)増加している。
(3)結びついた酸素の質量が加わるから。
(4)酸化銅　(5)$2Cu+O_2 \longrightarrow 2CuO$
(6)変化していない。
(7)①組み合わせ　②種類
(8)質量保存の法則　(9)イ

解説

1 (1)～(3)うすい硫酸とうすい水酸化バリウム水溶液を混ぜると反応して，硫酸バリウムの白い沈殿ができる。硫酸バリウムは，水にとけにくい物質である。
(4)(5)質量保存の法則が成り立つので，化学変化の前後で全体の質量は変化しない。

2 **注意** 化学変化に関係したすべての物質を考えたとき，質量保存の法則が成り立つということを理解しよう。
(1)炭酸水素ナトリウムとうすい塩酸を反応させると，二酸化炭素が発生する。
(2)密閉した容器内で発生させると，二酸化炭素が容器の外へ逃げないため，測定した質量は等しくなる。
(3)(4)密閉していない容器では，発生した二酸化炭素の一部が容器の外に逃げていくため，その分だけ質量は減少する。

3 (1)～(3)銅を加熱すると，空気中の酸素と結びついて酸化銅ができる。このとき，酸化銅の質量は加熱する前の銅の質量よりも，結びついた酸素の質量の分だけ増加している。
(3)密閉容器の中でも銅と酸素は結びついて酸化銅ができる。
(6)密閉容器の中で実験を行うと，容器の中と外で物質の出入りがないので，容器全体の質量は変化しない。
(7)化学変化では，物質をつくる原子の組み合わせが変わるものの，原子の種類と数は変化しない。そのため，化学変化に関係したすべての物質の全体の質量は，化学変化の前後で変化しない。
(9)容器の外から空気が入ってきて，容器内の質量が増加する。この場合でも，入ってきた空気の質量を引くと全体の質量は変化しておらず，質量保存の法則が成り立つ。

p.96～97 ステージ2

1 (1)銅…酸素　マグネシウム…酸素
(2)銅…Cu，CuO
マグネシウム…Mg，MgO
(3)銅…CuO　マグネシウム…MgO
(4)銅…0.25g　マグネシウム…0.4g
(5)銅…1.25g　マグネシウム…1.0g
(6)4：1　(7)3：2
(8)$2Cu+O_2 \longrightarrow 2CuO$
(9)$2Mg+O_2 \longrightarrow 2MgO$
(10)マグネシウム　(11)マグネシウム
(12)燃焼

2 (1)①0.14　②0.87　③0.23　④1.00
⑤0.98

(2)
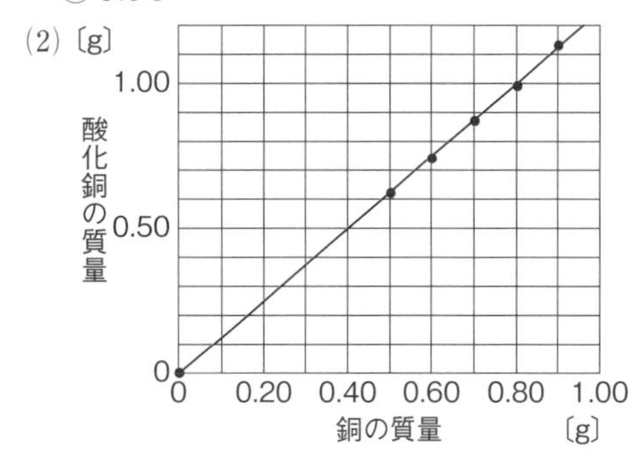

(3)
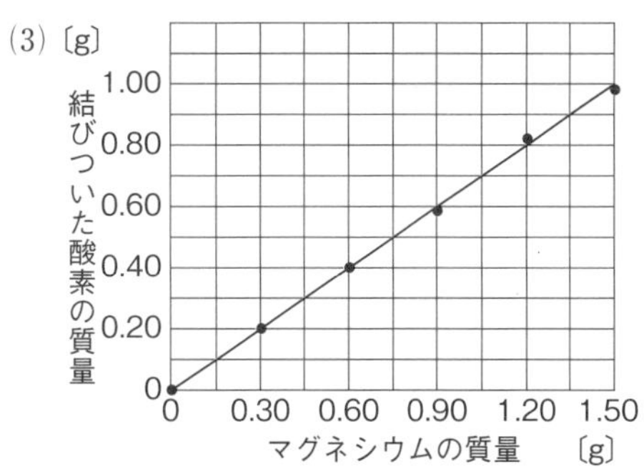

(4)4：1　(5)3：2

(6)①比例　②質量　③一定

解説

❶ (1)空気中の酸素と結びつき，銅は酸化銅に，マグネシウムは酸化マグネシウムになる。

(2)加熱の回数が1回のときは，反応がじゅうぶんに起こっていないので，銅では酸化していない銅と酸化銅が，マグネシウムでは酸化していないマグネシウムと酸化マグネシウムがある。

(3)グラフが水平になっていることから，銅も，マグネシウムも，完全に酸化したと考えられる。

(4)反応後の酸化物の質量と反応前の金属の質量との差が，結びついた酸素の質量である。

銅…1.25－1.0＝0.25〔g〕

マグネシウム…1.0－0.6＝0.4〔g〕

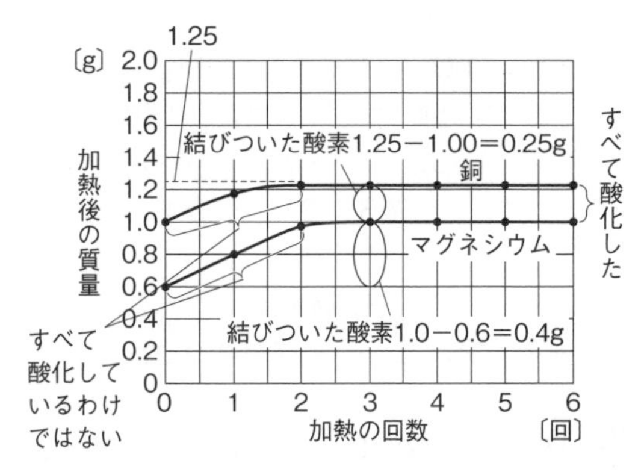

(5)すでに金属のすべてが酸素と結びつき，酸化物になっていると考えられるので，その後加熱をくり返しても，質量は変化しないと考えられる。

(6)(4)より，銅：酸素＝1.0：0.25＝4：1。

(7)(4)より，マグネシウム：酸素＝0.6：0.4＝3：2

(10)～(12)マグネシウムの酸化は，激しく熱や光を出す燃焼である。

❷ (1)結びついた酸素の質量は，もとの金属の質量と酸化物の質量の差から求める。酸化物の質量は，もとの金属の質量と結びついた酸素の質量との和になる。

① 0.74−0.60=0.14　② 0.70+0.17=0.87

銅の質量〔g〕	0.50	0.60	0.70	0.80	0.90
酸化銅の質量〔g〕	0.62	0.74	②	0.99	1.13
結びついた酸素の質量〔g〕	0.12	①	0.17	0.19	③

③ 1.13−0.90=0.23

マグネシウムの質量〔g〕	0.30	0.60	0.90	1.20	1.50
酸化マグネシウムの質量〔g〕	0.50	④	1.45	2.02	2.48
結びついた酸素の質量〔g〕	0.20	0.40	0.59	0.82	⑤

④ 0.60+0.40=1.00　⑤ 2.48−1.50=0.98

(2)(3)加熱前の金属の質量と，結びついた酸素の質量は比例している。また，加熱前の金属の質量と加熱後の酸化物の質量も比例している。

(4)銅の質量と結びつく酸素の質量の比は，つねに4：1で一定である。このとき，銅の質量と酸化銅の質量の比も4：5で一定となる。

(5)マグネシウムの質量と結びつく酸素の質量の比は，つねに3：2で一定である。このとき，マグネシウムの質量と酸化マグネシウムの質量の比も3：5で一定となる。

p.98～99 ステージ3

❶ (1)水にとけにくく，水より重いから。

(2)硫酸バリウム　(3)ない。

(4)ない。

❷ (1)イ　(2)質量保存の法則　(3)ア

(4)関係する物質の原子の種類や数は，化学変化の前後で変わらないため。

❸ (1)化学式…CuO　色…黒色

(2)化学式…MgO　色…白色

(3)2g　(4)2g　(5)4：1　(6)3：2

(7)12g

❹ (1)酸化マグネシウム

(2)右図

(3)10.0g

(4)8.3g

(5)比例

(6)3：5

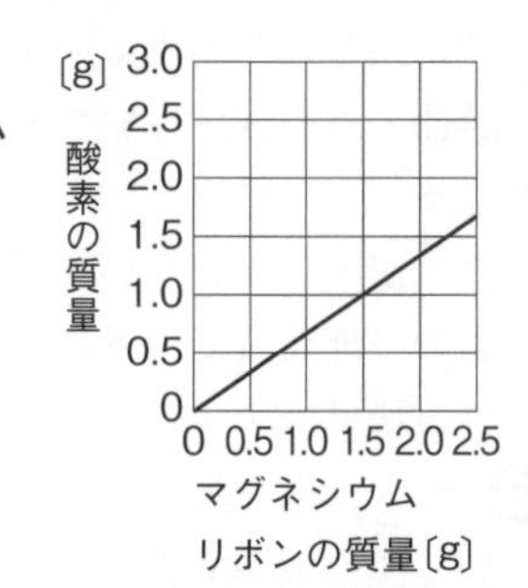

解説

❶ (1)(2)うすい硫酸とうすい水酸化バリウム水溶液を混ぜると，硫酸バリウムの白い沈殿が生じる。硫酸バリウムは水にとけにくいので沈殿する。

(3)(4)この実験では，生じる物質が沈殿(固体)となるのでビーカーの外に出ていくことはない。そのため，密閉容器ではないビーカーで実験を行っても，全体の質量が変化することはない。

2 (1)(2)気体が発生する実験ではあるが，密閉した容器の中で物質どうしを反応させているので，反応の前後で容器全体の質量は変化しない。これを質量保存の法則という。

(3)ふたを開けると，発生した二酸化炭素の一部が空気中へと逃げていくので，容器全体の質量は減少する。しかし，逃げた気体の質量がはかれたとすれば，質量の和は67gとなり，この場合でも質量保存の法則が成り立つ。

(4)化学反応式を書けばわかるように，**注意** 反応の前後で物質は変わっても，原子の種類と数は変わらないので，質量保存の法則が成り立つ。

3 (1)(2)金属の酸化物の色は黒色のものが多いが，酸化マグネシウムは白色である。

(3)グラフより，銅８gが酸素と結びついて酸化銅10gができていることから，結びついた酸素の質量は，10－８＝２〔g〕

(4)グラフより，マグネシウム３gが酸素と結びついて酸化マグネシウム５gができていることから，結びついた酸素の質量は，５－３＝２〔g〕

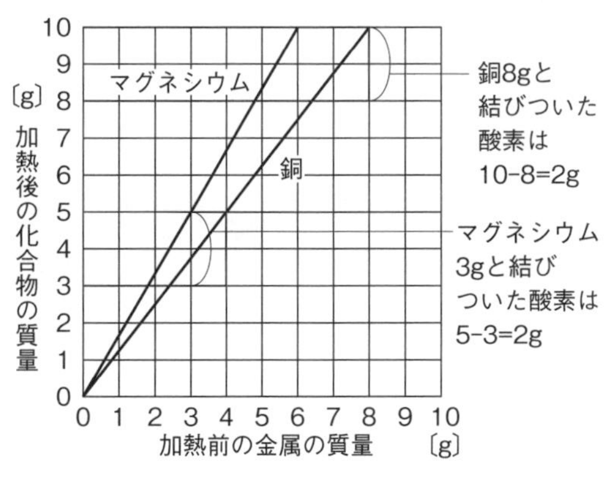

(5)(3)より，銅８gと結びついた酸素は２gなので，８：２＝４：１

(6)(4)より，マグネシウム３gと結びついた酸素は２gなので，３：２

(7)３gの酸素と結びつく銅の質量をxgとすると，x：３＝４：１　より，x＝12〔g〕

4 (2)図１で，酸化マグネシウムの粉末の質量とマグネシウムリボンの質量の差が結びついた酸素の質量である。マグネシウムリボンが1.5gのとき，酸化マグネシウムが2.5gできていることから，マグネシウム1.5gと結びつく酸素の質量は1.0gであることがわかる。このことと，マグネシウムの質量と結びついた酸素の質量が比例することからグラフを作成する。

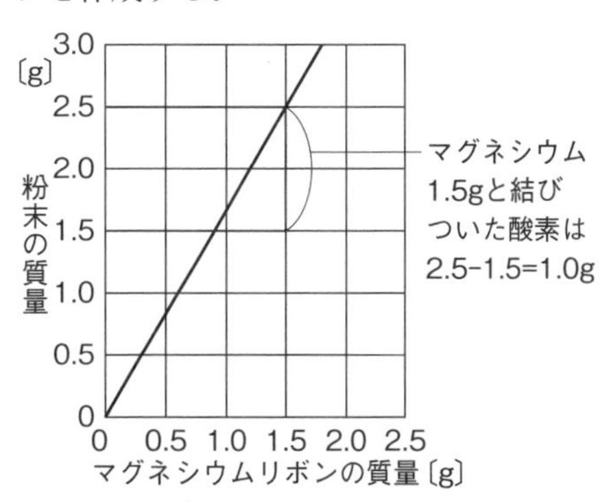

(3)図１より，マグネシウムと酸化マグネシウムの質量の比は1.5：2.5＝３：５で一定であることがわかる。xgの酸化マグネシウムができるとすると，6.0：x＝３：５より，x＝10.0〔g〕。

(4)図２より，マグネシウムと結びつく酸素の質量の比は1.5：1.0＝３：２で一定であることがわかる。結びつく酸素の質量をxgとすると，

12.5：x＝３：２　x＝8.33…より，8.3gの酸素と結びつく。

p.100〜101 《 単元末総合問題

1 (1)水そうからガラス管をぬくこと。

(2)CO_2　(3)①青色から赤色　②水

(4)①ア　②ア　(5)①分解　②エ

2 (1)ウ　(2)ア

(3)$2Cu+O_2 \longrightarrow 2CuO$

(4)$2Mg+O_2 \longrightarrow 2MgO$

(5)下図　(6)４：１　(7)３：２　(8)2.0g

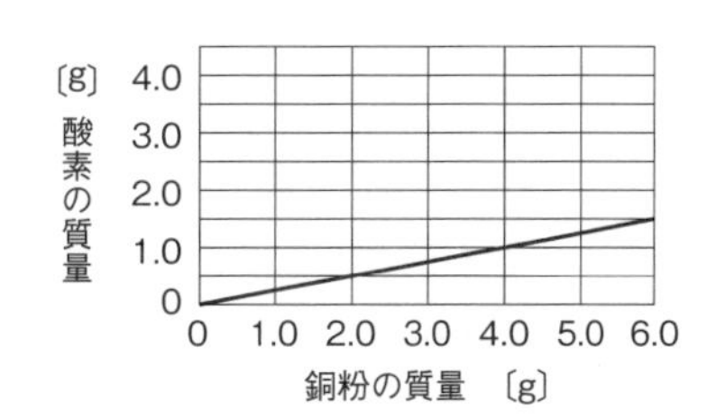

(9)還元

(10)$2CuO+C \longrightarrow 2Cu+CO_2$

》解説《

1 (1) **注意** 行わなければならないことを問われているので，「〜こと。」という形で答えよう。

ガラス管を水そうからぬく前に火を消すと，水そうの水が試験管Aに逆流し，試験管が割れるおそれがある。

⑵石灰水が白くにごったことから，二酸化炭素が発生したことがわかる。

⑶塩化コバルト紙は，水にふれると青色から赤色に変化する。

⑷炭酸水素ナトリウムと加熱後にできた炭酸ナトリウムでは，炭酸ナトリウムのほうが水にとけやすく，その水溶液はアルカリ性が強いので，フェノールフタレイン溶液を加えるとより濃い赤色になる。

⑸②アでは，水の状態変化が起こっている。イでは，酸化銅の還元と活性炭(炭素)の酸化が起こっている。ウでは，水の状態変化が起こっている。エでは，酸化銀の熱分解が起こっている。

2 ⑴銅が酸素と結びつくときは，熱や光が出ないので，燃焼ではない。しだいに変化し，黒色の酸化銅となる。

⑵マグネシウムと酸素が結びつくときは，激しく熱や光を出す燃焼で，白色の酸化マグネシウムになる。

⑸銅と結びついた酸素の質量は，加熱後の化合物の質量と加熱前の銅の質量の差で求められる。

⑹図２で，銅4.0gを加熱すると，酸化銅が5.0gできる。このとき，結びついた酸素は，
5.0－4.0＝1.0〔g〕である。よって
4.0：1.0＝４：１

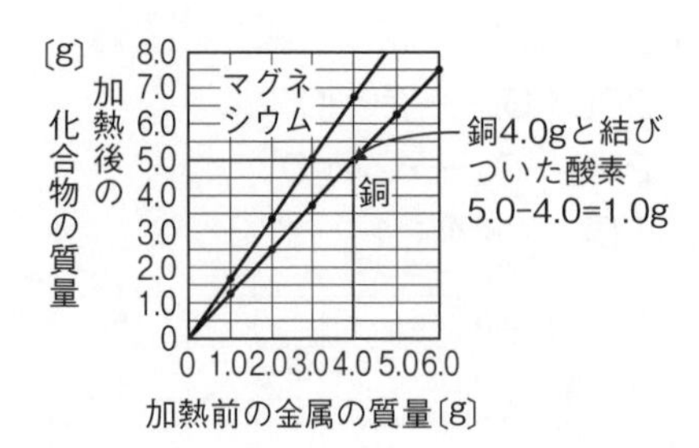

⑺図２で，マグネシウム3.0gを加熱すると酸化マグネシウムが5.0gできている。このとき，結びついた酸素は，5.0－3.0＝2.0〔g〕である。よって，
3.0：2.0＝３：２

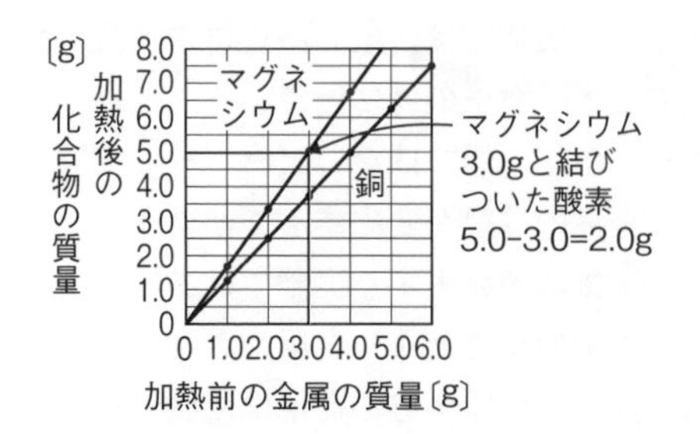

⑻反応前後の質量の差は，9.5－8.0＝1.5〔g〕である。これは，銅と結びついた酸素の質量を表している。図３から，1.5gの酸素は6.0gの銅と結びつくことがわかる。よって，酸素と結びついた銅は6.0gで，残りの銅は酸素と結びつかずに残っていると考えられる。つまり，反応しなかった銅の質量は，
8.0－6.0＝2.0〔g〕だとわかる。

⑼酸化銅と活性炭の混合物を加熱すると，酸化銅は還元されて銅に，活性炭(炭素)は酸化されて二酸化炭素になる。

エネルギー　電流とその利用

1章　電流の性質(1)

p.102～103　ステージ1

●教科書の要点

❶ ①電流　②回路　③回路図
④直列回路　⑤並列回路

❷ ①アンペア　②直列　③5A　④直列
⑤並列

❸ ①電圧　②ボルト　③並列　④直列　⑤並列

●教科書の図

1 ①5A　②直列　③2　④＝　⑤同じ
⑥4　⑦＋　⑧和

2 ①300V　②並列　③2　④＋　⑤和
⑥5　⑦＝　⑧同じ

p.104～105　ステージ2

❶ (1)直列回路　(2)並列回路
(3)㋐　㋑

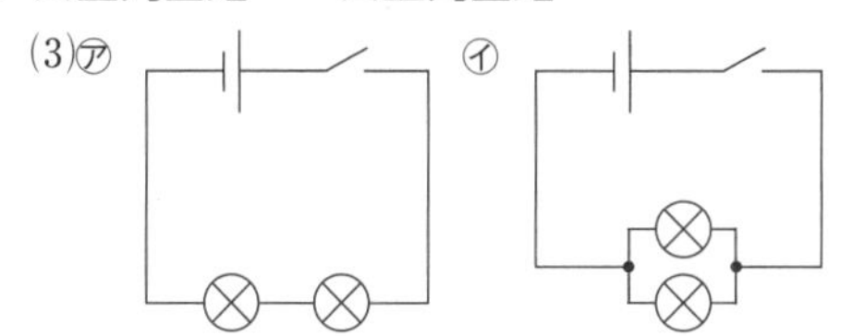

(4)㋑　(5)㋐

❷ (1)㋐　(2)直列　(3)＋極側　(4)ウ
(5)並列　(6)＋極側　(7)ア

❸ (1)直列つなぎ　(2)$I=I_1=I_2=I_3$
(3)0.2A　(4)並列つなぎ
(5)$I=I_1+I_2$　(6)0.4A

❹ (1)$V=V_1+V_2$　(2)①3.0V　②3.0V
(3)$V=V_1=V_2$　(4)①1.5V　②1.5V

解説

❶ (4)豆電球の並列回路では，豆電球の直列回路よりも1つの豆電球に流れる電流の大きさが大きいので，豆電球は直列回路に比べて明るくなる。
(5)電流は，電池の＋極から出て－極にもどる道すじを流れる。直列回路の場合，1か所でもつながっていない部分があると，回路全体に電流が流れなくなる。

❷ (1)電流計には「A」が，電圧計には「V」がかかれている。
(2)～(4)電流計は，電流をはかりたい点に直列につなぐ。電流の大きさが予想できないときは，電源の－極側の導線を電流計の－端子のうちもっとも大きな値まではかれる5Aの－端子につなぐ。
(5)～(7)電圧計は，電圧をはかりたい区間に並列につなぐ。電圧の大きさが予想できないときは，電源の－極側の導線を電圧計の－端子のうちもっとも大きな値まではかれる300Vの－端子につなぐ。

❸ (2)(3)直列回路では，どの点でも電流の大きさは等しい。
(5)並列回路では，枝分かれした後の電流の大きさの和は，分かれる前の電流の大きさや，合流した後の電流の大きさに等しい。
(6)$I=0.2+0.2=0.4$〔A〕

❹ (1)直列回路では，各豆電球に加わる電圧の和が電源の電圧と等しい。
(2)①② $1.5+1.5=3.0$〔V〕
(3)(4)並列回路では，各豆電球に加わる電圧と電源の電圧は等しい。

p.106～107　ステージ3

❶ (1)㋐スイッチ　㋑電球　㋒電源　㋓電流計
㋔抵抗器
(2)A…電圧計　B…電流計
(3)

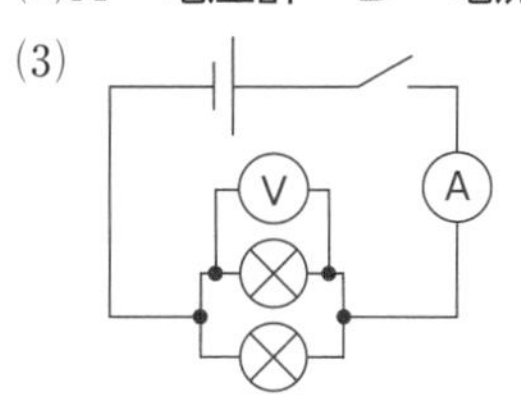

❷ (1)直列につなぐ。　(2)並列につなぐ。
(3)電流計…㋒　電圧計…㋔
(4)350mA　(5)1.50V

❸ (1)図1…直列回路　図2…並列回路
(2)㋐，㋒，㋓
(3)B…250mA　C…250mA
(4)0.25A　(5)AB…2V　AC…4V
(6)G…2.2A　I…4A
(7)EF…8V　GH…8V　DI…8V
(8)図2
(9)豆電球に流れる電流が大きいから。（1つの豆電球に加わる電圧が大きいから。）

解説

❶ (2)Aは回路に並列につながれているので電圧計，Bは回路に直列につながれているので電流計とわ

かる。

(3)電源の電気用図記号は，長いほうが＋極を表している。電源の向きに注意して表す。

❷ (1)(2)電流計は回路に直列につなぎ，電圧計は回路に並列につなぐ。

(3)－端子にかかれている単位から，㋐～㋓は電流計の端子，㋔～㋗は電圧計の端子だとわかる。どちらも，最初，－端子はもっとも大きな値をはかれる端子につなぐ。

(4)500mAの端子につないだときは，目盛りの右端が500mAとなるように目盛りを読む。

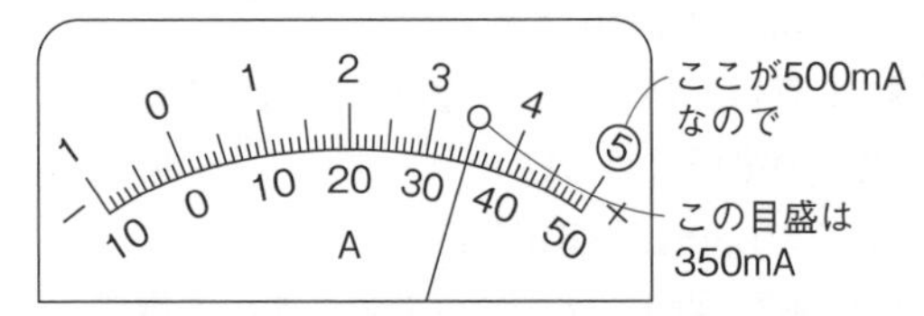

(5)3Vの端子につないだときは，目盛りの右端が3Vとなるように目盛りを読む。

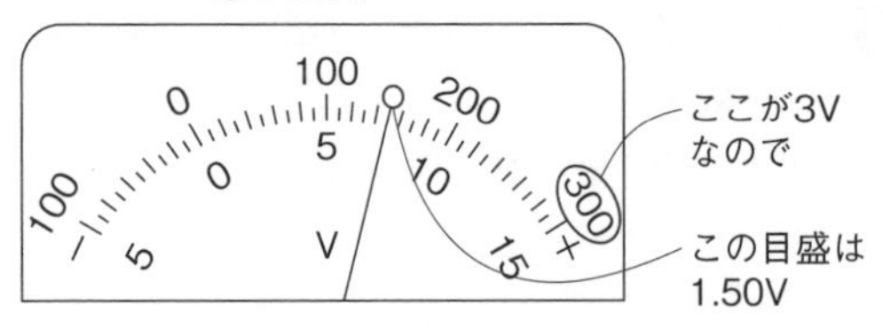

❸ (2)電流計ははかりたい点に直列につなぐ。回路に直列につながれている㋐，㋒，㋓は電流計を表している。

(3)直列回路では，どの点でも電流が等しい。

(4)1A＝1000mAである。

(5)直列回路では，それぞれの豆電球に加わる電圧の和が電源の電圧になるので，AB間に加わる電圧は，4－2＝2〔V〕。AC間に加わる電圧は，電源の電圧に等しい。

図1

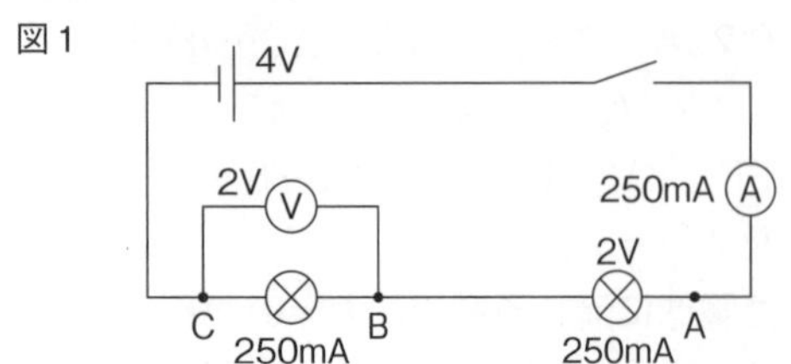

(6)並列回路なので，点Dを流れる電流は，点Eと点Gを流れる電流の和に等しい。よって，点Gを流れる電流は，4－1.8＝2.2〔A〕。点Iを流れる電流は，点Dを流れる電流と等しい。

図2

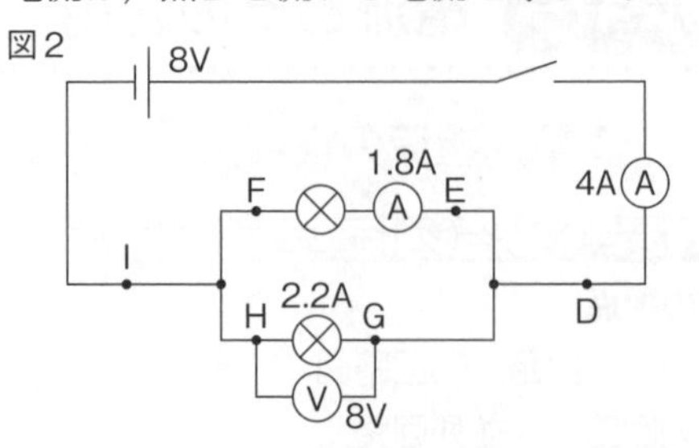

(7)並列につないだ豆電球に加わる電圧は，電源の電圧と等しい。

(8)(9)豆電球の並列回路では，それぞれの豆電球に加わる電圧が直列回路のときよりも大きくなり，流れる電流も大きくなる。そのため，並列回路の豆電球のほうが明るく点灯する。

1章　電流の性質(2)

p.108～109　ステージ1

●教科書の要点

❶ ①オームの法則　②電気抵抗　③オーム　④導体　⑤不導体　⑥直列　⑦並列

❷ ①電力　②ワット　③ジュール　④消費電力　⑤電力量　⑥ワット時　⑦キロワット時

●教科書の図

1 ①比例　②オーム　③やすい　④小さい　⑤にくい　⑥大きい

2 ①＋　②小さい

③$\frac{1}{R_1}$　④$\frac{1}{R_2}$(③，④は順不同)

3 ①電力　②1　③比例　④比例　⑤J　⑥電力

p.110～111　ステージ2

❶ (1)

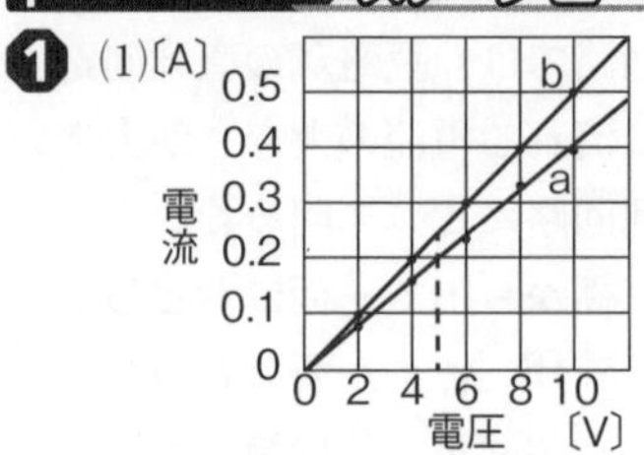

(2)比例関係　(3)オームの法則

(4)0.20 A　(5)0.25 A　(6)抵抗器a

(7)抵抗器a　(8)電気抵抗(抵抗)

(9)$R=\frac{V}{I}$　(10)$V=RI$

2 ①2A　②1.5V　③20Ω

3 (1)50Ω　(2)6.0V
(3)それぞれの電気抵抗の和。
(4)12Ω　(5)0.5A　(6)小さくなる。

4 (1)2V　(2)4V　(3)0.4A　(4)10Ω
(5)40Ω　(6)12Ω

解説

1 (1) **注意** グラフは，次の手順で表そう。
①横軸(よこじく)には実験で変化させた量を，縦軸(たてじく)には実験の結果得られた量をとる。
②目盛りをつけ，単位をかく。
③測定値を・で記入し，グラフの形を判断する。
④直線であれば，上下に点が同程度に散らばるように直線を引く。

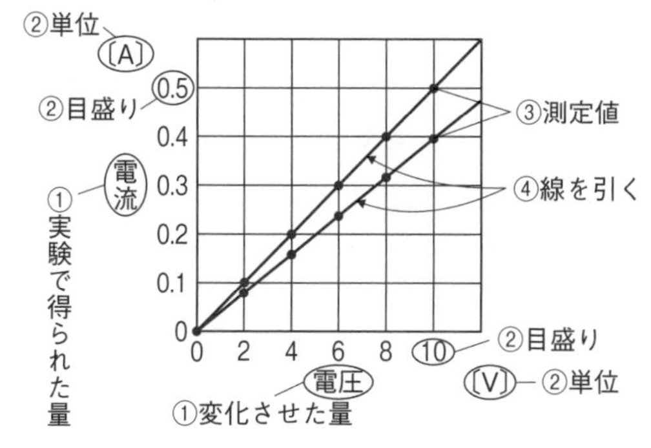

横軸が電圧，縦軸が電流となるように値を記入する。このグラフは，原点を通る直線となる。
(2)(3)抵抗器を流れる電流の大きさは，抵抗器に加える電圧の大きさに比例するという法則を，オームの法則という。
(4)(5)グラフより読みとる(グラフの赤い点線)。正確な値は，オームの法則を用いて計算する。
(6)～(8)電流の流れにくさを電気抵抗(抵抗)という。電気抵抗の大きい抵抗器ほど電流が流れにくく，同じ電圧を加えたときに流れる電流は小さくなる。
(9)(10)オームの法則は，次のような式で表すことができる。電圧〔V〕＝抵抗〔Ω〕×電流〔A〕，

抵抗〔Ω〕$=\frac{電圧〔V〕}{電流〔A〕}$，電流〔A〕$=\frac{電圧〔V〕}{抵抗〔Ω〕}$ なので

$V=RI$，$R=\frac{V}{I}$，$I=\frac{V}{R}$

2 ①オームの法則より

電流〔A〕$=\frac{電圧〔V〕}{抵抗〔Ω〕}=\frac{6〔V〕}{3〔Ω〕}=2$〔A〕

②オームの法則より
電圧〔V〕＝抵抗〔Ω〕×電流〔A〕
＝3〔Ω〕×0.5〔A〕＝1.5〔V〕
③300mA＝0.3Aなので，オームの法則より

抵抗〔Ω〕$=\frac{電圧〔V〕}{電流〔A〕}=\frac{6〔V〕}{0.3〔A〕}=20$〔Ω〕

3 (1)20＋30＝50〔Ω〕
(2)電圧〔V〕＝抵抗〔Ω〕×電流〔A〕なので
120mA＝0.12Aより
A…20〔Ω〕×0.12〔A〕＝2.4〔V〕
B…30〔Ω〕×0.12〔A〕＝3.6〔V〕
2.4＋3.6＝6.0〔V〕
(4)AとBを合わせた抵抗値をRとすると

$$\frac{1}{R}=\frac{1}{R_1}+\frac{1}{R_2}=\frac{1}{20}+\frac{1}{30}=\frac{1}{12}$$

$R=12$〔Ω〕
(5)並列回路なので，各抵抗器に加わる電圧は全体の電圧に等しく，6.0Vである。

電流〔A〕$=\frac{電圧〔V〕}{抵抗〔Ω〕}$なので

A…$\frac{6.0〔V〕}{20〔Ω〕}=0.3$〔A〕

B…$\frac{6.0〔V〕}{30〔Ω〕}=0.2$〔A〕

0.3＋0.2＝0.5〔A〕
別解 (4)の$R=12$〔Ω〕を用いて
6÷12＝0.5〔A〕
(6)(5)の結果から並列回路全体の電気抵抗12ΩはA 20Ω，B 30Ωより小さいとわかる。

4 (1)抵抗器Bと抵抗器Cを1つの抵抗器Dとみなすと，抵抗器Aと抵抗器Dは直列つなぎである。

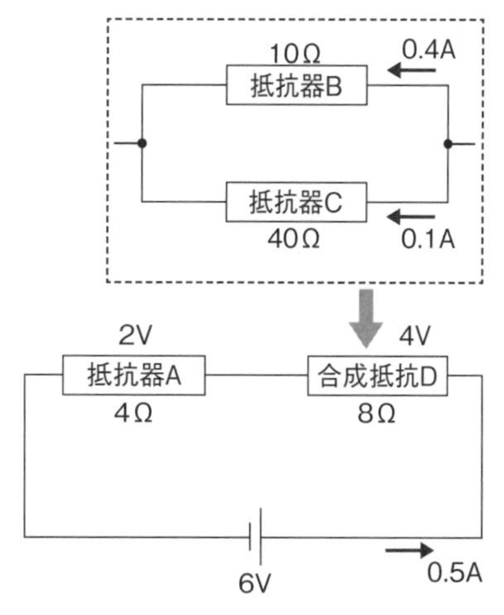

直列回路では，どの点でも電流の大きさが等しいので，抵抗器Aに流れる電流は0.5 Aである。

4〔Ω〕×0.5〔A〕＝2〔V〕

(2)抵抗器Aに加わる電圧が2Vなので，合成抵抗Dに加わる電圧は，6－2＝4〔V〕である。抵抗器Bと抵抗器Cは並列つなぎなので，どちらにも同じ4Vの電圧が加わる。

(3)抵抗器Bと抵抗器Cに流れる電流の和が0.5Aであることから，抵抗器Bに流れる電流は，0.5－0.1＝0.4〔A〕である。

(4)抵抗〔Ω〕＝$\frac{電圧〔V〕}{電流〔A〕}$　なので

$\frac{4〔V〕}{0.4〔A〕}$＝10〔Ω〕

(5)$\frac{4〔V〕}{0.1〔A〕}$＝40〔Ω〕

(6)$\frac{6〔V〕}{0.5〔A〕}$＝12〔Ω〕

別解 (4)，(5)から合成抵抗Dの抵抗値Rは

$\frac{1}{R}=\frac{1}{10}+\frac{1}{40}=\frac{1}{8}$より$R$＝8〔Ω〕とわかる。

回路全体はAとDの和より，4＋8＝12〔Ω〕

p.112～113 ステージ2

1 (1)流れやすい。　(2)導体
(3)不導体(絶縁体)

2 (1)㋐1A　㋑1.5A　㋒3A
(2)㋐6Ω　㋑4Ω　㋒2Ω
(3)㋒　(4)ある。　(5)ある。
(6)㋐1800J　㋑2700J　㋒5400J

3 (1)イ　(2)イ　(3)1J　(4)21℃

4 (1)1A　(2)720kJ　(3)200Wh
(4)400Wh
(5)2000W　(6)500W
(7)炊飯器，ヘアドライヤー
(8)80W　(9)4.8kWh

解説

2 (1)電力〔W〕＝電圧〔V〕×電流〔A〕より

㋐6〔W〕÷6〔V〕＝1〔A〕

㋑9〔W〕÷6〔V〕＝1.5〔A〕

㋒18〔W〕÷6〔V〕＝3〔A〕

(2)抵抗〔Ω〕＝$\frac{電圧〔V〕}{電流〔A〕}$　なので

㋐$\frac{6〔V〕}{1〔A〕}$＝6〔Ω〕

㋑$\frac{6〔V〕}{1.5〔A〕}$＝4〔Ω〕

㋒$\frac{6〔V〕}{3〔A〕}$＝2〔Ω〕

(3)～(5)電流による発熱量は，電力と時間の両方に比例する。

(6) **注意** ここで用いる時間の単位は，秒〔s〕であることに注意しよう。

発熱量〔J〕＝電力〔W〕×時間〔s〕。

5分間＝300秒間。

㋐6〔W〕×300〔s〕＝1800〔J〕

㋑9〔W〕×300〔s〕＝2700〔J〕

㋒18〔W〕×300〔s〕＝5400〔J〕

3 (1)消費電力の大きいほうに大きな電流が流れる。

100V－500Wの電気ポットでは

500〔W〕÷100〔V〕＝5〔A〕

100V－1050Wの電気ポットでは

1050〔W〕÷100〔V〕＝10.5〔A〕の電流が流れる。

(2)消費電力の大きいほうが，発熱量が大きい。

(4)水の上昇温度と発熱量は比例関係にある。500Wのポットの水温が10℃上昇したので，1050Wのポットの水温の上昇温度をx℃とすると，

500：10＝1050：x

x＝21〔℃〕

4 (1)100Vの電圧で100Wのテレビを使うので，

電流〔A〕＝電力〔W〕÷電圧〔V〕から

流れる電流＝100〔W〕÷100〔V〕＝1〔A〕

(2)2時間＝2×60×60＝7200〔秒〕から，

電力量〔J〕＝電力〔W〕×時間〔s〕より

100〔W〕×7200〔秒〕＝720000〔J〕

＝720〔kJ〕

(3)電力量〔Wh〕＝電力〔W〕×時間〔h〕

＝100〔W〕×2〔h〕＝200〔Wh〕

(4)ヘアードライヤーを10分使うと$\frac{1}{6}$時間使うことになるので，その分の電力量は

1200〔W〕÷6＝200〔Wh〕

テレビ200〔Wh〕と合計して400〔Wh〕

(5)100〔V〕で20〔A〕まで使えるので，

電力〔W〕＝電圧〔V〕×電流〔A〕から

100〔V〕×20〔A〕＝2000〔W〕

(6)エアコンが1500〔W〕なので
2000－1500＝500〔W〕は同時に使える。
(7)(6)の500〔W〕以上の電気器具は使えない。
(8)電球2つの消費電力は40+60＝100〔W〕
一方LED電球は2つで10〔W〕×2＝20〔W〕
この差100－20＝80〔W〕が節電になる。
(9)(8)よりLED電球に変えると80〔W〕減るので
1カ月の使用量を求めると，
電力量〔Wh〕＝電力〔W〕×時間〔h〕なので
80〔W〕×2〔時間〕×30〔日〕＝4800〔Wh〕
＝4.8〔kWh〕
このようにLED電球に変えると4.8kWhの節電となる。

p.114～115 ステージ3

1 (1)0.2 A (2)20 Ω (3)12V
(4)30 Ω (5)①50 Ω ②12 Ω

2 (1)①0.5 A ②15 Ω ③2.5V
④5 Ω ⑤20 Ω
(2)①8.0V ②0.4 A ③1.6 A
④5 Ω ⑤4 Ω

3 (1)銀 (2)ゴム (3)導体
(4)不導体(絶縁体) (5)銅
(6)ニクロム (7)不導体(絶縁体)
(8)半導体

4 (1)10V (2)0.5 A
(3)a…2W b…5W
(4)a…240 J b…600 J

5 ①22 ②4 ③3 ④> ⑤>

解説

1 (2)抵抗〔Ω〕＝

$\frac{電圧〔V〕}{電流〔A〕}$なので

$\frac{4〔V〕}{0.2〔A〕}$＝20〔Ω〕

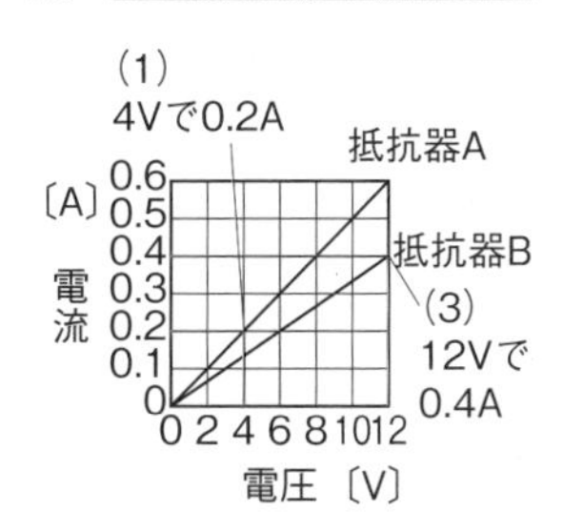

(4)$\frac{12〔V〕}{0.4〔A〕}$＝30〔Ω〕

(5)①抵抗器を直列につないだときの全体の電気抵抗は，それぞれの電気抵抗の和に等しいので，
20＋30＝50〔Ω〕
②抵抗器を並列につないだときの全体の電気抵抗をRとすると，

$\frac{1}{R}=\frac{1}{20}+\frac{1}{30}=\frac{5}{60}=\frac{1}{12}$

よって，R＝12〔Ω〕

別解 電源の電圧を6Vとして考えると，並列につないだとき，それぞれに6Vの電圧が加わる。このとき，それぞれには0.3 A，0.2 Aの電流が流れることがグラフからわかるので，全体では，
0.3＋0.2＝0.5〔A〕の電流が流れている。
よって，

抵抗〔Ω〕＝$\frac{電圧〔V〕}{電流〔A〕}=\frac{6〔V〕}{0.5〔A〕}$＝12〔Ω〕

2 (1)②抵抗〔Ω〕＝$\frac{電圧〔V〕}{電流〔A〕}=\frac{7.5〔V〕}{0.5〔A〕}$＝15〔Ω〕

③10.0－7.5＝2.5〔V〕

④$\frac{2.5〔V〕}{0.5〔A〕}$＝5〔Ω〕

⑤15＋5＝20〔Ω〕

(2)②電流〔A〕＝$\frac{電圧〔V〕}{抵抗〔Ω〕}=\frac{8〔V〕}{20〔Ω〕}$＝0.4〔A〕

③2.0－0.4＝1.6〔A〕

④$\frac{8〔V〕}{1.6〔A〕}$＝5〔Ω〕

⑤$\frac{8〔V〕}{2.0〔A〕}$＝4〔Ω〕

別解 回路全体の電気抵抗をRとすると

$\frac{1}{R}=\frac{1}{20}+\frac{1}{5}=\frac{5}{20}=\frac{1}{4}$，R＝4〔Ω〕

3 (5)導線には，電気抵抗の小さい銅が使われる。銀のほうが銅よりも少し電気抵抗が小さいが，銀は高価なので，銅が使われる。
(6)抵抗器や電熱線には，ある程度の電気抵抗が必要である。
(7)導線は，内側に導体(銅)が使われ，外側は不導体(ポリ塩化ビニルなど)でおおわれている。

4 (1)電圧〔V〕＝抵抗〔Ω〕×電流〔A〕なので
50〔Ω〕×0.2〔A〕＝10〔V〕

(2)電流〔A〕＝$\frac{電圧〔V〕}{抵抗〔Ω〕}=\frac{10〔V〕}{20〔Ω〕}$＝0.5〔A〕

(3)電力〔W〕＝電圧〔V〕×電流〔A〕なので
a…10〔V〕×0.2〔A〕＝2〔W〕
b…10〔V〕×0.5〔A〕＝5〔W〕
(4)2分間＝120秒間である。
発熱量〔J〕＝電力〔W〕×時間〔s〕なので

a … 2〔W〕×120〔s〕=240〔J〕
b … 5〔W〕×120〔s〕=600〔J〕

❺ 電力量〔Wh〕=電力〔W〕×時間〔h〕なので，
①白熱電球は60〔W〕×1〔h〕×365〔日〕=21900〔Wh〕より約22〔kWh〕。
②蛍光灯は11〔W〕×1〔h〕×365〔日〕=4015〔Wh〕より約4〔kWh〕
③LED電球は8〔W〕×1〔h〕×365〔日〕=2920〔Wh〕より約3〔kWh〕

2章　電流の正体

p.116〜117 ステージ1

●教科書の要点

❶ ①静電気　②+　③−　④しりぞけ
⑤引き　⑥電気力

❷ ①放電　②真空放電　③電子　④−　⑤+
⑥陰極線　⑦−　⑧中性

❸ ①X線　②放射性物質

●教科書の図

1 ①電子　②しりぞけ　③引き　④電子
2 ①−　②+　③電子　④−　⑤+
3 ①電子　②+　③逆

p.118〜119 ステージ2

❶ (1)静電気　(2)しりぞけ合う力
(3)−の電気　(4)引き合う力　(5)+の電気
(6)電子
(7)ティッシュペーパーからストロー
(8)−の電気

❷ (1)a … −極　b … +極
(2)ウ　(3)放電(真空放電)

❸ (1)−極から+極　(2)電子　(3)電極X
(4)−の電気　(5)ウ

❹ (1)①X線　②レントゲン　③放射線
④放射性物質
(2)X線，α線，β線，γ線(順不同)
(3)α線

解説

❶ (1)ちがう種類の物質を摩擦すると，一方は+の電気，もう一方は−の電気を帯びる。この物体にたまった電気を静電気という。ストローが−の電気を帯びていたことから，ティッシュペーパーは+の電気を帯びたことがわかる。どの物質がどちらの電気を帯びるかは，物質の組み合わせによって決まる。
(2)〜(5)ストローBもストローAと同じ−の電気を帯び，ティッシュペーパーは+の電気を帯びる。同じ種類の電気の間にはしりぞけ合う力がはたらき，異なる種類の電気の間には引き合う力がはたらく。
(6)〜(8)電子は−の電気をもった粒子で，電子をわたした物体は+の電気を帯び，電子を受けとった物体は−の電気を帯びる。

❷ 放電管内に高い電圧を加えると，−極から+極に向かって電子が移動する。−極から出た電子が十字板に当たり，うしろに影をつくる。

❸ (1)(2)電子は−極から+極に向かって移動する。
(3)(4)電子は−の電気をもっているので，+極に引かれる。よって，明るいすじが曲がった上側の電極Xが+極であるとわかる。
(5)上側が−極，下側が+極となったときは，電子は+極のほうに引かれるため，下に曲がる。

❹ 放射線はレントゲンのような医療分野や農業・工業など，いろいろな分野に利用されている。それらは放射線が物質を透過する性質を用いている。その透過力はα線→β線→γ線・X線の順で強くなる。

p.120〜121 ステージ3

❶ (1)静電気
(2)①+(正)　②−(負)(①，②は順不同)
③しりぞけ　④引き
(3)①−の電気　②+の電気
(4)㋐　(5)㋑

❷ (1)−極　(2)C … +極　D … −極
(3)−の電気をもっていること。
(4)電子　(5)電極A

❸ (1)電子　(2)−の電気　(3)電気的に中性
(4)B … ㋐　A … 動かない
(5)㋑
(6)金属の中には(−の電気をもった)自由に動ける電子がたくさんあるから。
(7)①電子
②ティッシュペーパー
③ストロー

❹ (1)イ，オ　(2)放射性物質
(3)放射能　(4)被曝

解説

❶ (1)～(3)電気には＋と－の２種類がある。摩擦によって静電気を起こしたとき，一方が＋の電気を，もう一方が－の電気を帯びる。どちらの電気を帯びるかは摩擦する物質の組み合わせによって決まっていて，摩擦する物質の組み合わせが同じであれば，同じ種類の物質は同じ電気を帯びる。
(4)ストローＡもストローＢも－の電気を帯びているので，しりぞけ合う力がはたらく。
(5)ストローＡは－の電気，ティッシュペーパーは＋の電気を帯びているので，引き合う力がはたらく。

❷ (1)電流のもととなるものがスリットを通りぬけて蛍光板に当たり，明るいすじとなって現れることから，電流のもととなるものは，電極Ａから電極Ｂに向かっていることがわかる。電流のもととなるものは－極から＋極へ向かって移動することから，電極Ａは－極だとわかる。
(2)電流のもととなるものは，＋極のほうに曲がることから，電極Ｃが＋極だとわかる。
(3)蛍光板上に見える明るいすじは，－極から出て＋極に向かうことや，＋極側に引かれて曲がる性質があることから，－の電気をもっていることがわかる。

❸ (1)(2)電子は－の電気をもっている。
(3)金属中には電子の－の電気を打ち消す＋の電気も存在するので，金属全体としては電気的に中性である。
(4)回路のスイッチを入れると，電子Ｂは電源の－極から＋極に向かっていっせいに移動する。これが電流である。
(5) 注意 電子が－極から＋極に向かって移動するのに対し，電流の流れる向きは電源の＋極から－極に向かう向きと決められている。つまり，電子と逆の向きに流れる。
(6)電子は－の電気をもっていて，金属中には自由に動くことができる電子がたくさんある。
(7)ストローとティッシュペーパーの間で生じた静電気も電子の移動で生じる。ティッシュペーパーからストローへ電子が移動し，ストローは－の電気を，ティッシュペーパーは＋の電気を帯びる。

❹ 放射線は自然界にも，植物，岩石，温泉，大気などの中に存在している。それらが生物に有害でないのは，その量が微量なためで，量が多いと被曝して，健康な細胞が傷つくおそれがある。

3章　電流と磁界

p.122～123　ステージ1

●教科書の要点

❶ ①磁界　②磁界の向き　③磁力線　④同心円
⑤電流　⑥大きい　⑦電流

❷ ①磁界　②磁界　③大きく

❸ ①電磁誘導　②誘導電流　③巻数　④交流
⑤周波数　⑥直流

●教科書の図

1 ①磁界　②磁力線　③強い　④S　⑤N

2 ①磁界　②力　③逆　④逆　⑤大きく

3 ①磁界　②誘導　③速　④強　⑤多

4 ①交　②直

p.124～125　ステージ2

❶ (1)磁力　(2)磁界　(3)磁力線　(4)a
(5)Ｂ…㊁　Ｃ…㊁
(6)Ｂ…ア　Ｃ…ア　Ｄ…ウ

❷ (1)Ａ…㊁　Ｂ…㋑　Ｃ…㊁　Ｄ…㋑
(2)図２…㋒　図３…㋑　図４…㋐
図５…㊁

❸ (1)①同心円　②電流　③磁界
(2)Ａ…㋐　Ｂ…㋖　Ｃ…㋔　Ｄ…㋐　Ｅ…㋑

❹ (1)①電流　②磁界
(2)Ａ…ア　Ｂ…イ　Ｃ…ア　Ｄ…イ　Ｅ…ア

解説

❶ (3)～(5) 注意 磁針のＮ極(赤い▲)がさす向き(磁界の向き)に矢印をかくと下図のようになる。磁力線は磁石のＮ極からＳ極に向かう。

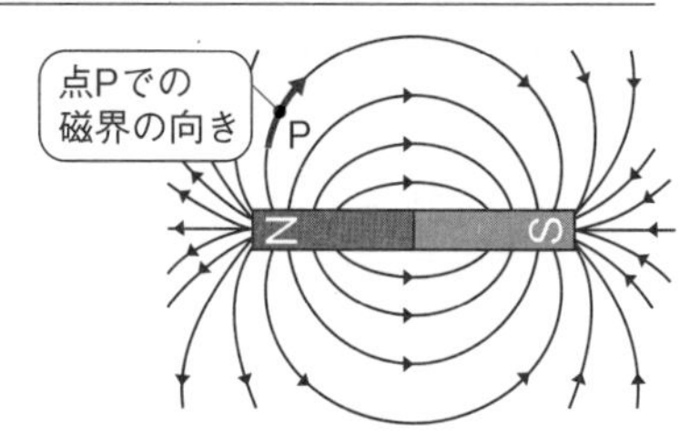

(6)磁力線の間隔がせまいところほど，磁力が強い。

❷ (1)棒磁石のまわりには，Ｎ極からＳ極に向かう

向きの磁界ができる。このとき，磁界の向きと磁針のＮ極のさす向きは同じである。

(2)異極どうしを近づけたときは，磁力線がつながる。同極どうしを近づけたときは，磁力線がしりぞけ合う。

❸ (1)まっすぐな導線のまわりでは，右ねじが進む向きに電流が流れているとしたとき，右ねじを回す向きに磁界ができる。

(2)Ａ～Ｃ…磁針のＮ極は，磁界の向きと等しい。
Ｄ～Ｆ…導線から遠ざかるほど，電流がつくる磁界が弱くなる。そのため，導線から遠ざかると，磁針のＮ極はしだいに北をさすようになる。
点Ｅは点ＤとＦの中間なので，磁針の向きが㋐と㋒の中間になる。

❹ 右手をにぎり，親指をのばした形にして，４本の指先を電流の向きに合わせたとき，親指の向きがコイルの内側の磁界の向きになる。コイルの外側の磁界は，棒磁石のつくる磁界によく似た形になる。

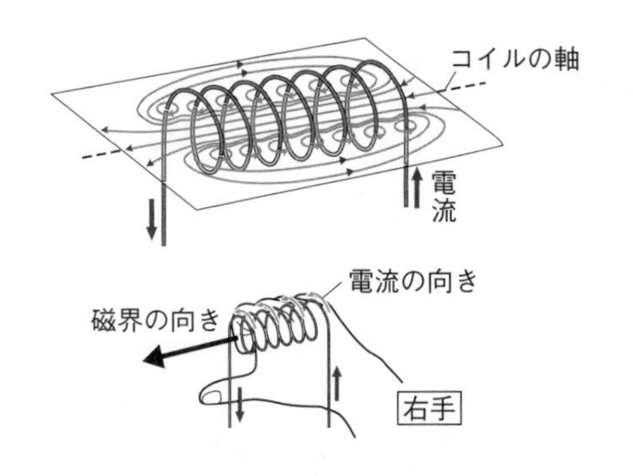

p.126～127 ステージ2

❶ (1)①A　②A　③B　(2)ア，ウ

❷ (1)整流子　(2)左向き
(3)流れない。　(4)受けない。
(5)①左　②右

❸ (1)右　(2)①左　②左　③右　(3)磁界
(4)電磁誘導　(5)誘導電流
(6)磁石を速く動かす。
磁石の磁力を強くする。
コイルの巻数を多くする。

❹ (1)㋐交流　㋑直流
(2)名称…周波数　単位…ヘルツ(Hz)
(3)①A　②B　③B

解説

❶ (1)電流の向きと磁界の向きのいずれかを逆にすると，コイルの動く向きは逆になる。電流の向きと磁界の向きの両方を逆にすると，コイルはもとと同じ向きに動く。

(2)電流を大きくしたり，磁界を強くしたり，コイルの巻数を多くしたりすると，電流が磁界から受ける力は大きくなる。

❷ (1)整流子には，コイルの回転が一定になるような向きに電流が流れるようにするはたらきがある。

(2)磁界に対して，電流の向きがＡＢとＣＤでは逆になるので，加わる力も逆になる。

(3)(4)❷や❹の状態のときは，コイルに電流が流れない。電流が流れないと電流による磁界からの力は受けないが，勢いで回り続ける。

❸ (1)検流計の指針は，＋端子から電流が流れこむと右に，－端子から電流が流れこむと左に振れる。

(2)磁石の「出す」と「入れる」を変えたり，磁石の極を入れかえたりすると，誘導電流の向きは逆になる。

(3)～(5)コイルの中の磁界が変化すると，電圧が生じ，電流が流れる。この現象を電磁誘導といい，流れる電流を誘導電流という。

❹ (1)発光ダイオードは決まった向きに電流が流れたときだけ光る。交流は電流の向きと大きさが周期的に変わるため，発光ダイオードは赤と青が周期的に，交互に光る。直流は電流の向きが一定方向なので，片方の発光ダイオードだけが光り続ける。

p.128～129 ステージ3

❶ (1)

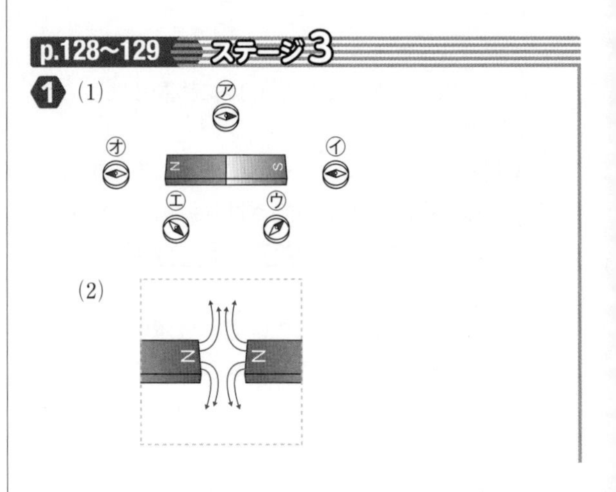

2 (1)①

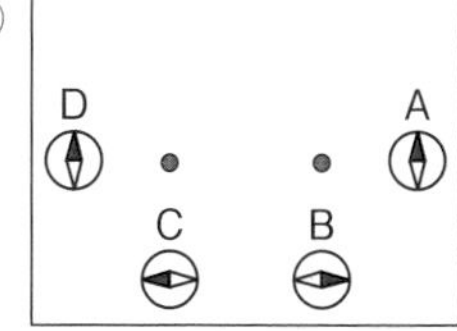

②ウ　③ア

(2)電流を大きくする。　(3)弱くなる。

3 (1)大きな電流が流れて，電流計がこわれないようにするため。

(2)C　(3)①B　②B　③A

4 (1)電磁誘導　(2)誘導電流

(3)①A　②右　③右

(4)大きくなる。　(5)振れない。

5 (1)ア直流　イ交流　(2)交流

解説

1 (1)磁界の向きはN極から出てS極に入る向きで，これは磁針のN極がさす向きである。

(2)それぞれのN極から出た磁力線が，しりぞけ合うように磁力線をひく。

2 (1)左側の導線のまわりには，上から見て時計回り，右側の導線のまわりには，上から見て反時計回りの磁界ができる。そして，図のEの部分では，どちらの導線からも手前向きの磁界ができるので，強め合う。

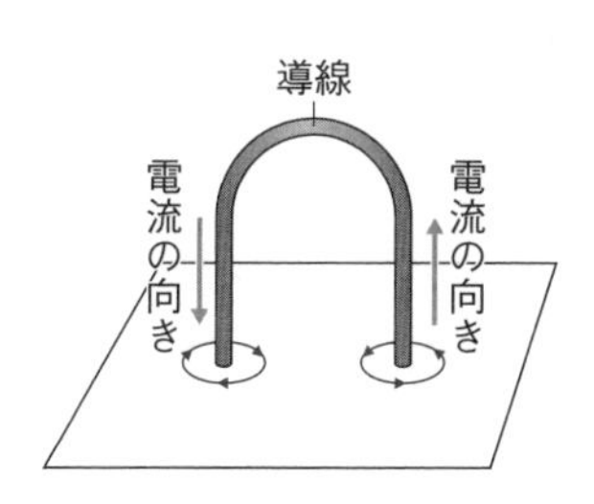

(2)(3)磁界の強さは，電流が大きくなるほど，また，導線に近くなるほど，強くなる。

3 (1)大きな電流が流れると，電流計がこわれてしまうことがある。また，コイルにも電流が流れすぎて発熱し，熱くなりすぎることがある。

(2)磁界の向きはN極からS極に向かう向きである。

(3)電流の向き，U字形磁石の向きのいずれかを逆にすると，コイルにはたらく力の向きは逆になる。両方を逆にすると，もとと同じ向きになる。

4 (3)①検流計の指針が左に振れたことから，検流計の左側の端子から電流が流れこんだことがわかる。

②③磁石を動かす向き，磁石の極，コイルを巻く向きのいずれか1つを変えると誘導電流の向きは逆になり，2つ変えるともとと同じになる。3つとも変えると，逆向きになる。

(4)棒磁石を速く動かすと，磁界の変化が速くなり，誘導電流は大きくなる。

(5)棒磁石を動かさないと，磁界が変化しないので，誘導電流は生じない。

5 (1)直流は電流の向きや大きさがつねに一定なので，オシロスコープでは直線として現れる。交流は電流の向きと大きさが周期的に変わるため，オシロスコープでは波形の線として現れる。

p.130～131 単元末総合問題

1 (1)50Ω　(2)480mA　(3)エ　(4)イ

(5)電磁誘導　(6)ア

2 (1)

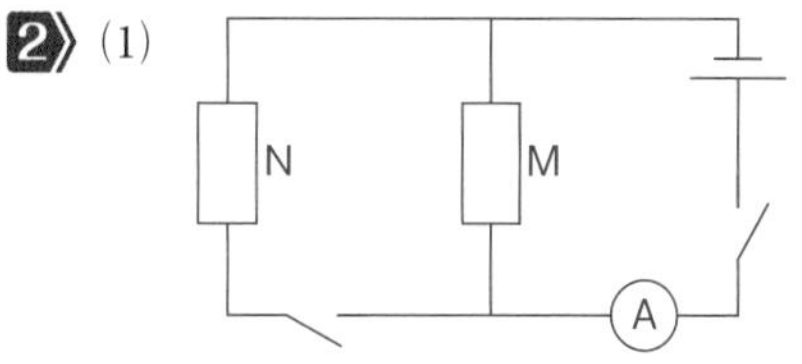

(2)A　(3)2.5A

(4)1.5A　(5)同じ

3 (1)1.6V　(2)12Ω　(3)8Ω

(4)同じ向きに，より大きく動く。

解説

1 (1)図2より，電流の大きさは320mA(0.32A)である。

$$抵抗〔\Omega〕=\frac{電圧〔V〕}{電流〔A〕}=\frac{16〔V〕}{0.32〔A〕}=50〔\Omega〕$$

(2)並列回路なので，抵抗器P，Qにはそれぞれ16Vの電圧が加わる。抵抗器Qの電気抵抗は，$50\times2=100$〔Ω〕であることから，抵抗器Qを流れる電流は，

$$電流〔A〕=\frac{電圧〔V〕}{抵抗〔\Omega〕}=\frac{16〔V〕}{100〔\Omega〕}=0.16〔A〕$$

したがって，全体の電流の大きさは，それぞれの和なので

$0.32+0.16=0.48$〔A〕$=480$〔mA〕

(3)電流は図4のコイルを左から右に流れるから，コイルの内側の磁界の向きは右向きになる。

(4)抵抗器Qをはずすと，回路全体の電気抵抗が大きくなり，流れる電流が小さくなる。これは実験2と実験3の電流の大きさを比べればわかる。電流が小さくなると，コイルの磁界は弱くなる。

(6)S極をコイルに近づけると，誘導電流の向きは

逆になる。S極をコイルに速く近づけると，磁界の変化が大きくなり，誘導電流は大きくなる。

2 (2)電熱線の発熱量は，電力に比例する。
発熱量〔J〕＝電力〔W〕×時間〔s〕
(3)電熱線M，Nは並列つなぎなので，
電熱線Mに流れる電流は，
電力〔W〕＝電圧〔V〕×電流〔A〕より
9〔W〕÷6〔V〕＝1.5〔A〕
電熱線Nに流れる電流は，
6〔W〕÷6〔V〕＝1〔A〕
よって，全体の電流は，並列回路ではそれぞれの電流の大きさの和より
1.5＋1.0＝2.5〔A〕
(4)電熱線Mにだけ電流が流れるので，1.5A。
(5)どちらのときも6Vの電圧が加わっているので，電力は同じで，発生する熱量も同じである。

3 (1)直列回路では，かかる電圧はそれぞれの電熱線にかかる電圧の和より
4.0－2.4＝1.6〔V〕
(2)直列回路では，それぞれの電熱線に同じ大きさの電流が流れるので

$$\text{抵抗}[\Omega]=\frac{\text{電圧}[V]}{\text{電流}[A]}=\frac{2.4[V]}{0.2[A]}=12[\Omega]$$

(3) $\frac{1.6[V]}{0.2[A]}=8[\Omega]$

(4)並列につなぐと，回路全体の電気抵抗は，直列につないだときよりも小さくなる。したがって，コイルに流れる電流は，直列につないだときよりも大きくなる。他の条件の電流の向きや磁石のおき方は変わりないので，向きは同じである。

プラスワーク

p.132〜133 計算力UP

1 (1)6.6g　(2)62%　(3)4.8g
(4)34%

2 (1)2.5g　(2)0.5g　(3)1.5g
(4)6.4g　(5)4：1

3 (1)45Ω　(2)0.3A　(3)9.0V
(4)30Ω　(5)18Ω
(6)A…540J　B…810J
(7)A…18V　B…12V
(8)図1のA…1.8W　B…2.7W
図2のA…7.2W　B…4.8W
(9)60Ω

解説

1 (1)グラフより，20℃のときの飽和水蒸気量は17.3g/m³である。空気中にふくまれている水蒸気量は10.7g/m³なので，
17.3－10.7＝6.6〔g/m³〕より，あと6.6gの水蒸気をふくむことができる。
(2)グラフより，20℃のときの飽和水蒸気量は17.3g/m³である。空気中にふくまれている水蒸気量は10.7g/m³なので，この空気の湿度は，
湿度〔%〕

$$=\frac{\text{空気}1\,m^3\text{中にふくまれる水蒸気量}[g/m^3]}{\text{その温度での飽和水蒸気量}[g/m^3]}\times100$$

$$=\frac{10.7[g/m^3]}{17.3[g/m^3]}\times100=61.8\cdots$$ より，62%

(3)グラフより，3℃のときの飽和水蒸気量は5.9g/m³である。空気中にふくまれている水蒸気量は10.7g/m³なので，10.7－5.9＝4.8〔g/m³〕より，4.8gの水滴が生じる。
(4)湿度が100%の3℃の空気にふくまれる水蒸気量は，飽和水蒸気量の5.9g/m³である。20℃のときの飽和水蒸気量は17.3g/m³なので，20℃まであたためたときの湿度は，

$$\frac{5.9[g/m^3]}{17.3[g/m^3]}\times100=34.1\cdots$$ より，34%

2 (1)4.0gの銅を加熱すると5.0gの酸化銅が生じていることから，その半分である2.0gの銅を加熱したときには2.5gの酸化銅が生じることがわかる。
(2)(1)より，2.0gの銅と酸素が結びついて2.5gの酸化銅が生じていることから，結びついた酸素の質

量は，2.5－2.0＝0.5〔g〕である。

⑶4.0gの銅は1.0gの酸素と結びついて5.0gの酸化銅になっていることから，7.5gの酸化銅が生じたときに結びついた酸素の質量をxgとすると，

1.0：5.0＝x：7.5　x＝1.5〔g〕

⑷4.0gの銅は1.0gの酸素と結びついて5.0gの酸化銅になっていることから，8.0gの酸化銅が生じたときに加熱した銅の質量をxgとすると，

4.0：5.0＝x：8.0　x＝6.4〔g〕

⑸4.0：1.0＝4：1

3 ⑴電熱線Aを流れる電流が0.2A，電圧が9.0Vなので，電気抵抗は，

$$抵抗〔\Omega〕=\frac{電圧〔V〕}{電流〔A〕}=\frac{9.0〔V〕}{0.2〔A〕}=45〔\Omega〕$$

⑵並列回路では，枝分かれした電流の大きさの和は全体の電流の大きさに等しい。よって，

0.5－0.2＝0.3〔A〕

⑶並列回路では，それぞれの電熱線に加わる電圧は電源の電圧に等しい。

⑷$\frac{9.0〔V〕}{0.3〔A〕}=30〔\Omega〕$

⑸$\frac{9.0〔V〕}{0.5〔A〕}=18〔\Omega〕$

⑹発熱量〔J〕＝電力〔W〕×時間〔s〕＝

電圧〔V〕×電流〔A〕×時間〔s〕より

A…9〔V〕×0.2〔A〕×5×60〔s〕＝540〔J〕

B…9〔V〕×0.3〔A〕×5×60〔s〕＝810〔J〕

⑺直列回路なので，電熱線A，電熱線Bを流れる電流は等しく，0.4Aである。⑴より，電熱線Aの電気抵抗は45Ωなので，加わる電圧は，

電圧〔V〕＝抵抗〔Ω〕×電流〔A〕より

45〔Ω〕×0.4〔A〕＝18〔V〕

また，⑷より，電熱線Bの電気抵抗は30Ωなので，電熱線Bに加わる電圧は，

30〔Ω〕×0.4〔A〕＝12〔V〕

⑻消費電力〔W〕＝電圧〔V〕×電流〔A〕なので

図1のA：9〔V〕×0.2〔A〕＝1.8〔W〕

　　　B：9〔V〕×0.3〔A〕＝2.7〔W〕

図2のA：18〔V〕×0.4〔A〕＝7.2〔W〕

　　　B：12〔V〕×0.4〔A〕＝4.8〔W〕

⑼並列回路における全体の抵抗値をR，Pの抵抗値をRとすると

$$\frac{1}{R}+\frac{1}{30}=\frac{1}{R},\ 9〔V〕=0.45〔A〕\times R,\ R=20〔\Omega〕$$

$$\frac{1}{R}=\frac{1}{20}-\frac{1}{30}=\frac{1}{60},\ R=60〔\Omega〕$$

p.134～135 作図力UP

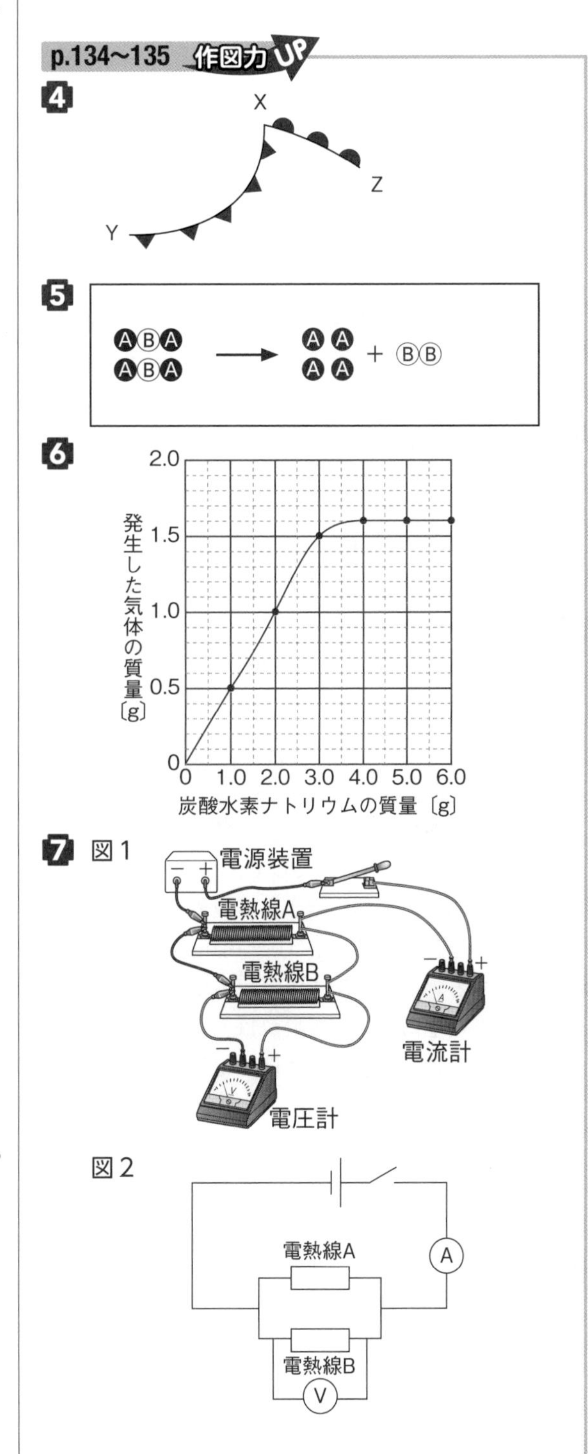

8

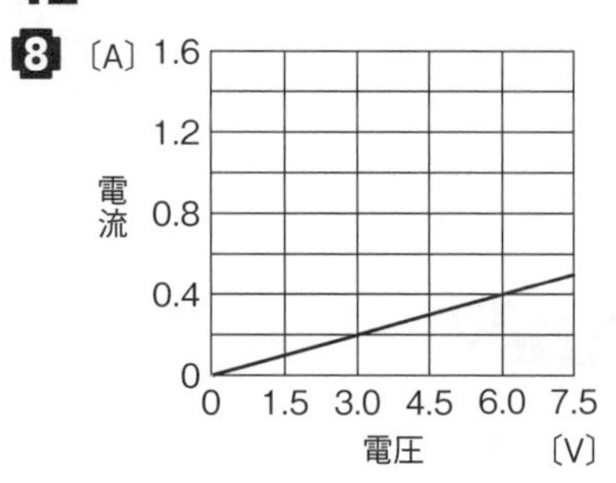

9

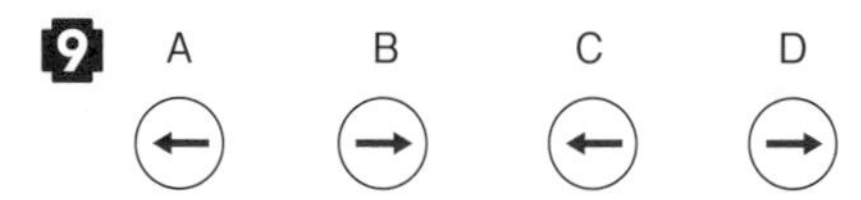

✚ 解説 ✚

4 寒冷前線は▼が線の下側，温暖前線は⏶が線の上側につく。

5 反応前の化合物はA_2BなのでAとBは結合している。反応後の4Aは，4つのAが分子にならないことを示しているので，離れた4つの🅐をかく。B_2とは2つのⒷが分子をつくっていることを示しているので，ⒷⒷと結びつけてかく。

6 反応後と反応前の質量の差が，発生して，装置から出ていった気体(二酸化炭素)の量なので，それを求める。

炭酸水素ナトリウム〔g〕	1.0	2.0	3.0	4.0	5.0	6.0
二酸化炭素〔g〕	0.5	1.0	1.5	1.6	1.6	1.6

この表の二酸化炭素の量を，炭酸水素ナトリウム1.0～6.0gごとに・を記入して，それらの点をなめらかに結ぶ。炭酸水素ナトリウムが3.0gまでは原点を通る直線になり，4.0g～6.0gまでは水平な直線になる。炭酸水素ナトリウムがすべてとけるのに必要な塩酸が入っていれば，このグラフは比例を示す直線になるが，本問では塩酸の量が同じなので，4.0～6.0gでは発生する気体は1.6gと変わらず，4.0gからは炭酸水素ナトリウムがとけずに残っていることがわかる。すべてとけていたなら，このグラフは直線になる。

7 電熱線AとBが枝分かれするようにつなぐ。また，回路全体の電圧と電流をはかろうとしているので，電圧計は回路全体と並列につなぎ，電流計は回路全体に直列につなぐ。また，回路図で接続を示す「・」はなくてもよい。

8 **注意** まず，図1より電熱線AとBの電気抵抗を求め，次に，電熱線AとBを直列につないだときの全体の電気抵抗を求めよう。

図1より，電熱線Aの電気抵抗は，

$$抵抗〔\Omega〕=\frac{電圧〔V〕}{電流〔A〕}=\frac{3.0〔V〕}{0.6〔A〕}=5〔\Omega〕$$

電熱線Bの電気抵抗は，

$$\frac{6.0〔V〕}{0.6〔A〕}=10〔\Omega〕$$

電熱線Aと電熱線Bを直列につないだとき，全体の電気抵抗は，5＋10＝15〔Ω〕である。よって，15Ωの電熱線に加わる電圧と流れる電流の関係をグラフに表す。たとえば，6.0Vの電圧を加えたときに流れる電流は，

$$電流〔A〕=\frac{電圧〔V〕}{抵抗〔\Omega〕}=\frac{6.0〔V〕}{15〔\Omega〕}=0.4〔A〕である。$$

このグラフは，原点を通る直線になる。直線を示すグラフをかくときには，上記のように，はっきり目盛りのとれる点(6.0V－0.4A)をとって，その点と原点を直線で結べばよい。

9 下の図のような同じ磁力線を示すので，電流の向きと右手を合わせたときの親指の方向がN極になり，図のA→Cの方向に磁界ができる。

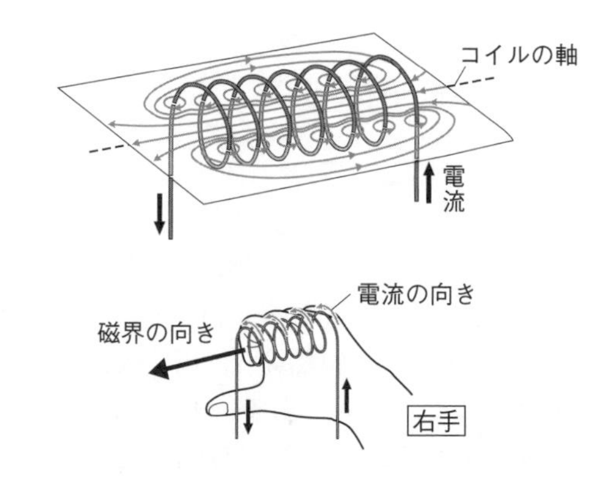

p.136 記述力UP

10 (1)酸素の多いところでは酸素と結びつき，少ないところでは酸素をはなすはたらき。
(2)全身の細胞のエネルギーとして，より多くの酸素が必要になるため。

11 空気が上昇して膨張し，温度が下がって露点に達するので，水蒸気が水滴になって雲ができる。

12 (1)手であおぐようにしてかぐ。
(2)気体が発生する前に加熱する試験管の中にあった空気がふくまれているため。

13 コイルに流れる電流の向きを変えるはたらき。

✚ 解説 ✚

10 (1)ヘモグロビンは血液中の赤血球にふくまれている。ヘモグロビンのはたらきは酸素を全身に運ぶことだが，それは解答にあるヘモグロビンの性質によって可能となる。
(2)細胞呼吸とは酸素と栄養分を使って，エネルギーをつくり出すはたらきである。運動をすると，筋肉など全身の多くの細胞がエネルギーを必要とする。そのため，呼吸を早くして肺が酸素を多くとりこみ，心臓の拍動を多くして，多くの血液，つまり酸素を全身に送り出す。

11 上空にいくほどまわりの気圧が低くなる。そのため，空気が上昇すると気圧が下がり，膨張する。空気が膨張すると温度が下がり，露点以下になると空気中の水蒸気が水滴になり，雲ができる。

12 (1)有毒な気体(塩素やアンモニアなど)をたくさんすいこまないように，手であおいでかぐ。有毒な気体は，においが強い場合が多いので，あおぐだけで感じる少しのにおいから気体を確かめることができる。
(2)水上置換法とは，下の図のようなやり方で，発生する気体を水そうの中の試験管に集める方法である。この方法が使えるのは，発生する気体が水にとけにくい場合である。

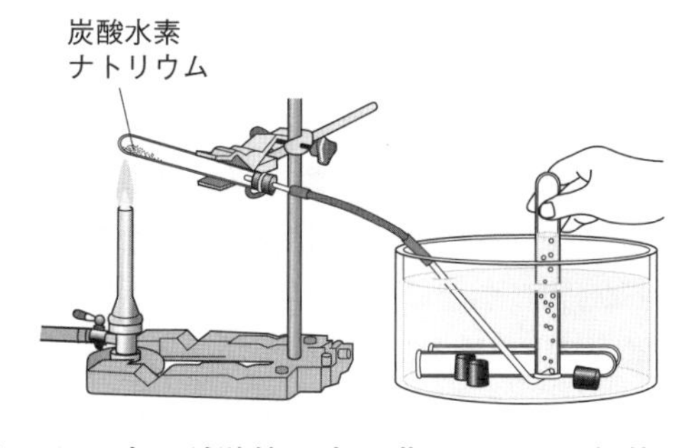

水そうの中の試験管は水を満たしてから気体を入れるが，加熱している試験管の中には空気が入っているので，１本目の試験管に集まる気体にはその空気が混ざっている。そのため，最初に集めた試験管の気体は使わない。

13 整流子があることで，コイルが半回転するごとに，コイルに流れる電流の向きが逆転する。その結果，コイルは一定の方向に回転し続けることができる。

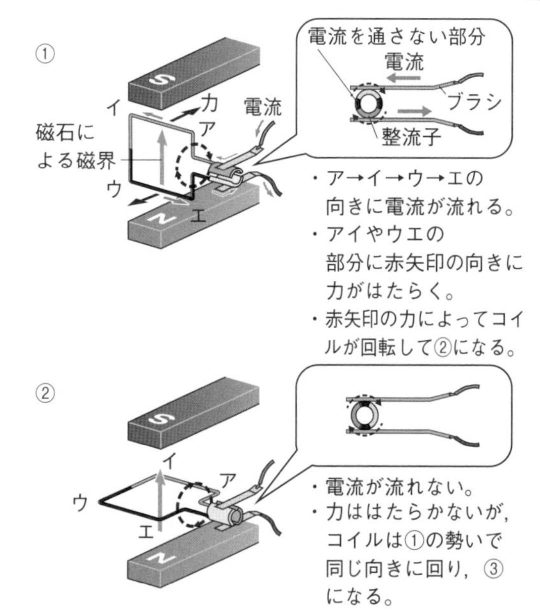

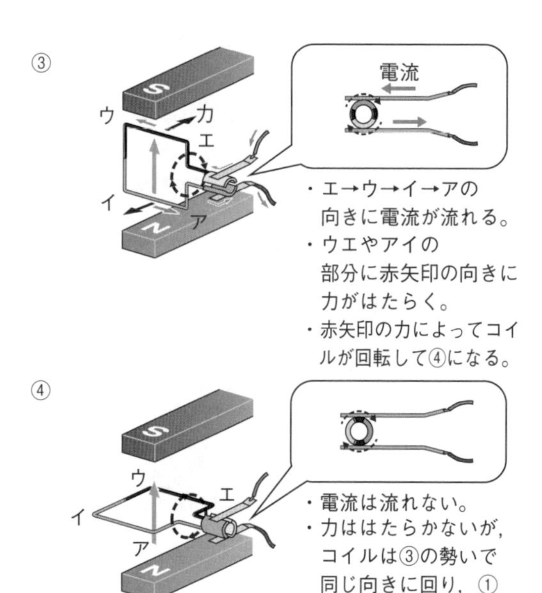

定期テスト対策 得点アップ! 予想問題

p.138〜139 第1回

1 ⑴㋑ ⑵核
⑶酢酸オルセイン溶液
(酢酸カーミン溶液，酢酸ダーリア溶液)
⑷細胞膜 ⑸細胞壁 ⑹イ
⑺多細胞生物 ⑻単細胞生物
⑼①組織 ②器官
⑽ａ…酸素 ｂ…二酸化炭素
しくみ…細胞呼吸

2 ⑴㋑ ⑵Ａ…主根 Ｂ…側根 Ｃ…ひげ根
⑶根毛
⑷表面積が大きくなり，水の吸収効率がよくなる点。

3 ⑴㋑，㋕ ⑵㋓，㋖ ⑶道管 ⑷師管
⑸維管束 ⑹気孔 ⑺二酸化炭素
⑻水蒸気 ⑼蒸散

4 ⑴葉緑体 ⑵㋐水 ㋑二酸化炭素
⑶石灰水 ⑷酸素 ⑸イ，ウ，カ

解説

1 動物の細胞と植物の細胞に共通したつくりは，核と細胞膜である。また，植物の細胞に特徴的なつくりは，細胞壁，葉緑体，液胞である。核と細胞壁以外の部分をまとめて細胞質という。葉緑体は緑色の葉と茎の細胞の中にあり，タマネギ(根のまわりに葉が重なったもの)の表皮には，葉緑体がない。
⑽動物も植物も呼吸によって気体の出入りを行うが，それは全身の細胞呼吸のために必要なのである。細胞呼吸によって，生物は生きるためのエネルギーをつくり出している。

2 トウモロコシは単子葉類で，図の㋑。㋐は双子葉類の根である。

3 双子葉類の茎が図の形で，単子葉類は道管と師管が小さな円形にまとまって，それが散在している。一方，葉では，道管が表側，師管は裏側にある。

4 光合成は太陽の光のある昼だけ，呼吸は昼も夜も１日中行われている。出入りする気体の量は光合成のほうが多いので，昼は光合成しか行われていないようにみえる。

p.140〜141 第2回

1 ⑴柔毛
⑵表面積が大きくなり，養分の吸収効率がよくなる点。
⑶リンパ管 ⑷毛細血管
⑸ブドウ糖，アミノ酸 ⑹肝臓

2 ⑴気管 ⑵気管支 ⑶肺胞
⑷毛細血管

3 ⑴組織液 ⑵血しょう
⑶㋐赤血球 ㋑ヘモグロビン
⑷①ア，エ ②イ，ウ
⑸アンモニア ⑹腎臓 ⑺尿

4 ⑴Ａ…肺 Ｂ…心臓 Ｃ…肝臓 Ｄ…腎臓
⑵ｂ，ｃ ⑶体循環
⑷血液の逆流を防ぐため，弁がついている。
⑸右心房
⑹①ｄ ②ｂ ③ａ ④ｆ

5 ⑴感覚器官 ⑵記号…㋔ 名称…網膜
⑶記号…㋕ 名称…視神経
⑷㋒と㋓…感覚神経 ㋒と㋔…運動神経
⑸末しょう神経
⑹中枢神経 ⑺反射
⑻㋓→㋒→㋔ ⑼危険から体を守ること。
(体のはたらきを調節すること。)

解説

1 ⑶〜⑸リンパ管(㋐)へは，脂肪酸とモノグリセリドが，再び脂肪になって吸収され，毛細血管(㋑)へは，ブドウ糖とアミノ酸が吸収される。
⑸肝臓では，ブドウ糖の一部がグリコーゲンという物質になってたくわえられる。グリコーゲンは，必要に応じてブドウ糖になり，送り出される。

2 吸いこまれた空気は，気管と気管支を通って肺に入る。肺は気管支の先につながる肺胞からなる。

3 ⑸⑹アンモニアはアミノ酸が分解されるときにできる。アンモニアは肝臓で尿素に変えられ，尿素は腎臓で血液中からこし出され尿となる。

4 ⑹①栄養分は小腸で吸収され肝臓にたくわえられる。②③二酸化炭素と酸素は，肺で交換される。④尿素は腎臓でこし出される。

5 目などの感覚器官で受けとった刺激は，信号に変えられて，感覚神経を経て脊髄や脳などの中枢神経に伝えられる。

(7)反射は無意識に起こる反応で，(8)のように信号の伝わる経路が短いので，素早く反応できる。

p.142〜143 第3回

1 (1)200g (2)1250Pa
(3)床にふれている面積がちがうため。(力がはたらく面積がちがうため。)

2 (1)100N (2)まわり (3)○
(4)低気圧

3 (1)① (2)79%
(3)湿球はぬれたガーゼが巻かれていて，水が蒸発して熱が奪われるため。

4 (1)くもりができる。 (2)下がる。
(3)上がる。 (4)霧

5 (1)山頂は大気圧が低いので，空気の体積が大きくなって気温が下がるから。
(2)露点，5℃ (3)1100m (4)19℃
(5)34%

解説

1 $圧力〔Pa〕=\dfrac{力の大きさ〔N〕}{力がはたらく面積〔m^2〕}$

面積の単位〔m^2〕に気をつけよう。

(1)力の大きさ÷$(0.05)^2$=800 より，2N

100gの物体にはたらく重力が1Nなので，重力が2Nである立方体の質量は200g。

(2)重力は2Nなので，2÷$(0.04)^2$=1250〔Pa〕

4 (1)(2)ピストンを引くと空気が膨張し，フラスコ内の圧力が下がるので，温度が下がる。これにより水滴が生じ，フラスコ内がくもる。

5 (1)4の実験1でフラスコ内に起きたことと同じ。

(2)露点では，そのときの空気中の水蒸気量と，そのときの気温における飽和水蒸気量が同じになる。A点は16℃で湿度50%だから，表から空気中の水蒸気量は13.6÷2=6.8〔g〕とわかる。それが飽和水蒸気量と一致する気温は5℃。

(3)気温が16−5=11〔℃〕下がるので，標高は11×100m=1100〔m〕。ちなみに，露点より気温が下がると，温度の下がり方はそれまでよりなだらかになる。そのため，山頂まであと600mあるが，山頂の気温は5℃から3℃下がって2℃である。

(4)山頂1700mは2℃だから，これがB点まで1700mおりると，1700÷100=17〔℃〕気温が上がるので，2+17=19〔℃〕になる。

(5)水蒸気量は気温2℃の山頂から5.6g/m^3のままなので，湿度は19℃の飽和水蒸気量16.3g/m^3より5.6÷16.3×100=34.3…より，34%

このように，高い山を空気が上り下りすると，湿度が大きく減る。これが冬に日本海側では雪が降るのに，太平洋側は乾燥する理由である。

p.144〜145 第4回

1 (1)等圧線 (2)1000hPa (3)4hPa
(4)高気圧…ウ 低気圧…イ (5)イ
(6)イD ウB (7)エ

2 (1)11時〜12時
(2)急に雨が降り，風向は北よりに変わる。
(3)寒冷前線 (4)積乱雲 (5)ア (6)ア

3 (1)冬 (2)西高東低 (3)シベリア気団
(4)閉塞前線
(5)天気…晴れ 気圧…1004hPa
(6)ウ，エ
(7)天気…雪 風向…北西 風力…3
(8)①西 ②東 ③偏西風

4 A季節…冬 特徴…エ
B季節…夏 特徴…ア
C季節…春 特徴…ウ
D季節…梅雨 特徴…イ

解説

1 (2)992hPaの等圧線より等圧線2本(8hPa)分気圧が高い地点を通っているので1000hPaである。1000hPaは基準となる気圧で太い線で表す。

(3)等圧線は4hPaごとに細い線で引き，20hPaごとに太い線にする。

(5)(6)低気圧の中心付近では上昇気流が生じ，高気圧の中心付近では下降気流が生じている。

(7)等圧線の間隔がせまいところほど，風が強くふいている。

2 寒冷前線は，寒気が暖気を押し上げるように進み，積乱雲が発達し，強いにわか雨が降る。そして，通過すると気温が急に下がり，風向が南よりから北よりに変わる。

3 冬はシベリア気団が発達し，北西の季節風が強くふく。等圧線の間隔がせまい，西高東低の気圧配置になる日が多い，天気図に雪が見られることも，冬であることを示している。

4　日本の四季はそれぞれ特徴があるが，それは異なる気圧配置，特に日本付近で発生する３つの気団と，日本を取り囲む海の影響による。ここでは取り上げなかったが，秋は秋雨前線の停滞と周期的な天気の変化，台風についても確認しておこう。

p.146～147　第５回

1　(1)化合物　(2)CO_2　(3)水上置換法
(4)ガラス管を水そうから出した後で加熱をやめる。
(5)水そうの水が逆流して，㋐の試験管が割れないようにするため。
(6)H_2O　(7)①…イ　②…イ
(8)分解(熱分解)

2　(1)電流を流しやすくするため。
(2)O_2　(3)4　(4)マッチの火を近づける。

3　(1)陰極　(2)イ，ウ，エ　(3)Cu
(4)ア，ウ　(5)Cl_2

4　(1)原子　(2)元素　(3)周期表　(4)分子
(5)単体　(6)化合物
(7)①O　②H　③N　④S　⑤C　⑥Cl
⑦Fe　⑧Cu　⑨Ag　⑩Al　⑪Mg

5　(1)$2NaHCO_3 \longrightarrow Na_2CO_3+CO_2+H_2O$
(2)$2Ag_2O \longrightarrow 4Ag+O_2$
(3)$2H_2O \longrightarrow 2H_2+O_2$
(4)$CuCl_2 \longrightarrow Cu+Cl_2$

解説

1　加熱後の試験管に残った炭酸ナトリウムは，炭酸水素ナトリウムより水によくとけ，その水溶液は強いアルカリ性を示すため，フェノールフタレイン溶液を加えると濃い赤色になる。

2　(1)純粋な水は電流が流れにくい。
(3)水を電気分解したときに発生する水素の体積は，酸素の体積の約２倍である。
$2H_2O \longrightarrow 2H_2+O_2$
H_2の前の２とO_2の前の１から，体積比は
水素：酸素＝２：１とわかる。
(4)水素にマッチの火を近づけると，水素が音を立てて燃えて，水ができる。

3　塩化銅水溶液を電気分解すると，陰極に銅が付着し，陽極側から塩素が発生する。銅は金属なので，金属に共通の性質を示す。磁石につくというのは，金属に共通の性質ではない。

4　(7)元素記号は，アルファベット１文字(大文字)または，アルファベット２文字(大文字＋小文字)で表す。

5　化学反応式をつくるときは,化学変化の前後(式の左辺と右辺)で原子の種類と数が同じになるようにする。

p.148～149　第６回

1　(1)反応が続く。　(2)エ
(3)記号…㋐　気体名…硫化水素
(4)硫化鉄　(5)$Fe+S \longrightarrow FeS$

2　(1)$2Cu+O_2 \longrightarrow 2CuO$　(2)CO_2　(3)銅
(4)酸化　(5)還元
(6)$2CuO+C \longrightarrow 2Cu+CO_2$　(7)炭素

3　(1)ア…下がる　イ…上がる
(2)ア…吸熱反応　イ…発熱反応

4　(1)質量保存の法則
(2)①組合せ　②種類　③数(②，③は順不同)

5　(1)白色　(2)MgO　(3)O_2　(4)3：2
(5)7.5g　(6)$2Mg+O_2 \longrightarrow 2MgO$

解説

1　(1)鉄と硫黄の化学変化は発熱反応である。そのため，赤くなりはじめたところで加熱をやめても，発生した熱によって，さらに反応が進んでいく。
(3)うすい塩酸を加えたとき，試験管㋐では，硫化鉄と反応して，特有のにおいのある硫化水素が発生する。試験管㋑では，鉄と反応しておいのない水素が発生する。

2　(4)(5)酸化銅は炭素によって酸素を奪われ，銅になる。この化学変化を還元という。炭素は酸化銅から酸素を奪い，二酸化炭素になる。この化学変化を酸化という。還元が起こるときには，同時に酸化が起こる。
(7)酸素は，銅からはなれて炭素と結びついていることから，銅よりも炭素のほうが酸化されやすい物質であることがわかる。

3　発熱反応は反応するときに熱が発生するので，まわりの温度が上がる。この熱は，物質のもっていた化学エネルギーが変換されたもので，化学かいろなどに利用される。吸熱反応は，反応に熱を必要とするので，まわりの温度が下がる。これは冷却剤などに利用される。

5　(4)マグネシウム1.5gと酸素が結びついて2.5gの酸化マグネシウムができているので，結びついた酸素の質量は，2.5－1.5＝1.0〔g〕である。よって，マグネシウムと酸素の質量の比は，
1.5：1.0＝3：2
(5)マグネシウムと酸化マグネシウムの質量比は1.5：2.5＝3：5なので，できた酸化マグネシウムの質量をxgとすると，4.5：x＝3：5　x＝7.5〔g〕

p.150〜152　第7回

1　(1)図2　(2)図3

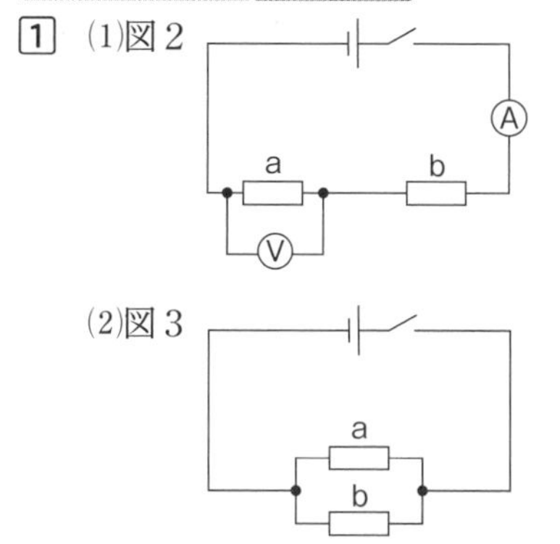

(3)ア
(4)電流…0.4A(400mA)　電圧…6V
(5)a…30Ω　b…15Ω
(6)a…0.6A　b…1.2A
(7)電流…1.8A　電気抵抗…10Ω
(8)イ　(9)銅　(10)絶縁体(不導体)

2　(1)8A　(2)12.5Ω　(3)96000J
(4)6A　(5)360kJ　(6)14A
(7)21.2kWh

3　(1)静電気　(2)電子
(3)ティッシュペーパーからパイプへ。
(4)－の電気

4　(1)電極B　(2)＋極　(3)B→A
(4)何…電子　動く向き…A→B

5　(1)磁石…㋑　コイル…㋒　(2)大きくなる。
(3)逆向きになる。　(4)逆向きになる。

6　(1)電磁誘導　(2)誘導電流
(3)コイルの巻数を多くする。
棒磁石を速く動かす。
(4)ウ

7　(1)周期的に変わる。
(2)乾電池…㋓　交流電源…㋒

解説

1　(1)電流計は回路に直列に，電圧計は回路に並列につなぐ。実体配線図を見ると，電熱線aに電圧計をつないであるので，注意してかこう。
(3)電流の大きさが予想できないときは，電流計に大きすぎる電流が流れてこわさないように，一番大きな電流を測定できる5Aの－端子につなぐ。
(4)直列回路を流れる電流はどこも等しいので，
400mA＝0.4A(単位はどちらでもよい)。
電圧はaとbの電熱線に加わる電圧の和が全体で18Vなので，電熱線bに加わる電圧は
18－12＝6〔V〕。
(5)オームの法則より

$$抵抗〔\Omega〕=\frac{電圧〔V〕}{電流〔A〕}$$ なので，

aは，$\frac{12〔V〕}{0.4〔A〕}=30〔\Omega〕$

bは，$\frac{6〔V〕}{0.4〔A〕}=15〔\Omega〕$

(6)並列回路はそれぞれの電熱線に加わる電圧が全体の18Vなので，(5)で求めた抵抗値より，

aは，$\frac{18〔V〕}{30〔\Omega〕}=0.6〔A〕$

bは，$\frac{18〔V〕}{15〔\Omega〕}=1.2〔A〕$

(7)並列回路に流れる電流は，枝分かれした電流の和なので，0.6＋1.2＝1.8〔A〕。
回路全体の抵抗値は

$$\frac{18〔V〕}{1.8〔A〕}=10〔\Omega〕$$

別解　並列回路の全体の抵抗値をRとすると

$\frac{1}{R}=\frac{1}{30}+\frac{1}{15}=\frac{1}{10}$より，$R=10〔\Omega〕$

(8)(9)電気抵抗が小さく，電流が流れやすい物質を導体という。(8)のア～ウのような金属がこれにあたる。銅は導線に使われるが，電熱線は銅より100倍くらい抵抗値の大きいニクロム線が使われる。それは，電熱線が電気によって発生した熱を利用するので，発熱量が銅より大きいニクロム線を用いる。
(10)導線がむき出しだと，他の導線に接触したり，回路に電流が流れすぎて回路がこわれてしまうため，不導体で外側をおおう。

2 ⑴電流〔A〕＝電力〔W〕÷電圧〔V〕より
800〔W〕÷100〔V〕＝8〔A〕
⑵抵抗〔Ω〕＝$\frac{電圧〔V〕}{電流〔A〕}$＝$\frac{100〔V〕}{8〔A〕}$＝12.5〔Ω〕
⑶2分間＝120秒間である。
電力量〔J〕＝電力〔W〕×時間〔s〕より
800〔W〕×120〔s〕＝96000〔J〕
⑷電力〔W〕＝電圧〔V〕×電流〔A〕より
600〔W〕÷100〔V〕＝6〔A〕
⑸10分間＝600秒間である。
発熱量〔J〕＝電力〔W〕×時間〔s〕より
600〔W〕×600〔s〕＝360000〔J〕＝360〔kJ〕
⑹⑴と⑷より，8＋6＝14〔A〕
別解 2つを使用したときの電力は，
それぞれの電力の和より，
800＋600＝1400〔W〕なので，
電流〔A〕＝電力〔W〕÷電圧〔V〕より
1400〔W〕÷100〔V〕＝14〔A〕
⑺電力量〔Wh〕＝電力〔W〕×時間〔h〕より
800〔W〕×4〔h〕＋600〔W〕×30〔h〕
＝21200〔Wh〕＝21.2〔kWh〕

3 塩化ビニルのパイプが－の電気を帯びると書かれていることから，塩化ビニルのパイプをこすったティッシュペーパーが＋の電気を帯びることがわかる。
⑶電子が移動すると，移動元は＋に，移動先は－の電気を帯びるので，ティッシュペーパーからパイプに電子が移動したことがわかる。
⑷塩化ビニルのパイプとポリエチレンのひもの間にしりぞけ合う力がはたらいているので，ポリエチレンのひもはパイプと同じ－の電気を帯びていることがわかる。

4 ⑴スリットを通りぬけた電子が蛍光板に当たり，明るいすじが見られる。電子は－の電気をもっているので，－極から＋極へと向かう。このことより，電極Aが－極，電極Bが＋極だとわかる。
⑵電子は－の電気をもつため，＋極に引かれる。上に曲がったことから，電極Cが＋極，電極Dが－極だとわかる。
⑶⑷電子の移動する向きは－極から＋極の向きである。一方，電流の向きは＋極から－極の向きと決められている。

5 ⑴磁石の磁界はN極からS極に向き(㋑)，電流による磁界は右ねじを回す向き(㋒)。

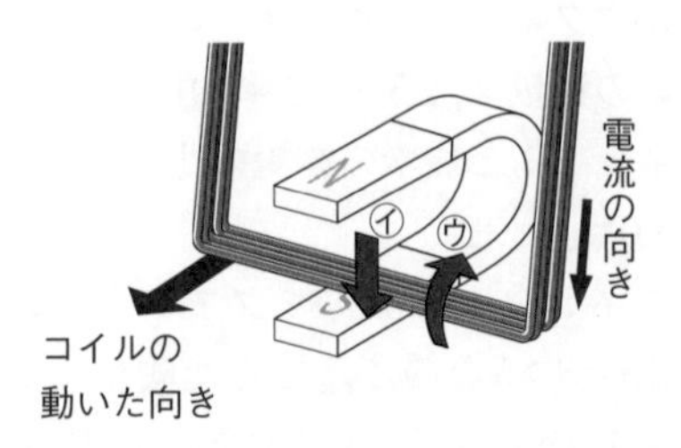

⑵～⑷電流が磁界から受ける力は，磁界を強くしたり電流を大きくしたりすると大きくなる。また，磁界の向きや電流の向きを逆にすると，力の向きも逆になる。

6 ⑶磁石を磁力の強いものに変えても，電流を大きくすることができるが，本問では「棒磁石は変えずに」とあるので，この方法は使えない。
⑷ア　モーターは磁石と電流によって，コイルを連続して回転させている。
イ　蛍光灯は電子が蛍光塗料を塗ったガラスにぶつかって光を出す。
エ　光電池とは，光を電気に変換する装置で，太陽電池に使われている。

7 ⑵発光ダイオードは決まった向きに電流が流れたときに点灯する。乾電池から流れる電流は直流なので，発光ダイオードは片方だけが点灯し続けて㋓である。
交流電源から流れる電流は向きが周期的に変わるので，それぞれの発光ダイオードが交互に，周期的に点滅をくり返すので㋒である。

6　5　4
D　C　B　A